高等学校计算机规划教材

数据库原理与应用

——基础·开发技术·实践

刘玉宝　主编

徐大伟　戴银飞　副主编

電子工業出版社
Publishing House of Electronics Industry
北京·BEIJING

内容简介

本书详细介绍了数据库原理、方法及其应用开发技术。介绍了数据库系统基础，关系数据库理论，关系数据库标准语言 SQL，SQL Server 2005 应用基础，SQL 高级应用，数据库设计，数据库保护技术，数据库访问技术，C 语言数据库应用程序开发技术，C#和 ADO.NET 数据库应用程序开发技术，Java 数据库应用程序开发技术，以及数据库新技术等内容。同时介绍了使用 C、C#和 Java 三种语言开发数据库应用程序的基本方法和技术，使具有不同语言基础的读者有选择性地学习，同时 C 语言开发数据库程序的技术还为嵌入式系统相关专业读者开发嵌入式软件打下良好的基础。附录提供本课程的实验指导、课程设计指导等实践环节。书中配有实例、习题，有利于教师教学和学生自学。为方便教师教学，本书配有教学课件和书中实例源代码。

本书可作为普通高等学校计算机及信息专业的本、专科生的教材，也可作为高职高专院校在校生的教材，同时也适合从事数据库应用程序开发人员参考之用。

图书在版编目(CIP)数据

数据库原理与应用：基础・开发技术・实践/刘玉宝主编. —北京：电子工业出版社，2010.9
高等学校计算机规划教材
ISBN 978-7-121-11658-2

I. ①数… II. ①刘… III. ①数据库系统－高等学校－教材 IV. ①TP311.13

中国版本图书馆 CIP 数据核字(2010)第 162751 号

策划编辑：史鹏举
责任编辑：史鹏举　　特约编辑：王　崧
印　　刷：
装　　订：北京市李史山胶印厂
出版发行：电子工业出版社
北京市海淀区万寿路 173 信箱　邮编　100036
开　　本：787×1092　1/16　印张：21　字数：605 千字
印　　次：2010 年 9 月第 1 次印刷
定　　价：33.00 元

凡所购买电子工业出版社图书有缺损问题，请向购买书店调换。若书店售缺，请与本社发行部联系，联系及邮购电话：(010)88254888。

质量投诉请发邮件至 zlts@phei.com.cn，盗版侵权举报请发邮件至 dbqq@phei.com.cn。

服务热线：(010)88258888。

前　言

数据库技术产生于20世纪60年代末。经过40多年的迅猛发展，已经形成了完整的理论与技术体系，并已成为计算机科学与技术中的一个重要分支。随着信息技术的迅猛发展，数据库技术已经成为国家信息基础设施和信息化社会中的最重要的支撑技术之一。

伴随着数据库技术在国民经济、科技和文化等各个领域的广泛应用，数据库及其设计技术已经受到了各行各业人员的普遍关注。数据库课程已成为高等院校计算机科学与技术、信息工程、管理工程、信息管理与信息系统等专业的核心专业课程，并有越来越多的专业及相关技术人员提出了对数据库知识的需求。

本书共分为12章。

第1章数据库系统基础，主要介绍数据库的基本概念，数据库技术的发展，数据库系统的组成与结构，数据模型的概念与分类。

第2章关系数据库理论，主要介绍关系模型，关系数据结构及形式化定义，关系代数及关系规范化理论等。

第3章关系数据库标准语言SQL，主要介绍了SQL语言的功能与特点，表的基本操作，基本查询，视图操作，子查询，组合查询及数据的插入、修改、删除等。

第4章SQL Server 2005应用基础，主要介绍SQL Server 2005的基本知识，安装方法及常见问题，数据库、基本表及索引的管理。

第5章SQL高级应用，主要介绍Transact_SQL语言程序设计基础，存储过程和触发器的基本应用。

第6章数据库设计，主要介绍数据库系统设计的内容和特点，数据库设计的步骤，需求分析，概念结构设计，逻辑结构设计，物理结构设计及数据库的实施和维护等。

第7章数据库保护技术，主要介绍事务机制，数据库安全性，数据库完整性，数据库的恢复，并发控制等。

第8章数据库访问技术，主要介绍ODBC工作原理及使用方法，ADO模型的层次结构，使用ADO技术访问数据库的方法，ADO.Net的体系结构的组成及工作原理，JDBC数据库访问技术。

第9章C语言数据库应用程序开发技术，主要介绍C语言嵌入式SQL程序开发环境搭建，嵌入式SQL语句中使用的C变量，数据库的连接、查询和更新，SQL通信区，游标的使用，SQLDA。

第10章C#和ADO.NET数据库应用程序开发技术，主要介绍数据提供程序的选择，数据提供程序的选择，SqlConnection的使用，OleDbConnection的使用，OracleConnection的使用，数据的获取，DataReader的使用，DataSet和DataAdapter的使用等。

第11章Java数据库应用程序开发技术，主要介绍JDBC API介绍，SQL和Java数据类型的映射关系，Java数据库操作的基本步骤，使用JDBC实现对数据库的操作，JDBC连接其他类型的数据库。

第12章数据库新技术，主要介绍分布式数据库的概念、特点和体系结构，面向对象数据库的理论和实现方法，数据仓库技术及数据挖掘技术等。本书内容覆盖了关系数据库系统的原理、设计和应用技术。

本书主要特点：

⑴ 以关系数据库系统为核心。在系统论述数据库基本知识的基础上，着重讨论了关系数据库的原理与实现，其中对关系数据模型、关系数据库体系结构、关系规范化理论等都有较详细、系统的说明。

⑵ 教材对传统数据库的内容进行了精简，如对层次数据库、网状数据库仅对其模型做了简要介绍，删除了一些与操作系统联系较密切的存储理论等。

⑶ 为了反映当前数据库领域的新技术、新水平和新趋势。本教材介绍了分布式数据库系统、面向对象数据库、数据仓库和数据挖掘等内容，力求反映当前数据库技术的发展。

⑷ 注重理论联系实际，加强数据库应用开发技术的介绍。教材在数据库语言（SQL）等数据库应用技术方面进行了较为全面的论述，并结合一些实例较详细地讲解了数据库设计方法，为读者进行数据库应用程序的开发提供了较扎实的基础。结合 SQL Server 2005 的具体的数据库管理系统，讲解了数据库一些管理技术的应用，使读者在学习理论的同时有了具体的应用，也为读者维护管理大中型数据库系统打下基础。本教材还介绍了 C、C#和 Java 语言开发数据库应用程序的基本技术，为读者在选择开发语言上提供了更广阔的空间。

⑸ 在内容选取、章节安排、难易程度、例子选取等方面充分考虑到理论教学和实践教学的需要，力求使教材概念准确、清晰，重点明确，内容广泛，便于取舍，每章均配有习题便于教学。

全书内容丰富，结构合理，实用性强。其中第 7、8、9 章的内容可以根据实际情况进行取舍，针对读者现有的语言基础选择相应的章节学习。

本书配有电子课件、完整的开发案例源代码、习题参考答案等教学资源，需要者可从华信教育资源网 http://www.hxedu.com.cn 免费注册下载。

本书由刘玉宝担任主编，徐大伟、戴银飞担任副主编，参加编写的人员还有赵耀红、杨丽萍、祝海英、王薇。第 1、3 章由戴银飞编写，第 2、6 章由赵耀红编写，第 4、7 章由杨丽萍编写，第 5、8、12 章由徐大伟编写，第 9 章、附录 B 由刘玉宝编写，第 10、11 章由祝海英编写，附录 A 由王薇编写，最后由刘玉宝统一定稿。

在本书编写的过程中得到了单位领导和同仁的热情帮助和支持，在此表示衷心的感谢！

本书的编写参考了广大同行专家的著作和成果，在此对他们表示衷心的感谢！

由于作者水平有限，书中难免有不当之处，敬请广大读者和专家批评指正。

咨询、意见和建议，可反馈至本书责任编辑邮箱：shipj@phei.com.cn。

编　者

2010 年 6 月

目　录

第1章　数据库系统概述

本章从数据库管理技术的产生和发展引出数据库的概念，围绕着数据库系统介绍有关名词术语。通过本章学习，将了解以下内容：

- 数据库系统的基本概念
- 数据模型
- 概念数据模型及表示
- 传统数据模型
- 数据库系统结构
- 数据库管理系统的组成
- 数据库系统的组成

数据库是计算机科学的重要分支。当今，信息资源已成为各个部门的重要财富和资源。建立一个满足各级部门信息处理要求的、行之有效的信息系统已成为一个企业或组织生存和发展的重要条件。目前，基于数据库技术的计算机应用已成为计算机应用的主流。它使计算机应用渗透到各部门。对于一个国家来说，数据库的建设规模、数据库信息量的大小和使用频度，已成为衡量这个国家信息化程度的重要标志。

1.1　数据库系统的基本概念

1.1.1　数据管理与数据处理

数据(Data)是描述事物的符号记录，是数据库中存储的基本对象。数据在大多数人头脑中的第一个反应就是数字。其实数字只是一种简单的数据，是对数据传统、狭义的理解。从广义上理解，数据的种类很多，文字、图形、图像、声音、语言、学生的档案记录、货物的运输情况等都是数据，即

数据 = 量化特征描述 + 非量化特征描述

例如，对天气预报中的温度的高低可以进行量化表示，而“刮风”、“下雨”等特征则需要用文字或图形符号进行描述，它们都是数据，只是数据类型不同而已。自然界的任何事物都可以通过记录的形式进行描述。

(1) 人：(王一，男，21，1988，吉林)

(2) 学生：(王一，男，21，1988，吉林，计算机系，计算机应用专业)

数据形式本身并不能完全表达其内容，需要经过数据语义解释。数据与其语义是不可分的。例如：

(1) (王一，78)　可以赋予它一定的语义，它表示王一的期末考试平均成绩为 78 分。如果不了解其语义，则无法对其进行解释，甚至解释为王一的年龄为 78。

(2) 99：8179，7954，521　　　　舅舅：不要吃酒，吃酒误事，我爱你

(3) 1×1 = 1　　一成不变
(4) $1000^2 = 100\times100\times100$　　千方百计
(5) 7/8　　七上八下
(6) 7 ÷ 2　　不三不四

1.1.2 数据库

数据库(Database, DB)是存放数据的仓库。只不过这个仓库位于计算机存储设备上，而且数据是按一定的格式存放的。数据是描述自然界事物特征的符号，而且能够被计算机处理。对数据进行存储的目的是为了从大量的数据中发现有价值的数据，这些有价值的数据就是“信息”。

数据库是长期存储在计算机内的、有组织的、可共享的数据集合。数据库中的数据按一定的数据模型组织、描述和存储，具有较小的冗余度、较高的数据独立性和易扩展性，并为各种用户所共享，数据库本身不是独立存在的，它是组成数据库系统的一部分，在实际应用中，人们面对的是数据库系统(Database System，DBS)。

1.1.3 数据库管理系统

数据库管理系统(Database Management System，DBMS)是一个系统软件，是数据库系统的一个重要组成部分，位于用户与操作系统之间。它的任务是科学地组织和存储数据，高效地获取和维护数据。DBMS 负责对数据库的建立、运用和维护进行统一管理和控制，使用户能方便地定义数据和操纵数据，并能够保证数据的安全性、完整性，在多个用户同时使用数据库时进行并发控制，在发生故障后对系统进行恢复。它的主要功能有如下几个：

(1) 数据定义。
(2) 数据操纵。
(3) 数据库运行管理。
(4) 数据组织、存储和管理。
(5) 数据库建立和维护。
(6) 数据通信接口。

1.1.4 数据库系统

数据库系统是指在计算机系统中引入数据库后的系统构成，一般由数据库、数据库管理系统(及开发工具)、应用系统、数据库管理员和用户构成。其中数据库管理员(Database Administrator，DBA)是负责数据库的建立、使用和维护等工作的专门人员。

1. 数据库的基本特征

数据库是相互关联的数据的集合。数据库中的数据不是孤立的，数据和数据之间是相互关联的，也就是说，在数据库中不仅要能够表示数据本身，还要能够表示数据与数据之间的关系。

数据库有以下几个基本特征。

(1) 数据库具有较高的数据独立性。
(2) 数据库用综合的方法组织数据，保证尽可能高的访问效率。
(3) 数据库具有较小的数据冗余，可供多个用户共享。

(4) 数据库具有安全控制机制，能够保证数据的安全、可靠。

(5) 数据允许多用户共享，数据库能有效、及时地处理数据，并能保证数据的一致性和完整性。

2．数据管理技术的发展

如同其他科学技术的发展一样，数据管理技术也有一个发展的历程，大体上经历了 3 个阶段。

(1) 人工管理阶段(20 世纪 50 年代中期以前)。这一阶段计算机主要用于科学计算。硬件中的外存只有卡片、纸带、磁带，没有磁盘等直接存取设备。软件只有汇编语言，没有操作系统和管理数据的软件。数据处理的方式基本上是批处理。

人工管理数据具有以下特点。

① 数据不保存。

② 应用程序管理数据。

③ 数据不共享。

④ 数据不具有独立性。

(2) 文件系统阶段(20 世纪 50 年代后期至 60 年代中后期)。计算机不仅用于科学计算，而且还逐渐扩大到非计算领域，如用于管理。硬件方面：已经有磁盘、磁鼓等直接存取存储设备，磁盘已经成为联机应用的主要存储设备。软件方面：有了操作系统和高级语言，而且还有了专门的数据管理软件，也就是文件管理系统(或操作系统的文件管理部分)，处理方式不仅有了文件批处理，而且能够进行联机实时处理。

文件系统管理数据的优点有如下 3 个。

① 数据可以长期保存。

② 有专门的软件即文件系统用于管理数据。

③ 文件的形式多样化。

文件系统管理数据的缺点也有如下 3 个。

① 数据共享性差，冗余度大。

② 数据独立性差。

③ 数据联系弱。文件与文件之间是独立的，文件之间的联系必须通过程序来构造，可见，文件是一个不具有弹性的、无结构的数据集合，不能反映现实世界事务之间的内在联系。

文件管理系统示例如图 1-1 所示。

(3) 数据库系统阶段(20 世纪 60 年代后期以来)。20 世纪 60 年代后期，在硬件方面出现了大容量的磁盘，价格下降，在软件方面出现了数据库管理系统。在数据库系统阶段使用数据库技术来管理数据。它克服了文件系统的不足，并增加了许多新功能。在这一阶段，数据由数据库管理系统统一控制，数据不再面向某个应用而是面向整个系统，因此数据可以被多个用户、多个应用共享。

数据库系统的特点如下。

① 数据结构化，这是数据库与文件系统的根本区别。

② 由 DBMS 提供统一的管理控制功能(安全性、完整性、并发控制、数据库恢复)。

③ 数据的共享性好。

④ 数据的独立性高。

⑤ 可控数据冗余度低。

数据库管理系统示例如图 1-2 所示。

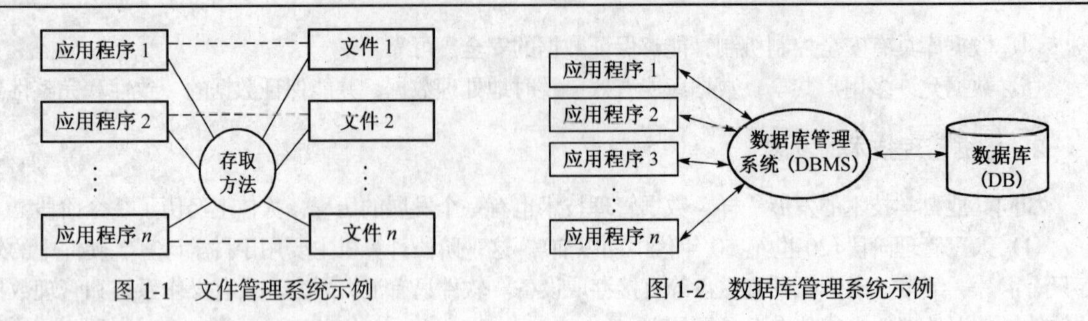

图 1-1　文件管理系统示例　　图 1-2　数据库管理系统示例

1.2　数据描述与数据模型

1.2.1　数据的 3 种范畴

数据不能直接从现实世界存放到数据库中，它需要经过人们的认识、理解、整理、规范和加工，也就是说，数据从现实世界进入到数据库中经历了 3 个层次，即现实世界、信息世界和机器世界，称为数据的 3 种范畴。

1. 现实世界

现实世界也称为客观世界。人们头脑之外的客观事物及其相互联系就在这个世界中。现实世界中所有客观存在的事物及其相互之间的联系只是处理对象最原始的表现形式。

2. 信息世界

信息世界又称为观念世界，是现实世界在人们头脑中的反映，或者说，在信息世界中所存在的信息是现实世界中的客观事物在人们头脑中的反映，并经过一定的选择、命名和分类。

3. 机器世界

当信息进入计算机后，即进入机器世界范畴或存储世界范畴。其中机器世界也称为数据世界。

由于计算机只能处理数据化的信息，所以对信息世界中的信息必须进行数据化。信息经过加工、编码后即进入数据世界，由计算机来进行处理。因此，数据世界中的对象是数据。现实世界中的客观事物及其联系在数据世界中是用数据模型来描述的。

数据化后的信息称为数据，所以说数据是信息的符号表示。

1.2.2　信息世界中所涉及的基本概念

（1）实体(Entity)。实体是客观存在的事物在人们头脑中的反映，或者说，客观存在并可相互区别的客观事物或抽象事件称为实体。实体可以指人，如一名教师、一名护士等；也可以指物，如一把椅子、仓库、一个杯子等。实体不仅可以指实际的事物，还可以指抽象的事物，如一次访问、一次郊游、订货、演出、足球赛等；甚至还可以指事物与事物之间的联系，如“学生选课记录”和“教师任课记录”等。

（2）属性(Attribute)。在观念世界中，属性是一个很重要的概念。所谓属性是指实体所具有的某一方面的特性。一个实体可由若干属性来刻画。例如，教师的属性有姓名、年龄、性别、职称等。

属性所取的具体值称为属性值。例如，某一教师的姓名为李辉，这是教师属性“姓名”的取值；该教师的年龄为 45，这是教师属性“年龄”的取值，等等。

(3) 域(Domain)。一个属性可能取的所有属性值的范围称为该属性的域。例如，教师属性“性别”的域为男、女；教师属性“职称”的域为助教、讲师、副教授、教授等。

由此可见，每个属性都是一个变量，属性值就是变量所取的值，而域则是变量的变化范围。因此，属性是表征实体的最基本的信息。

(4) 码(Key)。唯一标识实体的属性集称为码。例如，学号是学生实体的码。

(5) 实体型(Entity Type)。具有相同属性的实体必然具有共同的特性和性质。用实体名及其属性名集合来抽象和刻画同类实体，称为实体型。例如，教师(姓名，年龄，性别，职称)就是一个实体型。

(6) 实体集(Entity Set)。同一类型实体的集合。例如，某一学校中的教师具有相同的属性，他们就构成了实体集“教师”。

在信息世界中，一般就用上述这些概念来描述各种客观事物及其相互的区别与联系。

1.2.3 机器世界中所涉及的基本概念

与信息世界中的基本概念对应，在数据世界中也涉及一些相关的基本概念。

(1) 数据项(字段，Field)：对应于信息世界中的属性。例如，在实体型“教师”中的各个属性中，姓名、性别、年龄、职称等就是数据项。

(2) 记录(Record)：每个实体所对应的数据。例如，对应于某一教师的各项属性值李辉、45、男、副教授等就构成一条记录。

(3) 记录型(Record Type)：对应于信息世界中的实体型。

(4) 文件(File)：对应于信息世界中的实体集。

(5) 关键字(Key)。能够唯一标识一个记录的字段集。

1.2.4 实体间的联系

在现实世界中，事物内部及事物之间是有联系的，这些联系在信息世界中反映为实体(型)内部的联系和实体(型)之间的联系。实体内部的联系通常是指组成实体的各属性之间的联系。实体之间的联系通常是指不同实体集之间的联系。

两个实体型之间的联系可以分为以下 3 类。

1. 一对一联系(1:1)

如果对于实体集 A 中的每一个实体，实体集 B 中至多有一个(也可以没有)实体与之联系，反之亦然，则称实体集 A 与实体集 B 具有一对一联系，记为 1:1，用图 1-3 表示。

例如，实体集“学院”与实体集“院长”之间的联系就是 1 : 1 的联系。因为一个院长只领导一个学院，而且一个学院也只有一个院长。再如学校里，实体集“班级”与实体集“班长”之间也具有 1 : 1 联系，一个班级只有一个班长，而一个班长只在一个班中任职。

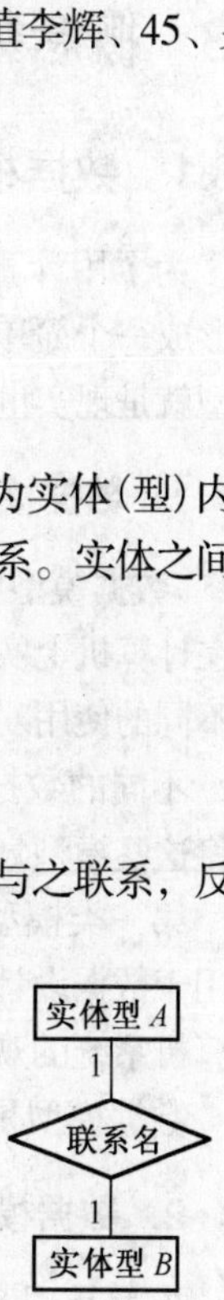

实体型 A
1
联系名
1
实体型 B

图 1-3　1 : 1 联系

2. 一对多联系(1 : n)

如果对于实体集 A 中的每一个实体，实体集 B 中有 n 个($n \geq 0$)实体与之联系，反之，对于实体集 B 中的每一个实体，实体集 A 中至多有一个实体与之联系，则称实体集 A 与实体集 B 具有一对多联系，记为 1 : n，用图1-4表示。

例如，实体集“班级”与实体集“学生”就是一对多联系。因为一个班级中有若干名学生，而每个学生只在一个班级中学习。

3. 多对多联系($m:n$)

如果对于实体集 A 中的每一个实体，实体集 B 中有 n 个($n \geqslant 0$)实体与之联系。反之，对于实体集 B 中的每一个实体，实体集 A 中也有 m 个($m \geqslant 0$)实体与之联系，则称实体集 A 与实体集 B 具有多对多联系，记为 $m:n$，用图 1-5 表示。

例如，实体集“课程”与实体集“学生”之间的联系是多对多联系($m:n$)。因为一个课程同时有若干名学生选修，而一个学生可以同时选修多门课程。实际上，一对一联系是一对多联系的特例，而一对多联系又是多对多联系的特例。

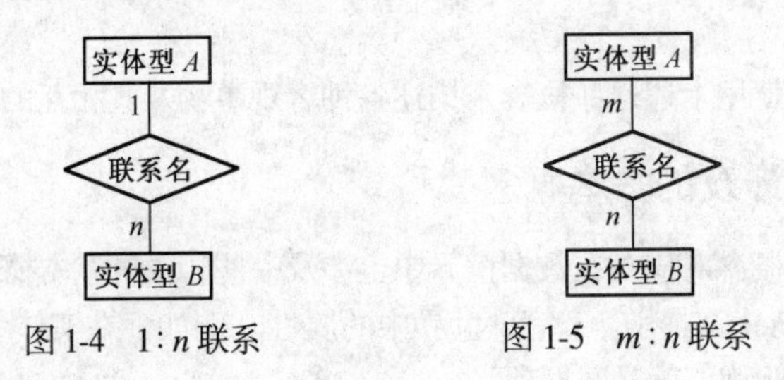

图 1-4 1:n 联系　　图 1-5 $m:n$ 联系

1.3 概念数据模型与 E-R 表示方法

1.3.1 数据模型

为了用计算机处理现实世界中的具体事物，必须事先对具体事物加以抽象，提取主要特征，归纳形成一个简单清晰的轮廓，再转换成计算机能够处理的数据，这就是“数据建模”。通俗地讲数据模型就是现实世界的模型。数据模型是用来抽象、表示和处理现实世界中的数据和信息的。

1. 数据模型满足的要求

数据模型应满足 3 方面要求：一是能比较真实地模拟现实世界；二是容易为人所理解；三是便于在计算机上实现。一种数据模型要很好地满足这 3 方面的要求在目前尚很困难。在数据库系统中针对不同的使用对象和应用目的采用不同的数据模型。

不同的数据模型实际上是提供模型化数据和信息的不同工具。根据模型的应用的不同目的，可以将这些模型划分为两类，分别属于不同的层次。

第一类模型是概念数据模型，也称为信息模型，它是按用户的观点来对数据和信息建模的，主要用于数据设计。另一类模型是基本数据模型，主要包括网状模型、层次模型、关系模型等，它是按计算机系统的观点来对数据建模的，主要用于 DBMS 的实现。

数据模型是数据库系统的核心和基础。各种机器上实现的 DBMS 软件都是基于某种数据模型的。

2. 数据模型的三要素

模型是现实世界特征的模拟抽象。在数据库技术中，用模型的概念描述数据库的结构与语义，对现实世界进行抽象。表示实体类型及实体之间联系的模型称为“数据模型”（Data Model）。数据模型是严格定义的概念的集合。这些概念精确地描述了系统的静态特性、动态特性和完整性约束条件。因此，数据模型通常都应包含数据结构、数据操作和完整性约束 3 个部分，它们是数据模型的三要素。

(1) 数据结构。数据结构是所研究的对象类型的集合。这些对象是数据库的组成部分，划分为两类，一类是与数据类型、内容、性质有关的对象，如网状模型中的数据项、记录，关系模型中的域、属性、关系等；一类是与数据之间联系有关的对象，如网状模型中的系型(Set Type)。

数据结构用于描述系统的静态特性。

数据结构是刻画一个数据模型性质最重要的方面。因此，在数据库系统中，通常按照数据结构的类型来命名数据模型。例如，层次结构、网状结构、关系结构的数据模型分别命名为层次模型、网状模型和关系模型。

(2) 数据操作。数据操作用于描述系统的动态特征。数据操作是指允许对数据库中各种对象(型)的实例(值)执行的操作的集合，包括操作及有关的操作规则。数据库主要有检索和修改(包括插入、删除、更新)两大类操作。数据模型必须定义这些操作的确切含义、操作符号、操作规则(如优先级)及实现操作的语言。

(3) 数据完整性约束。数据完整性约束是一组完整性规则的集合。完整性规则是给定的数据模型中数据及其联系所具有的制约和存储规则，用以限制符合数据模型的数据库状态及状态的变化，用以确保数据的正确、有效和相容。

数据模型应该反映和规定本数据模型必须遵守的、基本的、通用的完整性约束。例如，在关系模型中，任何关系必须满足实体完整性和参照完整性这两类约束。

此外，数据模型还应该提供定义完整性约束的机制，以反映具有应用所涉及的数据必须遵守的特定的语义约束。例如，在教师信息中的“性别”属性只能取值为男或女，教师任课信息中的“课程号”属性的值必须取自学校已经开设的课程等。

1.3.2　概念数据模型

概念数据模型，有时也简称概念模型。概念数据模型是按用户的观点对现实世界中的数据建模的，是一种独立于任何计算机系统的模型，完全不涉及信息在计算机系统中的表示，也不依赖于具体的数据库管理系统。只是用来描述某个特定组织所关心的信息结构。它是对现实世界的第一层抽象，是用户和数据库设计人员之间交流的工具。

概念数据模型是理解数据库的基础，也是设计数据库的基础。

1．概念数据模型的基本概念

概念数据模型所涉及的基本概念主要有：实体(Entity)、属性(Attribute)、域(Domain)、码(Key)、实体型(Entity Type)和实体集(Entity Set)。这些概念前面已经介绍，在这里不再详述。

2．概念数据模型中的基本关系

实体间一对一、一对多和多对多 3 类基本联系是概念数据模型的基础，也就是说，在概念数据模型中主要解决的问题仍然是实体之间的联系。

实体之间的联系类型并不取决于实体本身，而取决于现实世界的管理方法，或者说取决于语义，即同样两个实体，如果有不同的语义，则可以得到不同的联系类型。例如，有仓库和器件两个实体，现在来讨论它们之间的联系。

(1) 如果规定一个仓库只能存放一种器件，并且一种器件只能存放在一个仓库中，这时仓库和器件之间的联系是一对一的。

(2) 如果规定一个仓库中可以存放多种器件，但是一种器件只能存放在一个仓库中，这时仓库和器件之间的联系是一对多的。

(3) 如果规定一个仓库中可以存放多种器件，同时一种器件可以存放在多个仓库中，这时仓库和器件之间的联系是多对多的。

1.3.3 概念数据模型的 E-R 表示方法

概念数据模型是用于表示信息世界的模型，强调其语义表达能力，该模型要简单、清晰，易于用户理解，它是现实世界的第一层抽象，是用户和数据库设计人员之间进行交流的工具。

概念数据模型的表示方法很多，其中最为著名、最为常用的是 P.S.Chen 于 1976 年提出的实体-联系方法(Entity-Relationship Approach)。该方法用 E-R 图来描述现实世界的概念模型，E-R 方法也称为 E-R 模型。

E-R 图提供了表示实体型、属性和联系的方法。

(1) 实体型：用矩形表示，矩形框内写明实体名。

(2) 属性：用椭圆形表示，椭圆形框内写明属性名，并用无向边将其与相应的实体连接起来。

例如，学生实体具有学号、姓名、性别、年龄、系几个属性，产品实体具有产品号、产品名、型号、主要性能几个属性，用 E-R 图表示如图 1-6 所示。

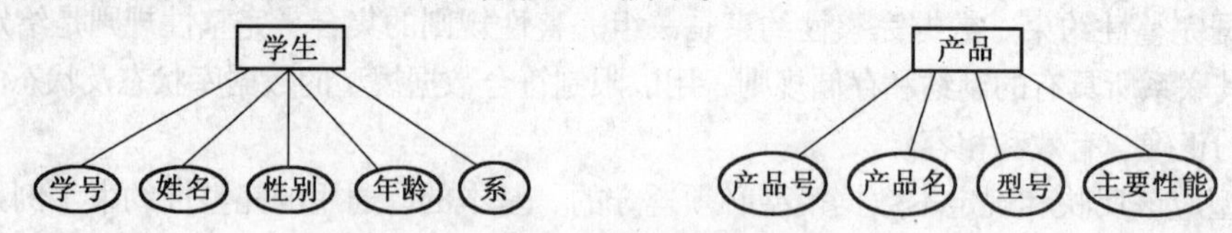

图 1-6 实体及属性示例

(3) 联系：用菱形表示，菱形框内写联系名，并用无向边分别与有关实体连接起来，同时在无向边旁标注联系的类型(1∶1，1∶n 或 m∶n)。

现实世界中的任何数据集合均可用 E-R 图来描述。图 1-7 所示为一些简单的示例。

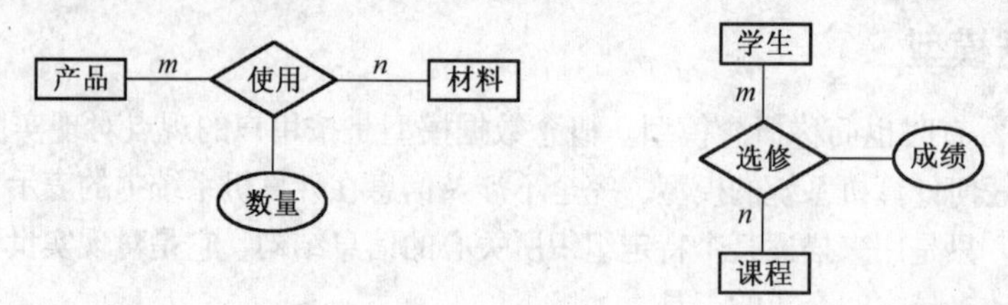

图 1-7 联系及属性示例

需要注意的是，如果一个联系具有属性，则这些属性也要用无向边与该联系连接起来。

实体-联系方法是抽象和描述现实世界的有力工具。用 E-R 图表示的概念模型独立于具体的 DBMS 所支持的数据模型，它是各种数据模型的共同基础，因而比数据模型更一般、更抽象、更接近现实世界。

E-R 模型有两个明显的优点：一是接近人的思想，容易理解；二是与计算机无关，用户容易接受。因此，E-R 模型已经成为进行数据库概念设计的一种重要方法，它是设计人员和不熟悉计算机的用户之间的共同语言。一般遇到一个实际问题，总是先设计一个 E-R 模型，然后再把 E-R 模型转换成计算机能实现的数据模型。

1.3.4 概念数据模型实例

前面介绍了概念数据模型的相关理论知识，接下来利用这些理论，为某企业设计一个较完整的概念数据模型。

该实例的目标是为某企业设计一个库存-订购数据库，为此首先根据库存和订购两项业务确定相关的实体。

库存是指在仓库中存放器件，具体工作是由仓库的职工完成的，这样，根据库存业务找到了 3 个实体：仓库、器件和职工，具体管理模式用语义描述如下。

(1) 在一个仓库中可以存放多种器件，一种器件也可以存放在多个仓库中，因此仓库与器件之间是多对多的库存联系。用库存量表示某种器件在某个仓库中的数量。

(2) 一个仓库有多个职工，而一个职工只能在一个仓库工作，因此仓库与职工之间是一对多的工作联系。

(3) 一个职工可以保管一个仓库中的多种器件，由于一种器件可以存放在多个仓库中，当然也可以由多名职工保管，因此职工与器件之间是多对多的保管联系。

根据以上语义，可以画出描述库存业务的局部 E-R 图，如图 1-8 所示。

为了不断补充库存器件的不足，仓库的职工需要及时向供应商订购器件，具体订购体现在订购单上。这里除了包含刚才用到的职工和器件实体外，又出现了两个实体：供应商和订购单。关于订购业务的管理模式语义描述如下。

(1) 一名职工可以经手多张订购单，但一张订购单只能由一名职工经手，因此职工与订购单之间是一对多的联系，该联系取名为发出订单。

(2) 一个供应商可以接收多张订购单，但一张订购单只能发给一个供应商，因此供应商与订购单之间是一对多联系，该联系取名为接收订单。

(3) 一个供应商可以供应多种器件，每种器件也可以由多个供应商供应，因此供应商与器件之间是多对多的联系，该联系取名为供应。

(4) 一张订购单可以订购多种器件，对每种器件的订购也可以出现在多张订购单上，因此订购单与器件之间是多对多的联系，该联系取名为订购。

根据以上语义，可以画出描述订购业务的局部 E-R 图，如图 1-9 所示。

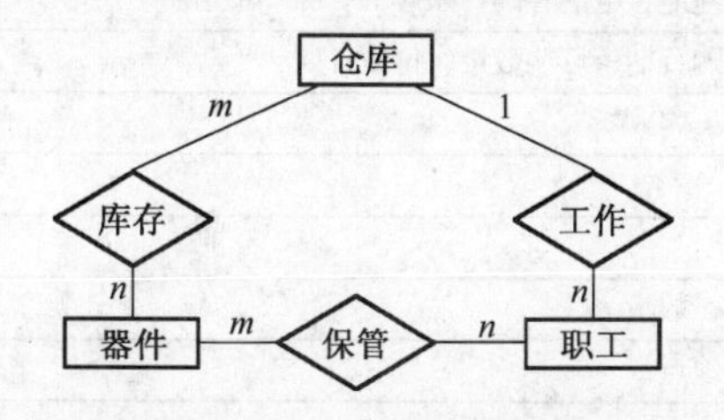

图 1-8　库存业务局部 E-R 图

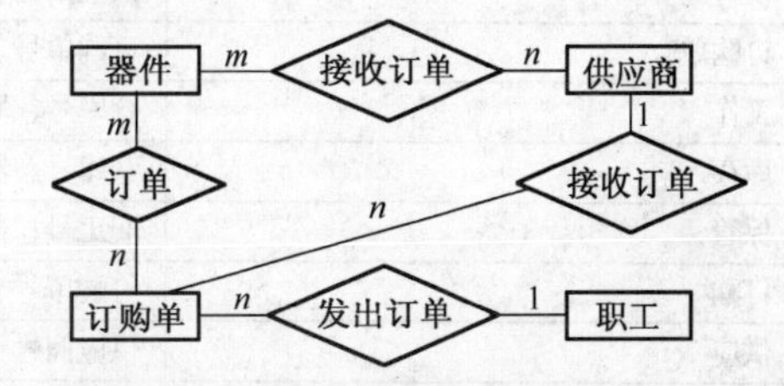

图 1-9　订购业务的局部 E-R 图

综合图 1-8 和图 1-9，可以得到如图 1-10 所示的整体 E-R 图，在这张图中共包括 5 个实体和 7 个联系，其中 3 个一对多联系，4 个多对多联系。图 1-11 给出了 5 个实体的 E-R 图，在表 1-1 中给出了这些实体和联系的属性。

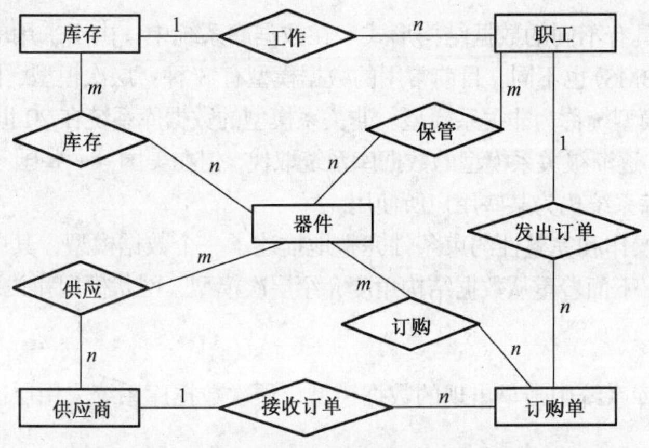

图 1-10　库存和订货模型整体 E-R 图

实体-联系方法是抽象和描述现实世界的有力工具。用 E-R 图表示的概念模型独立于具体的 DBMS 所支持的数据模型，它是各种数据模型的共同基础，因而比数据模型更一般、更抽象、更接近现实世界。

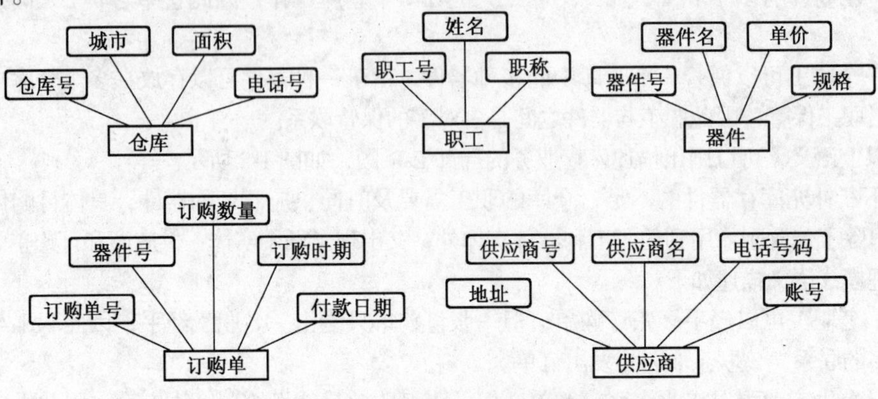

图 1-11 实体及其属性图

表 1-1 库存和定货业务模型的相关属性列表

实体和联系	属　性
仓库	仓库号、城市、面积、电话号码
职工	职工号、姓名、职称
器件	器件号、器件名、规格、单价
供应商	供应商号、供应商名、地址、电话号码、账号
订购单	订购单号、器件号、订购日期、订购数量、付款日期
工作	仓库号、职工号
库存	仓库号、器件号、数量
保管	职工号、器件号
订购	订购单号、行号、器件、数量
供应	供应商号、供应商名、地点
接收订单	供应商号、订购单号
发出订单	职工号、订购单号

1.4 传统数据模型概述

不同的数据模型具有不同的数据结构形式。在数据库系统中，由于采用的数据模型不同，相应的数据库管理系统(DBMS)也不同。目前常用的数据模型有 3 种：层次模型、网状模型和关系模型。其中层次模型和网状模型统称为非关系模型。非关系模型的数据库系统在 20 世纪 70 年代非常流行，到了 20 世纪 80 年代，逐渐被关系模型的数据库系统取代，但在美国等一些国家里，由于历史的原因，目前层次和网状数据库系统仍为某些用户所使用。

数据结构、数据操作和完整性约束条件完整地描述了一个数据模型，其中数据结构是刻画模型性质的最基本的方面。下面着重从数据结构角度介绍层次模型、网状模型和关系模型。

1.4.1 层次模型

层次模型是数据库系统中最早出现的数据模型，层次数据库系统采用层次模型作为数据的组织方式。

用树状结构来表示实体之间联系的模型称为层次模型。

构成层次模型的树是由节点和连线组成的，节点表示实体集(文件或记录型)，连线表示相连两个实体之间的联系，这种联系只能是一对多的。通常把表示“一”的实体放在上方，称为父节点；而把表示“多”的实体放在下方，称为子节点。根据树结构的特点，层次模型需要满足下列两个条件。

(1) 有且仅有一个节点没有父节点，这个节点即为树根节点。

(2) 其他数据记录有且仅有一个父节点。

在现实世界中许多实体之间的联系本来就呈现一种很自然的层次关系，如行政机构、家族关系等，如图 1-12 所示。

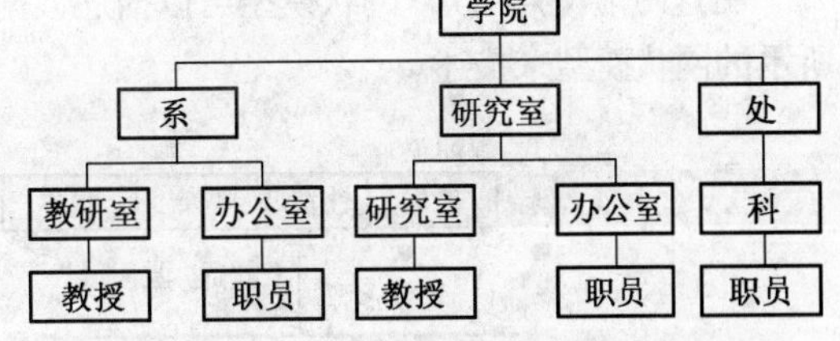

图 1-12　学院行政机构的层次模型

层次模型的一个基本的特点是，任何一个给定的记录值只有按其路径查看时，才能展现出它的全部意义，没有一个子女记录值能够脱离双亲记录值而独立存在。

层次模型最明显的特点是层次清楚、构造简单及易于实现，它可以很方便地表示出一对一和一对多这两种实体之间的联系。但由于层次模型需要满足上面两个条件，这样就使得多对多联系不能直接用层次模型表示。如果要用层次模型来表示实体之间的多对多联系，则必须首先将实体之间的多对多联系分解为几个一对多联系。分解方法有两种：冗余节点法和虚拟节点法。

层次模型的主要优点有如下几个。

(1) 层次数据模型本身比较简单。

(2) 对于实体间联系是固定的且预先定义好的应用系统，采用层次模型来实现，其性能优于关系模型，不低于网状模型。

(3) 层次数据模型提供了良好的完整性支持。

层次模型的主要缺点也有如下几个。

(1) 现实世界中的很多联系是非层次性的，如多对多联系、一个节点具有多个双亲等，在层次模型中表示这类联系比较难，只能通过引入冗余数据(易产生不一致性)或创建非自然组织(引入虚拟节点)来解决。

(2) 对插入和删除操作的限制比较多。

(3) 查询子节点必须通过双亲节点。

(4) 由于结构严密，层次命令趋于程序化。

在典型的层次数据库系统中，IMS 数据库管理系统是第一个大型商用 DBMS，于 1968 年推出，由 IBM 公司研制。

1.4.2　网状模型

网状模型和层次模型在本质上是一样的，从逻辑上看它们都使用连线表示实体之间的联系，用节点表示实体集；从物理上看，层次模型和网络模型都用指针来实现两个文件之间的联系，其差别仅在于网状模型中的连线或指针更加复杂，更加纵横交错，从而使数据结构更复杂。

在网状模型中同样使用父节点和子节点的术语，并且同样把父节点安排在子节点的上方。

在数据库中，把满足以下两个条件的基本层次联系集合称为网状模型。

(1) 允许一个以上的节点无双亲。

(2) 一个节点可以有多于一个的双亲。

网状模型是一种比层次模型更具普遍性的结构，它去掉了层次模型的两个限制，允许多个节点没有双亲节点，允许节点有多个双亲节点，此外它还允许两个节点之间有多种联系(称为复合联系)，因此网状模型可以更直接地去描述现实世界。而层次模型实际上是网状模型的一个特例。

与层次模型一样，网状模型中的每个节点表示一个记录类型(实体)，每个记录类型可包含若干字段(实体的属性)，节点间的连线表示记录类型(实体)之间一对多的父子联系。

网状模型是以记录型为节点的网状结构，它的特点如下。

(1) 可以有一个以上的节点无“父亲”。

(2) 至少有一个节点多于一个“父亲”。

由这两个特点可知，网状模型可以描述数据之间的复杂关系。例如，学院的教学情况可以用图1-13所示的网状模型来描述。

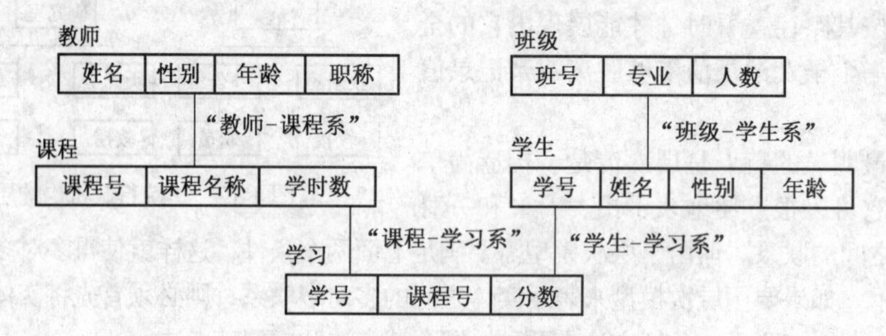

图1-13 学院教学情况的网状模型

网状模型和层次模型都属于格式化模型。格式化模型是指在建立数据模型时，根据应用的需要，事先将数据之间的逻辑关系固定下来，即先对数据逻辑结构进行设计使数据结构化。

由于网状模型所描述的数据之间的关系要比层次模型复杂得多，在层次模型中子节点与双亲节点的联系是唯一的，而在网状模型中这种联系可以不唯一。因此，为了描述网状模型的记录之间的联系，引进了“系(Set)”的概念。所谓“系”可以理解为命名了的联系，它由一个父记录型和一个或多个子记录型构成。每一种联系都用“系”来表示，并将其标以不同的名称，以便相互区别，如图1-13中的“教师-课程系”、“课程-学习系”、“学生-学习系”和“班级-学生系”等。从图1-13中可以看到教师的属性有：姓名、性别、年龄、职称；班级的属性有：班号、专业、人数；课程的属性有：课程号、课程名称、学时数；学生的属性有：学号、姓名、性别、年龄；课程与学生的联系学习的属性为：学号、课程号、分数。

用网状模型设计出来的数据库称为网状数据库。网状数据库是目前应用较为广泛的一种数据库，它不仅具有层次模型数据库的一些特点，而且也能方便地描述较为复杂的数据关系。

网状数据模型的优点主要有如下两个。

(1) 能够更为直接地描述现实世界，如一个节点可以有多个双亲。

(2) 具有良好的性能，存取效率较高。

网状数据模型的缺点也主要有如下两个。

(1) 结构比较复杂，而且随着应用环境的扩大，数据库的结构变得越来越复杂，不利于用户最终掌握。

(2) 其DDL、DML语言复杂，用户不容易使用。

典型的网状数据库系统，DBTG系统，也称为CODASYL系统，是由DBTG提出的一个系统方案，为数据库系统的基本概念、方法和技术的提出奠定了基础，于20世纪70年代推出。实际系统包括Cullinet Software Inc.公司的IDMS、Univac公司的DMS1100、Honeywell公司的IDS/2、HP公司的IMAGE等。

1.4.3　关系模型

关系模型是目前最重要的一种数据模型。关系数据库系统采用关系模型作为数据的组织方式。

在关系模型中，把数据看成一个二维表，每一个二维表称为一个关系。例如，表 1-2 所示的二维表就是一个关系。表中的每一列称为属性，相当于记录中的一个数据项，对属性的命名称为属性名；表中的一行称为一个元组，相当于记录值。

表 1-2　学生基本信息表

学号(S#)	学生姓名(SN)	所属系(SD)	…
984221	刘杨	Physics	…
986547	赵俊	Computer	…
…	…	…	…
987912	李明	Chemistry	…

对于表示关系的二维表，其最基本的要求是，表中元组的每一个分量必须是不可分的数据项，即不允许表中再有表。关系是关系模型中最基本的概念。

与格式化模型相比，关系模型有以下几个方面的优点。

（1）数据结构比较简单。

（2）具有很高的数据独立性。

（3）可以直接处理多对多的联系。

（4）具备坚实的理论基础。

在层次模型中，一个 *n* 元关系有 *n* 个属性，属性的取值范围称为值域。

一个关系属性名的表称为关系模式，也就是二维表的框架，相当于记录型。若某一关系的关系名为 *R*，其属性名为 *A*1，*A*2，…，*An*，则该关系的关系模式记为：

$$R(A1, A2, \cdots, An)$$

例如，表 1-3 所示的二维表为一个三元关系，其关系名为 ER，关系模式(即二维表的表框架)为 ER(S#，SN，SD)。其中，S#、SN、SD 分别是这个关系中的 3 个属性的名称，{S_1，S_2，S_3，S_4，S_5}是属性 S#(学号)的值域，{Liu Yang，Zhao Jun，Yang Lei，Zhou Tao，Li Ming}是属性 SN(学生姓名)的值域，{Physics，Computer，Chemistry，Mathematics，Chemistry}是属性 SD(所属系)的值域。

表 1-3　学生信息表

学号(S#)	学生姓名(SN)	所属系(SD)
984221	刘杨	Physics
986547	赵俊	Computer
…	…	…
987912	李明	Chemistry

术语“父”与“子”不属于关系数据库操作语言，但也常使用该术语来说明关系之间的关系，即使用术语“父”关系和“子”关系。在关系数据操作语言中用连接字段值的等与不等来说明和实现联系。

现在的数据库管理系统，全部都是关系数据库管理系统，如 Sybase、Oracle、MS SQL Server 及 FoxPro 和 Access 等。

1.5　数据库系统结构

1.5.1　数据库系统模式的概念

模式是数据库中全体数据的逻辑结构和特征的描述，它仅仅涉及型的描述，不涉及具体的值。模式反映的是数据的结构及其联系。

尽管实际的数据库管理系统产品种类很多，它们支持不同的数据模型、使用不同的数据库语言、建立在不同的操作系统上，数据的存储结构也不相同，但它们的体系结构具有相同的特征，即采用三级模式结构，并提供两级映像功能，如图1-14所示。

1.5.2 数据库系统的三级模式结构

数据库的三级模式结构是数据的 3 个抽象级别，用户只要抽象地处理数据，而不必关心数据在计算机中如何表示和存储。

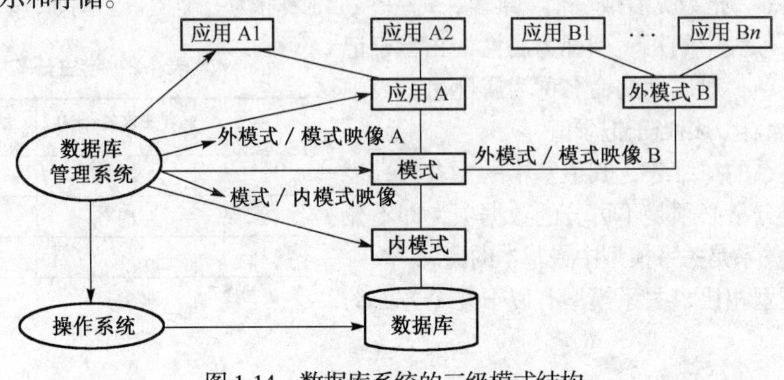

图 1-14 数据库系统的三级模式结构

1. 外模式

外模式(External Schema)又称为用户模式，是数据库用户和数据库系统的接口，是数据库用户的数据视图(View)，是数据库用户可以看见和使用的局部数据的逻辑结构和特征描述，是与某一应用有关的数据的逻辑表示。

一个数据库通常有多个外模式。当不同用户在应用需求、保密级别等方面存在差异时，其外模式描述就会有所不同。一个应用程序只能使用一个外模式，但同一外模式可为多个应用程序所使用。外模式是保证数据安全的重要措施。每个用户只能看见和访问所对应的外模式中的数据，而数据库中的其他数据均不可见。

2. 模式

模式(Schema)又可分为概念模式(Conceptual Schema)和逻辑模式(Logical Schema)，是所有数据库用户的公共数据视图，是数据库中全部数据的逻辑结构和特征的描述。

3. 内模式

内模式(Internal Schema)又称为存储模式(Storage Schema)，是数据库物理结构和存储方式的描述，是数据在数据库内部的表示方式。例如，记录的存储方式是顺序方式、按照 B 树结构存储还是按照 Hash 方法存储；索引按照什么方式组织；数据是否压缩存储，是否加密；数据的存储记录结构有何规定等。

一个数据库只有一个内模式。内模式描述记录的存储方式、索引的组织方式、数据是否压缩和是否加密等，但内模式并不涉及物理记录，也不涉及硬件设备。

1.5.3 数据独立性

为了能够在内部实现这 3 个抽象层次的联系和转换，数据库管理系统在这三级模式之间提供了两层映像。

- 外模式/模式映像
- 模式/内模式映像

这两层映像保证了数据库系统中的数据能够具有较高的逻辑独立性和存储独立性。

所谓映像(Mapping)就是一种对应规则，说明映像双方如何进行转换。

1．逻辑数据独立性

为了实现数据库系统的外模式与模式的联系和转换，在外模式与模式之间建立映像，即外模式/模式映像。通过外模式与模式之间的映像把描述局部逻辑结构的外模式与描述全局逻辑结构的模式联系起来。由于一个模式与多个外模式对应，因此，对于每个外模式，数据库系统都有一个外模式/模式映像，它定义了该外模式与模式之间的对应关系。这些映像定义通常包含在各自外模式的描述中。

有了外模式/模式映像，当模式改变时，如增加新的属性、修改属性的类型，只要对外模式/模式的映像做相应的改变，即可使外模式保持不变，则以外模式为依据编写的应用程序不会受影响，从而应用程序不必修改，保证了数据与程序之间的逻辑独立性，也就是逻辑数据独立性。

逻辑数据独立性说明模式变化时一个应用的独立程度。现今的系统可以提供下列逻辑数据独立性。

(1) 在模式中增加新的记录类型，只要不破坏原有记录类型之间的联系即可。

(2) 在原有记录类型之间增加新的联系。

(3) 在某些记录类型中增加新的数据项。

2．存储数据独立性

为了实现数据库系统模式与内模式的联系和转换，在模式与内模式之间提供了映像，即模式/内模式映像。通过模式与内模式之间的映像把描述全局逻辑结构的模式与描述物理结构的内模式联系起来。由于数据库只有一个模式，也只有一个内模式，因此，模式/内模式映像也只有一个，在通常情况下，模式/内模式映像放在内模式中描述。

有了模式/内模式映像，当内模式改变时，如存储设备或存储方式有所改变，只要对模式/内模式映像做相应的改变，使模式保持不变，则应用程序就不会受影响，从而保证了数据与程序之间的物理独立性，称为存储数据独立性。

物理数据独立性说明在数据物理组织发生变化时一个应用的独立程度，如不必修改或重写应用程序。现今的系统可以提供以下几个方面的物理数据独立性。

(1) 改变存储设备或引进新的存储设备。

(2) 改变数据的存储位置，如把它们从一个区域迁移到另一个区域。

(3) 改变物理记录的体积。

(4) 改变数据物理组织方式，如增加索引、改变 Hash 函数，或从一种结构改变为另一种结构。

1.6　数据库管理系统的组成

DBMS 的主要职责就是有效地实现数据库三级之间的转换，即把用户（或应用程序）对数据库的一次访问，从用户级带到概念级，再导向物理级，转换为对存储数据的操作。数据库管理系统是数据库系统的核心，是建立 DBS 的保证，一个数据库应用系统一般都需要选择某个 DBMS 来完成数据管理工作。数据库管理系统产品有很多种，各产品版本更新很快，技术和性能提升很快。不同数据库管理系统所基于的原理和理论有共同点。当前主要是关系型，支持面向对象、Internet、数据仓库、数据挖掘等。

DBMS 的功能主要包括 6 个方面。

(1) 数据定义：包括定义库结构的模式、内模式、外模式、映像、约束条件、存取权限。

(2) 数据操纵：包括对数据库中数据的检索、插入、修改、删除等基本操作。

(3) 数据库运行管理：包括并发控制、安全性、完整性、内部维护。

(4) 数据组织、存储和管理：DBMS 负责分门别类地组织、存储和管理库中的数据字典、用户数据、存取路径等数据，确定以何种文件结构和存取方式物理地组织这些数据，实现数据间的联系，以提高空间和时间效率。

(5) 数据库建立和维护：建立的相关操作包括初始数据输入和数据转换等；维护的相关操作包括数据的转储恢复、重组织、重构造、性能监视与分析。

(6) 数据通信接口：实现与其他软件系统的通信。

DBMS 一般至少由 4 个部分组成。

(1) 数据定义语言及其翻译处理程序。

(2) 数据操纵语言及其编译(或解释)程序。

(3) 数据库运行控制程序。

(4) 应用程序。

数据库管理系统 DBMS 的主要组成部分如图 1-15 所示。

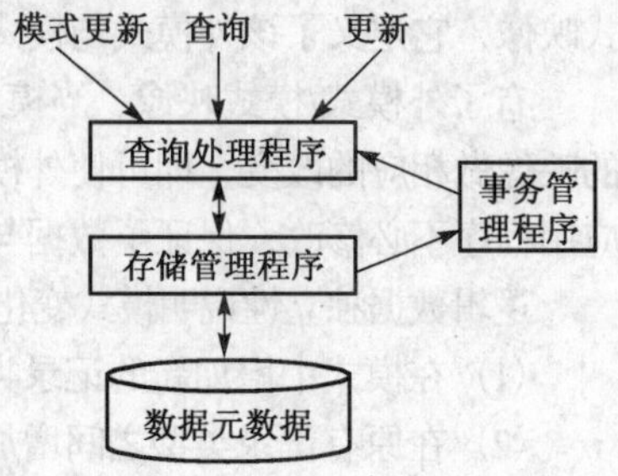

图 1-15　DBMS 的主要组成部分

1.7　数据库系统的组成

1．硬件

数据库系统对硬件的要求如下：

(1) 有足够大的内存。

(2) 有足够大的磁盘用于存放数据库。

(3) 有较高的通道能力，可提高数据传输速率。

2．软件

数据库系统的软件主要包括如下几类：

(1) DBMS。

(2) 支持 DBMS 运行的操作系统。

(3) 具有与数据库接口的高级语言及其编译系统。

(4) 以 DBMS 为核心的应用开发工具。

(5) 为特定应用环境开发的数据库应用系统。

3．人员

人员主要包括数据库管理员、系统分析员、数据库设计人员、应用程序员和用户。

1.8　小结

本章详细介绍数据库的概念及数据库的特点，数据库管理系统的目标、功能及组成及数据库管理工作的重要性和数据库管理员的职责所在；另外在本章中还讨论了数据描述，主要描述信息存在的 3 个范畴(客观世界、信息世界和机器世界)，其中关于机器世界应该掌握实体的基本概念尤其是实体间的相互联系，并能够区分实体间的联系，属于一对一联系、一对多联系还是多对多联系。概念数据模型是一种与具体的数据库管理系统无关的模型，概念数据模型是理解数据库设计和进行数据库设计的基础。把数据库管理系统支持的实体之间联系的表示方式称为具体的数据模型。传统的三大数据模型是层次模型、网状模型和关系模型。层次模型用层次关系表示联系，网状模型用网状结构表示联系，关系模型用关系表示联系。本章还介绍了数据库的三层结构和数据独立性。数据库的三层结构是存储层、概念层和外部层，存储层和概念层之间的映像提供了存储数据独立性，概念层和外部层之间的映像提供了概念数据独立性。只有存储层才是物理上真正存放数据的层次。

习题 1

一、单项选择题

1．在数据管理技术的发展过程中，经历了人工管理阶段、文件系统阶段和数据库系统阶段。在这几个阶段中，数据独立性最高的是__________阶段。

A．数据库系统　　B．文件系统
C．人工管理　　D．数据项管理

2．数据库的基本特点是__________。

A．数据可以共享(或数据结构化)　　C．数据独立性高
B．数据冗余大，易移植　　D．统一管理和控制

3．在数据中，下列说法中__________是不正确的。

A．数据库避免了一切数据的重复
B．若系统是可以完全控制的，则系统可确保更新时的一致性
C．数据库中的数据可以共享
D．数据库减少了数据冗余

4．__________是存储在计算机内有结构的数据的集合。

A．数据库系统　　B．数据库
C．数据库管理系统　　D．数据结构

5．在数据库中存储的是__________。

A．数据　　B．数据模型
C．数据及数据之间的关系　　D．信息

6．数据库的特点之一是数据的共享，严格地讲，这里的数据共享是指__________。

A．同一个应用中的多个程序共享一个数据集合
B．多个用户、同一种语言共享数据
C．多个用户共享一个数据文件
D．多种应用、多种语言、多个用户相互覆盖地使用数据集合

7．数据库系统的核心是__________。

A．数据库　　B．数据库管理系统　　C．数据模型　　D．软件工具

8．下述关于数据库系统的叙述正确的是__________。

A．数据库中只存在数据项之间的联系
B．数据库的数据项之间和记录之间都存在联系
C．数据库的数据项之间无联系，记录之间存在联系
D．数据库的数据项之间和记录之间都不存在联系

9．数据库(DB)、数据库系统(DBS)和数据库管理系统(DBMS)三者之间的关系是__________。

A．DBS 包括 DB 和 DBMS　　B．DBMS 包括 DB 和 DBS
C．DB 包括 DBS 和 DBMS　　D．DBS 就是 DB，也就是 DBMS

10. 在数据库中，产生数据不一致的根本原因是__________。

A. 数据存储量太大　　B. 没有严格保护数据

C. 未对数据进行完整性控制　　D. 数据存在冗余

11. 数据库管理系统是__________。

A. 一个完整的数据库应用系统　　B. 一组硬件

C. 一组软件　　D. 既有硬件，也有软件

12. 数据库管理系统的主要功能是__________。

A. 数学软件　　B. 应用软件

C. 计算机辅助设计　　D. 系统软件

13. 数据库系统的核心是__________。

A. 编译系统　　B. 数据库

C. 操作系统　　D. 数据库管理系统

14. 数据库管理系统能实现对数据库中数据的查询、插入、修改和删除等操作，这种功能称为__________。

A. 数据定义功能　　B. 数据管理功能

C. 数据操纵功能　　D. 数据控制功能

15. 为使程序员编程时既可使用数据库语言又可使用常规的程序设计语言，数据库系统需要把数据库语言嵌入到__________中。

A. 编译程序　　B. 操作系统　　C. 中间语言　　D. 宿主语言

16. 数据库系统的最大特点是__________。

A. 数据的三级抽象和二级独立性　　B. 数据共享性

C. 数据的结构化　　D. 数据独立性

17. 在数据库的三级模式结构中，描述数据库中全体数据的全局逻辑结构和特征的是________。

A. 外模式　　B. 内模式　　C. 存储模式　　D. 模式

18. 实体是信息世界中的术语，与之对应的数据库术语为__________。

A. 文件　　B. 数据库　　C. 字段　　D. 记录

19. 层次型、网状型和关系型数据库的划分原则是__________。

A. 记录长度　　B. 文件的大小　　C. 联系的复杂程度　　D. 数据之间的联系

20. 按照传统的数据模型分类，数据库系统可以分为3种类型：__________。

A. 大型、中型和小型　　B. 中文、英文和兼容

C. 层次、网状和关系　　D. 数据、图形和多媒体

21. 数据库的网状模型应满足的条件是__________。

A. 允许一个以上的节点无双亲，也允许一个节点有多个双亲

B. 必须有两个以上的节点

C. 有且仅有一个节点无双亲，其余节点都只有一个双亲

D. 每个节点有且仅有一个双亲

22. 在数据库的非关系模型中，基本层次联系是__________。

A. 两个记录型及它们之间的多对多联系

B. 两个记录型及它们之间的一对多联系

C. 两个记录型之间的多对多联系

D. 两个记录之间的一对多联系

23．按所使用的数据模型来分，数据库可分为__________3 种模型。

A．层次、关系和网状　　B．网状、环状和链状

C．大型、中型和小型　　D．独享、共享和分时

24．通过指针链接来表示和实现实体之间联系的模型是__________。

A．关系模型　　B．层次模型

C．网状模型　　D．层次和网状模型

25．层次模型不能直接表示，__________。

A．只能表示实体间的 1 : 1 联系　　B．只能表示实体间的 1 : n 联系

C．只能表示实体间的 m : n 联系　　D．可以选项 A、B、C 所述的 3 种联系

26．数据库三级模式体系结构的划分，有利于保持数据库的__________。

A．数据独立性　　B．数据安全性

C．结构规范化　　D．操作可行性

27．数据库的概念模型独立于__________。

A．具体的机器和 DBMS　　B．E-R 图

C．信息世界　　D．现实世界

28．数据库中数据的物理独立性是指__________。

A．数据库与数据库管理系统的相互独立

B．用户程序与 DBMS 的相互独立

C．用户的应用程序与存储在磁盘上数据库中数据相互独立

D．应用程序与数据库中数据的逻辑结构相互独立

29．在数据库技术中，为提高数据库的逻辑独立性和物理独立性，数据库的结构被划分成用户级、__________和存储级 3 个层次。

A．管理员级　　B．外部级　　C．概念级　　D．内部级

二、填空题

1．数据管理技术经历了__________、__________、__________3 个阶段。

2．数据库是长期存储在计算机内、有__________的、可__________的数据集合。

3．DBMS 是指__________，它是位于__________和__________之间的一层管理软件。

4．数据库管理系统的主要功能有__________、__________数据库的运行管理和数据库的建立及维护 4 个方面。

5．数据独立性可分为__________和__________。

6．当数据的物理存储改变而应用程序不变时，由 DBMS 处理这种改变，这是指数据的________。

7．按照数据结构的类型来命名，数据模型分为__________、__________和__________。

8．在层次数据模型中只有一个节点，无父节点，它称为__________。

9．在层次模型中，根节点以外的节点至多可有__________个父节点。

10．关系数据库是采用__________作为数据的组织方式。

11．现实世界的事物反映到人的头脑中经过思维过程加工成数据，这一过程要经过 3 个领域，依次是__________、__________和__________。

12．数据库系统的软件管理人员称为数据库管理员，简称__________。

13．现实世界中存在的可以相互区分的事物或概念称为__________。

14．数据库是根据__________建立的，它是数据库系统的基础。

15. ＿＿＿＿＿是对象的数据表示，是同类记录的集合。

16. 在数据库系统中最常使用的数据模型是层次模型、网状模型和＿＿＿＿＿。

17. 在关系模型中，数据的逻辑结构是一张＿＿＿＿＿，它由行和列组成。

18. ＿＿＿＿＿是关系模型中可唯一标识元组的属性或属性集。

19. 关系的型称为＿＿＿＿＿，是对关系的描述，一般表示形式是：关系名(属性 1，属性 2，…，属性 n)。

三、简答题

1. 什么是数据库?
2. 什么是数据库管理系统?
3. 数据库管理系统有哪些功能?
4. 什么是数据库的数据独立性?
5. 什么是数据模型？数据模型的三要素是什么?
6. 为某百货公司设计一个 E-R 模型。

百货公司管辖若干连锁商店，每家商店经营若干商品，每家商店有若干职工，但每个职工只能服务于一家商店。

实体类型“商店”的属性有：店号、店名、店址、店经理。

实体类型“商品”的属性有：商品号、商品名、单价、产地。

实体类型“职工”的属性有：工号、姓名、性别、工资。

在联系中应反映出职工参加某商店工作的开始时间、商店销售商品的月销售量。

试画出反映商店、商品、职工实体类型及其联系类型的 E-R 图。

第 2 章　关系数据库理论

本章主要阐述关系模型的基本概念、关系模型的完整性、关系代数、关系的规范化。

通过本章学习，将了解以下内容：

- 关系模型的基本概念及术语
- 关系模型的数据结构和完整性约束条件
- 关系代数的基本操作
- 关系代数的计算方法
- 函数依赖的含义
- 关系模式的函数依赖
- 关系模式范式的基本概念
- 4 种范式
- 各范式之间的关系

关系数据库用数学方法来处理数据库中的数据。它有严格的理论基础，1970 年 IBM 公司的 E.F.Codd 发表名为 A Relational Model of Data for Shared Data Banks 的论文，开创了数据库系统的新纪元。以后，他又连续发表了多篇论文，奠定了关系数据库理论基础。20 世纪 70 年代末，IBM 公司 San Jose 实验室在 IBM370 系列机上研制出关系数据库系统 System R 并获得成功。1981 年，IBM 公司的 SQL/DS 问世。与 System R 同期，INGRES 实验系统并后来由 INGRES 公司发展称为 INGRES 的数据库产品。目前关系数据库系统已经占据数据库系统的主要市场。

2.1　关系模型

2.1.1　关系模型的基本概念

1．关系及基本术语

在关系模型中，将表格的头一行称为关系框架：是属性 $A_1, A_2, \cdots, A_K$ 的有限集合。每个属性 A_i 对应一个值域 $D_i = d(i = 1, 2, \cdots, k)$，值域可以是任意的非空有限集合或无限集合。

每一张表称为该关系框架上的一个具体关系：关系框架 R 上的一个关系 $r[R]$是它的属性 $A_j(j = 1, 2, \cdots, k)$ 对应的域 $d(A_j)$ 构成的笛卡儿空间 $d(A_1) \times d(A_2) \times \cdots \times d(A_k)$ 中的一个子集。

表中的每一行称为关系的一个元组；每一列称为属性，它在某个值域上的取值，不同的属性可以在相同的值域上取值。

当某些域为无穷集合时，乘积空间也是一个无穷集合，因而子集可以是有穷集合，也可以是无穷集合。把乘积空间中的有限集合称为有限关系，无限集合称为无限关系。在后续讨论中如无特殊声明，关系总是指有限关系。

关系中的属性个数称为“元数”（Arity），元组个数称为“基数”（Cardinality）。

关系包含以下类型。

(1) 基本表：它是实际存在的表，是实际存储数据的逻辑表示。

(2) 查询表：它是查询结果对应的表，是一个虚表，是数据库管理系统执行了查询语句之后得到的虚关系。

(3) 视图表：它是由基本表或其它视图表导出的表，是一个虚表。对用户来说可以像表一样直接使用。而不用考虑查询语句的写法。视图表就是前面介绍的外模式。

基本关系的性质如下。

(1) 列是同质的，即每一列中的分量是同一类型的数据。

(2) 不同的列可出自同一个域，称其中的每一列为一个属性，不同的属性要给予不同的属性名。

(3) 列与列之间可以互换位置。

(4) 任意两个元组不能完全相同。

(5) 行的次序可以任意交换。

(6) 分量必须取原子值，即每一个分量都必须是不可分的数据项。例如：家庭电话有两部的情况，如表 2-1 所示。

表 2-1　职工表

职工编号	职工姓名	家庭电话	
		电话 1	电话 2
20010101	张三	4986125	4912457

上面就是不规范的关系。应该按表 2-2 进行设计。

表 2-2　职工表

职工编号	职工姓名	家庭电话 1	家庭电话 2
20010101	张三	4986125	4912457

2. 域

域(Domain)指一组具有相同数据类型的值的集合。如：

*D*1 = {1, 2, 3, 4, 5, 6, …}表示自然数集合；

*D*2 = {男, 女}表示性别集合。

域中数据的个数称为域的基数。所以，*D*2 的基数为 2，*D*1 的基数为无穷。

3. 关键字(码)

当关系中包含若干元组时，要将它们区分开来，就需要通过属性集合的不同来确认，以下给出关键字(码)的定义。

超关键字(Super Key)：在关系中能唯一标识元组的属性集合称为超关键字，显然，一个关系所属性有的集合为该关系本身的超关键字。

候选关键字(Candidate Key)：如某一属性集合是超关键字，但去掉其中任一属性后就不再是超关键字了，这样的属性称为候选关键字。

候选关键字的各个属性称为主属性。不包含在任何候选关键字中的属性称为非主属性(非码属性)。最简单的情况是，主码只有一个属性。在最极端的情况下，由关系模式中的所有属性构成主码，称为全码(All-Key)。

例如，学生关系：student(stuno, stuname, birthday, sex, class)，其中的 stuno(学号)就是主码。再比如，导师指导学生的关系 sap(thno, stuno)的主码就是一个全码。

主关键字(Primary Key)：如果关系中存在多个候选关键字，用户选作元组标识的一个候选关键字为主关键字。通常在进行关系操作时，选用一个主关键字作为插入、删除、检索元组的操作变量。

合成关键字(Composite Key)：当某个候选关键字包含多个属性时，则称该候选关键字为合成关键字。

外部关键字(Foreign Key)：如果关系 R 的某一(些)属性 K 不是 R 的候选关键字，而是另一关系 S 的候选关键字，则称 K 为 R 的外部关键字。它是在两个关系之间建立联系的一种非常重要的方法。

2.1.2　关系模式

关系模式的定义包括模式名、属性名、值域名及模式的主键，它仅仅是对数据特性的描述，与物理存储方式没有关系。

定义 2.1　关系的描述称为关系模式，形式化表示如下：

$$R(U, D, \mathrm{dom}, F)$$

其中 R 为关系名，U 是组成该关系的属性名集合，D 是属性组 U 中属性所来自的域，dom 为属性到域的映像集合，F 为属性间数据的依赖关系集合。

通常将关系模式简记为 $R(A_1, A_2, \cdots, A_k)$，R 为关系名，$A_1, A_2, \cdots, A_k$ 为属性名，并指出主关键码。

例 2-1：在学校教学模型中，如果学生的属性 S#、SNAME、AGE、SEX 分别表示学生的学号、姓名、年龄和性别；课程的属性 C#、CNAME、TEACHER 分别表示课程号、课程名和任课教师姓名。给出它们的关系模式。

学生关系模式 S(<u>S#</u>, SNAME, AGE, SEX)

课程关系模式 C(<u>C#</u>, CNAME, TEACHER)

关系模式中带有下划线的属性集为主关键字。

2.2　关系模型的完整性

为了维护数据库中数据与现实世界的一致性，在关系模型中加入完整性规则，其中可以有 4 类完整性约束：域完整性约束、实体完整性约束、参照完整性约束和用户定义完整性约束。其中域完整性、实体完整性和参照完整性是关系模型必须满足的约束条件，由关系系统自动支持。

1．域完整性(Domain Integrity)约束

域完整性约束主要规定属性值必须取自值域；一个属性能否为空值由其语义决定。域完整性约束是最基本的约束，一般关系 DBMS 都提供此项检查功能。

2．实体完整性(Entity Integrity)约束

若属性 A 是关系 R 的主属性，则属性 A 不能取空值。

实体完整性规则规定基本关系的所有主属性都不能取空值，且不仅是主属性整体不能取空值。例如，在关系“学生成绩关系 SC(学号, 课程号, 成绩)”中，“学号”和“课程号”为主属性，则都不能取空值。

3．参照完整性(Referential Integrity)约束

这条规则要求“不引用不存在的实体”，考虑的是不同关系之间或同一关系的不同元组之间的制约。参照完整性的形式定义如下：

如果属性集 K 是关系模式 R 的主关键字，K 也是关系模式 S 的外关键字(关系 R 和 S 不一定是不同的关系)，那么在 S 的关系中，K 的取值只有两种可能，或者为空值，或者等于 R 关系中某个主关键字的值。

在上述形式定义中，关系模式 R 称为“参照关系”模式，关系模式 S 称为“依赖关系”模式。

例 2-2：学生实体和专业实体可以用下面的关系表示，其中主码用下划线标识。

学生(学号, 姓名, 性别, 专业号, 年龄)

专业(专业号, 专业名)

这两个关系之间存在着属性的引用，学生关系引用了专业关系中的主码“专业号”。显然，学生关系中的“专业号”值必须是确实存在的专业的专业号，即专业关系中有该专业的记录。这也就是说，学生关系中的某个属性的取值需要参照专业关系的属性取值。

4. 用户定义完整性(User-defined Integrity)约束

不同的关系数据库系统根据其应用环境的不同，往往还需要一些特殊的约束条件，用户定义的完整性就是针对某一具体关系数据库的约束条件。例如，学生的年龄定义为两位整数，还可以写一条规则，如把年龄限制在16～20岁之间。

2.3 关系代数

2.3.1 关系代数概述

关系数据库的数据操作分为查询和更新两类。更新语句用于插入、删除和修改等操作，查询语句用于各种检索操作。关系查询语言根据其理论基础的不同分为两大类。

关系代数语言：查询操作是以集合操作为基础运算的 DML 语言。

关系演算语言：查询操作是以谓词演算为基础运算的 DML 语言。

关系代数是一种抽象的查询语言，是关系数据操纵语言的一种传统表达方式，它是用对关系的运算来表达查询的。关系代数的运算对象是关系，运算结果也为关系。

2.3.2 关系代数的基本操作

关系代数的一部分运算是集合运算(如并、差、交、补)，另一部分是关系代数所特有的投影、选择、连接和除等运算。

首先定义关系的相等。设有同类关系 r_1 和 r_2，若 r_1 的任何一个元组都是 r_2 的一个元组，则称关系 r_2 包含关系 r_1，记为 $r_1 \subseteq r_2$，或 $r_2 \supseteq r_1$。如果 $r_1 \subseteq r_2$ 且 $r_1 \supseteq r_2$，则称 r_1 等于 r_2，记为 $r_1 = r_2$。

1. 并

设有同类关系 $r_1[R]$ 和 $r_2[R]$，二者的并(Union)运算定义为：

$$r_1 \cup r_2 = \{t \mid t \in r_1 \vee t \in r_2\}$$

其中“∪”为合并运算符。$r_1 \cup r_2$ 的结果关系是 r_1 的所有元组与 r_2 的所有元组的并集(去掉重复元组)。

2. 交

设有同类关系 $r_1[R]$ 和 $r_2[R]$，二者的交(Intersection)运算定义为：

$$r_1 \cap r_2 = \{t \mid t \in r_1 \wedge t \in r_2\}$$

其中“$\cap$”为交运算符，$r_1 \cap r_2$ 的结果关系是 r_1 和 r_2 所有相同的元组构成的集合，它与 r_1 和 r_2 为同类关系。显然 $r_1 \cap r_2$ 等于 $r_1-(r_1-r_2)$ 或 $r_1-(r_2-r_1)$。

3. 差

设有同类关系 $r_1[R]$ 和 $r_2[R]$，二者的差(Difference)运算定义为：

$$r_1 - r_2 = \{t \mid t \in r_1 \wedge t \notin r_2\}$$

其中“–”为相减运算符。r_1-r_2 的结果关系是 r_1 的所有元组减去 r_1 与 r_2 相同的那些元组所剩下的元组的集合。

4. 笛卡儿积

设 $r_1[R]$ 为 k_1 元关系，$s[S]$ 为 k_2 元关系，二者的笛卡儿积(Difference)运算定义为：

$$r \times s = \{t \mid t = < u, v > \wedge u \in r \wedge v \in s\}$$

$r \times s$ 的结果是一个 k_1+k_2 元的关系，它的关系框架是 R 与 S 的框架的并集(由于 R 与 S 中可能有重名的属性，故允许结果关系框架中有同名属性，或将同名属性改名，在连接运算中也有类似问题)。它的每个元组的前 k_1 个分量为 r 的一个元组，后 k_2 个分量为 s 的一个元组，$r \times s$ 是所有可能的这种元组构成的集合。若 r、s 分别有 m、n 个元组，则 $r \times s$ 有 $m \times n$ 个元组。

例 2-3：男性集合 M 为{王将, 张伟, 赵华}

女性集合 W 为{李利, 刘英}

则 M 和 W 的笛卡儿积为：

$M \times W$ = {(王将, 李利), (王将, 刘英), (张伟, 李利), (张伟, 刘英), (赵华, 李利), (赵华, 刘英)}

笛卡儿积可表示为一个二维表，表中的每行对应一个元组，表中的每列对应一个域。

表 2-3　笛卡儿积示例

M	W
王将	李利
王将	刘英
张伟	李利
张伟	刘英
赵华	李利
赵华	刘英

这些元组是单纯的笛卡儿积的结果，没有考虑具体的语义。但是如果每一个元组表示夫妻关系，可能只有其中的两个元组是有意义的——(王伟，李利)、(张伟，刘英)，所以笛卡儿积表示了某种隐含的关系在其中。另外，还有顺序的约定，夫在前，妻在后。

5. 投影

投影(Projection)操作是对一个关系进行垂直分割，消去某些列，并重新排列顺序。

设有 k 元关系 $r[R]$，它的关系框架 $R(A_1, A_2, \cdots, A_k)$，$A_{j_1}, A_{j_2}, \cdots, A_{j_n}$ 为 R 中互不相同的属性，则关系 r 在属性(分量) $A_{j_1}, A_{j_2}, \cdots, A_{j_n}$ 上的投影运算定义为：

$$\pi_{A_{j_1}, A_{j_2}, \cdots, A_{j_n}}(r) = \{u \mid u = < t[A_{j_1}], t[A_{j_2}], \cdots, t[A_{j_n}] > \wedge t \in r\}$$

其中，“π”为投影运算符，$A_{j_1}, A_{j_2}, \cdots, A_{j_n}$ 也可写成 $j_1, j_2, \cdots, j_n$，它们表示要投影的属性(列)，$\pi_{j_1, j_2, \cdots, j_n}(r)$ 的结果是一个 n 元关系，它的关系框架为 $\{A_{j_1}, A_{j_2}, \cdots, A_{j_n}\}$，它的每个元组由关系 r 的每个元组的第 $j_1, j_2, \cdots, j_n$ 个分量按此顺序排列而成(不计重复元组)。

6．选择

选择(Selection)操作是根据某些条件对关系进行水平分割，即选取符合条件的元组。条件可用命题公式 F 表示。F 由两个部分组成。

运算对象：常数(用引号括起来)，元组分量(属性名或列的序号)。

运算符：算术比较运算符($<, \leqslant, \geqslant, >, =, \neq$)，逻辑运算符($\wedge, \vee, \neg$)。

关系 R 关于公式 F 的选择操作用 $\sigma_F(R)$ 表示，形式定义如下：

$$\sigma_F(R) \equiv \{t \mid t \in R \wedge F(t) = \text{true}\}$$

σ 为选择运算符，$\sigma_F(R)$ 表示从 R 中选择满足公式 F 为真的元组所构成的关系。

例如，$\sigma_{A \leqslant '8'}(s)$ 表示从 S 中选择属性 A 的值小于等于 8 的元组所构成的关系。如果 A 的属性在关系 S 中为第 2 个分量，也可表示为 $\sigma_{2 \leqslant '8'}(s)$。常量用引号括起来，而属性名和属性序号不要用引号括起来。

例 2-4：设有两个关系 R 和 S 分别如表 2-4、表 2-5 所示，求 R 和 S 的并、交、差、笛卡儿积、投影及选择运算的结果。

表 2-4 关系 R

A	B	C
a	b	c
d	a	f
c	b	d

表 2-5 关系 S

A	B	C
b	g	a
d	a	f

(1) $R \cup S$，如表 2-6 所示。

(2) $R \cap S$，如表 2-7 所示。

(3) $R\text{-}S$，如表 2-8 所示。

表 2-6 关系 $R \cup S$

A	B	C
a	b	c
d	a	f
c	b	d
b	g	a

表 2-7 关系 $R \cap S$

A	B	C
d	a	f

表 2-8 关系 $R\text{-}S$

A	B	C
a	b	c
c	b	d

(4) $\pi_{C,A}(R)$ 投影，如表 2-9 所示。

(5) $\sigma_{B='b'}(R)$ 选择，如表 2-10 所示。

表 2-9 关系 $\pi_{C,A}(R)$ 投影

C	A
c	a
f	d
d	c

表 2-10 关系 $\sigma_{B='b'}(R)$ 选择

A	B	C
a	b	c
c	b	d

(6) $R\times S$，如表 2-11 所示。

表 2-11　$R\times S$

$R\cdot A$	$R\cdot B$	$R\cdot C$	$S\cdot A$	$S\cdot B$	$S\cdot C$
a	b	c	b	g	a
a	b	c	d	a	f
d	a	f	b	g	a
d	a	f	d	a	f
c	b	d	b	g	a
c	b	d	d	a	f

2.3.3 关系代数的其他操作

1. θ-连接

设 $r[R]$ 、$s[S]$关系框架分别为 $R=\{A_1,A_2,\cdots,A_{k_1}\}$和 $S=\{B_1,B_2,\cdots,B_{k_2}\}$，那么关系 r 和 s 的θ-连接(θ-join)运算定义为：

$$\underset{A_i\theta B_j}{r\infty s}=\{t\mid t=<u,v>\wedge u\in r\wedge v\in s\wedge u[A_i]\theta v[B_i]\}$$

r 和 s 的θ -连接运算的结果关系由所有满足下列条件的元组构成：它的元组的前 k_1 个分量是 r 的某个元组，后 k_2 个分量是 s 的某个元组，且对应于属性 A_i、B_j 的分量满足θ 比较运算。显然有：

$$\underset{A_i\theta B_j}{r\infty s}=\sigma_{A_i\theta B_i}(r\times s)$$

当θ 为“=”时，$\underset{A_i=B_j}{r\infty s}$ 为等值连接，它是比较重要的一种连接方法。

2. F-连接

设 $r[R]$ 、$s[S]$ 关系框架分别为 $R=\{A_1,A_2,\cdots,A_{k_1}\}$和 $S=\{B_1,B_2,\cdots,B_{k_2}\}$，$F(A_1,A_2,\cdots,A_{k_1},B_1,B_2,\cdots,B_{k_2})$为 r 和 s 的 F-连接(F-join)，其运算定义为：

$$\underset{F}{r\infty s}=\{t\mid t=<u,v>\wedge u\in r\wedge v\in s\wedge F(u[A_1],\cdots,u[A_{k_1}],v[B_1],\cdots,v[A_{k_2}]\}$$

且有 $\underset{F}{r\infty s}=\sigma_F(r\times s)$ 。

3. 自然连接

两个关系 $r[R]$ 和 $s[S]$ 的自然连接(Natural Join)操作用 $r\infty s$ 表示，具体的计算过程如下：

(1) 计算 $r\times s$ 。

(2) 设 r 和 s 的公共属性是 $A_1,A_2,\cdots,A_m$，选出 $r\times s$ 中满足 $r.A_1=s.A_1,\cdots,r.A_m=s.A_m$ 的那些元组。

(3) 去掉 $s.A_1,s.A_2,\cdots,s.A_m$ 这些列。

自然连接是连接中应用最为广泛的操作。一般的连接操作是从行的角度进行运算的，但自然连接还需要取消重复列，所以是同时从行和列的角度进行运算的。

4. 除

给定关系 $r(X,Y)$ 和 $s(X,Y)$，其中 X，Y，Z 为属性组。r 中的 Y 与 s 中的 Y 可以有不同的属性名，但必须出自相同的域集。R 与 S 进行除(Division)运算得到一个新的关系 $p(X)$，p 是 r 中满足下列条件的元组在 X 属性列上的投影，元组在 X 上分量值 x 的像集 Y_x 包含 s 在 Y 上投影的集合，记为：

$$r \div s = \{t_r[X] \mid t_r \in r \wedge \pi_y(s) \subseteq Y_x\}$$

其中Y_x为x在r中的像集，$x = t_r[X]$。

例 2-5：设有两个关系R和S分别如表 2-12、表 2-13 所示：

表 2-12　关系 R

A	*B*	*C*
a	b	c
d	b	c
b	b	f
c	a	d

表 2-13　关系 S

B	*C*	*D*
b	c	d
b	c	e
a	d	b

R与S的自然连接如表 2-14 所示。

表 2-14　关系 R 与 S 的自然连接

A	*B*	*C*	*D*
a	b	c	d
a	b	c	e
d	b	c	d
d	b	c	e
c	a	d	b

例 2-6：设有两个关系R和S分别如表 2-15、表 2-16 所示：

表 2-15　关系 R

A	*B*	*C*
1	2	3
4	5	6
7	8	9

表 2-16　关系 S

D	*E*
3	1
6	2

(1) R与S的θ-连接如表 2-17 所示。

(2) R与S的 F-连接如表 2-18 所示。

表 2-17　$R \underset{2<1}{\infty} S$

A	*B*	*C*	*D*	*E*
1	2	3	3	1
1	2	3	6	2
4	5	6	6	2

表 2-18　$R \underset{2<1 \wedge 1<2}{\infty} S$

A	*B*	*C*	*D*	*E*
1	2	3	3	1
4	5	6	6	2

2.4　关系数据库规范化理论

2.4.1　关系规范化理论概述

1. 问题的提出与分析

关于数据库理论与设计有一个重要的问题，就是在一个数据库中如何构造合适的关系模式，它涉及一系列的理论与技术，从而形成了关系数据库设计理论。由于合适的关系模式要符合一定的规范化要求，所以又可以称为关系数据库的规范化理论。

2. 关系模式

一个关系模式是一个系统，它由一个 5 元组$R(U, D, \mathrm{dom}, I, F)$组成，其中，$R$是关系名，$U$是$R$

的一组属性集合$\{A_1, A_2, \cdots, A_n\}$，$D$ 是 U 中属性的域集合$\{D_1, D_2, \cdots, D_n\}$，dom 是属性 U 到域 D 的映射，I 是完整性约束集合，F 是属性间的函数依赖关系。

3. 关系

在关系模式 $R(U, D, \text{dom}, I, F)$ 中，当且仅当 U 上的一个关系 r 满足 F 时，称 r 为关系模式 R 的一个关系。

为简单起见，有时把关系记为 $R(U)$ 或 $R(U, F)$。

关系与关系模式是关系数据库中密切相关而又有所不同的两个概念。关系模式是用于描述关系的数据结构和语义约束，它不是集合；而关系是一个数据的集合(通常理解为一张二维表)。

在关系数据库中，对关系有一个最起码的要求：每一个属性必须是不可分的数据项，满足了这个条件的关系模式就属于第一范式(1NF)。现在人们已经提出了许多种类型的数据依赖，其中最重要的是函数依赖(Functional Dependency, FD)和多值依赖(Multivalued Dependency，MVD)。

例 2-7：设有一个关系模式 $R(U)$，U 为由属性 S#、C#、Tn、Td 和 G 组成的属性集合，其中 S# 和 C#的含义同前，而 Tn 为任课教师姓名，Td 为任课教师所在系别，G 为课程成绩。该关系具有如下语义。

(1) 一个学生只有一个学号，一门课程只有一个课程号。

(2) 每一位学生选修的每一门课程都有一个成绩。

(3) 每一门课程只有一位教师讲授，但一个教师可以讲授多门课程。

(4) 教师没有重名，每一位教师只属于一个系。

根据上述语义和常识，可以知道 R 的候选键有以下 3 组：

{S#, C#}、{C#, Tn}、{Tn, Td}

选定{S#, C#}作为主键。

通过分析关系模式 $R(U)$，可以发现下面两类问题。

第一类问题是数据存在大量冗余，表现如下。

(1) 每一门课程的任课教师姓名必须对选修该门课程的学生重复一次。

(2) 每一门课程的任课教师所在的系名必须对选修该门课程的学生重复一次。

第二类问题是出现更新异常(Update Anomalies)，表现如下。

(1) 修改异常(Modification Anomalies)：修改一门课程的任课教师，或者一门课程由另一个系开设，就需要修改多个元组。如果部分修改，部分不修改，就会导致数据间的不一致。

(2) 插入异常(Insert Anomalies)：由于主键中元素的属性值不能取空值，如果某系的一位教师不开课，则这位教师的姓名和所属的系名就不能插入；如果一位教师所开的课程无人选修或者一门课程列入计划而目前不开，也无法插入。

(3) 删除异常(Deletion Anomalies)：如果所有学生都退选一门课，则有关这门课的其他数据(Tn 和 Td)也将被删除；同样，如果一位教师因故暂时停开，则这位教师的其他信息(Td, C#)也将被删除。

问题的分析：

出现这两类问题的根本原因在于关系结构的局限性。

一个关系可以有一个或者多个候选键，其中一个可以选为主键。主键的值唯一确定其他属性的值，它是区别各元组的标识，也是一个元组存在的标识。这些候选键的值不能重复出现，也不能全部或者部分设为空值。本来这些候选键都可以作为独立的关系存在，但实际上却不得不依附其他关系而存在，这就是关系结构带来的限制，它不能正确反映现实世界的真实情况。

如果在构造关系模式的时候，不从语义上研究和考虑属性间的这种关联，简单地将有关系和无关系的、关系密切的和关系松散的、具有此种关联的和有彼种关联的属性随意编排在一起，就必然发生某种冲突，引起某些“排他”现象出现，即冗余度较高，更新产生异常。解决问题的根本方法是将关系模式进行分解，也就是进行所谓的关系规范化。

由上面的讨论可以知道，在关系数据库的设计当中，不是随便一种关系模式设计方案都是可行的，更不是任何一种关系模式都是可以投入应用的。由于数据库中的每一个关系模式的属性之间需要满足某种内在的必然联系，因此，设计一个好的数据库的根本方法是先分析和掌握属性间的语义关联，然后再依据这些关联得到相应的设计方案。

就目前而言，人们认识到属性之间一般有两种依赖关系，一种是函数依赖关系，一种是多值依赖关系。函数依赖关系与更新异常密切相关，多值依赖与数据冗余密切相关。基于对这两种依赖关系不同层面上的具体要求，人们又将属性之间的联系分为若干等级，这就是所谓的关系规范化(Normalization)。

由此看来，解决问题的基本方案就是分析研究属性之间的联系，按照每个关系中属性间满足的某种内在语义条件，也就是按照属性间联系所处的等级规范来构造关系，由此产生的一整套相关理论称为关系数据库的规范化理论。规范化理论是关系数据库设计中最重要的部分。

2.4.2 函数依赖

函数依赖(FD)定义了数据库系统中数据项之间相关性中最常见的类型。通常只考虑单个关系表属性列之间的相关性。为描述方便，统一符号表示形式，先做如下约定：设 R 是一个关系模式，U 是 R 的属性集合，用字母 X，Y，…表示属性集合 U 的子集，即 X，$Y \subseteq U$，用 A，B，…表示单个属性，r 是 R 的一个关系实例，t 是关系 r 的一个元组，即 $t \in r$。用 $t[X]$表示元组 t 在属性集 X 上的值，$t[A]$表示元组 t 的属性 A 的值。如果不引起混淆，将关系模式和关系实例统称为关系，并用 XY 表示 X 与 Y 的并集，即 $X \cup Y$。

1. 函数依赖

(1) 函数依赖(FD)。设 $R(U)$是属性集 U 上的关系模式，X，$Y \subseteq U$。若对于 $R(U)$的任意一个可能的关系 r 和 r 中的任意两个元组 $t1$ 和 $t2$，如果 $t1[X]=t2[X]$，则 $t1[Y]=t2[Y]$，称 X 函数确定 Y，或 Y 函数依赖于 X，记作 $X \rightarrow Y$。

通俗地说，对一个关系 r，不可能存在两个元组在 X 上的属性值相等，而在 Y 上的属性值不等，则称 X 函数确定 Y 或 Y 函数依赖于 X。

为便于理解，不妨假设 X 和 Y 均只包含一个属性，分别记为 A、B。将 $A \rightarrow B$ 用数学图形表示出来，如图 2-1 所示。

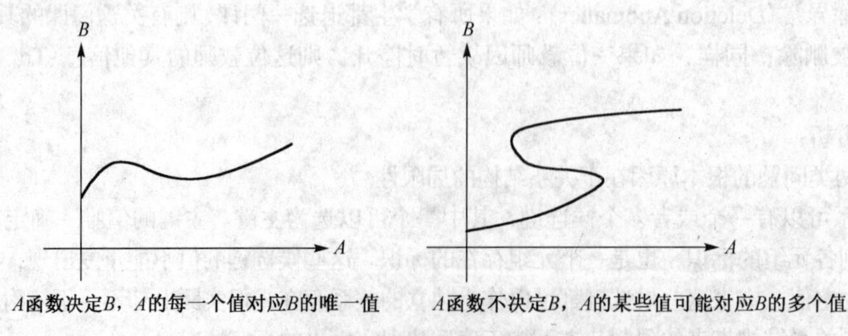

B
A
A函数决定B，A的每一个值对应B的唯一值
B
A
A函数不决定B，A的某些值可能对应B的多个值

图 2-1 函数依赖的图形描述

例 2-8：设有两个关系 R 和 S 分别如表2-19和表2-20所示，找出每个关系之间的函数依赖。

表 2-19　关系 R

A	B
X1	Y1
X2	Y2
X3	Y3
X4	Y2
X5	Y1

表 2-20　关系 S

A	B	C
X1	Y1	Z1
X1	Y2	Z2
X2	Y1	Z1
X2	Y2	Z3
X3	Y3	Z4

在表 R 中，容易看出 $A \rightarrow B$，$B \nrightarrow A$（符号$\nrightarrow$读作“不函数确定”）。

在 S 中有 $A \nrightarrow B$，$A \nrightarrow C$，$B \nrightarrow C$，但$(A, B) \rightarrow C$, $(B, C) \nrightarrow A$。

下面介绍一些术语和记号。

① 如果 $X \rightarrow Y$，但 $Y \subsetneq X$，则称 $X \rightarrow Y$ 是非平凡的函数依赖。若不特别声明，本书讨论的都是非平凡的函数依赖。

② 若 $X \rightarrow Y$，但 $Y \subseteq X$，则称 $X \rightarrow Y$ 是平凡的函数依赖。

③ 若 $X \rightarrow Y$，则 X 为这个函数依赖的决定属性集(Determinant)。

④ 若 $X \rightarrow Y$，$Y \rightarrow X$，则记作 $X \leftrightarrow Y$。

⑤ 若 Y 不函数依赖于 X，则记作 $X \nrightarrow Y$。

(2) 完全函数依赖和部分函数依赖。设 $R(U)$是属性集 U 上的关系模式，如果 $X \rightarrow Y$，并且对于 X 的任何一个真子集 Z，都有 $Z \nrightarrow Y$，则称 Y 完全函数依赖于 X，记作：$X \xrightarrow{f} Y$。若 $X \rightarrow Y$，但 Y 不完全函数依赖于 X，则称 Y 部分函数依赖于 X，记作 $X \xrightarrow{p} Y$。

(3) 传递函数依赖。设 $R(U)$是属性集 U 上的关系模式，$X \subseteq U$，$Y \subseteq U$，$Z \subseteq U$，$Z-X$，$Z-Y$，$Y-X$ 均非空，如果 $X \rightarrow Y(Y \subsetneq X)$，$Y \nrightarrow X$，$Y \rightarrow Z$，则称 Z 传递函数依赖于 X。

在(3)中加上条件 $Y \nrightarrow X$，是因为 $X \rightarrow Y$，如果 $Y \rightarrow X$，则 $X \leftrightarrow Y$，又因为 $Y \rightarrow Z$，所以 $X \rightarrow Z$ 表示 Z 直接函数依赖于 X，而不是 Z 传递函数依赖于 X。

2．键

(1) 候选键(Candidate key)。设 $R(U)$是属性集 U 上的关系模式，$K \subseteq U$，若 $K \xrightarrow{f} U$，则 K 为 R 的候选键。若候选键多于一个，则选定其中的一个候选键作为识别元组的主键(Primary Key)。

(2) 主属性(Prime Attribute)。包含在任何一个候选键中的属性，称为主属性。

(3) 非主属性(Non-key Attribute)。不包含在任何候选键中的属性，称为非主属性(Non-prime Attribute)或非键属性。

在最简单的情况下，候选键只包含单个属性。在最极端的情况下，候选键包含关系模式的所有属性，称为全键。

例如，在关系模式 $R(P, W, A)$中，属性 P 表示演奏者，W 表示作品，A 表示听众。假设一个演奏者可以演奏多个作品，某一作品可被多个演奏者演奏。听众也可以欣赏不同演奏者的不同作品，这个关系模式的键为(P, W, A)，即全键。

(4) 外键(Foreign Key)。在关系模式 R 中属性或属性组 X 并非 R 的候选键，但 X 是另一个关系模式的候选键，则称 X 是 R 的外部键，也称为外键。

主键与外键提供了一个表示关系间联系的手段。如图书信息表(Titles)中的属性出版社标识(pub_id)不是该表的主键(主键为 title_id)，但它是出版社信息表(Publishers)的主键，通过 pub_id 属性将图书信息表和出版社信息表联系起来。

例 2-9：有关系模式 SC(Sno, Sname, Cno, Credit, Grade)，则函数依赖关系有：

Sno→Sname

(Sno, Cno) → Sname

(Sno, Cno) → Grade

例 2-10：有关系模式 S(Sno, Sname, Dept, Dept_master)，则函数依赖关系有：

Sno $\xrightarrow{f}$ Sname

由于：Sno $\xrightarrow{f}$ Dept，Dept $\xrightarrow{f}$ Dept_master

所以有：Sno $\xrightarrow{传递}$ Dept_master

例 2-11：有关系模式 SC(SNO, CNO, Grade)，给出候选码、主属性和非主属性。

候选码：(SNO, CNO)，也为主码

主属性：SNO，CNO，非主属性：Grade

例 2-12：有关系模式教师_课程(教师号, 课程号, 授课学年)，其语义如下，给出候选码。

语义：一个教师在一个学年可以讲授多门课程，而且一门课程在一个学年也可以由多个教师讲授，在同一个学年可开设多门课程。

候选码：(教师号, 课程号, 授课学年)

候选包含了表中全部属性，称这样的表为全码表。

2.4.3　关系的规范化

1. 第一范式

定义　设 *R* 是一个关系模式，如果 *R* 的每个属性的值域都是不可分割的简单数据项的集合，则称这个模式为第一范式关系模式，记为 1NF。

在任何一个关系数据库系统中，第一范式的要求都是最基本的。非第一范式的表如表 2-21 所示，第一范式的表如表 2-22 所示。

表 2-21　非第一范式的表

系 名 称	高级职称人数	
	教授	副教授
计算机系	6	10
信息管理系	3	5
电子与通信系	4	8

表 2-22　第一范式的表

系 名 称	教 授 人 数	副教授人数
计算机系	6	10
信息管理系	3	5
电子与通信系	4	8

2. 第二范式

定义　若关系模式 *R* 是第一范式，而且每一个非主属性都完全函数依赖于 *R* 的键，则称 *R* 为第二范式的关系模式，记为 2NF。

在图书征订关系模式 Title_order = {(title_id, title, pub_name, pub_addr, au_id, au_name, stor_name, stor_addr, ord_num, qty), F}中，函数依赖集 F= {title_id→title, title_id→pub_name, pub_name→pub_addr, title_id→au_id, au_id→au_name, ord_num→stor_name, stor_name→stor_addr, (ord_num, title_id)→qty}，该关系的候选键为(ord_num, title_id)，该关系中存在非主属性部分函数依赖于 *R* 的键，如 title_id→title 和 ord_num→stor_name 等，所以它不是第二范式关系模式。

为了消除这些部分函数依赖，可以将 Title_order 关系分解为 3 个关系模式：

Title_R(title_id, title, pub_name, pub_addr, au_id, au_name)

Title_S (ord_num, stor_name, stor_addr)

Title_RS (title_id, ord_num, qty)

对应的函数依赖关系为：

F_{Title_R} = {title_id→title, title_id→pub_name, pub_name→pub_addr, title_id→au_id, au_id→au_name}, Title_R 的键为 title_id。

F_{Title_S} = {ord_num→stor_name, stor_name→stor_addr}, Title_S 的键为 ord_num。

F_{Title_RS} = {(title_id, ord_num) →qty}, Title_RS 的键为(title_id, ord_num)。

分解后的关系模式的非主属性完全依赖于键，满足第二范式的要求，在一定程度上解决了数据冗余、插入异常和删除异常的问题。

例 2-13：S-L-C (Sno, Sdept, SLOC, Cno, Grade)

有：Sno →(P) SLOC，不是 2NF。

分解办法：

首先，用组成主码的属性集合的每一个子集作为主码构成一个表。

然后，将依赖于这些主码的属性放置到相应的表中。

最后，去掉只由主码的子集构成的表。

分解示例：

(1) 对于 S-L-C 表，首先分解为如下形式的 3 张表：

S-L (Sno,…)

C (Cno,…)

S-C (Sno, Cno,…)

(2) 将依赖于这些主码的属性放置到相应的表中：

S-L (Sno, Sdept, Sloc)

C (Cno)

S-C (Sno, Cno, Grade)

(3) 去掉只由主码的子集构成的表，最终分解为：

S-L (Sno,Sdept, Sloc)

S-C (Sno, Cno, Grade)

S-L (Sno, Sdept, Sloc) 存在如下问题。

(1) 数据冗余：有多少个学生就有多少个重复的 Sdept 和 SLOC。

(2) 插入异常：当新建一个系时，若还没有招收学生，则无法插入。

3. 第三范式

(1) 第三范式的定义。设关系模式 *R* 是 2NF，而且它的任何一个非键属性都不传递依赖于任何候选键，则称 R 为第三范式的关系模式，记为 3NF。

将上面图书征订关系分解成 2NF 后的关系：

Title_R (title_id, title, pub_name, pub_addr, au_id, au_name)

F_{Title_R} = {title_id → title, title_id → pub_name, pub_name → pub_addr, title_id → au_id, au_id → au_name}，Title_R 的键为 title_id，存在传递依赖，如 title_id→pub_name，pub_name→pub_addr，所以不是 3NF 关系，必须继续进行分解以满足第三范式的要求。

分解如下：

Title_R_tit (title_id, title, pub_name, au_id)

Title_R_pub(pub_name, pub_addr)

Title_R_au(au_id, au_name)

同样对关系 Title_S(ord_num, stor_name, stor_addr)进行如下分解：

Title_S_ord(ord_num, stor_name)

Title_S_store(stor_name, stor_addr)

而关系 Title_RS(title_id, ord_num, qty)因为只有一个函数依赖，已经满足了3NF，不再需要分解。经分解后的关系是3NF。

(2) 增强型第三范式的定义。设关系模式 R 是1NF，如果对于 R 的每个函数依赖 $X \rightarrow Y$ 且 $Y \not\subseteq X$，X 必为候选键，则 R 是BCNF。

也就是说，在关系模式 $R(U, F)$ 中，若每一个决定因素都包含键，则 $R(U, F) \in$ BCNF。

由BCNF的定义可知，一个满足BCNF的关系模式具有如下特点。

(1) 所有非键属性对每一个键都是完全函数依赖。

(2) 所有的键属性对每一个不包含它的键也是完全函数依赖。

(3) 没有任何属性完全函数依赖于非键的任何一组属性。

由于 $R \in$ BCNF，按定义排除了任何属性对键的传递依赖与部分依赖，所以 $R \in$ 3NF。但是若 $R \in$ 3NF，R 未必属于BCNF。

例2-14：对于S-L(Sno, Sdept, SLOC)，因为Sno传递依赖于SLOC，所以不是3NF。

分解过程：

(1) 对于不是候选码的每个决定因子，从表中删去依赖于它的所有属性。

(2) 新建一个表，新表中包含原表中所有依赖于该决定因子的属性。

(3) 将决定因子作为新表的主码。

S-L分解后的关系模式为：

S-D(Sno, Sdept)

S-L(Sdept, Sloc)

2.4.4 多值依赖与第四范式

前面完全是在函数依赖的范畴内讨论问题。接下来再看一个例子。

例2-15：学校中某一门课程由多个教员讲授，他们使用相同的一套参考书。每个教员可以讲授多门课程，每种参考书可以供多门课程使用。可以用一个非规范化的表来表示课程C、教员T和参考书B之间的关系，如表2-23所示。

表2-23 非规范化的表

课程C	教员T	参考书B
物理	李勇 王军	普通物理学 光学原理 物理习题集
数学	李勇 张平	数学分析 微分方程 高等代数

把这张表变成一张规范化的二维表，如表2-24所示。

表2-24 Teaching

课程C	教员T	参考书B
物理	李勇	普通物理学
物理	李勇	光学原理
物理	李勇	物理习题集
物理	王军	普通物理学
物理	王军	光学原理
物理	王军	物理习题集
数学	李勇	数学分析
数学	李勇	微分方程
数学	李勇	高等代数
数学	张平	数学分析
数学	张平	微分方程
数学	张平	高等代数

关系模型 Teaching (C, T, B) 的键是 (C, T, B)，即全键，因而 Teaching∈BCNF，但是当某一课程（如物理）增加一名讲课教员（如周英）时，必须插入多个元组：（物理，周英，普通物理学）；（物理，周英，光学原理）；（物理，周英，物理习题集）。

同样，若某一门课（如数学）要去掉一本参考书（如微分方程），则必须删除多个（这里是两个）元组：（数学，李勇，微分方程）；（数学，张平，微分方程）。

对数据的增删改很不方便，数据的冗余也十分明显。仔细考察这类关系模式，发现它具有一种称为多值依赖（MVD）的数据依赖。

1. 多值依赖

设 $R(U)$ 是属性集 U 上的一个关系模式。X、Y、Z 是 U 的子集，并且 $Z=U-X-Y$。在关系模式 $R(U)$ 中多值依赖 $X \rightarrow\rightarrow Y$ 成立，当且仅当对于 $R(U)$ 的任一关系 r，给定一对 (x, z) 值，都有一组 Y 的值，这组值仅仅决定于 x 值而与 z 值无关。

例如，在关系模式 Teaching 中，对于（物理, 光学原理）有一组 T 值{李勇, 王军}，这组值仅仅决定于课程 C 的值（物理）。也就是说，对于（物理, 普通物理学），它对应的一组 T 值仍是{李勇, 王军}，尽管这时参考书 B 的值已经改变了，因此 T 多值依赖于 C，即 C→→T。同理 C→→B。

若 $X \rightarrow\rightarrow Y$，而 Z 为空，则称 $X \rightarrow\rightarrow Y$ 为平凡的多值依赖。

2. 第四范式

设关系模式 $R(U, F) \in$ 1NF，F 是 R 上的多值依赖集，如果对于 R 的每个非平凡多值依赖 $X \rightarrow\rightarrow Y$（$Y-X \neq \phi$，$XY$ 未包含 R 的全部属性），X 都含有 R 的候选键，则称 R 是第四范式，记为 4NF。

4NF 限制关系模式的属性之间不允许有非平凡且非函数依赖的多值依赖。因为根据定义，对于每一个非平凡的多值依赖 $X \rightarrow\rightarrow Y$，$X$ 都含有候选键，于是就有 $X \rightarrow Y$，所以 4NF 所允许的非平凡的多值依赖实际上是函数依赖。

显然，如果一个关系模式是 4NF，则必为 BCNF。

多值依赖的不足在于数据冗余太大。可以用投影分解的方法消去非平凡且非函数依赖的多值依赖。关系 Teaching 具有两个多值依赖：C→→T 和 C→→B。Teaching 的唯一候选键是全键{C, T, B}。由于 C 不是候选键，所以 Teaching 不是 4NF，但它是 BCNF。可以将 Teaching 分成 Teaching_T (C, T) 和 Teaching_B (C, B)，它们都是 4NF。

函数依赖和多值依赖是两种最重要的数据依赖。如果只考虑函数依赖，则属于 BCNF 的关系模式规范化程度已经很高了。如果考虑多值依赖，则属于 4NF 的关系模式规范化程度是最高的。

2.4.5 各种范式之间的关系

1. 各种范式之间的关系

各种范式之间的关系为 5NF⊂4NF⊂BCNF⊂3NF⊂2NF⊂1NF。

(1) 一个 3NF 的关系（模式）必定是 2NF 的。

证明：如果一个关系（模式）不是 2NF 的，那么必有非主属性 A_j，候选关键字 X 和 X 的真子集 Y 存在，使得 $Y \rightarrow A_j$。由于 A_j 是非主属性，故 $A_j-(XY) \neq \phi$，Y 是 X 的真子集，所以 $Y \nrightarrow X$，这样在该关系模式上就存在非主属性 A_j 传递依赖候选关键字 X ($X \rightarrow Y \rightarrow A_j$)，所以它不是 3NF 的。证毕。

(2) BCNF 必满足 3NF。

反证法：R∈BCNF，但 R⋬3NF

根据 3NF 的定义，由于 R 不属于 3NF，则必定存在非主属性对键的传递函数依赖，不该设存在

非主属性 A、键 X 及属性组 Y，使得 $X \rightarrow Y$，$Y \rightarrow A$，$X \rightarrow A$，且 $Y \nrightarrow X$，由 BCNF 有 $Y \rightarrow A$，则 Y 为关键字，于是有 $Y \rightarrow X$，这与 $Y \nrightarrow X$ 矛盾。证毕。

2. 小结

3NF→BCNF：消除主属性对候选关键字的部分和传递函数依赖。

2NF→3NF：消除非主属性对候选关键字的传递函数依赖。

1NF→2NF：消除非主属性对候选关键字的部分函数依赖。

2.5 小结

本章主要阐述了关系模型的基本概念、体系结构和完整性规则，同时介绍了关系代数相关理论。关系代数是面向集合的操作，具有非常严谨的理论基础，其中关系代数操作是重点。关系规范化理论为数据库设计提供了理论指导和工具，但数据库设计的规范化程度不是越高越好，而是必须根据实际应用环境而定，一般要求达到 3NF 即可。

习题 2

一、单项选择题

1. 在关系模型中，一个关键字____。

   A. 可由多个任意属性组成

   B. 至多由一个属性组成

   C. 可由一个或多个其值能唯一标识该关系模式中任何元组的属性组成

   D. 以上都不对

2. 在一个关系中如果有这样一个属性存在，它的值能唯一地标识关系中的每一个元组，称这个属性为___。

   A. 关键字　　B. 数据项　　C. 主属性　　D. 主属性值

3. 同一个关系模型的任两个元组值____。

   A. 不能全同　　B. 可全同　　C. 必须全同　　D. 以上都不是

4. 在通常情况下，下面不可以作为关系数据库的关系的是____。

   A. R1(学生号, 学生名, 性别)　　B. R2(学生号, 学生名, 班级号)

   C. R3(学生号, 学生名, 宿舍号)　　D. R4(学生号, 学生名, 简历)

5. 一个关系数据库文件中的各条记录____。

   A. 前后顺序不能任意颠倒，一定要按照输入的顺序排列

   B. 前后顺序可以任意颠倒，不影响库中的数据关系

   C. 前后顺序可以任意颠倒，但排列顺序不同，统计处理的结果就可能不同

   D. 前后顺序不能任意颠倒，一定要按照关键字段值的顺序排列

6. 在关系代数的专门关系运算中，从表中取出满足条件的属性的操作称为____；从表中选出满足某种条件的元组的操作称为______；将两个关系中具有共同属性值的元组连接到一起构成新表的操作称为__________。

   A. 选择　　B. 投影　　C. 连接　　D. 扫描

7. 如图2-2所示，两个关系 $R1$ 和 $R2$ 进行____运算后可得到 $R3$。

R1

A	B	C
a	1	x
c	2	y
d	1	y

R2

D	E	M
1	m	i
2	n	j
5	m	k

R3

A	B	C	D	E
a	1	x	m	i
c	1	y	m	i
c	2	y	n	j

图 2-2　R1 与 R2 的运算

A．交　B．并　C．笛卡儿积　D．连接

8．关系模式的任何属性____。

A．不可再分　B．可再分

C．命名在该关系模式中可以不唯一　D．以上都不是

9．在关系代数运算中，5 种基本运算为_____。

A．并、差、选择、投影、自然连接　B．并、差、选择、投影

C．并、差、选择、投影、乘积　D．并、差、交、选择、乘积

10．关系数据库中的关键字是指____。

A．能唯一决定关系的字段　B．不可改动的专用保留字

C．关键的很重要的字段　D．能唯一标识元组的属性或属性集合

11．设有关系 R，按条件 f 对关系 R 进行选择，正确的表达式是____。

A．$R \times R$　B．$R \bowtie_f R$　C．$\sigma_f(R)$　D．$\pi_f(R)$

12．设计性能较优的关系模式称为规范化，规范化主要的理论依据是____。

A．关系规范化理论　B．关系运算理论

C．关系代数理论　D．数理逻辑

13．规范化理论是关系数据库进行逻辑设计的理论依据。根据这个理论，关系数据库中的关系必须满足：其每一属性都是_____。

A．互不相关的　B．不可分解的

C．长度可变的　D．互相关联的

14．关系模型中的关系模式至少是_____。

A．1NF　B．2NF　C．3NF　D．BCNF

15．在关系数据库中，任何二元关系模式的最高范式必定是______。

A．1NF　B．2NF　C．3NF　D．BCNF

16．在关系模式 R 中，若其函数依赖集中所有候选关键字都是决定因素，则 R 的最高范式是____。

A．2NF　B．3NF　C．4NF　D．BCNF

17．当 B 属性函数依赖于 A 属性时，属性 A 与 B 的联系是_____。

A．1 对多　B．多对 1　C．多对多　D．以上都不是

18．在关系模式中，如果属性 A 和 B 存在 1 : 1 的联系，则称______。

A．$A \rightarrow B$　B．$B \rightarrow A$　C．$A \longleftrightarrow B$　D．以上都不是

19．关系模式中各级模式之间的关系为_____。

A．$3NF \subset 2NF \subset 1NF$　B．$3NF \subset 1NF \subset 2NF$

C．$1NF \subset 2NF \subset 3NF$　D．$2NF \subset 1NF \subset 3NF$

20．在关系模式中，满足 2NF 的模式_______。

A．可能是 1NF　B．必定是 1NF

C．必定是 3NF　D．必定是 BCND

21．关系模式 *R* 中有两个属性，则 *R* 的最高范式必定是______。

A．2NF　　B．3NF　　C．BCNF　　D．4NF

22．消除了部分函数依赖的 1NF 的关系模式必定是_____。

A．1NF　　B．2NF　　C．3NF　　D．4NF

23．关系模式的候选关键字可以有_______，主关键字有___________。

A．0个　　B．1个　　C．1个或多个　　D．多个

24．候选关键字中的属性可以有_____。

A．0个　　B．1个　　C．1个或多个　　D．多个

25．根据关系数据库规范化理论，关系数据库中的关系要满足第一范式。下面“部门”关系中，因哪个属性而使它不满足第一范式?

部门(部门号，部门名，部门成员，部门经理)

A．部门总经理　　B．部门成员

C．部门名　　D．部门号

26．表 2-25 中给定的关系 *R*______。

A．不是 3NF　　B．是 3NF 但不是 2NF

C．是 3NF 但不是 BCNF　　D．是 BCNF

表 2-25　关系 *R*

零件号	单价
P1	25
P2	8
P3	25
P4	9

27．设有关系 W(工号，姓名，工种，定额)，将其规范化到第三范式正确的答案是______。

A．W1(工号，姓名) W2(工种，定额)

B．W1(工号，工种，定额) W2(工号，姓名)

C．W1(工号，姓名，工种) W2(工号，定额)

D．以上都不对

28．设有关系模式 W(C, P, S, G, T, R)，其中各属性的含义是：C 为课程，P 为教师，S 为学生，G 为成绩，T 为时间，R 为教室，根据定义有如下函数依赖集：

$F=\{C\rightarrow G, (S, C)\rightarrow G, (T, R)\rightarrow C, (T, P)\rightarrow R, (T, S)\rightarrow R\}$

关系模式 W 的一个关键字是①，W 的规范化程度最高达到②。若将关系模式 W 分解为 3 个关系模式：W1(C, P)，W2(S, C, G)，W3(S, T, R, C)，则 W1 的规范化程度最高达到③，W2 的规范化程度最高达到④，W3 的规范化程度最高达到⑤。

①A．(S, C)　　B．(T, R)　　C．(T, P)　　D．(T, S)　　E．(T, S, P)

②③④⑤A．1NF　　B．2NF　　C．33NF　　D．BCNFE.4NF

二、填空题

1．一个关系模式的定义格式为________。

2．关系数据库中可命名的最小数据单位是________。

3．在一个实际表的属性中，称________为关键字。

4．在关系代数运算中，专门的关系运算有________、________和________。

5．关系数据库基于数学中的两类运算是________和________。

6．在关系代数中，从两个关系中找出相同元组的运算称为________运算。

7．已知系(系编号，系名称，系主任，电话，地点)和学生(学号，姓名，性别，入学日期，专业，系编号)两个关系，系关系的主关键字是________，系关系的外关键字是________，学生关系的主关键字是________，外关键字是________。

8．关系规范化的目的是________。

9．在关系 A(S, SN, D)和 B(D, CN, NM)中，A 的主键是 S，B 的主键是 D，则 D 在 S 中称为________。

10．若关系为 1NF，且它的每一非主属性都________候选关键字，则该关系为 2NF。

三、简答题

1．举例说明关系参照完整性的含义。

2．设有如图 2-3 所示的关系 R、S，计算：

(1) $R1 = R - S$

(2) $R2 = R \cup S$

(3) $R3 = R \cap S$

(4) $R4 = \prod_{A,B}(\sigma_{B=b1}(R))$

R

A	B	C
a1	b1	c1
a1	a2	c2
a2	b2	c1

S

A	B	C
a1	b2	b2
a2	b2	c1

图 2-3　2 题关系 R 和 S

3．设有如图 2-4 所示的关系 R、S，计算：

(1) $R1 = R \bowtie S$

(2) $R2 = R \underset{[2]<[2]}{\bowtie} S$

(3) $R3 = (\sigma_{B=b1}(R \times S))$

R

A	B	C
3	6	7
4	5	7
7	2	3
4	4	3

S

C	D	E
3	4	5
7	2	3

图 2-4　3 题关系 R 和 S

4．对于学生选课关系，其关系模式如下：

学生(学号，姓名，年龄，所在系)

课程(课程名，课程号，选修课)

选课(学号，课程号，成绩)

试用关系代数完成下列查询。

(1) 求成绩不及格的学生学号和姓名。

(2) 求学过数据库课程的学生学号和姓名。

(3) 求数据库成绩不及格的学生学号和姓名。

(4) 求学过数据库和数据结构课程的学生学号和姓名。

(5) 求学过数据库或数据结构课程的学生学号和姓名。

(6) 求没学过数据库课程的学生学号。

(7) 求学过数据库的先行课的学生学号。

(8) 求选修了全部课程的学生学号和姓名。

5．分析关系模式：STUDENT(学号, 姓名, 出生日期, 系名, 班号, 宿舍区)，指出其候选关键字、最小依赖集和存在的传递函数依赖。

6．指出下列关系模式是第几范式，并说明理由。

(1) $R(X, Y, Z)$
$F = \{XY \rightarrow Z\}$

(2) $R(X, Y, Z)$
$F = \{Y \rightarrow Z, XZ \rightarrow Y\}$

(3) $R(X, Y, Z)$
$F = \{Y \rightarrow Z, Y \rightarrow X, X \rightarrow YZ\}$

(4) $R(X, Y, Z)$
$F = \{X \rightarrow F, X \rightarrow Z\}$

(5) $R(X, Y, Z)$
$F = \{XY \rightarrow Z\}$

(6) $R(W, X, Y, Z)$
$F = \{X \rightarrow Z, WX \rightarrow Y\}$

7．设有如表 2-26 所示的关系 R。

(1) 它为第几范式？为什么？

(2) 是否存在删除异常？若存在，则说明是在什么情况下发生的。

(3) 将它分解为高一级范式，分解后的关系是如何解决分解前可能存在的删除异常问题的？

表 2-26　7 题关系 *R*

课程名	教师名	教师地址
C1	马千里	D1
C2	于德水	D1
C3	余　快	D2
C4	于德水	D2

8. 设有如表 2-27 所示的关系 *R*。试问 *R* 是否属于 3NF？为什么？若不是，它属于第几范式？如何规范化为 3NF？

表 2-27　8 题关系 *R*

职工号	职工名	年龄	性别	单位号	单位名
E1	ZHAO	20	F	D3	CCC
E2	QIAN	25	M	D1	AAA
E3	SEN	38	M	D3	CCC
E3	LI	25	F	D3	CCC

第 3 章 关系数据库语言 SQL

本章主要介绍 SQL（Structured Query Language，结构化查询语言），重点介绍 SQL 语言的主要功能。通过本章学习，将了解以下内容：

- SQL 的功能与特点
- 表的基本操作
- SQL 的数据查询
- SQL 的视图操作
- SQL 中带有子查询的数据更新操作

3.1 SQL 语言的功能与特点

SQL 语言具有下述 4 个方面的基本功能，如表 3-1 所示。

（1）数据定义。

（2）数据查询。

（3）数据更新。

（4）数据控制。

表 3-1 SQL 语言的功能

SQL 功能	动　词		
数据定义	CREATE	ALTER	DROP
数据查询	SELECT		
数据更新	INSERT	UPDATE	DELETE
数据控制	GRANT	REVOKE	

3.2 表的基本操作

3.2.1 定义表

SQL 语言使用 CREATE TABLE 语句创建基本表，其一般格式如下：

```
CREATE TABLE <表名>（<列名><数据类型> [列级完整性约束条件]
                    [,<列名><数据类型> [列级完整性约束条件]]…
                    [,<表级完整性约束条件>]）
```

其中：

（1）<表名>：用户给定的标识符，即所要定义的表名。表名应当取有意义的名字，如 Students，做到见名知义。同一个数据库中，表名不允许同名。

（2）<列名>：用户给定的列名，应当取有意义的列名，如 Sno、Cno，做到见名知义。

（3）<数据类型>：指定该列存放数据的数据类型。

（4）[列级完整性约束条件]：定义该列上数据的约束条件。

（5）[表级完整性约束条件]：定义某一列上的数据或某些列上的数据的约束条件。

如果约束只用到表中的一列，则可以在[列级完整性约束条件]处定义，即在每一列的<数据类型>之后定义。也可以在[表级完整性约束条件]处定义，即在定义完所有列后定义。

如果完整性约束涉及表中多个列，则必须在[表级完整性约束条件]处定义。

约束有如下几种。

① NULL/NOT NULL（空值约束/非空值约束）。

② DEFAULT（默认值约束）。

③ UNIQUE（唯一值约束）。

④ CHECK（检查约束）。

⑤ PRIMARY KEY（主键约束）。

⑥ FOREIGN KEY（外键约束）。

在上述约束中，NOT NULL 和 DEFAULT 只能是列级约束，即只能在列的数据类型之后定义。其他约束既可作为列级约束，也可作为表级约束。

例 3-1：创建一个学生选课数据库，取名为 StudentsInfo。

```
CREATE DATABASE StudentsInfo
```

例 3-2：在当前数据库 StudentsInfo 中定义一个表，表名为 Students，表结构如表 3-2 所示。

表 3-2　Students 表结构

列　名	说　明	数 据 类 型	约　束
Sno	学号	字符串，长度为 10	主键
Sname	姓名	字符串，长度为 8	非空值
Ssex	性别	字符串，长度为 1	非空值，取'F'或'M'
Sage	年龄	整数	空值
Sdept	所在系	字符串，长度为 15	默认为'Computer'

```
CREATE TABLE Students (
    Sno      CHAR (10 )   PRIMARY KEY,
    Sname    CHAR ( 8 )   NOT NULL,
    Ssex     CHAR (1)     NOT NULL    CHECK (Ssex = 'F' OR Ssex = 'M'),
    Sage     INT          NULL
    Sdept    CHAR (20 )   DEFAULT 'Computer'
    )
```

等价于：

```
CREATE  TABLE Students (
Sno      CHAR (10) ,
Sname    CHAR (8)     NOT NULL,
Ssex     CHAR (1)     NOT NULL ,
Sage     INT,
Sdept    CHAR (20)    DEFAULT 'Computer',
PRIMARY KEY (Sno),
CHECK (Ssex = 'F' OR Ssex = 'M' )
)
```

除空值/非空值约束外，其他约束都可定义一个约束名，用 CONSTRAINT <约束名>来定义，如：

```
CREATE  TABLE Students (
Sno      CHAR (10),
Sname    CHAR (8)     NOT NULL,
Ssex     CHAR (1)     NOT NULL ,
Sage     INT,
```

```
Sdept       CHAR (20)    DEFAULT 'Computer ',
CONSTRAINT   SPK   PRIMARY KEY(Sno),
CONSTRAINT   CK   CHECK (Ssex = 'F' OR Ssex = 'M')
)
```

例 3-3：在当前数据库 StudentsInfo 中创建 Courses 表，表结构如表 3-3 所示。

表 3-3　Courses 表结构

列　名	说　明	数据类型	约　束
Cno	课程号	字符串，长度为 6	主键
Cname	课程名	字符串，长度为 20	非空值
PreCno	先修课程号	字符串，长度为 6	允许为空值
Credits	学分	整数	允许为空值

```
CREATE TABLE Courses (
    Cno         CHAR (6)     PRIMARY KEY,
    Cname     CHAR (20)     NOT NULL,
    PreCno     CHAR(6) ,
    Credits   INT
)
```

等价于：

```
    CREATE TABLE Courses (
    Cno         CHAR (6),
    Cname       CHAR (20)     NOT NULL,
    PreCno      CHAR (6) ,
    Credits     INT,
    CONSTRAINT CPK   PRIMARY KEY(Cno))
```

例 3-4：在当前数据库 StudentsInfo 中创建 Enrollment 表，表结构如表 3-4 所示。

表 3-4　Enrollment 表结构

列　名	说　明	数据类型	约　束
Sno	学号	字符串，长度为 10	外键，参照 Students 的主键
Cno	课程号	字符串，长度为 6	外键，参照 Courses 的主键
Grade	成绩	整数	允许为空值
主键为：(Sno,Cno)			

```
CREATE TABLE Enrollment(
    Sno      CHAR(10)  NOT NULL,
    Cno      CHAR(6)   NOT NULL,
    Grade   INT,
    CONSTRAINT EPK   PRIMARY KEY ( Sno, Cno ),
    CONSTRAINT ESlink   FOREIGN KEY (Sno)   REFERENCES   Students ( Sno ),
    CONSTRAINT EClink   FOREIGN KEY (Cno )  REFERENCES   Courses ( Cno ) )
```

等价于：

```
CREATE TABLE Enrollment(
Sno CHAR(10) NOT NULL   FOREIGN KEY (Sno)   REFERENCES   Students (Sno),
Cno CHAR(6) NOT NULL   FOREIGN KEY (Cno) REFERENCES   Courses(Cno),
Grade   INT, PRIMARY KEY (Sno, Cno))
```

等价于：

```
CREATE TABLE Enrollment(
Sno   CHAR(10) NOT NULL   REFERENCES   Students (Sno),
Cno   CHAR(6) NOT NULL   REFERENCES   Courses(Cno),
Grade   INT, PRIMARY KEY (Sno, Cno))
```

注意：在定义一个表结构时，除定义各列的列名、数据类型外，也定义了各列的约束条件。列的约束条件可以防止不合理的数据被插入到表中，也能防止不该删除的数据被删除。

例如，在 Students 表中定义了 Sno 为该表的主键，表示该列的值非空且唯一。因此，如果要向表中插入一行，但没有给出 Sno 的值或给出空值，则无法插入该行。

又如，假设表中已有一行，该行的 Sno 值为'10010101'，则不能再插入一行，它的 Sno 值也为'10010101'，因为主键约束要求表中每行的主键值唯一。

再如，表中外键的约束保证了表间参照关系的正确性。如一个表中某一行的主键被另一个表的外键参照时，就不能删除该表中的行。

关系模型要求关系实现实体完整性和参照完整性，即表必须有主键约束，并且如果表间有参照关系，则必须定义外键约束。

3.2.2 修改表

SQL 语言用 ALTER TABLE 语句修改基本表，其一般格式如下：

```
ALTER TABLE <表名>
[ADD <新列名> <数据类型>[完整性约束条件]]
[DROP <完整性约束名>]
[ALTER COLUMN <列名> <数据类型>]
```

其中，<表名>用于指定需要修改的基本表，ADD 子句用于增加新列和新的完整性约束条件，DROP 子句用于删除指定的完整性约束条件，ALTER COLUMN 子句用于修改原有的列定义。

注意：标准 SQL 语言没有提供删除属性列的语句，用户只能间接实现这一功能，即首先把表中要保留的列及其内容复制到一个新表中，然后删除原表，再将新表重新命名为原表名。

但在 SQL Server 2005 中增加了删除列的语句：

```
ALTER TABLE <表名> DROP COLUMN <列名>;
```

例 3-5：将 Students 表的 Sage 列由原来的 INT 类型改为 SMALLINT 类型。

```
ALTER TABLE   Students
ALTER COLUMN Sage SMALLINT
```

例 3-6：为 Enrollment 表添加一列，列的定义为：Room CHAR(20)。

```
ALTER TABLE   Enrollment
ADD   Room CHAR(20)
```

注意：向表中添加一列时，要么指定默认值约束，要么指定 NULL 约束。

例 3-7：删除 Enrollment 表中已添加的 Room 列。

```
ALTER TABLE Enrollment
DROP    COLUMN    Room
```

注意：在删除一列时，必须先删除与该列有关的所有约束，否则该列不能被删除。原因很简单，如果还有其他约束用到该列，而该列允许被删除，则约束显然会出错。

例 3-8：为 Enrollment 表的 Credits 列添加检查约束，要求 Credits 大于 0 小于 20。

```
ALTER TABLE Enrollment
ADD    CONSTRAINT CK3 CHECK (Credits>0 AND Credits<20)
```

例 3-9：删除 Enrollment 表中已添加的约束 CK3。

```
ALTER TABLE Enrollment
DROP    CONSTRAINT CK3
```

注意：在例 3-9 中，CK3 为约束名。可见，删除约束时，必须给出约束名，所以在定义约束时，最好有约束名。

3.2.3　删除基本表

在 SQL 语言中用 DROP TABLE 语句删除基本表，其一般格式为：

```
DROP TABLE <表名>
```

例 3-10：删除图书表。

```
DROP    TABLE    图书
```

例 3-11：假定当前数据库中有一个临时表 OldStudents，删除该表。

```
DROP TABLE OldStudents
```

注意：如果要删除的表被另一个表的 REFERENCES 子句参照，则不允许删除。

例如，如果在定义 Enrollment 表时定义了一个外键：FOREIGN KEY（Sno）REFERENCES Students（Sno），则表示 Students 表被 Enrollment 表参照，此时，不能删除 Students 表。若一定要删除 Students 表，则必须先删除 Enrollment 表，然后才能删除 Students 表。

基本表定义一旦删除，表中的数据和在此表上建立的索引都将自动被删除掉，而建立在此表上的视图虽仍然保留，但也无法引用，因此执行删除操作一定要格外小心。

3.3　SQL 的数据查询

当定义了表结构后，此时的表只是一个空表。接下来，最好先向表中添加若干行，然后进行数据查询。向表中添加数据有两种方法，一种方法是利用数据库软件提供的工具直接对表中数据进行添加、修改和删除操作。另一种是用 SQL 的数据更新（INSERT、UPDATE、DELETE）语句。

假定已建好 Students、Courses、Enrollment 这 3 个表，并已向各个表中添加了数据（见表 3-5、表 3-6、表 3-7）。

表 3-5　Students 表数据

Sno	Sname	Ssex	Sage	Sdept
20010101	Jone	M	19	Computer
20010102	Sue	F	20	Computer
20010103	Smith	M	19	Math
20030101	Allen	M	18	Automation
20030102	Deepa	F	21	Art

表 3-6　Courses 表数据

Cno	Cname	PreCno	Credits
C1	English		4
C2	Math	C5	2
C3	Database	C2	2

表 3-7 Enrollment 表数据

Sno	Cno	Grade
20010101	C1	90
20010102	C1	88
20010102	C2	94
20010102	C3	62

数据查询用来描述怎样从数据库中获取所需的数据。数据查询用到的语句就是查询语句，即 SELECT 语句，它是数据库操作中最基本、最重要的语句之一。SELECT 语句的功能是从一个或多个表或视图（一种虚拟表）中查到满足条件的数据，结果是另一个表。查询语句基本结构：

SELECT [ALL|DISTINCT]<目标列表达式>[,<目标列表达式>]…
FROM <表名或视图名>[,<表名或视图名>]…
[**WHERE** <条件表达式>]
[**GROUP BY** <列名 1>[**HAVING** <条件表达式>]]
[ORDER BY <列名 2> [ASC|DESC]]
[**COMPUTE** <统计表达式> [**BY** <列名 3>]];

SELECT 语句说明：SELECT 语句中必须有 SELECT 子句、FROM 子句，其余子句可选，包括 WHERE 子句、GROUP BY 子句、HAVING 子句、ORDER BY 子句。

(1) SELECT <目标列名表>，称为 SELECT 子句，用于指定整个查询结果表中包含的列。假定已经执行完 FROM、WHERE、GROUP BY、HAVING 子句，从概念上来说得到了一个表，若将该表称为 T，从 T 表中选择 SELECT 子句指定的目标列组成表就为整个查询的结果表。

(2) FROM <数据源表>，称为 FROM 子句，用于指定整个查询语句用到的一个或多个基本表或视图，是整个查询语句的数据来源，通常称为数据源表。

(3) WHERE <查询条件>，称为 WHERE 子句，用于指定多个数据源表的连接条件和单个源表中行的筛选条件或选择条件。如果只有一个源表，则没有表间的连接条件，只有行的筛选条件。

(4) GROUP BY <分组列>，称为 GROUP BY 子句。假定已经执行完 FROM、WHERE 子句，则从概念上来说得到了一个表，若将表称为 T1 表，则 GROUP BY 用于指定 T1 表按哪些列（称为分组列）进行分组，对每一个分组进行运算，产生一行。所有这些行组成一个表，不妨把它称为 T2 表，T2 表实际上是一个组表。

(5) HAVING <组选择条件>，称为 HAVING 子句。与 GROUP BY 子句一起使用，用于指定组表 T2 表的选择条件，即选择 T2 表中满足<组选择条件>的行组成一个表，这个表就是 SELECT 子句中提到的表 T。

(6) ORDER BY <排序列>，称为 ORDER BY 子句，用于指定查询结果按指定列进行升序或降序排序，得到整个查询的结果表。

注意：SELECT 语句的结果表不一定满足关系的性质，也就是说，它不一定是一个关系，但是在本章中仍然称为表。

SELECT 语句包含了关系代数中的选择、投影、连接、笛卡儿积等运算。

下面说明单表查询 SELECT 语句中的各个子句。

3.3.1 单表查询

单表查询指的是在一个源表中查找所需的数据。

1. SELECT 子句

(1) 选择表中若干列。在 SELECT 子句的<目标列名表>中指定整个查询结果表中出现的若干列名，各列名之间用逗号分隔。

例 3-12：查询全体学生的学号与姓名。

SELECT Sno,Sname FROM Students

(2) 选择表中所有列。可以用*来代替表的所有列。

例 3-13：查询全体学生的学号、姓名、性别、年龄、所在系。

SELECT * FROM Students

(3) 使用表达式。表达式可以是列名、常量、函数或用列名、常量、函数等和+(加)、-(减)、*(乘)、/(除)等运算符组成的公式。

例 3-14：查询全体学生的选课情况，即学号、课程号、成绩，对成绩值都加 5。

SELECT Sno,Cno,Grade+5　FROM Enrollment

(4) 设置列的别名。为了方便阅读，通常给表起个别名。

设置列别名的方法为：

原列名 [AS] 列别名

或者：

列别名 = 原列名

例 3-15：查询全体学生的学号、姓名，并为原来的英文列名设置中文别名，以下 3 种方法等价：

SELECT Sno '学号', Sname '姓名' FROM Students

SELECT Sno AS '学号' ,Sname AS '姓名' FROM Students

SELECT '学号' = Sno , '姓名' = Sname FROM Students

例 3-16：查询全体学生的选课情况，其成绩列值都加 5，并为各列设置中文的别名。

SELECT Sno '学号',Cno '课程号',Grade+5 '成绩'　FROM Enrollment

(5) 使用 DISTINCT 消除结果表中完全重复的行。

例 3-17：显示所有选课学生的学号，并去掉重复行。

SELECT DISTINCT Sno '学号'　FROM Enrollment

与 DISTINCT 相反的是 ALL，ALL 表示保留结果表中的重复行。在默认情况下是 ALL，表示保留重复行。

2. FROM 子句

在单表查询中，数据源表只有一个，因此，FROM 子句的格式为：

FROM <单个数据源表名>

例如，要查找学生的相关信息，用到 Students 表，则 FROM 子句为：FROM Students。

例如，要查找课程的相关信息，用到 Courses 表，则 FROM 子句为：FROM Courses。

例如，要查找选课的相关信息，用到 Enrollment 表，则 FROM 子句为：FROM Enrollment。

3. WHERE 子句

WHERE 子句的格式为：

WHERE<查询条件>

<查询条件>是由列名、运算符、常量、函数等构成的一个表达式。

<查询条件>中常用的运算符：比较运算符和逻辑运算符。

比较运算符用于比较两个数值之间的大小是否相等。常用的比较运算符有=、>、<、>=、<=、!=或<>、!>、!>共 9 种。

逻辑运算符主要有以下几种。

- 范围比较运算符：BETWEEN…AND，NOT BETWEEN…AND。
- 集合比较运算符：IN，NOT IN。
- 字符匹配运算符：LIKE，NOT LIKE。
- 空值比较运算符：IS NULL，IS NOT NULL。
- 条件连接运算符：AND，OR，NOT。

(1) 基于比较运算符的查询。

例 3-18：查询选课成绩大于 80 分的学生学号、课程号、成绩。

```
SELECT * FROM Enrollment WHERE Grade>80
```

(2) 基于 BETWEEN…AND 的查询。

基本格式：列名　BETWEEN 下限值 AND 上限值

等价于：列名>=下限值　AND 列名<=上限值

BETWEEN…AND 一般用于数值型范围的比较。表示当列值在指定的下限值和上限值范围内时，条件为 TRUE，否则为 FALSE。NOT BETWEEN…AND 与 BETWEEN…AND 正好相反，表示列值不在指定的下限值和上限值范围内时，条件为 TRUE，否则为 FALSE。

注意：列名类型要与下限值或上限值的类型一致。

例 3-19：查询学生选课成绩在 80～90 分之间的学生学号、课程号、成绩。

```
SELECT * FROM Enrollment
WHERE Grade BETWEEN 80 AND 90
```

等价于：

```
SELECT * FROM Enrollment
WHERE Grade >= 80 AND Grade <=90
```

(3) 基于 IN 的查询。IN 用于测试一个列值是否与常量表中的任何一个值相等。

IN 基本格式：列名 IN（常量 1，常量 2，… 常量 n）

当列值与 IN 中的任一常量值相等时，则条件为 TRUE，否则为 FALSE。

例 3-20：查询数学系、计算机系、艺术系学生的学号、姓名。

```
SELECT Sno,Sname FROM Students
WHERE Sdept IN ('Math', 'Computer', 'Art')
```

等价于：

```
SELECT Sno,Sname FROM Students
WHERE Sdept ='Math' OR Sdept = 'Computer' OR Sdept = 'Art'
```

(4) 基于 LIKE 的查询。LIKE 用于测试一个字符串是否与给定的模式匹配。所谓模式是一种特殊的字符串，其中可以包含普通字符，也可以包含特殊意义的字符，通常称为通配符。

LIKE 运算符的一般形式为：

列名　LIKE　<模式串>

模式串中可包含如下 4 种通配符。

① _：匹配任意一个字符。注意，在这里一个汉字或一个全角字符也算一个字符。如 '_u_'表示第二个字符为 u，第一、第三个字符为任意字符的字符串。

② %：匹配任意 0 个或多个字符。如'S%'表示以 S 开头的字符串。

③ [ ]：匹配[ ]中的任意一个字符，如[SDJ]。

④ [^]：不匹配[ ]中的任意一个字符，如[^SDJ]。

可以用 LIKE 来实现模糊查询。

例 3-21：查询姓名的第二个字符是 u 并且只有 3 个字符的学生的学号、姓名。

```
SELECT Sno,Sname FROM Students
WHERE Sname LIKE '_u_'
```

例 3-22：查询姓名以 S 开头的所有学生的学号、姓名。

```
SELECT Sno,Sname FROM Students
WHERE Sname LIKE 'S%'
```

例 3-23：查询姓名以 S、D 或 J 开头的所有学生的学号、姓名。

```
SELECT Sno,Sname FROM Students
WHERE Sname LIKE '[SDJ]%'
```

(5) 基于 NULL 空值的查询。空值是尚未确定或不确定的值。判断某列值是否为 NULL 值只能使用专门判断空值的子句。

判断列值为空的语句格式：列名 IS NULL

判断列值不为空的语句格式：列名 IS NOT NULL

例 3-24：查询无考试成绩的学生的学号和相应的课程号。

```
SELECT Sno, Cno FROM Enrollment
WHERE Grade IS NULL
```

不等价于：

```
SELECT Sno, Cno FROM Enrollment
WHERE Grade = 0
```

例 3-25：查询有考试成绩(即成绩不为空值)的学生的学号、课程号。

```
SELECT Sno, Cno FROM Enrollment
WHERE Grade IS NOT NULL
```

(6) 基于多个条件的查询。可以使用 AND、OR 逻辑谓词来连接多个条件，构成一个复杂的查询条件。

语句格式：<条件 1> AND<条件 2> AND…<条件 n>

或　<条件 1> OR<条件 2> OR…<条件 n>

① 只有用 AND 连接的所有条件都为 TRUE 时，整个查询条件才为 TRUE。

② 在用 OR 连接的条件中只要有一个条件为 TRUE，整个查询条件就为 TRUE。

例 3-26：查询计算机系年龄在 18 岁以上的学生学号、姓名。

```
SELECT Sno,Sname
FROM Students
WHERE Sdept='Computer' AND Sage>18
```

例 3-27：查询选修了 C1 课程或 C2 课程的学生学号、成绩。

```
SELECT Sno,Grade
FROM Enrollment
WHERE Cno='C1' OR Cno='C2'
```

(7) 使用统计函数的查询。统计函数也称为集合函数或聚集函数，其作用是对一组值进行计算并返回一个值，如表 3-8 所示。

表 3-8 统计函数

函 数	功 能 说 明
COUNT(*)	求表中或组中记录的个数
COUNT(<列名>)	求不是 NULL 的列值个数
SUM(<列名>)	求该列所有值的总和(必须是数值列)
AVG(<列名>)	求该列所有值的平均值(必须是数值列)
MAX(<列名>)	求该列所有值的最大值(必须是数值列)
MIN(<列名>)	求该列所有值的最小值(必须是数值列)

例 3-28：求学生的总人数。

```
SELECT COUNT(*) AS '学生的总人数'
FROM Students
```

例 3-29：求选修了 C1 课程的学生的平均成绩。

```
SELECT AVG(Grade) AS '平均成绩'
FROM Enrollment WHERE Cno='C1'
```

例 3-30：求 20010102 号学生的考试总成绩。

```
SELECT SUM(Grade) AS '20010102 考试总成绩'
FROM Enrollment WHERE Sno = '20010102'
```

例 3-31：选修了 C1 课程的学生的最高分和最低分。

```
SELECT MAX(Grade) AS '最高分', MIN(Grade) AS '最低分'
FROM Enrollment WHERE Cno='C1'
```

4. GROUP BY 子句

有时需要把 FROM、WHERE 子句产生的表按某种原则分成若干组，然后再对每个组进行统计，一组形成一行，最后把所有这些行组成一个表，称为组表。

GROUP BY 子句在 WHERE 子句后边。

一般形式为：GROUP BY <分组列>[，… n]

其中<分组列>是分组的依据。分组原则是若<分组列>的列值相同，就为同一组。当有多个<分组列>时，则先按第一个列值分组，然后对每一组再按第二个列值进行分组，以此类推。

例 3-32：求选修每门课程的学生人数。

```
SELECT Cno AS '课程号',COUNT(Sno) AS '选修人数'
FROM Enrollment
GROUP BY Cno
```

例 3-33：输出每个学生的学号和他/她的各门课程的总成绩。

```
SELECT Sno '学号', Sum(Grade) '总成绩'
FROM Enrollment
GROUP BY Sno
```

注意：在包含 GROUP BY 子句的查询语句中，用 SELECT 子句指定的列名，要么是统计函数，如上例中的 COUNT(Sno)，要么是包含在 GROUP BY 子句中的列名，如上例中的 Cno，否则将出错。

下列语句是错误的：

```
SELECT Sno AS '学号',Cno AS '课程号',COUNT(Sno) AS '选修人数'
FROM Enrollment
GROUP BY Cno
```

因为 SELECT 子句中的 Sno 列，既不是统计函数，也不是 GROUP BY 子句中的列名。

5. HAVING 子句

HAVING 子句用于指定由 GROUP BY 生成的组表的选择条件。

它的一般形式为：HAVING <组选择条件>

HAVING 子句在 GROUP BY 子句之后，并且必须与 GROUP BY 子句一起使用。

例 3-34：求选修课程大于等于两门的学生的学号、平均成绩、选修的门数。

```
SELECT Sno, AVG(Grade) AS '平均成绩',COUNT(*) AS ' 选修门数'
FROM   Enrollment
GROUP BY Sno
HAVING COUNT(*) >= 2
```

6. ORDER BY 子句

ORDER BY 子句用于指定 SELECT 语句的输出结果中记录的排序依据。

ORDER BY 子句的格式为：

```
ORDER BY <列名> [ASC | DESC ] [, … n ]
```

其中<列名>用于指定排序的依据，ASC 表示按列值升序排序，DESC 表示按列值降序排序。如果没有指定排序方式，则默认的排序方式为升序排序。

在 ORDER BY 子句中，可以指定多个用逗号分隔的列名。这些列出现的顺序决定了查询结果排序的顺序。当指定多个列时，首先按第一个列值排序，如果列值相同的行，则对这些值相同的行再依据第二列进行排序，以此类推。

例 3-35：查询所有学生的信息，并按学生的年龄值从小到大排序。

```
SELECT * FROM Students
ORDER BY Sage
```

例 3-36：查询选修了 C1 课程的学生的学号和成绩，查询结果按成绩降序排列。

```
SELECT Sno, Grade FROM Enrollment
WHERE Cno='C1'
ORDER BY Grade DESC
```

例 3-37：查询全体学生信息，查询结果按所在系的系名升序排列，同一系的学生按年龄降序排列。

```
SELECT *
FROM Students
ORDER BY Sdept ASC, Sage DESC
```

例 3-38：求选修课程大于等于 2 门的学生的学号、平均成绩和选课门数，并按平均成绩降序排列。

```
SELECT Sno AS '学号', AVG(Grade) AS '平均成绩',
    COUNT(*) AS '选课门数'
FROM Enrollment
GROUP BY Sno   HAVING COUNT(*) >= 2
ORDER BY AVG (Grade) DESC
```

3.3.2 多表查询

多表查询指的是从多个源表中查询数据。因此，在进行多表查询时，FROM 子句中的<数据源表>要给出所有源表表名，各个表名之间要用逗号分隔。

1．多表查询中的 FROM 子句格式：FROM <源表表名集>

例如，若一个查询用到 3 个表，表名分别为 Students、Enrollment、Courses。FROM 子句应为：

```
FROM Students, Enrollment, Courses
```

2．多表查询中的 SELECT 子句

与单表查询的 SELECT 子句功能基本相同，也用来指定查询结果表中包含的列名。

不同的是：如果多个表中有相同的列名，则需要用<表名>.<列名>来限定列是哪个表的列。

例如，Students 表和 Enrollment 表中都有 Sno 列，为了在结果表中包含 Students 表的 Sno 列，则要用 Students.Sno 表示。还可用<表名>.*，表示<表名>指定的表中的所有列。

例如，Students. *，表示 Students 表的所有列。

3．多表查询中的 WHERE 子句

多表查询中的 WHERE 子句的用法与单表查询中的差别较大，在多表查询中往往要有多表的连接条件，当然还有表的一个或多个行选择条件，多个行选择条件用 AND 组合。这里着重介绍多表的连接条件。

4．多表查询中的 GROUP BY、HAVING、ORDER BY 子句

这 3 个子句的用法与单表查询中的基本相同。

不同的是：如果列名有重复，则要用<表名>.<列名>来限定列是哪个表的列。

按连接条件的不同，可将连接分为内连接、外连接。外连接又分为左外连接、右外连接。SQL Server 2005 在默认情况下为内连接。

（1）内连接。内连接可分为等值连接与自然连接。

等值连接是根据两个表的对应列值相等的原则进行连接的。连接条件的形式往往是“主键=外键”，即按一个表的主键值与另一个表的外键值相同的原则进行连接。

常用的等值连接条件形式：

<表名 1>.<列名 1> = <表名 2>.<列名 2>

例 3-39：查询每个学生的基本信息及他/她选课的情况。

```
SELECT Students.*,Enrollment.*
FROM Students,Enrollment
WHERE    Students.Sno = Enrollment.Sno
```

上述结果表中含有 Students 表的所有列和 Enrollment 表的所有列，存在一个重复的列 Sno，这说明是等值连接。如果要去掉重复列，就要用 SELECT 子句指定结果表中包含的列名，这样就成为自然连接，如下：

```
SELECT Students.Sno,Sname,Ssex,Sage,Sdept,Cno,Grade
FROM Students,Enrollment
WHERE    Students.Sno = Enrollment.Sno
```

例 3-40：查询每个学生的学号、姓名、选修的课程名、成绩。

```
SELECT Students.Sno,Sname, Cname,Grade
```

```
FROM Students,Courses,Enrollment
WHERE Students.Sno = Enrollment.Sno AND
    Courses.Cno= Enrollment.Cno
```

例 3-41：查询选修了 C2 且成绩大于 90 分的学生的学号、姓名、成绩。

```
SELECT Students.Sno,Sname, Grade
FROM Students, Enrollment
WHERE   Students.Sno = Enrollment.Sno AND Cno='C2'
    AND Grade>90
```

这里用 AND 将一个连接条件和两个行选择条件组合成为查询条件。

例3-42：求计算机系选修课程大于等于 2 门的学生的学号、姓名、平均成绩, 并按平均成绩从高到低排序。

```
SELECT Students.Sno, Sname, AVG(Grade) 'Average'
FROM   Students, Enrollment
WHERE Students.Sno= Enrollment.Sno
AND Sdept='Computer'
GROUP BY Students.Sno,Sname
HAVING COUNT(*) >= 2
ORDER BY SUM(Grade) DESC
```

(2) 自身连接。自身连接是一种特殊的内连接，可以看做是在同一个表的两个副本之间进行的连接。为了给两个副本命名，必须为每一个表副本设置不同的别名，使之在逻辑上成为两张表。为表设置别名的方式：

<源表名> [AS] <表别名>

例 3-43：查询与 Sue 在同一个系学习的所有学生的学号和姓名。

```
SELECT S2.Sno, S2.Sname
FROM Students S1,Students S2
WHERE S1.Sdept = S2.Sdept AND S1.Sname = 'Sue'
```

说明：当给表指定了别名后，在查询语句中其他所有用到表名的地方都要使用别名，而不能再使用源表名，并且输出的列一定要加上表的别名来限定是哪个逻辑表中的列。

(3) 外连接。外连接不仅包括满足连接条件的行，而且还包括其中某个表中不满足连接条件的行。

在标准 SQL 中，外连接分为左外连接、右外连接。左外连接即保留连接条件左边表中的非匹配行。左外连接符号为“*=”；右外连接保留连接条件右边表中的非匹配行。右外连接符号为“=*”。在 SQL Server 2005 的 T-SQL 语言中，在 FROM 子句中表示外连接，格式为：

FROM 表1 LEFT | RIGHT JOIN 表2 ON <连接条件>。

例 3-44：查询所有学生的选课情况，要求包括选修了课程的学生和没有选课的学生，显示他们的学号、姓名、课程号、成绩。

```
SELECT Students.Sno, Sname,Cno,Grade
FROM Students,Enrollment
WHERE Students.Sno*=Enrollment.Sno
```

结果为表 3-9 所示。

表 3-9 查询结果

Sno	Sname	Cno	Grade
20010101	Jone	C1	90
20010102	Sue	C1	88
20010102	Sue	C2	94
20010102	Sue	C3	62
20010103	Smith	NULL	NULL
20030101	Allen	NULL	NULL
20030102	Deepa	NULL	NULL

3.4 SQL 的视图操作

3.4.1 定义视图

1. 视图的基本概念

视图是 SELECT 语句的执行结果。视图也是一个表，具有表名，表中包含若干列，各个列有列名，在用户看来视图就是一个表。

视图与用 CREATE TABLE 语句所建立的表具有本质的区别。用 CREATE TABLE 语句所建立的表和表中的数据是实实在在存储在磁盘上的，通常称为基本表。视图是 SELECT 语句的执行结果，是由 SELECT 语句从基本表中导出的数据组成的表，这种表结构与数据并不实际存储在磁盘上，即并不存在，因此视图这种表称为虚表。

2. 基本表与视图的关系

基本表与视图的关系如图3-1所示。

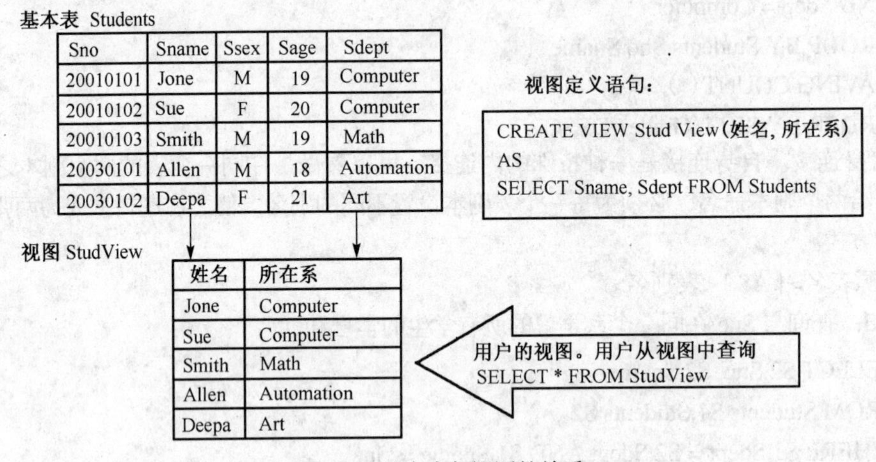

Sno	Sname	Ssex	Sage	Sdept
20010101	Jone	M	19	Computer
20010102	Sue	F	20	Computer
20010103	Smith	M	19	Math
20030101	Allen	M	18	Automation
20030102	Deepa	F	21	Art

姓名	所在系
Jone	Computer
Sue	Computer
Smith	Math
Allen	Automation
Deepa	Art

图 3-1 基本表与视图的关系

3. 视图的优点

(1) 简化查询操作。视图一旦定义好，就可以用 SELECT 语句像对真实表一样进行查询了，在某些情况下可以使用 INSERT\DELETE\UPDATE 语句十分方便地修改通过视图得到的数据。

(2) 提供安全保护机制。可以通过视图屏蔽基本表中的一些数据，普通用户只能查看和修改视图数据，基本表中的其他数据对他们是不可见和不可修改的，这样保证了数据库中数据的安全。

(3) 可以使不同的用户以不同的方式看待同一数据库。因为不同用户使用不同的视图，也就是说，不同用户使用的数据只是同一个数据库的一部分，他们看到的数据库是不同的，但实际上使用的是同一个物理数据库。因此，视图机制为不同用户提供了各自所需的数据。

3.4.2 创建视图

创建视图的语句格式如下：

CREATE VIEW <视图名> [<视图列名表>] AS <子查询>

(1) <视图名>：指定新创建的视图的名称。

⑵ <视图列名表>：指定在视图中包含的列名。可省略。如果省略，则视图的列名与 SELECT 子句中的列名相同。

⑶ <子查询>：子查询中的 SELECT 语句不能包含 ORDER BY 子句。SELECT 语句的用法详见 3.3 节。

因为视图实际上是 SELECT 语句的执行结果。因此，在创建视图前，最好先测试 SELECT 语句以确保能得到正确的结果。

例 3-45：建立数学系学生的视图。

```
CREATE VIEW MathStudentView
AS
    SELECT Sno, Sname, Sage
    FROM Students WHERE Sdept = 'Math'
```

例 3-46：建立计算机系选修了课程名为 Database 的学生的视图，视图名为 CompStudentView，该视图的列名为学号、姓名、成绩。

```
CREATE VIEW CompStudentView (学号,姓名,成绩)
AS
SELECT Students.Sno, Sname, Grade
FROM Students,Courses,Enrollment
WHERE Students.Sno = Enrollment.Sno
AND Courses.Cno=Enrollment.Cno
AND Sdept= 'Computer' AND Cname = 'Database'
```

例 3-47：创建一个名为 StudentsSumView，包含所有学生学号和总成绩的视图。

```
CREATE VIEW StudentsSumView (学号,总成绩)
AS
SELECT Sno,SUM (Grade)
FROM Enrollment
GROUP BY Sno
```

例 3-48：建立计算机系选修了课程名为 Database 并且成绩大于 80 分的学生的视图，视图名为 CompStudentView1，该视图的列名为学号、姓名、成绩。

分析：由于例 3-46 已经创建了 CompStudentView 视图，该视图为：计算机系选修了课程 Database 的学生视图，所以可在该视图的基础上创建 CompStudentView1 视图。

```
CREATE VIEW CompStudentView1
AS
SELECT * FROM CompStudentView
WHERE 成绩>80
```

3.4.3　使用视图

视图的主要用途是供用户查询，即一旦定义了视图，用户就可以用 SELECT 语句从视图中查询数据了。

例 3-49：查询计算机系选修了课程名为 Database 并且成绩大于 90 分的学生的姓名、成绩。

```
SELECT 姓名,成绩
FROM CompStudentView1
WHERE 成绩 >90
```

3.4.4 删除视图

删除视图的 SQL 语句的格式为：

DROP VIEW <视图名>

例 3-50：删除 CompStudentView1 视图。

```
DROP VIEW CompStudentView1
```

注意：如果被删除的视图是其他视图或 SELECT 语句的数据源，则其他视图或 SELECT 语句将无法使用。

3.5 子查询

子查询是一个 SELECT 查询语句，但它嵌套在 SELECT、WHERE、INSERT、UPDATE、DELETE 语句或其他子查询语句中。例如，嵌套在一个 WHERE 子句中的子查询如下：

```
SELECT Sno,Sname    FROM Students
WHERE Sno IN（SELECT Sno FROM Enrollment
      WHERE Cno='C1'）
```

通常把外层的 SELECT 语句称为外查询，内层的 SELECT 语句称为内查询(或子查询)。子查询要用圆括号括起来，它可以出现在允许使用表达式的任何地方。

子查询可分为非相关子查询和相关子查询。

1．非相关子查询

非相关子查询的执行不依赖于外查询。执行过程是，先执行子查询，子查询的结果并不显示出来，而是作为外查询的条件值，然后执行外查询。

非相关子查询的特点是子查询只执行一次，其查询结果不依赖于外查询。而外查询的查询条件依赖于子查询的结果。

非相关子查询的结果可以是单值或多值。返回单值的非相关子查询通常用在比较运算符之后；返回多值的非相关子查询通常用在比较运算符与 ANY、ALL 组成的运算符、IN、NOT IN 之后。

⑴ 返回单值的非相关子查询。

例 3-51：查询与 Sue 在同一个系学习的学生学号、姓名。

```
SELECT Sno, Sname FROM Students
WHERE Sdept=（SELECT Sdept FROM Students
             WHERE Sname = 'Sue'）
```

⑵ 返回多值的非相关子查询。如果子查询返回多个值，即一个集合，则在外查询条件中不能直接用比较运算符，因为某一行的一个列值不能与一个集合比较，必须在比较运算符之后加 ANY 或 ALL 关键字，语句格式为：〈列名〉〈比较符〉[ANY|ALL]〈子查询〉。

ANY 的含义为：将一个列值与子查询返回的一组值中的每一个进行比较。若某次比较结果为 TRUE，则 ANY 测试返回 TRUE，若每一次比较的结果均为 FALSE，则 ANY 测试返回 FALSE。

ALL 的含义为：将一个列值与子查询返回的一组值中的每一个进行比较。若每一次比较的结果均为 TRUE，则 ALL 测试返回 TRUE，只要有一次的比较结果为 FALSE，则 ALL 测试返回 FALSE。

例 3-52：查询其他系中比计算机系任一学生年龄都小的学生基本情况。

```
SELECT *    FROM Students
```

```
WHERE Sdept!='Computer'
    AND Sage < ALL (SELECT Sage
                    FROM Students
                    WHERE Sdept='Computer')
```

例 3-53：查询其他系中比计算机系某一学生年龄小的学生的基本情况。

```
SELECT *   FROM Students
WHERE Sdept!='Computer' AND
      Sage < ANY (SELECT Sage
                  FROM Students
                  WHERE Sdept='Computer')
```

例 3-54：查询成绩大于 80 分的学生的学号、姓名。

```
SELECT Sno, Sname FROM Students
WHERE Sno=ANY ( SELECT Sno
                FROM Enrollment
                WHERE Grade >80 )
```

例 3-55：查询选修了课程名为 English 的课程并且成绩大于 80 分的学生学号、姓名。

```
SELECT Sno, Sname FROM Students
WHERE Sno IN
(SELECT Sno FROM Enrollment
WHERE Grade > 80 AND Cno= (SELECT Cno
FROM Courses
WHERE Cname= 'English'))
```

2．相关子查询

相关子查询，即子查询的执行依赖于外查询。

相关子查询执行过程：先外查询，后内查询，然后又外查询，再内查询，如此反复，直到外查询处理完毕。

使用 EXISTS 或 NOT EXISTS 关键字来表达相关子查询。格式为：

EXISTS <子查询>

EXISTS 是存在量词，用来测试子查询是否有结果，如果子查询的结果集非空(至少有一行)，则 EXISTS 条件为 TRUE，否则为 FALSE。

由于 EXISTS 的子查询只测试子查询的结果集是否为空，因此，在子查询中指定列名是没有意义的，所以在有 EXISTS 的子查询中，其列名序列通常都用“*”表示。

例 3-56：查询选修了 C2 课程的学生的学号和姓名。

```
SELECT Sno, Sname FROM Students
WHERE   EXISTS (SELECT *     FROM Enrollment
WHERE Sno =Students.Sno AND Cno ='C2')
```

例 3-57：查询没有选修 C2 课程的学生的学号、姓名。

```
SELECT Sno, Sname FROM Students
WHERE   NOT EXISTS (SELECT *     FROM Enrollment
WHERE Sno =Students.Sno AND Cno ='C2')
```

3.6 组合查询

在标准 SQL 中，集合运算的关键字分别为 UNION（并）、INTERSECT（交）、MINUS（或 EXCEPT）（差）。因为一个查询的结果是一个表，可以看做是行的集合，因此，可以利用 SQL 的集合运算关键字将两个或两个以上查询结果进行集合运算，这种查询通常称为组合查询（也称为集合查询）。

1．将两个查询结果进行并运算

在并运算中使用 UNION 运算符将两个查询结果合并，并消去重复行而产生最终的一个结果表。

例 3-58：查询选修了 C1 课程或选修了 C2 课程的学生学号。

```
SELECT Sno FROM Enrollment WHERE Cno ='C1'
UNION
SELECT Sno FROM Enrollment WHERE Cno ='C2'
```

① 两个查询结果表必须是兼容的，即列的数目相同且对应列的数据类型相同。

② 组合查询最终结果表中的列名来自第一个 SELECT 语句。

③ 可在最后一个 SELECT 语句之后使用 ORDER BY 子句来排序。

④ 在将两个查询结果合并时，将删除重复行。若在 UNION 后面加上 ALL，则结果集中将包含重复行。

2．将两个查询结果进行交运算

交运算符是 INTERSECT。交运算结果同时属于两个查询结果。表的行作为整个查询的最终结果表。

例 3-59：查询选修了 C1 课程并且选修了 C2 课程的学生学号。

```
SELECT Sno FROM Enrollment WHERE Cno ='C1'
INTERSECT
SELECT Sno FROM Enrollment WHERE Cno ='C2'
```

SQL Server 2005 没有关键字 INTERSECT，而是用 EXISTS 来实现查询结果的交运算。因此，上面的 SQL 语句在 SQL Server 2005 中不能运行。若要在 SQL Server 2005 中实现相同的功能，应表示为：

```
SELECT Sno FROM Enrollment   E1
WHERE Cno ='C1' AND
EXISTS (SELECT Sno FROM Enrollment E2
WHERE E1.Sno=E2.Sno AND E2.Cno ='C2')
```

3．将两个查询结果进行差运算

差运算符是 MINUS 或 EXCEPT。差运算结果是由属于第一个查询结果表而不属于第二个查询结果表的行组成的。

例 3-60：查询选修了 C1 课程但没有选修 C2 课程的学生学号。

```
SELECT Sno FROM Enrollment WHERE Cno ='C1'
MINUS
SELECT Sno FROM Enrollment WHERE Cno ='C2'
```

SQL Server 2005 没有关键字 MINUS 或 EXCEPT，而是用 NOT EXISTS 来表示查询结果的差运

算。因此，上面的 SQL 语句在 SQL Server 2005 中不能运行。若要在 SQL Server 2005 中实现相同的功能，应表示为：

```
SELECT Sno FROM Enrollment   E1
WHERE Cno ='C1' AND
NOT EXISTS (SELECT Sno FROM Enrollment   E2
WHERE E1.Sno=E2.Sno AND E2.Cno ='C2')
```

3.7　数据的插入、修改与删除

用 SQL 的插入语句(INSERT 语句)、修改语句(UPDATE 语句)、删除语句(DELETE 语句)来对表中数据进行插入、修改、删除操作。

3.7.1　插入数据

1．单行插入语句

语法：

INSERT [INTO] <表名> [(<列名表>)] VALUES　(<值表>)

功能：

向表中添加一行数据，也称为单行插入语句。

2．多行插入语句

语法：

INSERT INTO <表名> [(<列名表>)] <子查询>

功能：

将子查询的查询结果加入到<表名>指定的表中，也称为多行插入语句。

3．语句说明

(1) INSERT 或 INSERT INTO、VALUES 为关键字。

(2) <表名>为接收数据的表的名称。

(3) <列名表>用来指定接收数据的若干列名。列名必须是表中已有的列名，各列之间用逗号分隔。当表中所有列都接收数据时，<列名表>可以省略。

(4) <值表>用于指定插入的各列值，值表不能省略。<值表>中值的个数与<列名表>中列名的个数要相同，并且<值表>中的各个值的数据类型与<列名表>对应列的数据类型要一致。若值表中的各个值为常量，如为字符串常量、日期常量，则要用单引号括起来，例如，字符串常量'Computer'；若为数值，则不要用单引号括起来，如 20。

4．语句举例

例 3-61：向 Students 表中添加一个学生记录，学生学号为 20010105，姓名为 Stefen，性别为男，年龄为 25 岁，所在系为艺术系 Art。

```
INSERT INTO Students
VALUES ('20010105', 'Stefen', 'F', 25, 'Art')
```

例 3-62：向 Enrollment 表中添加一个学生的选课记录，学生学号为 20010105，所选的课程号为 C2。

```
INSERT INTO   Enrollment (Sno,Cno)
VALUES ('20010105', 'C2')
```

例 3-63：假定当前数据库中有一个临时表 TempStudents，把数学系的所有学生记录一次性地加到 Students 表中。

```
INSERT INTO Students
SELECT * FROM TempStudents WHERE Sdept=' Math'
```

3.7.2 修改数据

1．语句语法

```
UPDATE <表名>   SET <列名=常量值> [,… n]
[WHERE <查询条件>]
```

2．功能

按查询条件找到表中满足条件的行并根据 SET 子句对数据进行修改。

3．语句说明

(1) UPDATE、SET 为关键字。

(2) <表名>给出了需要修改数据的表的名称。

(3) <列名=常量值>指定要修改的列名和相应的值，该值就是将相应列修改后的新值，值的类型要与相应列的数据类型一致。

(4) WHERE 子句指定表中需要修改的行要满足的条件。如果 WHERE 子句省略，则表示要修改表中的所有行。

4．语句举例

例 3-64：将所有学生选课的成绩加 5。

```
UPDATE Enrollment SET Grade = Grade + 5
```

例 3-65：将姓名为 Sue 的学生的所在系改为计算机系。

```
UPDATE Students SET Sdept = 'Computer'
WHERE Sname = 'Sue'
```

例 3-66：将选修了课程 Database 课程的学生成绩加 10。

```
UPDATE Enrollment SET Grade = Grade + 10
WHERE Cno = (SELECT Cno FROM Courses
             WHERE Cname = 'Database')
```

3.7.3 删除数据

1．语句语法

```
DELETE [ FROM ] <表名> [WHERE <删除条件>]
```

2．功能

删除表中满足条件的行。

3．语句说明

⑴ DELETE 或 DELETE FROM 为关键字，FROM 可省略。

⑵ <表名>指定需要删除数据的表的名称。

⑶ [WHERE <删除条件>]指定要删除的行应满足的条件，DELETE 语句只删除满足条件的行。如果省略 WHERE 子句，则删除表中的全部行，因此要小心使用。

4．语句举例

例 3-67：删除所有成绩为空值的选修课记录。

```
DELETE FROM Enrollment WHERE Grade IS NULL
```

例 3-68：删除学生姓名为 Deepa 的学生记录。

```
DELETE FROM Students WHERE Sname = 'Deepa'
```

例 3-69：删除计算机系选修课成绩不及格的学生选修记录。

```
DELETE FROM Enrollment
WHERE Grade < 60 AND Sno IN（SELECT Sno
                            FROM Students
                            WHERE Sdept = 'Computer' ）
```

3.8　小结

本章主要对 SQL 的基本结构进行了详细介绍，对 SQL 中经常用到的命令动词需要熟练掌握，数据库、基本表和索引的建立和删除是本章的重点和难点内容。同时对 SQL 的数据查询进行了比较详细的介绍，其一般格式是学习各种查询语句的基础，务必牢固掌握。汇总查询、连接查询在数据库的查询方面有很大的实践意义，在数据库系统管理中会用到，必须认真掌握。EXIST 谓词在 SELECT 语句中占有相当重要的地位，在很多查询语句中都要用到，并且 EXIST 能和 IN、多表连接相互交换使用。数据的更新功能在数据库表的维护中使用较多，而且使用命令进行数据维护也很方便、简单，应当熟练掌握。视图是关系数据库系统中的重要概念，合理地使用视图会带来很多好处，读者应好好把握。

习题 3

一、单项选择题

1．SQL 语言是____语言，易学习。

A．过程化　　B．非过程化　　C．格式化　　D．导航式

2．SQL 语言是____语言。

A．层次数据库　　B．网络数据库　　C．关系数据库　　D．非数据库

3．SQL 语言具有____的功能。

A．关系规范化、数据操纵、数据控制

B．数据定义、数据操纵、数据控制

C．数据定义、关系规范化、数据控制

D．数据定义、关系规范化、数据操纵

4．SQL 语言的数据操纵语句包括 SELECT、INSERT、UPDATE 和 DELETE 等。其中最重要的，也是使用最频繁的语句是____。

A．SELECT　　B．INSERT　　C．UPDATE　　D．DELETE

5．SQL 语言具有两种使用方式，分别称为交互式 SQL 和___。

A．提示式 SQL　　B．多用户 SQL　　C．嵌入式 SQL　　D．解释式 SQL

6．在 SQL 语言中，实现数据检索的语句是____。

A．SELECT　　B．INSERT　　C．UPDATE　　D．DELETE

7．下列 SQL 语句中用于修改表结构的是____。

A．ALTER　　B．CREATE　　C．UPDATE　　D．INSERT

第 8 到第 11 题基于学生表 S、课程表 C 和学生选修课表 SC，它们的结构如下：

S（S#, SN, SEX, AGE, DEPT）
C（C# ,CN）
SC（S#,C#,GRADE）

其中：S#为学号，SN 为姓名，SEX 为性别，AGE 为年龄，DEPT 为系别，C#为课程号，CN 为课程名，GRADE 为成绩。

8．查询所有比“王华”年龄大的学生姓名、年龄和性别。正确的 SELECT 语句是___。

A．SELECT SN, AGE, SEC FROM S
　　WHERE AGE>（SELECT AGE FROM S
　　WHERE SN="王华"）

B．SELECT SN, AGE,SEX
　　FROM S
　　WHERE SN="王华"

C．SELECT SN, AGE, SEX FROM S
　　WHERE AGE>（SELECT AGE
　　WHERE SN="王华"）

D．SELECT SN, AGE, SEX FROM S
　　WHERE AGE>王华.AGE

9．查询选修课程“C2”的学生中成绩最高的学生的学号。正确的 SELECT 语句是___。

A．SELECT S# FROM SC
　　WHERE C#="C2"AND GRADE>=
　　（SELECT GRADE FROM SC
　　WHERE C#="C2"）

B．SELSCT S# FROM SC
　　WHERE C#="C2"AND GRADE IN
　　（SELECT GRADE FROM SC
　　WHERE C#="C2"）

C．SELECT S# FROM SC
　　WHERE C#="C2"AND GRADE NOT IN
　　（SELECT GRADE FROM SC
　　WHERE C#="C2"）

D．SELECT S# FROM SC
WHERE C#="C2"AND GRADE>=ALL
(SELECT GRADE FROM SC
WHERE C# ="C2")

10．查询学生姓名及其所选修课程的课程号和成绩。正确的 SELECT 语句是___。

A．SELSCT C.SN, SC.C#, SC.GRADE
FROM S
WHERE S.S#=SC.S#

B．SELSECT S.SN, SC.C#, SC.GRADE
FROM SC
WHERE S.S# = SC.GRADE

C．SELECT S.SN, SC.C#, SC.GRADE
FROM S, SC
WHERE S.S#, SC.GRADE

D．SELECT S.SN, SC.C#, SC.GRADE
FROM S.SC

11．查询选修 4 门以上课程的学生总成绩(不统计不及格的课程)，并要求按总成绩的降序排列出来。正确的 SELECT 语句是___。

A．SELECT S#, SUM(GRADE) FROM SC
WHERE GRADE>60
GROUP BY S#
ORDER BY 2 DESC
HAVING COUNT(*)>=4

B．SELECT S#, SUM(GRADE) FROM SC
WHERE GRADE>=60
GROUP BY S#
HAVING COUNT(*)>=4
ORDER BY 2 DESC

C．SELECT S#, SUM(GRADE) FROM SC
WHERE GRADE>=60
HAVING COUNT(*)=4
GROUP BY S#
ORDER BY 2 DESC

D．SELECT S#, SUM(GRADE) FROM SC
WHERE GRADE>=60
ORDER BY 2 DESC
GROUP BY S#
HAVIMG COUNT(*)>=4

12．假定学生关系是 S(S#, SNAME, SEX, AGE)，课程关系是 C (C#, CNAME, TEACHER)，学生选课关系是 SC(S#, C#, GRADE)。

要查询选修了“COMPUTER”课程的“女”学生姓名，将涉及关系___。

A．S　　B．SC, C　　C．S, SC　　D．S, C, SC

13．若用如下的 SQL 语句创建一个 student 表：

CRRATE TABLE student (NO C (4) NOT NULL,

NAME C (8) NOT NULL,

SEX C (2),

AGE N (2))

可以插入到 student 表中的是________。

A．（'1031', '曾华', 男, 23） B．（'1031', '曾华', NULL,NULL）

C．（NULL, '曾华', '男', 23） D．（'1031', 'NULL', '男'23）

二、填空题

1．SQL 是________。

2．SQL 语言的数据定义功能包括________、________、________和________。

3．视图是一个虚表，它是从________中导出的表。在数据库中，只存放视图________，不存放视图的________。

4．设有如下关系 R：

R (NO, NAME, SEX, AGE, CLASS)

其中 NO 为学号，是主键，NAME 为姓名，SEX 为性别，AGE 为年龄，CLASS 为班号。写出实现下列功能的 SQL 语句。

(1) 插入一个记录 (25, "李明","男", 21, "95031")；________。

(2) 插入班号“95031”、学号为“30”、姓名为“郑和”的学生记录：________。

(3) 将学号为“10”的学生姓名改为“王华”：________。

(4) 将所有班号“95101”改为“95091”：________。

(5) 删除学号为“20”的学生记录：________。

(6) 删除姓“王”的学生记录：________。

三、简答题

1．途述 SQL 语言支持的三级结构。

2．设有如表 3-10、表 3-11、表 3-12 所示的 3 个关系，并假定这 3 个关系框架组成的数据模型就是用户子模式。其中各个属性的含义如下：A#(商店代号)、ANAME(商店名)、WQTY(店员人数)、CITY(所在城市)、B#(商品号)、BNAME(商品名称)、PRICE(价格)、QTY(商品数量)。试用 SQL 语言写出进行下列查询的语句，并给出执行结果。

(1) 查询店员人数超过 100 人或者在长沙市的所有商店的代号和商店名。

(2) 查询供应书包的商店名。

(3) 查询供应代号为 256 的商店所供应的全部商品名和所在城市。

表 3-10 关系 A

A#	ANAME	WQTY	CITY
101	韶山商店	15	长沙
204	前门面货商店	89	北京
256	东风商场	501	北京
345	铁道商店	76	长沙
620	第一百货公司	413	上海

表 3-11 关系 B

B#	BNAME	PRICE
1	毛笔	21
2	羽毛球	784
3	收音机	1325
4	书包	242

表 3-12　关系 AB

A#	B#	QTY	A#	B#	QTY	A#	B#	QTY	A#	B#	QTY
101	1	105	101	4	104	256	2	91	345	4	74
101	2	42	204	3	61	345	1	141	602	4	125
101	3	25	256	1	241	345	2	18			

3．设有图书登记表 TS，具有属性：BNO（图书编号），BC（图书类别），BNA（书名），AU（著者），PUB（出版社）。按下列要求用 SQL 语言进行设计。

(1) 按图书馆编号 BNO 建立 TS 表的索引 ITS。

(2) 按出版社统计其出版图书总数。

(3) 删除索引 ITS。

4．已知 3 个关系 R、S 和 T 如表 3-13、表 3-14、表 3-15 所示。

表 3-13　关系 R

A	B	C
a1	b1	20
a1	b2	22
a2	b1	18
a2	b3	a2

表 3-14　关系 S

A	D	E
a1	d1	15
a2	d2	18
a1	d2	24

表 3-15　关系 T

D	F
D2	f2
d3	f3

试用 SQL 语句实现如下操作。

(1) 将 R、S 和 T 三个关系按关联属性建立一个视图 R-S-T。

(2) 对视图 R-S-T 按属性 A 分组后，求属性 C 和 E 的平均值。

5．设有关系 R 和 S，如表 3-16、表 3-17 所示。

表 3-16　关系 R

A	B
a1	b1
a2	b2

表 3-17　关系 S

A	C
a1	40
a2	50
a3	55

试用 SQL 语句实现下列操作。

(1) 查询属性 $C>50$ 时，R 中与之相关联的属性 B 的值。

(2) 当属性 $C=40$ 时，将 R 中与之相关联的属性 B 值修改为 b4。

6．已知学生表 S 和学生选课表 SC。其关系模式如下：

S（SNO, SN, SD, PROV）

SC（SNO, CN, GR）

其中，SNO 为学号，SN 为姓名，SD 为系名，PROV 为省区，CN 为课程名，GR 为分数。试用 SQL 语言实现下列操作。

(1) 查询“信息系”的学生来自哪些省区。

(2) 按分数降序排序，输出“英语系”学生选修了“计算机”课程的学生的姓名和分数。

7. 设有学生表 S（SNO, SN）（SNO 为学生号, SN 为姓名）和学生选修课程表 SC（SNO, CNO, CN, G）（SNO 为课程号, CN 为课程名, G 为成绩），试用 SQL 语言完成以下各题。

(1) 建立一个视图 V-SSC（SNO, SN, CNO, CN, G），并按 CNO 升序排序。

(2) 从视图 V-SSC 上查询平均成绩在 90 分以上的 SN、CN 和 G。

第 4 章　SQL Server 2005 应用基础

本章将详细介绍 SQL Server 2005 的安装方法，引导读者将 SQL Server 2005 安装到计算机系统中，并检查安装的有效性，排查安装过程中和安装结束后的故障，使读者初步认识 SQL Server 2005 的服务、管理和数据库单元。随后介绍了数据库、基本表和索引的创建和管理，重点介绍利用 SQL 语言进行数据库、基本表和索引的创建、删除的方法。

通过本章学习，将了解以下内容：

- SQL Server 2005 的安装与配置
- SQL Server 2005 故障分析与解决
- 数据库的创建和管理
- 基本表和索引的创建和删除

4.1　SQL Server 2005 系统概述

SQL Server 2005 是一个全面的、集成的、端到端的数据解决方案，它为企业用户提供了一个安全、可靠和高效的平台，用于企业数据管理和商业智能应用。SQL Server 2005 为 IT 专家和信息工作者带来了强大的、熟悉的工具，同时减小了在从移动设备到企业数据库系统的多平台上创建、部署、管理及使用企业数据和分析应用程序的复杂度。通过全面的功能集成、现有系统的集成性及对日常任务的自动化管理能力，SQL Server 2005 为不同规模的企业提供了一个完整的数据解决方案。图4-1所示为 SQL Server 2005 数据平台的组成架构。

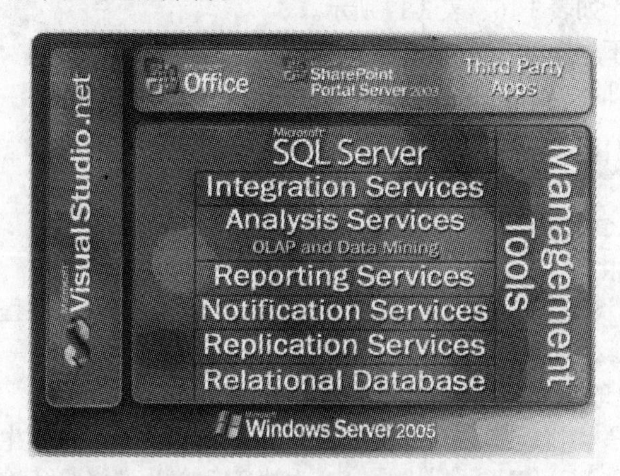

图 4-1　SQL Server 2005 数据平台组成架构

SQL Server 2005 数据平台包括以下工具。

(1) 关系型数据库：安全、可靠、可伸缩、高可用的关系型数据库引擎，提升了性能且支持结构化和非结构化(如 XML)数据。

(2) 复制服务：数据复制可用于数据分发、处理移动数据应用、系统高可用、可伸缩存储、与异构系统的集成等，包括已有的 Oracle 数据库等。

(3) 通知服务：用于开发、部署可伸缩应用程序的先进的通知服务，能够向不同的连接和移动设备发布个性化、及时的更新信息。

(4) 集成服务：可以支持数据仓库和企业范围内数据集成的抽取、转换和装载。

(5) 分析服务：利用联机分析处理(Online Analysis and Processing，OLAP)功能可对多维存储的大量、复杂的数据集进行快速高级分析。

(6) 报表服务：提供全面的报表解决方案，可创建、管理和发布传统的、可打印的报表和交互的、基于 Web 的报表。

(7) 管理工具：其包含的集成管理工具可用于高级数据库管理和调谐，它也和其他微软工具，如 MOM 和 SMS 紧密集成在一起。标准数据访问协议大大减少了 SQL Server 和现有系统间数据集成所花的时间。此外，构建于 SQL Server 内的 Web Service 支持确保了和其他应用及平台的互操作能力。

(8) 开发工具：SQL Server 为数据库引擎，数据抽取、转换和装载，数据挖掘，OLAP 和报表提供了与 Microsoft Visual Studio 相集成的开发工具，以实现端到端的应用程序开发。SQL Server 中每个主要的子系统都有自己的对象模型和 API，能够以任何方式将数据系统扩展到不同的商业环境中。

SQL Server 2005 数据平台为不同规模的组织提供了以下好处。

(1) 充分利用数据资产。除了为业务线和分析应用程序提供一个安全可靠的数据库之外，SQL Server 2005 也使用户能够通过嵌入的功能(如报表、分析和数据挖掘等)从他们的数据中得到更多的价值。

(2) 提高生产力。通过全面的商业智能功能和用户熟悉的微软 Office 系统工具集成，SQL Server 2005 为组织内的信息工作者提供了关键的、及时的商业信息以满足他们的特定需求。SQL Server 2005 的目标是将商业智能扩展到组织内的所有用户，并且最终使组织内所有级别的用户能够基于他们最有价值的资产——数据，来做出更好的决策。

(3) 减小 IT 复杂度。SQL Server 2005 简化了开发、部署和管理业务线和分析应用程序的复杂度，它为开发人员提供了一个灵活的开发环境，为数据库管理人员提供了集成的自动管理工具。

(4) 更低的总体拥有成本(Total Cost of Ounership，TCO)。对产品易用性和部署上的关注以及集成的工具，提供了工业上最低的规划、实现和维护成本，使数据库投资能快速得到回报。

4.2　SQL Server 2005 版本说明

根据应用程序的需要，其安装要求可能有很大不同。SQL Server 2005 的不同版本能够满足企业和个人独特的性能、运行及价格要求。需要安装哪些 SQL Server 2005 组件也要根据企业或个人的需求而定。

SQL Server 2005 的版本包括：企业版(Enterprise Edition)、标准版(Standard Edition)、开发版(Developer Edition)、工作组版(Workgroup Edition)和精简版(Express Edition)。

1. SQL Server 2005 企业版(32 位和 64 位)

企业版达到了支持超大型企业进行联机事务处理(Online Transaction Processing，OLTP)和高度复杂的数据分析以及数据仓库和网站所需的性能水平。企业版的全面商业智能和分析能力及其高可用性(如故障转移群集)，使它可以处理大多数关键业务。

企业版功能是最全面的 SQL Server 版本，是超大型企业的理想选择，能够满足最复杂的要求。这个版本对 CPU 和内存数量没有限制，对数据库大小也没有限制。

2. SQL Server 2005 标准版(32 位和 64 位)

标准版是适合中小型企业的数据管理和分析平台。它包括电子商务、数据仓库和业务流解决方案所需的基本功能。标准版的集成商业智能和高可用性可以为企业提供其运营所需的基本功能。

标准版是需要全面的数据管理和分析平台的中小型企业的理想选择。

和 SQL Server 2005 企业版一样，标准版也对内存数量、数据库大小没有限制，因此只要操作系统和物理硬件支持，用户可以按照自己的需求来扩展它。不过，标准版最多支持 4 个 CPU。

3. SQL Server 2005 开发版(32 位和 64 位)

开发版使开发人员可以在 SQL Server 上生成任何类型的应用程序。它包括 SQL Server 2005 企业版的所有功能，但有许可限制，只能用于开发和测试系统，而不能作为生产服务器使用。

开发版是独立软件供应商(Independent Software Vendor，ISV)、咨询人员、系统集成商、解决方案供应商以及创建和测试应用程序的企业开发人员的理想选择。开发版可以根据生产需要升级至 SQL Server 2005 企业版。

4. SQL Server 2005 工作组版(仅适用于 32 位)

对于那些在数据库大小和用户数量没有限制的小型企业，工作组版是理想的数据管理解决方案。工作组版可以用做前端 Web 服务器，也可以服务于企业的部门或分支机构。它包括 SQL Server 产品系列的核心数据库功能，并且可以轻松地升级至标准版或企业版。工作组版是理想的入门级数据库，具有性能可靠、功能强大且易于管理的特点。

工作组版支持 2 个 CPU，3 GB 内存，数据库大小不限。

5. SQL Server 2005 精简版(仅适用于 32 位)

精简版是一个免费、易用且便于管理的数据库。精简版与 Microsoft Visual Studio 2005 集成在一起，可以轻松开发功能丰富、存储安全、可快速部署的数据驱动应用程序。精简版是免费的，可以再分发(受制于协议)，还可以起到客户端数据库以及基本服务器数据库的作用。

精简版是低端 ISV、低端服务器用户、创建 Web 应用程序的非专业开发人员以及创建客户端应用程序的编程爱好者的理想选择。

精简版支持 1 个 CPU，1 GB 内存，数据库的最大容量为 4 GB。

4.3 SQL Server 2005 Express Edition 简介

SQL Server Express(精简版)是基于 SQL Server 2005 技术的一款免费、易用的数据库产品，旨在提供一个非常便于使用的数据库平台，可以针对其目标情况进行快速部署。之所以便于使用，首先是因为它具有一个简单、可靠的图形用户界面(Graphical User Interface，GUI)安装程序，可以引导用户完成安装过程。SQL Server Express 附带的免费 GUI 工具包括：SQL Server Management Studio Express Edition(启动时可以使用的技术预览版本)、Surface Area Configuration Tool 和 SQL Server Configuration Manager。这些工具可以简化基本的数据库操作。通过与 Visual Studio 项目的集成，数据库应用程序的设计和开发也变得更加简单。此外，还将介绍通过移动数据库应用程序(像移动典型 Windows 文件一样)来对其进行部署的功能。服务和修补也得到了简化和自动化。

SQL Server Express 使用与其他 SQL Server 2005 版本同样可靠的、高性能的数据库引擎，也使用相同的数据访问 API（如 ADO.NET、SQL Native Client 和 T-SQL）。事实上，它与其他 SQL Server 2005 版本的不同仅体现在以下方面。

(1) 缺乏企业版功能支持。

(2) 仅限一个 CPU。

(3) 缓冲池内存限制为 1 GB。

(4) 数据库最大为 4 GB。

在默认情况下，在 SQL Server Express 中，启用诸如自动关闭和像复制文件一样复制数据库的功能，而禁用高可用性和商业智能功能。如果需要，SQL Server Express 可以很容易进行伸缩，因为 SQL Server Express 应用程序可以无缝地与 SQL Server 2005 Workgroup Edition、SQL Server 2005 Standard Edition 或 SQL Server 2005 Enterprise Edition 一起使用。通过 Web 下载文件可以进行免费、快速、方便的部署。

开发 SQL Server Express 有两个不同的用途。第一个用途是用做服务器产品，特别是作为 Web 服务器或数据库服务器；第二个用途是用做本地客户端数据存储区，其中应用程序数据访问不依赖于网络。易用性和简单性是主要设计目标。

SQL Server Express 主要用在以下 3 种情况。

(1) 非专业开发人员生成 Web 应用程序。

(2) ISV 将 SQL Server Express 重新发布为低端服务器或客户端数据存储区。

(3) 爱好者生成基本的客户端/服务器应用程序。

SQL Server Express 提供的易用、可靠的数据库平台功能丰富，可用于这些情况。

SQL Server Express 使用的数据库引擎与其他 SQL Server 2005 版本相同，并且所有编程功能也相同。有关 SQL Server 2005 Express Edition 的其他信息，可参阅 SQL Server 2005 联机丛书。下面详细介绍 SQL Server Express 特有的并且/对客户有显著影响的功能。

1. 引擎规范

SQL 引擎支持 1 个 CPU、1 GB RAM 和 4 GB 的数据库大小。此机制允许通过定义适当的断点来轻松区别于其他 SQL Server 2005 版本。另外，没有工作负荷中止值，并且引擎的执行方式与其他版本相同。对可以附着到 SQL Server Express 的用户数没有硬编码限制，但其 CPU 和内存的限制实际上制约了可以从 SQL Server Express 数据库获取可接受响应次数的用户数。

SQL Server Express 可以安装并运行在多处理器计算机上，但是不论何时，只使用一个 CPU。在内部，引擎将用户调度程序线程数限制为 1，这样一次只使用 1 个 CPU。因为一次只能使用一个 CPU，所以不支持执行诸如并行查询这样的功能。

1 GB RAM 限制是对缓存池的内存限制。缓存池用于存储数据页和其他信息。但是，跟踪连接、锁等所需的内存不计入缓存池限制。因此，服务器使用的总内存有可能大于 1 GB，但用于缓存池的内存绝不会超过 1 GB，它不支持或不需要地址窗口化扩展（Address Windowing Extension，AWE）或 3 GB 数据访问。

4 GB 数据库大小限制仅适用于数据文件，而不适用于日志文件。但是，不限制可以附着到服务器的数据库数。SQL Server Express 的启动略有变化。用户数据库不会自动启动，分布式事务处理协调器也不会自动初始化。虽然对于用户体验而言，除了启动速度更快之外，感觉不出什么变化，仍建议使用 SQL Server Express 的编程人员在设计自己的应用程序时牢记这些变化。

多个 SQL Server 2005 Express 可以与其他 SQL Server 2000、SQL Server 2005 或 Microsoft Desktop Engine（MSDE）共存于同一台计算机上。通常，最好将 SQL Server 2000 实例升级到 Service Pack

4(SP4)。在同一台计算机上，最多可以安装16个SQL Server Express实例。这些实例的名称必须是唯一的，以便可以标识它们。

在默认情况下，SQL Server Express安装了一个名为SQLEXPRESS的命名实例。这个特殊的实例可以在多个应用程序和应用程序供应商之间共享。建议使用此实例，除非应用程序具有特殊配置要求。

用于SQL Server Express编程的API与用于SQL Server 2005其他版本编程的API相同，这样如果用户选择转到其他SQL Server 2005版本，他们也不会感到有任何不适应。支持SQL Server 2005中的所有新功能(如公共语言运行时(Common Language Runtime，CLR)集成)、新数据类型(如VARCHAR(MAX)和XML)、用户定义类型和用户定义聚合。使用SQL Server Express实例编写的应用程序可以与SQL Server 2005实例一起协调运行。还支持复制和SQL Service Broker功能，该功能将在后面详细介绍。

2. 工具支持

SQL Server Express是以易于使用为目的而设计的，其图形用户界面工具可以使数据库初学者轻松使用SQL Server Express中的基本数据库功能。名为SQL Server Management Studio Express Edition(SSMS-EE)的新GUI工具可以作为独立的Web下载文件下载。使用SSMS-EE可以轻松管理数据库、执行查询分析功能，并且可以免费重新发布。

SSMS-EE可以连接到SQL Server Express和其他SQL Server 2005版本、SQL Server 2000及MSDE 2000。连接时，会显示一个简单的连接对话框，引导用户选择要使用的实例和身份验证方法。可以进行本地连接和远程连接。对象资源管理器将以分层方式枚举并显示使用的公共对象(如实例、表、存储过程等)，有助于用户实现对数据库访问的可视化。

从对象资源管理器的快捷菜单中，可以访问所有数据库管理功能。SSMS-EE的功能(如创建和修改数据库、表、视图、登录账户和用户)与其他版本中的完整SQL Server Management Studio相同，因而在升级到SSMS完整版后，可以立即应用在SSMS-EE中学到的技能。

许多数据库用户更喜欢使用T-SQL来管理其服务器，因为与使用图形用户界面相比，使用这种方法可以进行更精密细致的控制。SSMS-EE中的查询编辑器允许用户开发和执行T-SQL语句和脚本。查询编辑器的功能丰富，如关键字颜色代码、结果窗格(用于以数据网格形式返回结果)。错误消息(如果有)也将显示在结果窗格中。SSMS-EE支持SSMS的所有查询编辑器功能，包括图形查询计划。

4.4 SQL Server 2005安装与配置

4.4.1 安装时考虑的关键点

虽然大多数时候SQL Server在安装时都使用默认的参数，它是一个简单的过程，但是如果用户不理解安装参数，也会导致困惑或者安全攻击方面的问题。下面列出了一些关键点，在安装SQL Server时可以思考。

(1) 只安装必要的SQL Server组件来限制服务的数量。这也同时限制了忘记打关键补丁的可能性，因为没有实现SQL Server的必要组件。

(2) 对于SQL Server服务账号，确保选择一个拥有域内适当权限的账号。不要只是选择域管理员来运行SQL Server服务账号。平衡最小权限和只分配所需权限给账号的原则。与此同时，确保给

SQL Server 服务账号分配了一个复杂的密码。针对以上各项，在完成安装之前应确保选择了正确的参数。

(3) 选择认证模式。有两个选项，分别是 Windows 认证模式和混合模式(Windows 和 SQL Server 认证)。在 Windows 认证模式下，只有 Windows 账号才拥有登录 SQL Server 的权限；在混合模式下，Windows 和 SQL Server 的账号都拥有登录到 SQL Server 的权限。

(4) (3)中的 SQL Server 认证模式会直接影响(4)中的安装过程。当选中混合模式认证的时候，就可以为系统管理员分配密码了。因为是服务账号，确保使用一个强有力的密码或者密码段，并且正确保护密码。

(5) 在 SQL Server 安装过程中要调整设置。在 SQL Server 中，Windows 和 SQL Server 的调整都是可用的。这些调整应该是基于应用程序语言支持需求的。另外应检查环境中当前 SQL Server 的配置，以此确保它们能够满足特殊应用程序需求，以及 SQL Server 的一致性。

(6) 查看所有安装的输出，确保过程是成功的。确保在把 SQL Server 发布到环境之前验证了输出。

安装 SQL Server 2005 实例环境的步骤如下。

(1) 开始 SQL Server 实例安装。

(2) 选择 SQL Server 安装组件。

(3) 指定账号认证模式和设置。

(4) 单击“Install”按钮并且检查总结日志。

(5) 安装 SQL Server Service Pack 1。

4.4.2　SQL Server 2005 Express Edition 安装

随着 SQL Server 2005 Express Edition、SQL Server Management Studio Express 及 Microsoft SQL Desktop Edition 的发布，微软公司已经步入小型数据库市场领域。SQL Server Management Studio Express 是一款拥有各种特征的管理工具，完全能够与 SQL Server Enterprise Manager 相媲美。特别是，它是非常适合于小程序、小 Web 站点使用的小型数据库软件。以下是安装 SQL Server 2005 Express Edition 的详细过程。

第一步：下载 SQL Server 2005 Express Edition

SQL Server 2005 Express Edition 下载页面提供了 3 个独立的下载地址，可从这 3 个地址中下载 SQL Server 2005 Express 版本。确定安装需要的特征，如表 4-1 所示。

表 4-1　确定安装需要的特征

版本特征	SQL Server 2005 Express Edition SP1	SQL Server 2005 Express Edition with Advanced Services SP1	SQL Server 2005 Express Edition Toolkit SP1
数据库引擎	×	×	√
客户软件	×	×	×
全文本搜索	√	×	√
报表服务	√	×	√
Management Studio Express	√	×	√

第二步：确定系统要求

SQL Server 2005 Express Edition 没有明显的系统要求，尤其在服务器功能非常强大的今天更是如此。其最低的系统要求如表 4-2 所示。

表 4-2 SQL Server 2005 Express Edition 的系统和软件要求

版本特征	SQL Server 2005 Express Edition SP1	SQL Server 2005 Express Edition with Advanced Services SP1	SQL Server 2005 Express Edition Toolkit SP1
RAM（最小）	192 MB	512 MB	512 MB
RAM（推荐）	512 MB	1 GB	1 GB
Drive space	600 MB		
Processor（最小）	600 MHz		
Processor（推荐）	1 GHz		
IIS 5 or 更高	No	Yes	No
操作系统支持	Windows Server 2003 SP1，Windows Server 2003 Enterprise Edition SP1，Windows Server 2003 Datacenter Edition SP1，Windows Server 2003 Web Edition SP1，Windows Small Business Server 2003 Standard Edition SP1，Windows Small Business Server 2003 Premium Edition SP1，Windows XP Professional SP2，Windows XP Home Edition SP2，Windows XP Tablet Edition SP2，Windows XP Media Edition SP2，Windows 2000 Professional Edition SP4，Windows 2000 Server Edition SP4，Windows 2000 Advanced Edition SP4，Windows 2000 Datacenter Server Edition SP4		
软件条件	.NET Framework 2.0 & MSXML 6		
其他要求	服务器连接到活动目录域		

强烈建议不要使用已有其他作用的服务器用于安装本软件。如果没有多余的硬件设备，可以考虑使用 VMware Server 或 Virtual Server 2005 R2，并且创建一个虚拟机。这两个产品都是免费的，而且用于创建测试平台非常好。SQL Server 2005 需要 .NET Framework 2.0，它能暂停某些程序，以保持数据库分离。

第三步：安装数据库软件的必要条件

在上面已经提到 SQL Server 2005 Express Edition 有很多软件要求。在安装数据库软件之前，必须准备好这些必要条件。

依次按照以下顺序安装相应的内容。

(1) 因特网信息服务器或更高。如果 Windows 服务器没有安装 IIS，请从“开始”|“控制面板”|“添加删除程序”|“添加删除 Windows 组件”进行安装。

(2) .NET Framework 2.0。下载 .NET Framework 2.0(x86)，然后执行 dotnetfx.exe 文件，最后根据提示一步一步地操作，完成安装。

(3) MSXML6。下载 MSXML6.msi，执行 MSXML6.msi，进行快速安装。

第四步：创建 SQL Server Service 账户

从安全方面考虑，最好作为常规用户运行 SQL Server。倘若有可能，不要在 SQL Server 上使用 built-in 服务账户。

创建一个域账户，命名为“SQLExpressUser”，如果连接到另一个域，则应该使用活动目录用户和计算机工具进行域账户的创建。如果仅仅进行本地测试，则使用“计算机管理”工具添加账户，并为账户指定合适的口令。

第五步：安装 SQL Server 2005 Express Edition

可以根据需要选择一次安装，不必分别安装每个组件。SQL Server 2005 标准版有两张安装盘，第 1 张为系统安装盘，第 2 张为工具安装盘。具体安装步骤如下。

(1) 将第 1 张盘放入光驱，运行 setup.exe 文件，出现安装 SQL Server 2005 的启动界面，如图 4-2 所示。

(2) 单击“服务器组件、工具、联机丛书和示例(C)”选项，出现“最终用户许可协议”对话框，阅读许可协议。再选中“我接受许可条款和条件”复选框。接受许可协议后单击“下一步”按钮。

(3) 出现“安装必备组件”对话框，安装程序将安装 SQL Server 2005 必须的软件。若要开始执行组件更新，单击“安装”按钮，如图 4-3 所示。

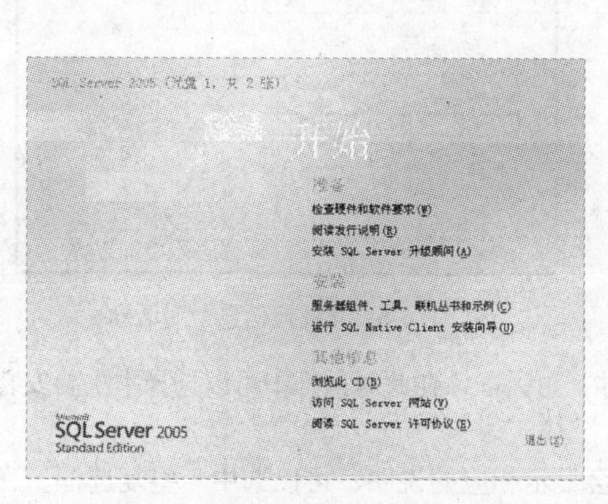

图 4-2　SQL Server 2005 启动界面

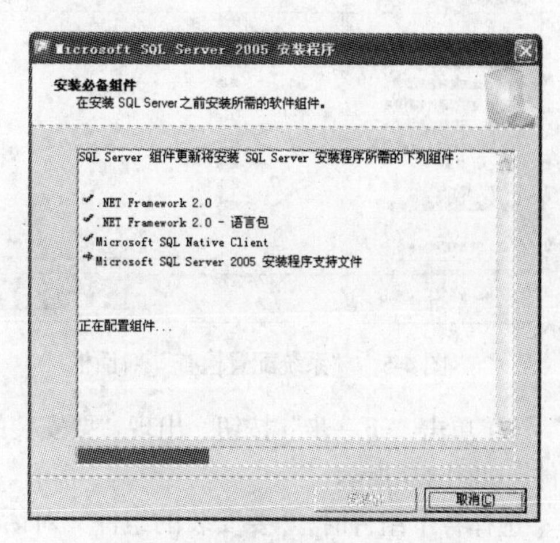

图 4-3　“安装必备组件”对话框

(4) 更新完成之后若要继续，单击“完成”按钮，出现“欢迎使用 Microsoft SQL Server 安装向导”对话框，如图 4-4 所示。

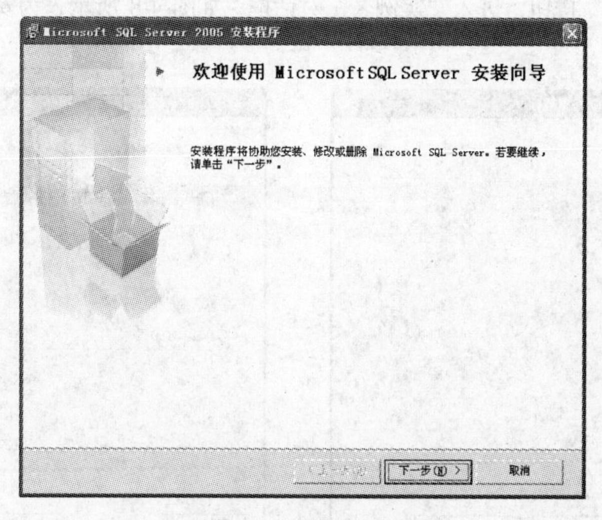

图 4-4　安装向导界面

(5) 单击“下一步”按钮，出现“系统配置检查”对话框。在“系统配置检查”对话框中，将扫描要安装 SQL Server 的计算机，以检查是否存在可能妨碍安装程序的条件，如图 4-5 所示。

若要中断扫描，单击“停止”按钮。若要显示按结果进行分组的检查项列表，单击“筛选”按钮，然后从下拉列表中选择类别。若要查看系统配置检查结果的报告，单击“报告”按钮，然后从下拉列表中选择选项。选项包括查看报告、将报告保存到文件、将报告复制到剪贴板和以电子邮件形式发送报告。

(6) 单击“下一步”按钮，出现“注册信息”对话框，在“姓名”和“公司”文本框中输入相应的信息，并输入产品密钥，如图 4-6 所示。

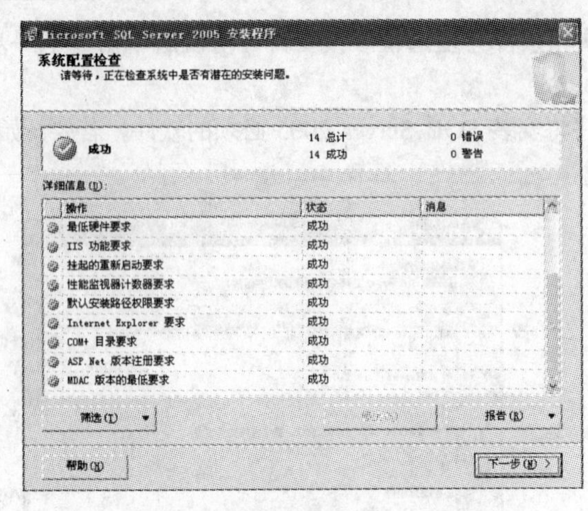

图 4-5　“系统配置检查”对话框

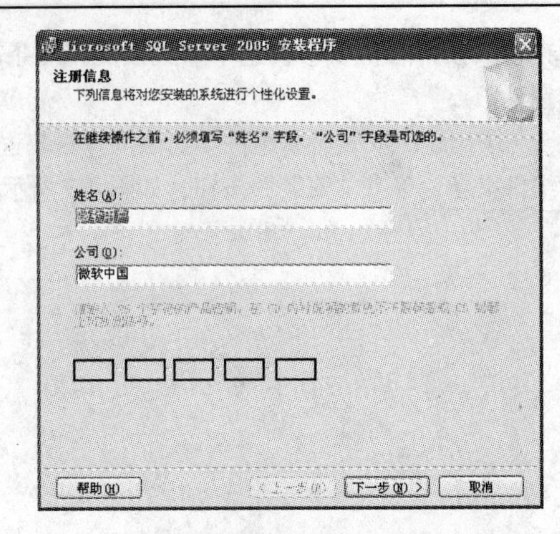

图 4-6　“注册信息”对话框

(7) 单击“下一步”按钮，出现“要安装的组件”对话框，在此对话框中可以选择本次要安装的组件，如图 4-7 所示。

选择各个组件时，“要安装的组件”对话框中会显示相应的说明，可以选中一些复选框。当选择 SQL Server Database Services 或 Analysis Services 复选框时，如果安装程序检测到正将组件安装到虚拟服务器，则将启用“作为虚拟服务器进行安装”复选框。必须选择此选项才可以安装故障转移群集。

(8) 单击“下一步”按钮，进入“实例名”对话框，如图 4-8 所示，为安装的软件选择默认实例或已命名的实例。

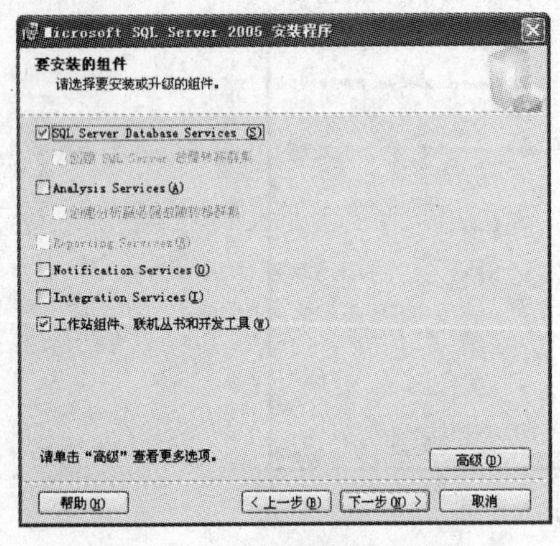

图 4-7　“要安装的组件”对话框

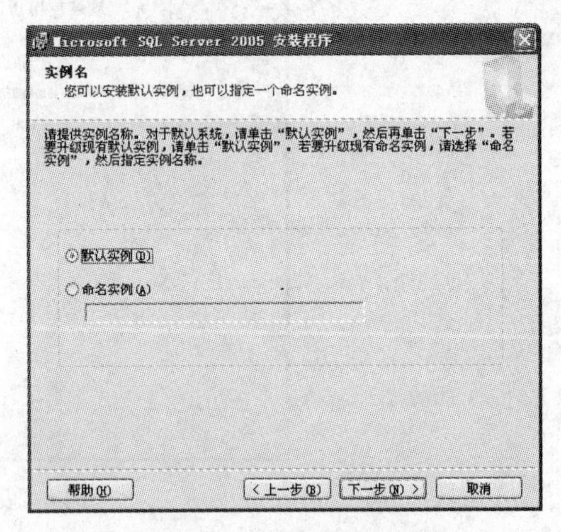

图 4-8　“实例名”对话框

选中“默认实例”单选按钮，将以计算机的名字作为实例的名字。计算机上必须没有默认实例，才可以安装新的默认实例。若要安装新的命名实例，选中“命名实例”单选按钮，然后在其下的文本框中输入一个唯一的实例名。

如果已经安装了默认实例或已命名实例，并且为安装的软件选择了现有实例，安装程序将升级所选的实例，并提供安装其他组件的选项。

(9) 单击“下一步”按钮，在出现的“服务账户”对话框中为 SQL Server 服务账户指定用户名、密码和域名，如图 4-9 所示。

可以对所有服务使用同一个账户。根据需要，也可以为各个服务指定单独的账户。若要为各个服务指定单独的账户，选中“为每个服务账户进行自定义”复选框，从下拉列表框中选择服务名称，然后为该服务提供登录凭据。这里选中“使用内置系统账户”单选按钮。

(10) 单击“下一步”按钮，进入“身份验证模式”对话框，如图 4-10 所示。在此对话框中可以选择连接 SQL Server 的身份验证模式。

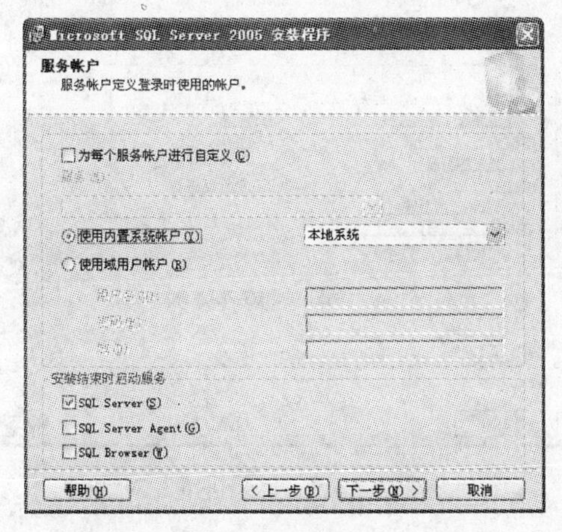

图 4-9　“服务账户”对话框

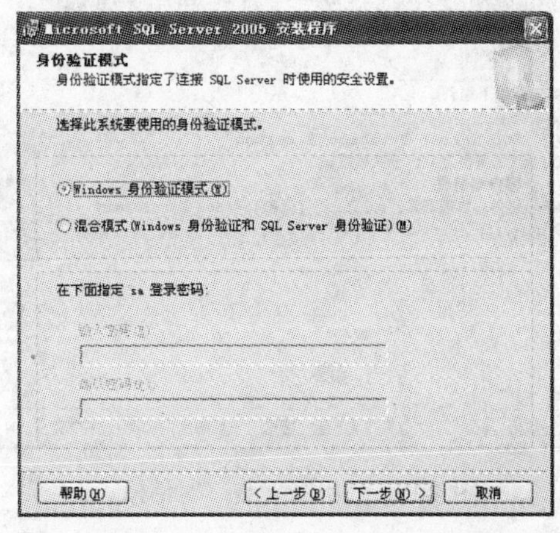

图 4-10　“身份验证模式”对话框

如果选中“Windows 身份验证模式”单选按钮，安装程序会创建一个 sa 账户，该账户在默认情况下是被禁用的。选中“混合模式”单选按钮时，输入并确认系统管理员(sa)的登录名。密码是抵御入侵者的第一道防线，因此设置密码对于系统安全是绝对必要的。

(11) 单击“下一步”按钮，出现“排序规则设置”对话框，如图 4-11 所示。在此对话框中可以设置服务器的排序方式。

(12) 单击“下一步”按钮，出现“错误和使用情况报告设置”对话框，如图 4-12 所示。清除复选框可以禁用错误报告。

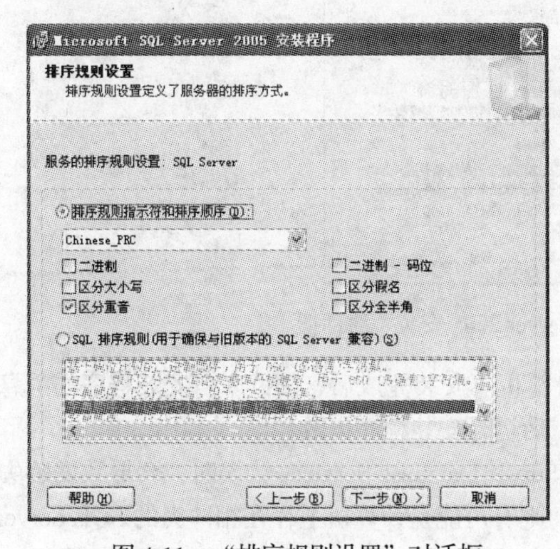

图 4-11　“排序规则设置”对话框

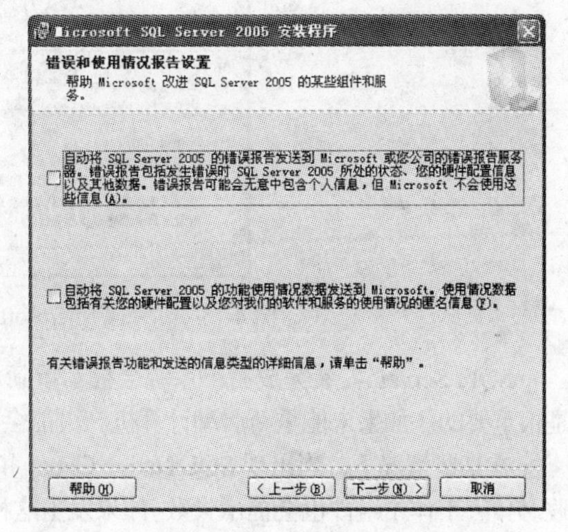

图 4-12　“错误和使用情况报告设置”对话框

(13) 单击“下一步”按钮，出现“准备安装”对话框，如图 4-13 所示。在此对话框中可以查看要安装的 SQL Server 功能和组件的摘要。

(14) 单击“安装”按钮，开始安装 SQL Server 的各个组件，如图 4-14 所示。通过“安装进度”

对话框可以监视安装进度。若要在安装期间查看某个组件的日志文件，单击“安装进度”对话框中的产品或状态名称。

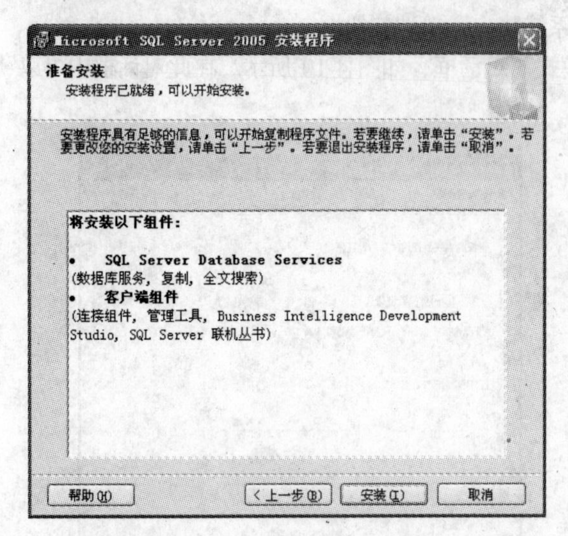

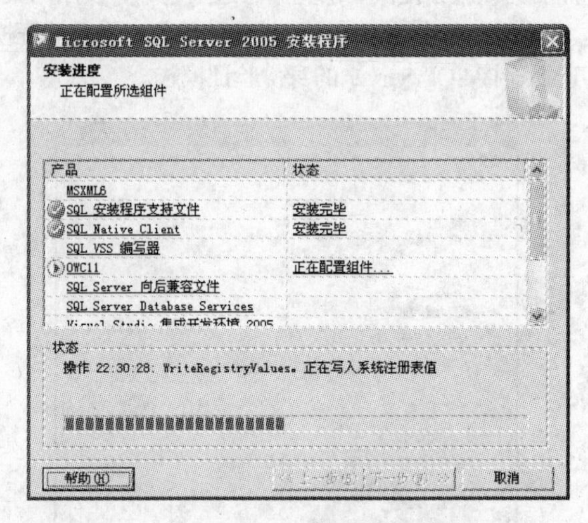

图 4-13　“准备安装”对话框　　　　图 4-14　“安装进度”对话框

(15) 在安装过程中，系统会提示“插入第二张光盘”。当完成安装后，出现“完成 Microsoft SQL Server 2005 安装”对话框，可以通过单击此页上提供的链接查看安装摘要。若要退出 SQL Server 安装向导，单击“完成”按钮，如图 4-15 所示。

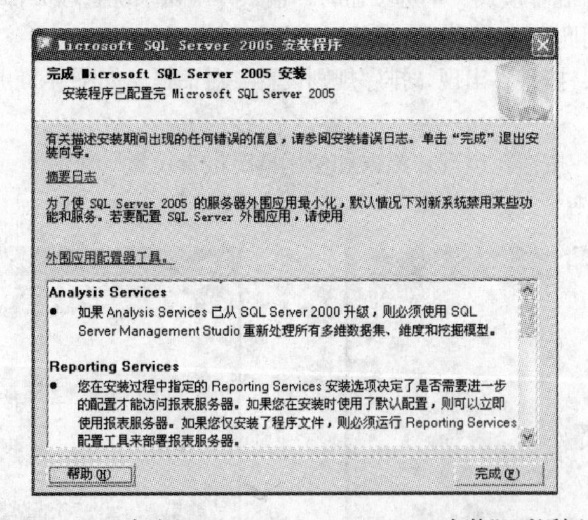

图 4-15　“完成 Microsoft SQL Server 2005 安装”对话框

SQL Server 安装完成后，系统会提示重新启动计算机。安装完成后，阅读来自安装程序的消息是很重要的。如果未能重新启动计算机，可能会导致以后运行安装程序失败。

在某些情况下，当出现 SQL Native Client 和 SQL Server Database Services 错误时，会导致安装失败。另外，工作站组件也会提示失败。如果发生这种情况，则有可能是计算机上存在相冲突的 SQL Server 服务，并且以前安装的 Native Client 产生了问题。如果确实是这样，可以按照下面的步骤进行修正。

(1) 将工作目录转换到存放下载的 SQL Server Express 2005 installer 的位置。

(2) 释放安装程序中的内容到一个新的目录的命令是：SQLEXPR_ADV.EXE /x:C:\sqltmp。如果下载的文件没有包含这个高级服务，可使用下面的命令：SQLEXPR.EXE /x:C:\sqltmp。

(3) 转换到 C:\sqltmp\setup。

(4) 运行 sqlncli.msi。

(5) 选择“卸载 Uninstall”选项。

(6) 重启服务器。

(7) 再次运行 SQL Server Express 2005 installer，安装就会成功了。

SQL Server 2005 Express Edition 安装完毕，可以使用与数据库服务器一起安装的 SQL Server Management Studio Express 工具进行管理。在 SQL Server 2005 安装完成后，还应该安装最新的服务包 SQL Server 2005 Service Pack 2。安装以后可以通过选择“开始”|“所有程序”|“Microsoft SQL Server 2005”|“SQL Server Management Studio Express”命令运行此工具。

4.4.3 SQL Server 2005 组件

SQL Server 2005 中提供了多种组件，可以完成数据库的配置、管理和开发等多种任务。

1. SQL Server Management Studio

SQL Server Management Studio 是 SQL Server 2005 提供的一种新的集成环境，用于访问、配置、控制、管理和开发 SQL Server 的所有组件。SQL Server Management Studio 将一组多样化的图形工具与多种功能齐全的脚本编辑器组合在一起，可为各种技术级别的开发人员和管理员提供访问 SQL Server 的方式。

SQL Server Management Studio 将以前版本的 SQL Server 中所包含的企业管理器、查询分析器和 Analysis Manager 功能等整合到单一环境中。此外，SQL Server Management Studio 还可以和 SQL Server 的所有组件协同工作，如 Reporting Services、Integration Services、SQL Server Mobile 和 Notification Services。开发人员可以获得熟悉的体验，而数据库管理员可获得功能齐全的单一实用工具，其中包含易于使用的图形工具和丰富的脚本撰写功能。

若要启动 SQL Server Management Studio，在任务栏中单击“开始”按钮，依次指向“所有程序”|“Microsoft SQL Server 2005”菜单，然后选择“SQL Server Management Studio”命令，出现“连接到服务器”对话框，如图 4-16 所示。

图 4-16　“连接到服务器”对话框

在“服务器类型”、“服务器名称”、“身份验证”组合框中输入或选择正确的方式后，单击“连接”按钮，即可登录到 Microsoft SQL Server Management Studio 窗口中，如图 4-17 所示。

SQL Server Management Studio 的常用工具组件包括已注册的服务器、对象资源管理器、解决方案资源管理器、模板资源管理器、摘要页和文档窗口。若要显示某个工具，在“视图”菜单中单击该工具的名称。若要显示查询编辑器工具，还可以单击工具栏上的“新建查询”按钮。

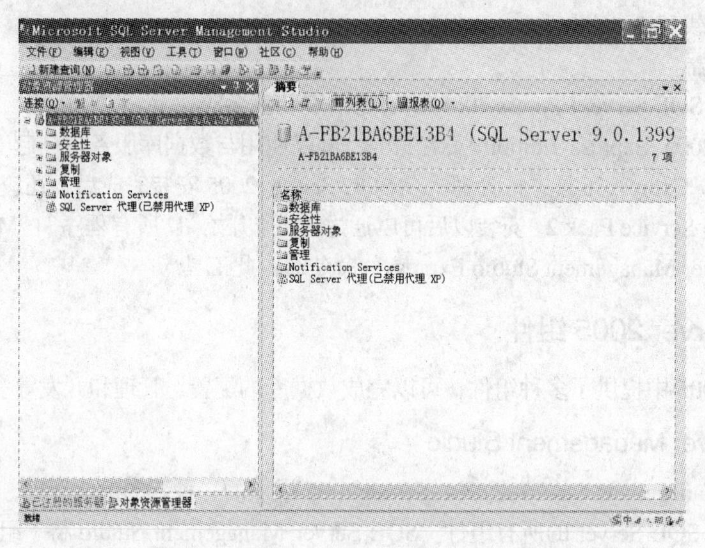

图 4-17 Microsoft SQL Server Management Studio 主窗口

为了在保持功能的同时增大编辑空间，所有窗口都提供了自动隐藏功能，该功能可使窗口显示为 Management Studio 环境中边框栏上的选项卡。在将指针放在其中一个选项卡上时，将显示其对应的窗口。通过单击“自动隐藏”按钮(以窗口右上角的图钉标示)，可以开关窗口的自动隐藏。“窗口”菜单中还提供了一个“自动全部隐藏”命令。

SQL Server 2005 提供了两种模式来操作图形界面：一种是选项卡式模式，在该模式下组件作为选项卡出现在相同的停靠位置，图 4-17 所示的界面就采用了这种模式；另一种是多文档界面(MDI)模式，在该模式下每个文档都有其自己的窗口。用户可以根据自己的喜好来选择使用哪种模式。若要配置该功能，在“工具”菜单上，选择“选项”|“环境”命令，然后单击“常规”选项。

选择多文档界面(MDI)模式后，SQL Server Management Studio 中的组件可以作为独立的界面任意拖动，如图 4-18 所示。

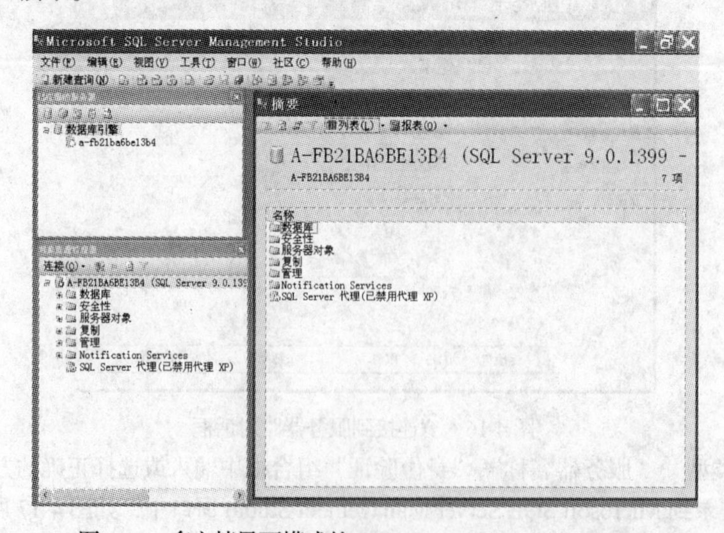

图 4-18 多文档界面模式的 SQL Server Management Studio

2. “对象资源管理器”组件

对象资源管理器组件有：SQL Server Management Studio Analysis Services、Integration Services、Reporting Services 和 SQL Server Mobile。它提供了服务器中所有对象的视图，并具有管理这些对象的用户界面，如图 4-19 所示。

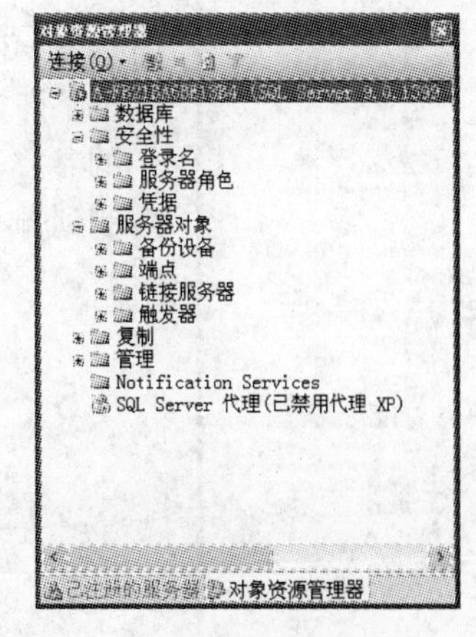

图 4-19　“对象资源管理器”对话框

若要使用对象资源管理器，必须先将其连接到服务器上。单击“对象资源管理器”对话框工具栏上的“连接”按钮，并从出现的下拉列表中选择连接服务器的类型，将打开“连接到服务器”对话框。

对象资源管理器使用树状结构将信息分组到文件夹中。若要展开文件夹，单击加号(+)或双击文件夹。右击文件夹或对象，以执行常见任务。双击对象可以执行最常见的任务。

3. “查询编辑器”组件

SQL Server Management Studio 查询编辑器的主要功能如下。

(1) 提供用于加快 SQL Server、SQL Server 2005 Analysis Services(SSAS)和 SQL Server Mobile 脚本编写速度的模板。模板是包含创建数据库对象所需语句的基本结构的文件。

(2) 在语法中使用不同的颜色，以提高复杂语句的可读性。

(3) 以文档窗口中的选项卡形式或在单独的文档中显示查询窗口。

(4) 以网格或文本的形式显示查询结果，或将查询结果重定向到一个文件中。

(5) 以单独的选项卡式窗口的形式显示结果和消息。

(6) 以图形方式显示计划信息，该信息显示了构成 T-SQL 语句执行计划的逻辑步骤。

可以通过工具栏上的“新建查询”按钮打开一个新的查询编辑器，在代码编辑器窗口中，通过按 Shift+Alt+Enter 组合键可以切换全屏显示模式。

在查询编辑器中输入一个简单的查询语句，执行结果如图 4-20 所示。

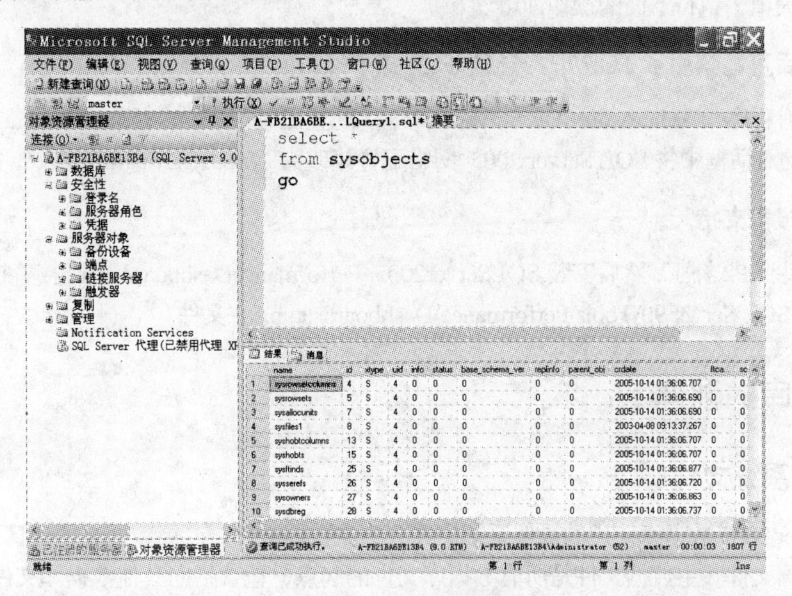

图 4-20　查询编辑器

4."模板资源管理器"组件

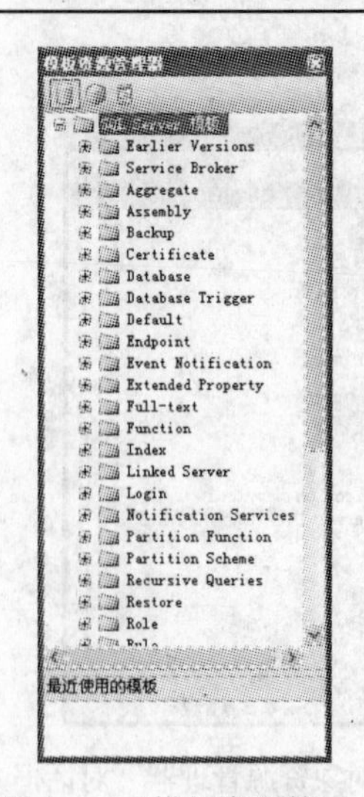

图 4-21 "模板资源管理器"对话框

Microsoft SQL Server Management Studio 提供了大量脚本模板，其中包含了许多常用任务的 T-SQL 语句。这些模板包含用户提供的值(如表名称)的参数。使用表名称的参数，可以只输入一次名称，然后自动将该名称复制到脚本中所有需要的位置。在 Management Studio 的"视图"菜单中选择"模板资源管理器"命令，出现如图4-21所示的对话框。

4.5 常见故障分析

1. SQL Server 2005 重装失败

(1) 问题描述：卸载 SQL Server 2005 之后重新安装，在执行检查时报错——对性能监视器计数器注册表值执行系统配置检查失败。有关详细信息，可参阅自述文件或 SQL Server 联机丛书中的"如何在 SQL Server 2005 中为安装程序增加计数器注册表项值"的内容。

(2) 解决方案：选择"开始"|"运行"命令，在文本框中输入"regedit.exe"，单击"确定"按钮打开注册表窗口。在注册表窗口中依次选择"HKEY_LOCAL_MACHINE"|"SOFTWARE"|"Microsoft"|"Windows NT"|"CurrentVersion"|"Perflib"文件夹，选择右侧窗格中的"Last Counter"和"Last Help"选项，查看其相应的值。

如果安装的是中文版，依次选择"HKEY_LOCAL_MACHINE"|"SOFTWARE"|"Microsoft"|"Windows NT"|"CurrentVersion"|"Perflib"|"004"文件夹，选择右侧窗格中的"Counter"和"Help"选项，查看它们的最大值，在它们的最大值基础上加 2 赋给 Last Counter 和 Last Help，确定即可，无需重启。

如果安装的是英文版，依次选择"HKEY_LOCAL_MACHINE"|"SOFTWARE"|"Microsoft"|"Windows NT"|"CurrentVersion"|"Perflib"|"009"文件夹，找到"Counter"和"Help"选项，查看它们的最大值，执行上面的操作即可。

2. 安装后可能禁用了 TCP/IP，导致 IP 方式不能访问

选择"所有程序"|"Microsoft SQL Server 2005"|"配置工具"|"SQL Server Configuration Manager"命令，在出现的对话框中将 SQL Server 2005 网络配置修改为"MS SQL Server"协议，并启用 TCP/IP。

3. 安装报表支持

需要先安装 SP2 补丁，然后安装 SQLServer2005_PerformanceDashboard.msi，接着执行 C:\Program Files\Microsoft SQL Server 90\Tools\Performance\Dashboardsetup.sql 文件。

4.6 数据库的创建

4.6.1 操作系统文件

SQL Server 2005 数据库使用的操作系统文件分为主数据文件、二级数据文件和日志文件。

(1) 主数据文件。主数据文件是所有数据库文件的起点，包含指向其他数据库文件的指针。每个数据库都必须包含一个也只能包含一个数据文件。默认扩展名是.mdf。

(2) 二级数据文件。除主数据文件以外的其他数据文件。数据库可以有 0 个或多个二级数据文件。默认扩展名是.ndf。

(3) 日志文件。日志文件用于存放恢复数据库用的所有日志信息。每个数据库至少拥有一个日志文件，也可以拥有多个日志文件。默认扩展名是.ldf。

4.6.2　数据库文件组

为了便于分配和管理，SQL Server 允许将多个文件归纳为同一组，并赋予此组一个名称，这就是文件组。SQL Server 2005 提供了 3 种文件组类型，分别是主文件组、用户自定义文件组、默认文件组。

(1) 主文件组：包含主数据文件和所有没有被包含在其他文件组里的文件。数据库的系统表都包含在主文件组里。

(2) 自定义文件组：包括所有在 CREATE DATABASE 或 ALTER DATABASE 中使用 FILEGROUP 关键字来进行约束的文件。

(3) 默认文件组：容纳所有在创建时没有指定文件组的表、索引以及 text、ntext、image 数据类型的数据。任何时候，只能有一个文件组被指定为默认文件组。在默认情况下，主文件组被当成默认文件组。

4.6.3　使用数据文件和文件组的建议

使用数据文件和文件组的几点建议如下。

(1) 主文件组必须足够大以容纳所有的系统表，如果没有另外指定默认文件组，则主文件组还要负责容纳所有未指定用户自定义文件组的数据库对象。如果主文件组空间不够，新的信息将无法添加到系统表里，这就妨碍了任何要对系统表进行修改的数据库操作。

(2) 在具体应用的时候，建议把特定的表、索引和大型的文本或者图像数据放到专门的文件组里，特别是要把频繁查询的文件和频繁修改的文件分开，这样可以减少驱动器的竞争。

(3) 日志文件是被频繁修改的，因此应该把日志文件放到查询工作量较轻的驱动器上。日志文件不属于任何文件组。

(4) 系统管理员在进行备份操作时，可以备份和恢复单个的文件或文件组而不是备份或恢复整个数据库。

4.6.4　创建数据库

创建数据库有两种途径：直接使用 SQL Server Management Studio 和直接编写 Transact_SQL 命令。

1．用 SQL Server Management Studio 创建数据库

(1) 在 SQL Server Management Studio 中，如图 4-22 所示，在数据库文件夹或其下属任一数据库图标上右击，在弹出的快捷菜单选择“新建数据库”命令，就会出现“新建数据库”对话框。

(2) 在“常规”选项卡中，输入数据库名称及排序规则名称。

(3) 选择“数据文件”选项卡，输入数据库文件的逻辑名称、存储位置、初始容量大小和所属文件组名称。

(4) 选择“事务日志(Transact Log)”选项卡，设置事务日志文件信息。

(5) 单击“确定”按钮，则开始创建新的数据库，如图 4-23 所示。

(6) 用 SQL Server Management Studio 修改数据库配置。

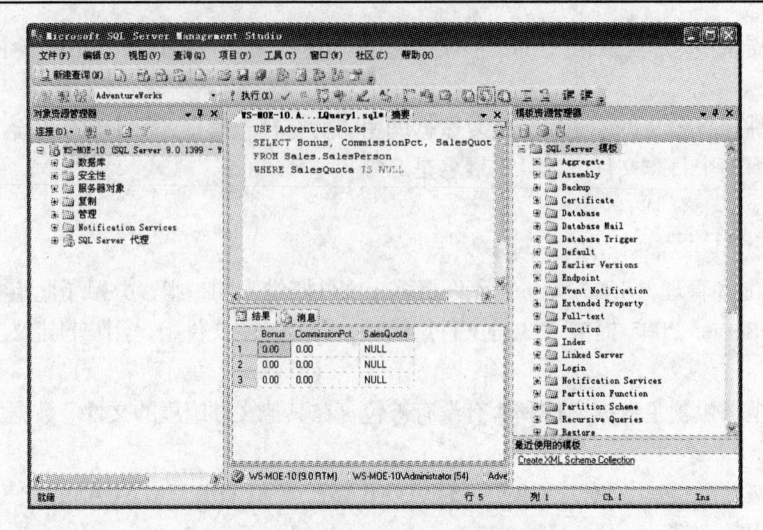

图 4-22 SQL Server Management Studio

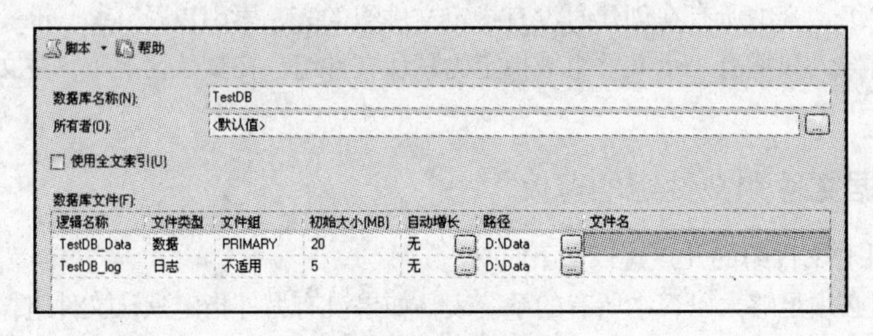

图 4-23 创建数据库

① 启动 SQL Server Management Studio，连接上数据库实例，展开树状目录，定位到要修改的数据库上。

② 右击要修改的数据库，弹出快捷菜单，选择“属性”命令。

③ 修改数据库配置。

2．使用 Transact_SQL 语言创建数据库

使用 Transact_SQL 语言创建数据库的语法如下：

```
CREATE DATABASE database_name
[ ON [PRIMARY]
    [, <filespec> [1,…n] ]
    [, <filegroupspec> [,…n] ]
]
[LOG ON { <filespec> [1,…n]} ]
[FOR RESTORE| FOR ATTCH]

<filespec>::=
    ([NAME=logical_file_name,]
    FILENAME='os_file_name'
    [, SIZE=size]
```

```
[, MAXSIZE={ max_size | UNLIMITED }]
[, FILEGROWTH=growth_increment] )  [1,…n]

<filegroupspec>::=FILEGROUP filegroup_name <filespec> [,…n]
```

下面具体介绍该语法的各元素。

(1) database_name：数据库的名称，最长为 128 个字符。

(2) PRIMARY：该选项是一个关键字，指定主文件组中的文件。

(3) LOG ON：定义数据库的日志文件。

(4) NAME：指定数据库的逻辑名称，这是在 SQL Server 系统中使用的名称，是数据库在 SQL Server 中的标识符。只在 Transact_SQL 语句中使用，是实际磁盘文件名的代号。

(5) FILENAME：指定数据库所在文件的操作系统文件名称和路径。

(6) SIZE：指定数据库的初始容量大小。

(7) MAXSIZE：指定操作系统文件可以增长到的最大尺寸。

(8) FILEGROWTH：指定文件每次增加容量的大小，当指定数据为 0 时，表示文件不增长。可以用 MB、KB，或使用%来设置增长的百分比。SQL Server 使用 MB 作为增长速度的单位，最少增长 1 MB。

(9) FOR LOAD：为了和过去的 SQL Server 版本兼容，FOR LOAD 标识计划将备份直接装入新建的数据库。

(10) FOR ATTACH：表示一组已经存在的操作系统文件中建立一个新的数据库。

例 4-1：创建数据库 business。

解：

```
CREATE DATABASE business
ON
(NAME = business_dat,
FILENAME = 'f:\tsql\businessdat.mdf',
SIZE = 10,
MAXSIZE = 50,
FILEGROWTH = 5)
LOG ON
(NAME = 'business_log',
FILENAME = 'f:\tsql\bunessdat.ldf',
SIZE = 5 MB,
MAXSIZE = 25 MB,
FILEGROWTH = 5 MB)
GO
```

例 4-2：创建一个名为 archive 的数据库，该数据库建立了一个 PRIMARY 文件组，定义了一个主文件、两个二级文件以及两个日志文件。

解：

```
CREATE DATABASE archive
ON
PRIMARY (NAME=arch1,
FILENAME ='F:\tsql\archdat1.mdf',
SIZE=10MB,
```

```
MAXSIZE =20,
FILEGROWTH =2),
(NAME=arch2,
FILENAME ='f:\tsql\archdat2.ndf',
size = 10,
MAXSIZE = 20,
FILEGROWTH = 2),
 (NAME = arch3,
FILENAME = 'F:\tsql\archdat3.ndf',
SIZE = 10,
MAXSIZE = 20,
FILEGROWTH = 2)
LOG ON
(NAME = archlog1,
FILENAME = 'f:\tsql\archlog1.ldf',
SIZE = 10,
MAXSIZE = 20,
FILEGROWTH = 2),
(NAME = archlog2,
FILENAME = 'F:\tsql\archlog2.ldf',
SIZE = 10,
MAXSIZE = 20,
FILEGROWTH = 2)
GO
```

4.6.5 修改数据库

使用 Transact_SQL 语言修改数据库的语法如下：

```
ALTER   DATABASE databasename
{   ADD FILE <filespec>[,…n] [TO FILEGROUP filegroup_name]
    | ADD LOG FILE <filespec>[,…n]
    | REMOVE FILE logical_file_name
    | ADD FILEGROUP filegroup_name
    | MODIFY FILE <filespec>
    | MODIFY FILEGROUP filegroup_name    filegroup_property
}

<filespec>::=
        (NAME=logical_file_name
        [, FILENAME='os_file_name' ]
        [, SIZE=size]
```

```
        [, MAXSIZE={max_size | UNLIMITED }]
        [, FILEGROWTH=growth_increment] ）  [1,…n]
```

下面具体介绍该语法的各元素。

(1) ADD FILE <filespec>[,…n] [TO FILEGROUP filegroup_name]：表示向指定的文件组里增加新的数据文件。

(2) ADD LOG FILE <filespec>[,…n]：增加新的日志文件。

(3) REMOVE FILE logical_file_name：删除某一操作系统文件。

(4) ADD FILEGROUP filegroup_name：增加一个文件组。

(5) MODIFY FILE <filespec>：修改某操作系统文件的属性。

(6) MODIFY FILEGROUP filegroup_name filegroup_property：修改某文件组的属性。

文件组的属性有以下 3 种。

① READONLY：只能读取该文件组中的数据。

② READWRITE：既可以读取又可以修改该文件组中的数据。

③ DEFAULT：设置该文件组为默认文件组。

例 4-3：在 Company 数据库的默认文件组 PRIMARY 文件组里增加一个数据文件。

```
ALTER DATABASE Company
ADD   FILE
（NAME = Test1dat2,
FILENAME = 'D:\tsql\t1dat2.ndf',
SIZE = 5 MB,
MAXSIZE = 100 MB,
FILEGROWTh = 5 MB）
GO
```

4.6.6 删除数据库

使用 Transact_SQL 语言删除数据库的语法如下。

```
DROP DATABASE   database_name[,…n]
```

例 4-4：删除数据库 Company。

解：DROP DATABASE   Company

注意：绝对不能删除系统数据库，否则会导致 SQL Server 服务器无法使用。

4.7 基本表的定义

4.7.1 创建基本表

创建数据表有两种途径：使用 SQL Server Management Studio 工具和 Transact_SQL 的 CREATE TABLE 命令。

1. 利用 Transact_SQL 创建基本表

使用 Transact_SQL 创建基本表的语法如下：

```
CREATE TABLE <表名>
（  <列名><数据类型> [ 列级完整性约束条件]
  [, <列名><数据类型> [ 列级完整性约束条件]]…
  [, <表级完整性约束条件>]
  ）
```

下面具体介绍该语法的各元素。

(1) <表名>：用户给定的标识符，即所要定义的表名。表名最好取有意义的名字，如 Students，做到见名知义。同一个数据库中，表名不允许同名。

(2) <列名>：用户给定的列名，最好取有意义的列名，如 Sno、Cno，做到见名知义。

(3) <数据类型>：指定该列存放数据的数据类型。

(4) [列级完整性约束]：定义该列上数据的约束条件。

(5) [表级完整性约束]：定义某一列上的数据或某些列上的数据的约束条件。

约束主要包括 NULL/NOT NULL（空值约束/非空值约束）、DEFAULT（默认值约束）、UNIQUE（唯一值约束）、CHECK（检查约束）、PRIMARY KEY（主键约束）和 FOREIGN KEY（外键约束）。

(6) 在上述约束中，NOT NULL 和 DEFAULT 只能是列级约束，即只能在列的数据类型之后定义。其他约束既可作为列级约束，也可作为表级约束。

例 4-5：创建一个学生选课数据库，取名为 StudentsInfo。

```
CREATE DATABASE StudentsInfo
```

例 4-6：要在当前数据库 StudentsInfo 中定义一个表，表名为 Students，表结构如表4-3所示。

表 4-3 Students 表结构

列 名	说 明	数 据 类 型	约 束
Sno	学号	字符串，长度为 10	主键
Sname	姓名	字符串，长度为 8	非空值
Ssex	性别	字符串，长度为 1	非空值，取'F'或'M'
Sage	年龄	整数	空值
Sdept	所在系	字符串，长度为 15	默认为'Computer'

```
CREATE TABLE Students (
 Sno    CHAR (10)  PRIMARY KEY,
Sname  CHAR (8)   NOT NULL,
Ssex   CHAR (1)   NOT NULL   CHECK (Ssex = 'F' OR Ssex = 'M'),
Sage   INT        NULL
Sdept  CHAR (20 ) DEFAULT 'Computer'
)
```

等价于：

```
CREATE TABLE Students (
Sno      CHAR (10) ,
Sname    CHAR (8)     NOT NULL,
```

```
Ssex      CHAR (1)    NOT NULL ,
Sage      INT,
Sdept     CHAR (20)   DEFAULT 'Computer ',
PRIMARY KEY (Sno),
CHECK (Ssex = 'F' OR Ssex = 'M')
)
```

除空值/非空值约束外，其他约束都可定义一个约束名，用 CONSTRAINT <约束名>来定义，如：

```
CREATE TABLE Students (
Sno     CHAR (10) ,
Sname   CHAR (8)    NOT NULL,
Ssex    CHAR (1)    NOT NULL ,
Sage    INT,
Sdept   CHAR (20)  DEFAULT 'Computer ',
CONSTRAINT   SPK   PRIMARY KEY (Sno),
CONSTRAINT   CK    CHECK (Ssex = 'F' OR Ssex = 'M')
)
```

例 4-7：要在当前数据库 StudentsInfo 中创建 Courses 表，表结构如表 4-4 所示。

表 4-4　Courses 表结构

列　名	说　明	数据类型	约　束
Cno	课程号	字符串，长度为 6	主键
Cname	课程名	字符串，长度为 20	非空值
PreCno	先修课程号	字符串，长度为 6	允许为空值
Credits	学分	整数	允许为空值

```
CREATE TABLE Courses (
    Cno        CHAR (6 )     PRIMARY KEY,
    Cname      CHAR ( 20 )   NOT NULL,
    PreCno     CHAR (6) ,
    Credits    INT
)
```

等价于：

```
CREATE TABLE Courses (
    Cno        CHAR (6),
    Cname      CHAR (20)     NOT NULL,
    PreCno     CHAR (6) ,
    Credits    INT,
  CONSTRAINT CPK    PRIMARY KEY (Cno)
)
```

例 4-8：要在当前数据库 StudentsInfo 中创建 Enrollment 表，表结构如表4-5 所示。

表 4-5 Enrollment 表结构

列 名	说 明	数据类型	约 束
Sno	学号	字符串，长度为 10	外键，参照 Students 的主键
Cno	课程号	字符串，长度为 6	外键，参照 Courses 的主键
Grade	成绩	整数	允许为空值
主键为：(Sno,Cno)			

```
CREATE TABLE Enrollment(
    Sno    CHAR(10)   NOT NULL,
    Cno    CHAR(6)    NOT NULL,
    Grade  INT,
    CONSTRAINT EPK   PRIMARY KEY (Sno, Cno),
    CONSTRAINT ESlink   FOREIGN KEY (Sno)   REFERENCES   Students (Sno),
    CONSTRAINT EClink   FOREIGN KEY (Cno)   REFERENCES   Courses (Cno)
)
```

等价于:

```
CREATE TABLE Enrollment(
    Sno CHAR(10) NOT NULL   FOREIGN KEY (Sno)   REFERENCES   Students (Sno),
    Cno CHAR(6)   NOT NULL   FOREIGN KEY (Cno) REFERENCES   Courses(Cno),
    Grade   INT,
    PRIMARY KEY (Sno, Cno)
)
```

等价于:

```
CREATE TABLE Enrollment(
    Sno    CHAR(10)   NOT NULL   REFERENCES   Students (Sno),
    Cno    CHAR(6) NOT NULL   REFERENCES   Courses(Cno),
    Grade  INT,
    PRIMARY KEY (Sno, Cno)
)
```

注意:

在定义一个表结构时，除定义各列的列名、数据类型外，也定义了各列的约束条件。列的约束条件可以防止不合理的数据被插入到表中，也能防止不该删除的数据被删除。

例如，在 Students 表中定义 Sno 为该表的主键，表示该列的值非空且唯一。因此，如果要向表中插入一行，但没有给出 Sno 的值或给出空值，则无法插入该行。

又如，假设表中已有一行，该行的 Sno 值为'10010101'，则不能再插入一行，它的 Sno 值也为'10010101'，因为主键约束要求表中每行的主键值唯一。

再如，表中外键的约束保证了表间参照关系的正确性。如一个表中某一行的主键被另一个表的外键参照时，就不能删除该表中的行。

关系模型要求关系实现实体完整性和参照完整性，即表必须有主键约束，并且如果表间有参照关系，则必须定义外键约束。遗憾的是 SQL Server 2005 中允许定义没有主键约束的表。

2．利用 SQL Server Management Studio 创建表

(1) 进入 SSMS，选择表节点，右键单击，在弹出的快捷菜单中选择“新建表”命令，如图 4-24 所示。

(2) 打开表设计器，如图4-25所示。

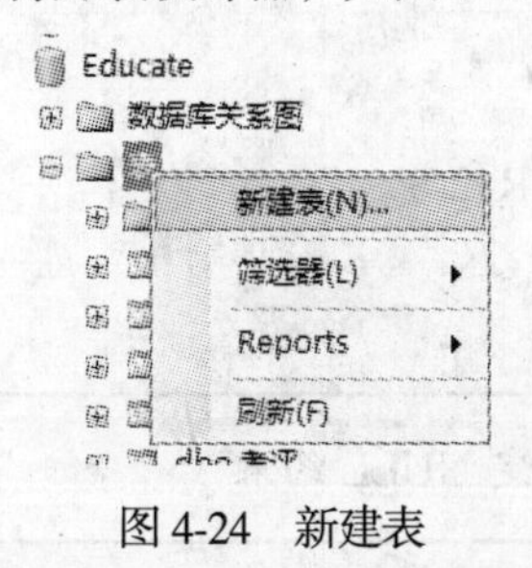

图 4-24　新建表

图 4-25　表设计器

(3) 设置属性和约束以保证数据完整性，如图 4-26 所示。

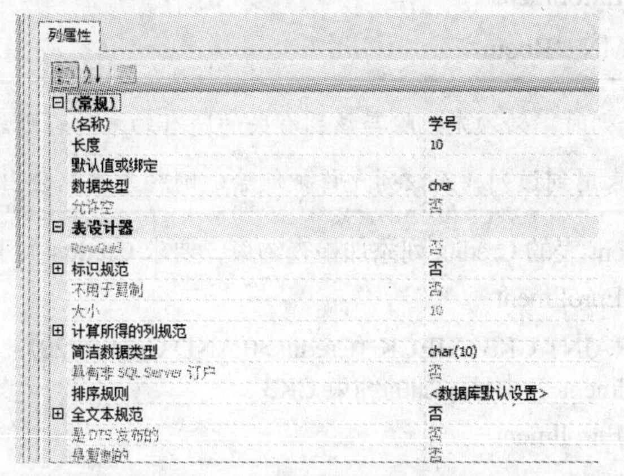

图 4-26　设置属性和约束

4.7.2　修改基本表

修改数据表有两种途径：使用 SQL Server Management Studio 工具和 Transact_SQL 的 ALTER TABLE 命令。

1．利用 Transact_SQL 修改基本表

使用 Transact_SQL 修改基本表的语法如下：

```
ALTER TABLE <表名>
{ [ ADD <新列名><数据类型>[完整性约束条件]]
  [ DROP <完整性约束名>]
  [ ALTER COLUMN <列名> <数据类型>]
}
```

下面具体介绍该语法的各元素。

(1) <表名>指定需要修改的基本表。

(2) ADD 子句用于增加新列和新的完整性约束条件。

(3) DROP 子句用于删除指定的完整性约束条件。

(4) ALTER COLUMN 子句用于修改原有的列定义。

注意：标准 SQL 语言没有提供删除属性列的语句，用户只能间接实现这一功能，即首先把表中要保留的列及其内容复制到一个新表中，然后删除原表，再将新表重新命名为原表名。

例 4-9：将 Students 表的 Sage 列由原来的 INT 类型改为 SMALLINT 类型。

```
ALTER TABLE   Students
ALTER COLUMN Sage SMALLINT
```

例 4-10：为 Enrollment 表添加一列，列的定义为：Room CHAR(20)。

```
ALTER TABLE   Enrollment
ADD   Room CHAR(20)
```

注意：向表中添加一列时，要么指定默认值约束，要么指定 NULL 约束。

例 4-11：删除 Enrollment 表中已添加的 Room 列。

```
ALTER TABLE Enrollment
DROP   COLUMN   Room
```

注意：在删除一列时，必须先删除与该列有关的所有约束，否则该列不能被删除。原因很简单，如果还有其他约束用到该列，而该列允许被删除，则约束显然会出错。

例 4-12：为 Enrollment 表的 Credits 列添加检查约束，要求 Credits 大于 0 小于 20。

```
ALTER TABLE Enrollment
ADD   CONSTRAINT CK3 CHECK (Credits>0 AND Credits<20)
```

例 4-13：删除 Enrollment 表中已添加的约束 CK3。

```
ALTER TABLE Enrollment
DROP   CONSTRAINT CK3
```

注意：在例 4-13 中，CK3 为约束名。可见，删除约束时，必须给出约束名，所以在定义约束时，最好有约束名。

2．利用 SQL Server Management Studio 修改表

选中要修改的表，右击，在弹出的快捷菜单中选择“修改”命令，打开表设计器，进行修改，操作方法和创建表一样，如图 4-27 和图 4-28 所示。

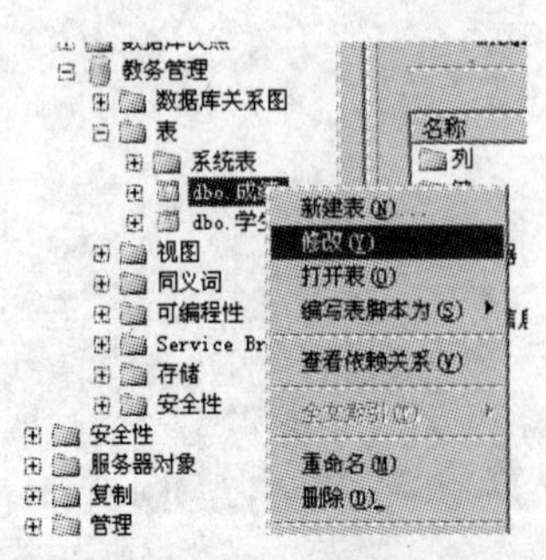

图 4-27　选择“修改”命令

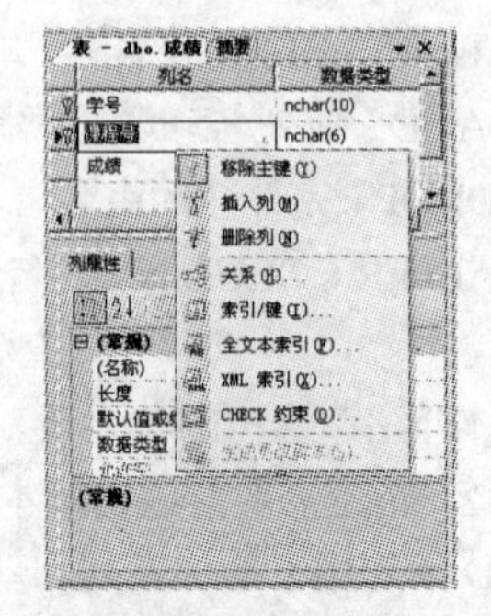

图 4-28　修改表结构

4.7.3　删除基本表

删除数据表有两种途径：使用 SQL Server Management Studio 工具和 Transact_SQL 的 DROP TABLE 命令。

1．使用 Transact_SQL 删除基本表

使用 Transact_SQL 删除基本表的语法如下。

DROP TABLE <表名>

例 4-14：删除图书表。

```
DROP   TABLE   图书
```

例 4-15：假定当前数据库中有一个临时表 OldStudents，删除该表。

```
DROP TABLE OldStuden ts
```

注意：如果要删除的表被另一个表的 REFERENCES 子句参照，则不允许删除。

2．利用 SQL Server Management Studio 删除表

选中要删除的表，右击，在弹出的快捷菜单中选择“删除”命令，如图4-29所示。

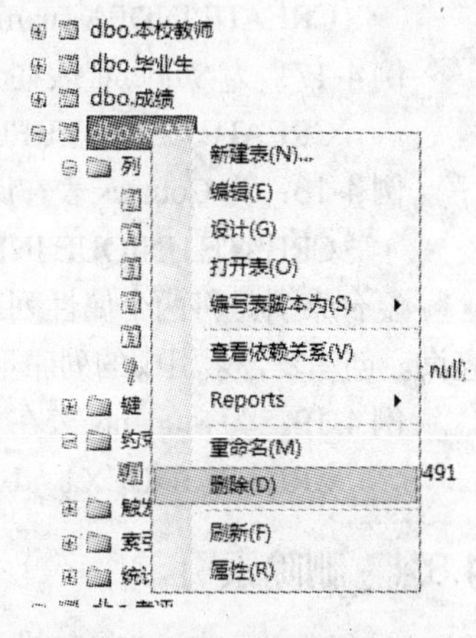

图 4-29　选择“删除”命令

4.8　索引的建立和删除

4.8.1　索引的概念

索引是为了加速对表中数据行的查询而创建的一种关键字与其相应地址的对应表。索引是针对一个表而建立的，且只能由表的所有者创建。一个索引可以包含一列或多列(最多 16 列)。不能对 BIT、TEXT、IMAGE 数据类型的列建立索引。一般考虑建立索引的列有表的主关键字列、外部关键字列和在某一范围内频繁查询的列或按排序顺序频繁查询的列。

4.8.2　索引的类型

索引按结构可分为两类：聚集索引和非聚集索引。

1．聚集索引

聚集索引(Clustered Index)按照索引的属性列排列记录，并且依照排好的顺序将记录存储在表中。一个表中只能有一个聚集索引。

2．非聚集索引

非聚集索引(Nonclustered Index)按照索引的属性列排列记录，但是排列的结果并不会存储在表中，而是另外存储(索引文件)。表中的每一列都可以有自己的非聚集索引。

4.8.3 建立索引

在 Transact_SQL 语言中，建立索引使用 CREATE INDEX 语句，其一般格式如下：

```
CREATE [UNIQUE] [CLUSTER] INDEX <索引名>
    ON <表名> (<列名>[<次序>][,<列名>[<次序>]]…);
```

下面具体介绍该语法的各元素。

(1) <表名>指定要建立索引的基本表的名字。

(2) 索引可以在该表的一列或多列上创建，各列名之间用逗号分隔。

(3) 每个<列名>后面还可以用<次序>指定索引值的排列次序，包括 ASC(升序)和 DESC(降序)两种，默认值为 ASC。

(4) [UNIQUE]表示要建立的索引是唯一索引，即此索引的每一个索引值只对应唯一的数据记录(包括 NULL)。

(5) [CLUSTER]表示要建立的索引是聚集索引。

(6) 无参数时建立普通索引(非聚集索引)。

例 4-16：为 Students 表在 Sname 上建立一个非聚集索引 sname_idx。

```
CREATE INDEX sname_idx ON Students(Sname);
```

例 4-17：为 Students 表在 Sno 上建立聚集索引 id_idx。

```
CREATE CLUSTERED INDEX id_idx ON Students(Sno);
```

例 4-18：为 Courses 表在课程号 Cno 上建立唯一索引 cno_idx。

```
CREATE UNIQUE INDEX cno_idx ON Courses(Cno);
```

复合索引是将两个属性列或多个属性列组合起来建立的索引。将复合索引列作为一个单元进行查询。创建复合索引中的列序不一定与表定义列序相同。应首先定义最具唯一性的列。

例 4-19：为 Students 表在 Sname 和 Sdept 上建立索引 s_idx。

```
CREATE INDEX s_idx ON Students(Sname, Sdept);
```

4.8.4 删除索引

在 Transact_SQL 语言中，删除索引使用 DROP INDEX 语句，其一般格式如下：

```
DROP INDEX<索引名>;
```

但在 SQL Server 2005 中删除索引的语句格式为：

```
DROP INDEX<表名>.<索引名>;
```

例 4-20：删除 Students 表的 s_idx 索引。

```
DROP INDEX Students.s_idx;
```

删除索引时，系统会同时从数据字典中删去有关该索引的描述。

4.9 小结

本章主要介绍了 SQL Server 2005 的系统概述、版本说明、主要功能、安装及配置、常见故障分析，这对于了解 SQL Server 2005 系统很有帮助。并对其中 SQL Server 2005 最常用的组件进行了简单介绍。通过本章学习应该重点掌握 SQL Server 2005 的安装及配置。

另外，本章还介绍了数据库、基本表和索引的创建和管理，重点阐述了利用 SQL 语言实现数据库、基本表和索引的建立和删除，这也是本章内容的重点和难点。

习题 4

一、填空题

1．SQL SERVER 2000 数据库使用的操作系统文件分为________、________和________。

2．SQL SERVER 2000 提供了三种文件组类型，分别是________、________和________。

3．SQL 语言是一种介于关系代数与关系演算之间的语言，其功能包括________、________、定义和控制 4 个方面，是一个通用的、功能极强的关系数据库语言。

4．约束主要包括________、DEFAULT（默认值约束）、________、CHECK（检查约束）、________和 FOREIGN KEY（外键约束）。

二、简答题

1．SQL Server 2005 数据平台包括哪些工具？

2．SQL Server 2005 拥有哪些版本？

3．简述操作系统文件的分类及其主要功能，系统文件组的分类及其主要功能。

4．创建一个 Company 数据库。具体要求如下：

该数据库的主数据文件逻辑名称为 Company_data，物理文件名为 Company.mdf，初始大小为 10 MB，最大尺寸为无限大，增长速度为 10%；

数据库的日志文件逻辑名称为 Company_log，物理文件名为 Company.ldf，初始大小为 1 MB，最大尺寸为 5 MB，增长速度为 1 MB。

5．创建一个指定多个数据文件和日志文件的数据库。具体要求如下：

该数据库名称为 employees，有 1 个 10 MB 和 1 个 20 MB 的数据文件和 2 个 10 MB 的事务日志文件。数据文件逻辑名称为 employee1 和 employee2，物理文件名为 employee1.mdf 和 employee2.ndf。主文件是 employee1，由 primary 指定，两个数据文件的最大尺寸分别为无限大和 100 MB，增长速度分别为 10%和 1 MB。事务日志文件的逻辑名为 employeelog1 和 employeelog2，物理文件名为 employeelog1.ldf 和 employeelog2.ldf，最大尺寸均为 50 MB，文件增长速度为 1 MB。

6．创建表格。在 Company 数据库中，创建一个名为 employee 的数据表，该表具有 5 个列 id (char(20)),name,department,age,memo，其中前两列为 not null，其他为 null。id 为主键约束。

7．修改表格定义，按照如下要求分别完成表格的修改。

(1) 增加一列 salary；

(2) 删除列 age；

(3) 修改列 memo 的定义(增加其字符串的长度)。

第 5 章　SQL 高级应用

本章主要介绍 Transact_SQL 程序设计的基本概念，以及 Transact_SQL 程序设计的基本语法、程序控制流程、常用函数。

通过本章学习，将了解以下内容：

- Transact_SQL 程序设计的基本概念
- Transact_SQL 程序设计的基本语法
- SQL 中常用函数的使用方法
- SQL 中程序控制流程
- 存储过程
- 触发器

5.1　Transact_SQL

5.1.1　Transact_SQL 简介

SQL 是使用关系模型的数据库应用语言，由 IBM 公司在 20 世纪 70 年代开发出来，作为 IBM 关系数据库原型 System R 的原型关系语言，实现了关系数据库中的信息检索。

由于 Transact_SQL 语言直接来源于 SQL 语言，因此它具有 SQL 语言的几个特点。

(1) 一体化特点。Transact_SQL 语言集数据定义语言、数据操作语言、数据控制语言和附加语言元素为一体。

(2) 两种使用方式，统一的语法结构。两种使用方式即联机交互式和嵌入高级语言的使用方式。

(3) 高度非过程化。Transact_SQL 语言一次处理一条记录，对数据提供自动导航；允许用户在高层的数据结构上进行操作，可操作记录集，而不是对单个记录进行操作；所有的 SQL 语句接受集合作为输入，返回集合作为输出，并允许将一条 SQL 语句的结果作为另一条 SQL 语句的输入。

(4) 类似于人的思维习惯，容易理解和掌握。

5.1.2　Transact_SQL 语法格式

Transact_SQL 语句由以下语法元素组成。

- 标识符
- 数据类型
- 函数
- 表达式
- 运算符
- 注释
- 关键字

在编写 Transact_SQL 程序时，常采用不同的书写格式来区分各种语法元素，格式约定如下。

(1) 大写字母：代表 Transact_SQL 保留的关键字。例如，下面语句的 SELECT 和 FROM：

SELECT * FROM titles

(2) 小写字母：表示用户标识符(数据库对象名称等)、表达式等，例如上面语句中的 titles 标识符。

(3) 大、小写字母混用：表示 Transact_SQL 中可简写的关键字，其中大写部分是必须输入的内容，而小写部分可以省略。例如，DUMP Transaction 语句可以简写为 DUMP Tran，saction 将省略。

(4) 大括号{}：大括号中的内容为必选参数，其中可包含多个选项，各选项之间用竖线 | 分隔，用户必须从这些选项中选择使用一项。

例 5-1：在 BACKUP DATABASE 语句中，数据库名称为基本项，用户必须用字符串格式或局部变量格式指定数据库名称：

```
BACKUP DATABASE {database_name | @database_name_var}
        TO backup_devicel [,dump_device2    [,…, backup_devicen]]
    [WITH options]
```

(5) 方括号[ ]：它所列出的项为可选项，用户可根据需要选择使用。例如在上面语句中指定备份设备时，除第一个设备外，其余设备均为可选项。

(6) 竖线|：表示参数之间是“或”的关系，可以从中选择使用一个。如在上面语句中用户可以用 database_name 或@database_name_var 格式指定数据库名称。

(7) 省略号…：表示重复前面的语法单元。

(8) 注释：注释是指程序中用来说明程序内容的语句，它不执行而且也不参与程序的编译。在程序中使用注释是一个程序员的良好编程习惯，注释不但可以帮助他人了解程序的具体内容，而且便于他人对程序总体结构的掌握。可以使用下面两种语法形式表示注释内容。

1．单行注释

使用两个连字符“--”作为注释的开始标志，从“--”到本行行尾即最近的回车符之间的所有内容为注释信息。

例 5-2：

```
USE Pubs  --打开 Pubs 数据库
GO
--检索 Publishers 表的数据
SELECT *
   FROM Publishers
GO
```

2．块注释

块注释的格式为/*……*/，其间的所有内容均为注释信息。块注释与单行注释不同的是它可以跨越多行，并且可以插入到程序代码中的任何地方。

例 5-3：

```
USE Pubs  /*打开 Pubs 数据库*/
GO
/*检索 Publishers 表中的数据 */
SELECT  *  FROM  Publishers
GO
```

5.1.3 Transact_SQL 系统元素

1. 数据类型

Transact_SQL 的数据类型分为基本数据类型和用户自定义数据类型两大类。基本数据类型是指系统提供的数据类型，用户自定义数据类型由基本数据类型导出。

2. 标识符

标识符是指用户在 SQL Server 中定义的服务器、数据库、数据库对象(如表、视图、索引、存储过程、触发器、约束、规则等)、变量等对象名称。标识符的命名遵守以下命名规则。

(1) 标识符长度可以为 1～128 个字符，不区分大小写。

(2) 标识符的第一个字符必须为字母或_、@、#符号，其中@和#符号具有特殊意义，当标识符开头为@时，表示它是一个局部变量；当标识符首字符为#时，表示它是一个临时数据库对象，对于表或存储过程，名称开头含一个#号时表示为局部临时对象，含两个#号时表示为全局临时对象。

(3) 标识符中第一个字符后面的字符可以为字母、数字或#、$、_符号。

(4) 在默认情况下，标识符内不允许有空格，也不允许使用关键字等作为标识符，但可以使用引号来定义特殊标识符。

例 5-4：

```
SET QUOYED_IDENTIFIER ON  /* 允许使用引号定义特殊标识符 */
GO
CREATE TABLE table
  (
    column1 CHAR(10)    NOT  NULL
    column2 SMALLINT(10)  NOT  NULL
  )
```

3. 变量

变量是 SQL Server 用来在其语句间传递数据的方式之一，它由系统或用户定义并赋值。SQL Server 中的变量分局部变量和全局变量两类，其中局部变量是由用户自己定义和赋值的，全局变量是由系统定义和维护的。下面分别对这两种变量进行说明。

(1) 局部变量。局部变量用 DECLARE 语句声明，在声明时它初始化为 NULL，用户可在与定义它的 DECLARE 语句的同一批中用 SET 语句为其赋值。局部变量只能用在声明该变量的批、存储过程体和触发器中。

① 局部变量的声明格式为：

DECLARE @variable_name datatype [, @variable_name datatype…]

其中：

- @variable_name 是所声明的变量名，局部变量遵守 SQL Server 的标识符命名规则，并且其首字符必须为@。datatype 为变量的数据类型。
- 在同一个 DECLARE 语句中可以同时声明多个局部变量，它们相互之间用逗号分隔。

例 5-5：声明两个变量@var1 和@course_name，它们的数据类型分别为 int 和 char。

DECLARE @var1 int, @course_name char(15)

② 局部变量用 SET 语句赋值，其格式为：

SET @variable_name =expression [, @variable_name =expression …]

其中，表达式是与局部变量的数据类型相匹配的表达式，SET 语句的功能是将该表达式的值赋给指定的变量。除了使用 SET 语句为局部变量赋值外，也可以使用 SELECT 语句为局部变量赋值。

例 5-6：使用常量直接为变量@var1 和@var2 赋值。

```
--声明局部变量
DECLARE  @var1  int, @var2  money
--给局部变量赋值
SET @var1=100, @var2=$29.95
```

例 5-7：定义一个变量@Max_price，并将其赋值为全体出版物中最高的价格。

```
USE Pubs
GO
--声明局部变量
DECLATE @Man_Price  int
--将其赋值为图书出版物中价格最大值
SELCET  @Max_Price=MAX(price)
FROM  Titles
GO
```

（2）全局变量。SQL Server 使用全局变量来记录 SQL Server 服务器的活动状态。它是一组由 SQL Server 事先定义好的变量，这些变量不能由用户参与定义，因此，用户只能读，以便了解 SQL Server 服务器当前的活动状态的信息。

由于全局变量是由 SQL Server 系统提供并赋值的变量，用户不能建立全局变量，也不能使用 SET 语句修改全局变量的值。全局变量的名字以@@开头。大多数全局变量的值是本次 SQL Server 启动后发生的系统活动。通常应该将全局变量的值赋给局部变量，以便保存和处理。

SQL Server 提供的全局变量共有 33 个，分为以下两类。

① 与当前的 SQL Server 连接有关的全局变量，与当前的处理相关的全局变量。

如@@rowcount 表示最近一个语句影响的记录数。

例 5-8：在 UPDATE 语句中使用@@rowcount 变量来检测是否存在发生更新的记录。

```
USE Pubs
GO
--将图书信息表的计算机书籍价格设置为 50 元
UPDATE Titles
SET price=50
WHERE type ='计算机'
--如果没有发生记录更新，则发出警告信息
IF @@rowcount=0
   PRINT '警告：没有发生记录更新！' /* Print 语句将字符串返回给客户端*/
```

② 与系统内部信息有关的全局变量。如@@version 表示 SQL Server 的版本信息。

有关 SQL Server 的其他全局变量及其功能可参看系统帮助。

4．运算符

运算符用来执行列间或变量间的数学运算和比较运算。SQL Server 中的运算符有算术运算符、位运算符、比较运算符和连接运算符等。

（1）算术运算符。算术运算符用来执行列间或变量间的算术运算，包括加(+)、减(–)、乘(*)、除(/)和取模(%)等。算术运算符所操作的数据类型及其含义如表 5-1 所示。

表 5-1 算术运算符

运算符	含义	所操作的数据类型
+	加	int、smallint、tinyint、numeric、decimal、real、money、smallmoney
-	减	同上
*	乘	同上
/	除	同上
%	取模	int、smallint、tinyint

(2) 位运算符。位运算符对数据进行按位与(&)、或(|)、异或(^)、求反(~)等运算。在Transact_SQL语句中对整数数据进行位运算时，首先把它们转换为二进制数，然后再进行运算。操作数的数据类型及其含义如表 5-2 所示。

表 5-2 位运算符

运算符	含义	可用于数据类型
&	按位与(二元运算)	仅用于 int、smallint、tinyint
|	按位或(二元运算)	同上
^	按位异或(二元运算)	同上
~	按位取反(一元运算)	int、smallint、tinyint、bit

(3) 比较运算符。比较运算符用来比较两个表达式之间的差别。SQL Server 中的比较运算符包括大于(>)、等于(=)、小于(<)、大于等于(>=)、小于等于(<=)和不等于(<>)等。比较运算符及其含义如表 5-3 所示。

表 5-3 比较运算符

运算符	含义	运算符	含义
=	等于	<>	不等于
>	大于	!=	不等于(非 SQL-92 标准)
<	小于	!>	不大于(非 SQL-92 标准)
>=	大于或等于	!<	不小于(非 SQL-92 标准)
<=	小于或等于		

使用比较运算符可比较列或变量的值。

例 5-9：列出书价高于$20.0 的书目。

```
SELECT * FROM titles    WHERE price>$20.0
```

(4) 逻辑运算符。逻辑运算符用来对某个条件进行测试，以获得其真实情况。逻辑运算符和比较运算符一样，返回带有 TRUE 或 FALSE 值的布尔数据类型。逻辑运算符及其含义如表 5-4 所示。

表 5-4 逻辑运算符及其含义

运算符	含义
ALL	如果一系列的比较都为 TRUE，那么就为 TRUE
AND	如果两个布尔表达式都为 TRUE，那么就为 TRUE
ANY	如果一系列比较中的任何一个为 TRUE，那么就为 TRUE
BETWEEN	如果操作数在某个范围之内，那么就为 TRUE

（续表）

运 算 符	含 义
EXISTS	如果子查询包含一些行，那么就为 TRUE
IN	如果操作数等于表达式列表中的一个，那么就为 TRUE
LIKE	如果操作数与一种模式相匹配，那么就为 TRUE
NOT	对任何其他布尔运算的值取反
OR	如果两个布尔表达式中的一个为 TRUE，那么就为 TRUE
SOME	如果在一系列比较中，有些为 TRUE，那么就为 TRUE

(5) 字符串运算符。字符串运算符(+)用于进行实现字符之间的连接。在 SQL Server 中，字符串之间的其他操作通过字符串函数实现。字符串连接运算符可操作的数据类型有 char、varchar 和 text 等。

例 5-10：用字符串运算符实现两字符串间的连接。

```
'abe'+'243345'
```

表达式结果为“abe243345”。

(6) 运算符的优先级。各种运算符具有不同的优先级，当同一表达式中包含有不同的运算符时，运算符的优先级决定了表达式的计算和比较顺序。SQL Server 中各种运算符的优先级顺序如下。

- 括号：()；
- 取反运算：~；
- 乘、除、求模运算：*、/、%；
- 加减运算：+、-；
- 异或运算：^ ；
- 与运算：&;
- 或运算：| ；
- NOT 连接;
- AND 连接;
- ALL、ANY、BETWEEN、IN、LIKE、OR、SOME 连接。

排在前面的运算符优先级较高，在一个表达式中，先进行优先级高的运算，后计算优先级低的运算。相同优先级的运算则是按自左至右的顺序依次进行的。

5.2 Transact_SQL 程序流程控制

5.2.1 IF…ELSE 语句

IF…ELSE 语句的格式为：

```
If 布尔表达式
    { SQL 语句或语句块 }
  [ELSE
  { SQL 语句或语句块}]
```

布尔表达式可以包含列名、常量和运算符所连接的表达式，也可以包含 SELECT 语句。包含 SELECT 语句时，该语句必须括在括号内。

在 SELECT 语句中，与 IF 语句结合使用的关键字是 EXISTS。关键字 EXISTS 后面通常是括号，括号中是 SELECT 语句,EXISTS 的值由 SELECT 语句返回的行数决定,如果返回一行或多行,EXISTS 的值为 TURE，如果没有返回行，EXISTS 的值为 FALSE。

例 5-11：

```
IF EXISTS(SELECT pub_id FROM publishers WHERE pub_id='9999')
   PRINT 'Lucerne Publishing'
ELSE
   PRINT 'Not Found Lucerne Publishing'
```

在 ELSE 语句省略的情况下，如果 IF 语句条件为真，则显示“Press OK”，再显示“No Press”；如果没有省略，则只显示“Press OK”。

例 5-12：

```
IF EXISTS(SELECT * FROM PUBLISHERS WHERE pub_id='0736')
PRINT 'Press OK'
PRINT 'No Press'
```

结果：Press OK

No Press

5.2.2 BEGIN…END 语句

BEGIN…END 语句将多条 SQL 语句封装起来，构成一个语句块，用于 IF … ELSE、WHILE 等语句中，使这些语句被作为一个整体执行。

BEGIN … END 语句的格式为：

```
BEGIN
  { SQL 语句或语句块}
END
```

例 5-13：

```
IF EXISTS(SELECT title_id FROM titles WHERE title_id='TC5555')
     BEGIN
        DELETE  FROM  titles
        WHERE  title_id='TC5555'
        PRINT 'TC5555 is deleted'
     END
ELSE
   PRINT 'TC5555 not found'
```

例 5-14：

```
IF EXISTS(SELECT * FROM  publishers WHERE country='USA')
     BEGIN
SELECT pub_name,city
FROM publishers
WHERE country='USA'
     END
ELSE
   PRINT 'No press'
```

5.2.3 GOTO 语句

GOTO 语句的格式为：

GOTO 标号

它将 SQL 语句的执行流程无条件地转移到用户所指定的标号后继续执行。GOTO 语句和标号可用于存储过程、批处理和语句块中。标号名称必须遵守标识符命名规则。定义标号时，作为跳转目标的标号符后必须加上冒号(:)。GOTO 语句常用在 WHILE 或 IF 语句内，使程序跳出循环或进行分支处理。

GOTO 语句的典型用法是构造直到型循环。直到型循环是指循环体在循环条件语句之前，循环直到不满足循环条件为止。

语法结构如下：

SELECT 变量=初值

跳转目标标识符：

<SQL 语句>

…

SELECT 变量=变量+增量

WHILE 变量<终值>

GOTO 跳转目标标识符

5.2.4 WHILE、BREAK、CONTINUE 语句

WHILE 语句根据设置条件重复执行一个 SQL 语句和语句块，只要条件成立，SQL 语句将被重复执行下去。WHILE 结构还可以与 BREAK 语句和 CONTINUE 语句一起使用，BREAK 语句导致程序从循环中跳出，而 CONTINUE 语句则使程序跳出循环体内 CONTINUE 语句后面的 SQL 语句，而立即进行下次条件测试。

下面以一个例子说明 WHILE 结构的格式。

例 5-15：求 1～100 之间的奇数和。

```
DECLARE @k smallint, @sum smallint
SELECT @k=0, @sum=0
WHILE @k>=0
  BEGIN
     SELECT @k=@k+1
     IF @K>100
        BREAK
     IF (@K%2)=0
       CONTINUE
     ELSE
       SELECT @sum=@sum+@k
  END
SELECT @sum
```

5.2.5 WAITFOR 语句

WAITFOR 语句可以指定在某一时间点或在一定的时间间隔之后执行 SQL 语句、语句块、存储过程或事务。WAITFOR 语句的格式为：

WAITFOR {DELAY 'time'| TIME 'time'}

其中，DELAY 用于指定 SQL Server 等待的时间间隔，TIME 用于指定一个时间点。Time 参数为 datetime 数据类型，其格式为 hh:mm:ss，在 time 内不能指定日期。

例 5-16：设置在 10 : 00 执行一次查询操作，查看图书的销售情况。

```
BEGIN
 WAITFOR TIME '10:00'
 SELECT * FROM sales
END
```

再如，使用下面的语句设置在 1 小时后执行一次查询操作：

```
BEGIN
 WAITFOR DELAY '1:00'
 SELECT * FROM sales
END
```

5.2.6 RETURN 语句

RETRUN 语句使程序从一个查询或存储过程中无条件地返回，其后面的语句不再执行。RETURN 语句的格式为：

RETURN ([整数表达式])

例 5-17：创建一个存储过程检查作者合同是否有效。如果有效，则返回 1，否则返回−100。

```
CREATE PROCEDURE check_contact @para varchar(40)
AS
IF (SELECT contract FROM authors WHERE au_lname=@para)=1
  RETURN 1
ELSE
  RETURN -100
```

5.2.7 CASE 表达式

CASE 表达式用于多条件分支的选择，根据分支条件确定执行的内容。CASE 语句用于列出一个或多个分支条件，并对每个分支条件给出候选值。然后，按顺序测试分支条件是否得到满足。一旦发现有一个分支条件满足，CASE 语句就将该条件对应的候选值返回。

SQL Server 中的 CASE 表达式有简单 CASE 表达式、搜索型 CASE 表达式和 CASE 关系函数 3 种。

1. 简单 CASE 表达式

简单 CASE 表达式的结构为：

```
CASE 表达式
   WHEN  表达式 1  THEN  表达式 2
  [[WHEN 表达式 3  THEN 表达式 4] [… ]]
  [ELSE 表达式 N]
END
```

2. 搜索型 CASE 表达式

搜索型 CASE 表达式的结构为：

```
CASE
  WHEN 布尔表达式 1 THEN 表达式 1
 [[ 布尔表达式 2  THEN  表达式 2] [… ]]
 [ ELSE 表达式 N]
  END
```

3. CASE 关系函数

CASE 关系函数有以下 3 种形式。

(1) COALESCE(表达式 1，表达式 2)

如果表达式 1 的值不为空，则返回表达式 1，否则返回表达式 2。用搜索型 CASE 表达式表示时，其格式为：

```
CASE
    WHEN  表达式 1  IS NOT NULL  THEN 表达式 1
ELSE  表达式 2
END
```

例 5-18：

```
SELECT title, 'payment'=COALESCE (price*royalty/100, 0)
FROM titles
```

(2) COALESCE(表达式 1，表达式 2，…，表达式 N)

返回 *N* 个表达式中的第一个非空表达式，如果所有表达式的值均为空，则返回空值(NULL)。它用搜索型 CASE 表达式表示时，其格式为：

```
CASE
  WHEN 表达式 1 IS NOT NULL   THEN  表达式 1
  ELSE  COALESCE(表达式 1，表达式 2，…，表达式 N)
END
```

(3) NULLIF(表达式 1，表达式 2)

如果表达式 1 等于表达式 2，则返回 NULL，否则返回表达式 1。它可用搜索型 CASE 表达式表示为：

```
CASE
    WHEN   表达式 1=表达式 2  THEN  NULL
    ELSE   表达式 1
END
```

5.3 存储过程

5.3.1 存储过程的概念

存储过程(Stored Procedure)是存储在 SQL Server 服务器上的预编译好的一组为了完成特定功能的 SQL 语句集。用户通过指定存储过程的名称并给出参数(如果该存储过程带有参数)来执行它。可以将存储过程类比为 SQL Server 提供的用户自定义函数，可以在后台或前台调用它们。

存储过程分为3类：系统存储过程、用户定义的存储过程和扩展存储过程。

(1) 系统存储过程：在安装 SQL Server 时，系统创建了很多系统存储过程。系统存储过程主要用于从系统表中获取信息，也为系统管理员和合适用户(即有权限用户)提供更新系统表的途径。它们中的大部分可以在用户数据库中使用。系统存储过程的名字都以“sp_”为前缀。

(2) 用户定义的存储过程：用户定义的存储过程是用户为完成某一特定功能而编写的存储过程。

(3) 扩展存储过程：扩展存储过程是对动态链接库(DLL)函数的调用。

SQL Server 中的存储过程与其他编程语言中的过程类似，它们具有以下特点。

(1) 接收输入参数并以输出参数的形式为调用过程或批处理返回多个值。

(2) 包含执行数据库操作的编程语句，包括调用其他过程。

(3) 为调用过程或批处理返回一个状态值，以表示成功或失败(及失败原因)。

在 SQL Server 中经常使用存储过程而不使用存储在本地客户计算机中的 Transact-SQL 程序，是因为存储过程具有如下优点。

(1) 使用存储过程可以减少网络流量。

(2) 增强代码的重用性和共享性。

(3) 使用存储过程可以加快系统运行速度。

(4) 使用存储过程可以保证安全性。

5.3.2 存储过程的创建与执行

使用 CREATE PROCEDURE 语句创建存储过程的语法为：

```
CREATE PROC[EDURE] procedure_name [；number]
  [ {@parameter data_type}
    [VARYING] [= default] [OUTPUT]
] [，…n]
  [WITH
    { RECOMPILE | ENCRYPTION | RECOMPILE， ENCRYPTION }
  ]
  [FOR REPLICATION]
AS
    sql_statement [⋯n]
```

各参数的含义如下。

- procedure_name：为新创建的存储过程指定的名称。它后面跟一个可选项 number，number 是一个整数，用来区别一组同名的存储过程。存储过程的命名必须符合命名规则。在一个数据库中或对其使用者而言，存储过程的名称必须唯一。
- @parameter：如果想向存储过程传递参数，必须在存储过程的声明部分定义它们。声明包括参数名、参数的数据类型以及其他一些特殊的选项。
- data_type：声明参数的数据类型。它可以是任何有效的数据类型，包括文本和图像类型。但是，游标 cursor 数据类型只能被用做 OUTPUT 参数。当定义游标数据类型时，也必须对 VARYING 和 OUTPUT 关键字进行定义。对可能是游标数据类型的 OUTPUT 参数而言，参数的最大数目没有限制。
- [VARYING]：当把游标作为参数返回时，要指定该选项。这个选项告诉 SQL Server 返回游标的行集合将会发生改变。

- [= default]：指定特定参数的默认值。如果过程被执行的时候这个参数没有赋值，将使用本默认值。本值可以是 NULL 值，或是其他符合该数据类型的合法常量。对于字符串数据，如果该参数是与 LIKE 参数联合使用的，该值可以包含通配符。
- [OUTPUT]：这一可选关键字用于指定该参数是输出参数。当过程执行完成后，该参数值能被返回到正在执行的过程里。文本或图像数据类型不能作为输出参数使用。
- [, …n]：这一符号指明可以在一个存储过程中指定多个参数。SQL Server 在单个存储过程中最多可有 1 024 个参数。
- WITH RECOMPILE：强制 SQL Server 在每一次执行存储过程时都重新编译。当使用临时值和对象时，应该使用它。
- WITH ENCRYPTION：强制 SQL Server 对存储在系统备注表中的存储过程文本进行加密。因而允许创建和重新分布数据库，而不用担心用户会获得存储过程的原始代码。
- WITH RECOMPILE，ENCRYPTION：强制 SQL Server 重新编译和加密存储过程。
- AS：表明存储过程的定义将要开始。
- sql_statements：表示组成存储过程的 SQL 语句。

例 5-19：创建存储过程。

```
USE Pubs
GO
IF EXISTS (SELECT name FROM sysobjects
         WHERE name='au_info' AND type='p')
DROP PROCEDURE au_info
GO
CREATE PROCEDURE au_info
As  SELECT au_lname, au_fname, title, pub_name
     From authors a
     JOIN titleauthor ta ON  a.au_id = ta.au_id
     JOIN titles t ON t.title_id = ta.title_id
     JOIN publishers p  ON t.pub_id = p.pub_id
GO
```

1．执行已创建的存储过程

可使用 EXECUTE 命令执行已创建的存储过程，其语法如下：

```
[[EXEC[UTE]]
   { [@return_status =]
   {procedure_name [;number] | @procedure_name_var }
   [[@parameter =] {value | @variable [OUTPUT] | [DEFAULT]} [, …n]
   [WITH RECOMPILE]
```

在后面详细讲解每个参数的用法。

2．在 SQL Server Management Studio 中创建

（1）启动 SQL Server Management Studio，并登录所要使用的服务器，如图5-1所示。

（2）在 SQL Server Management Studio 窗口左端的树状结构中，选择要创建存储过程的数据库，如“教务管理”数据库，单击“+”符号展开，如图5-2所示。

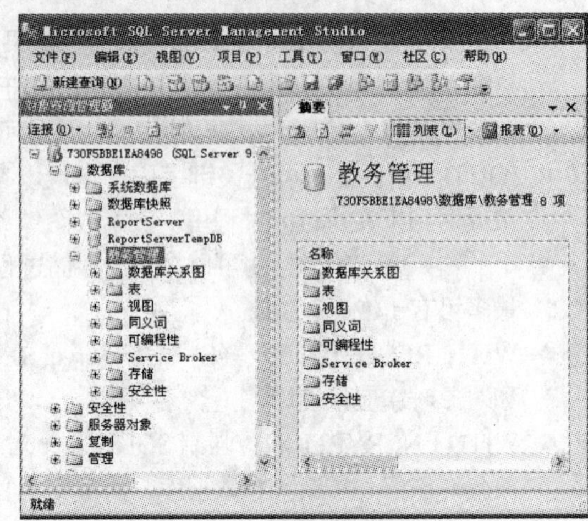

图 5-1　登录服务器　　　　图 5-2　对象资源管理器

⑶ 选择“可编程性”节点，单击“+”符号展开，如图5-3所示。

⑷ 选择“存储过程”节点，右击，在弹出的快捷菜单中选择“新建存储过程”命令，如图 5-4 所示。

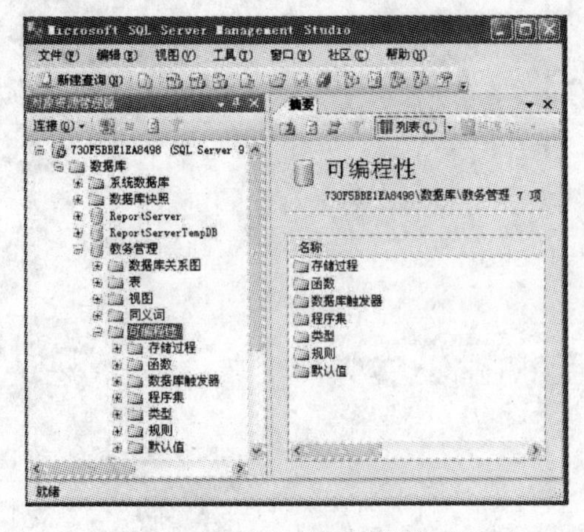

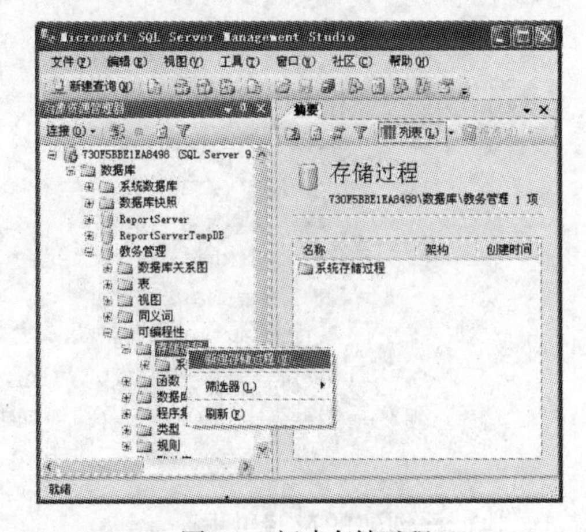

图 5-3　展开“可编程性”节点　　　　图 5-4　新建存储过程

⑸ 在打开的窗口中输入创建存储过程的 T-SQL 语句，如图5-5所示。

3. 使用 SQL Server Management Studio 执行存储过程

⑴ 启动 SQL Server Management Studio，并登录所要使用的服务器，在 SQL Server Management Studio 窗口左端的树状结构中，选择要执行存储过程的数据库，如“教务管理”数据库，单击“+”符号展开，如图5-2所示。

⑵ 选择“可编程性”节点下的“存储过程”节点，显示存储在数据库中的所有存储过程，如图5-6所示。

⑶ 在要执行的存储过程上右击，在弹出的快捷菜单中选择“执行存储过程”命令，如图 5-7 所示。

⑷ 选择“执行存储过程”命令后，会弹出“执行过程”窗口，在该窗口中显示了系统的状态、存储过程的参数等相关信息，单击“确定”按钮则开始执行该存储过程，如图5-8所示。

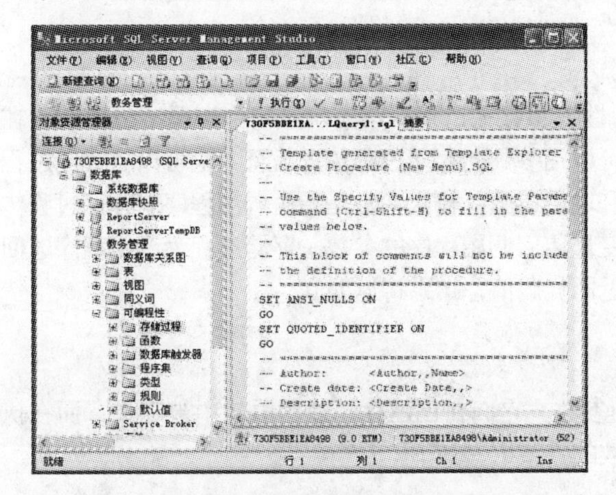

图 5-5　输入创建存储过程的 T-SQL 语句

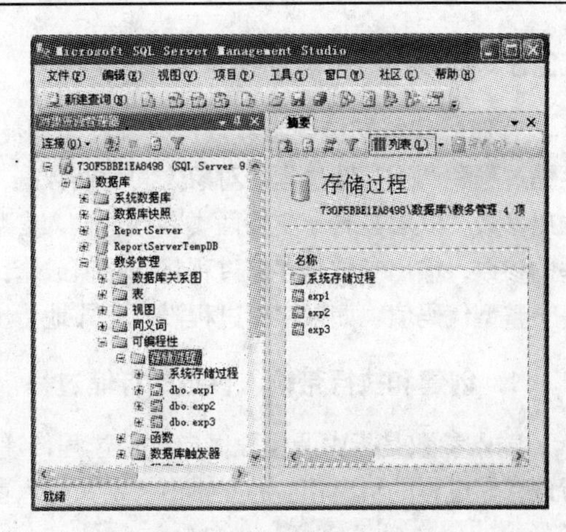

图 5-6　显示存储过程

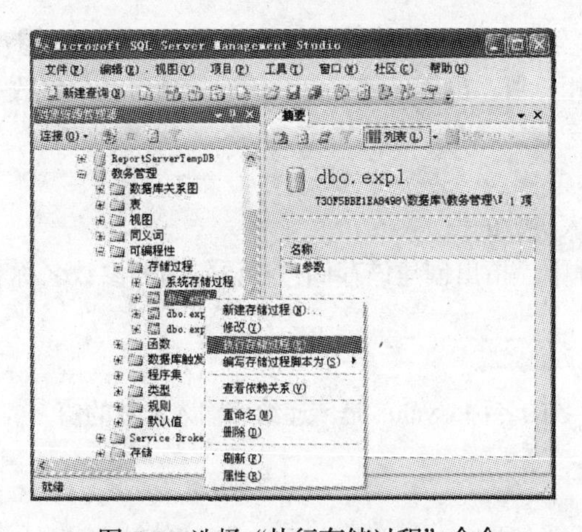

图 5-7　选择“执行存储过程”命令

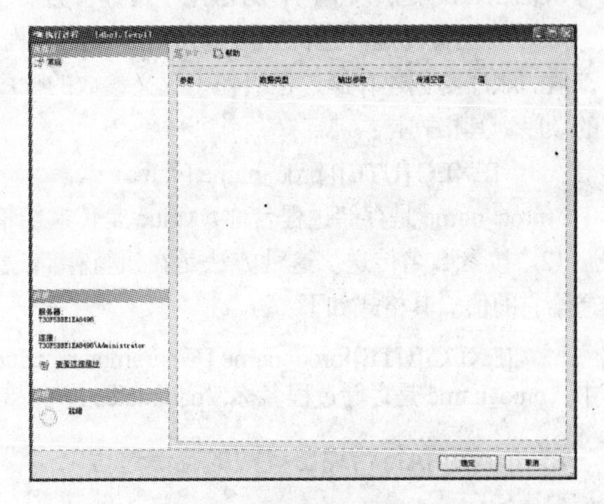

图 5-8　执行存储过程

(5) 存储过程执行完后，会返回执行的结果，在窗口的右下角，会看到执行的结果，以及执行存储过程的相关消息，如图 5-9 所示。

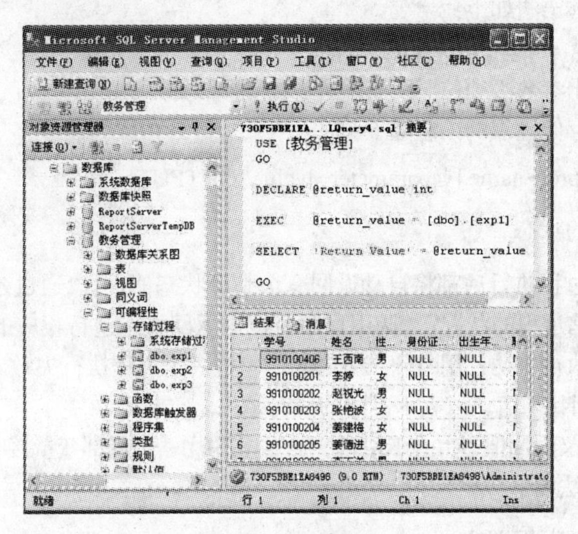

图 5-9　执行结果

5.3.3 存储过程与参数

存储过程能够接受参数以提高其性能和灵活性，参数在过程的第一个语句中声明。参数用于在存储过程和调用存储过程的对象之间交换数据，可以用参数向存储过程传送信息，也可以从存储过程输出参数。SQL Server 支持两类参数：输入参数和输出参数。输入参数是指由调用程序向存储过程传递的参数，输出参数是存储过程将数据值或指针变量传回调用程序的参数。存储过程为调用程序返回一个整型代码值。如果存储过程没有显式地指出返回代码值，结果将返回 0。

1．创建和执行带输入参数的存储过程

输入参数是指由调用程序向存储过程传递的参数。它们在创建存储过程语句中被定义，而在执行该存储过程的给出相应的变量值。定义输入参数的具体语法如下：

@parameter dataype [=default]

SQL Server 提供以下两种方法用于传递参数。

(1) 按位置传送。这种方法是在执行存储过程语句中，直接给出参数的传递值。当有多个参数时，值的顺序与创建存储过程语句中定义参数的顺序相一致。也就是说，参数传递的顺序就是参数定义的顺序。其格式是：

[EXEC [UTE]] proc_name [value…]

其中，proc_name 是存储过程名称，value 是传递给输入参数的值。

(2) 按参数名传送。这种方法是在执行存储过程中，指出创建该存储过程语句中的参数名称和传递给它的值。其格式如下：

[EXEC [UTE]]proc_name [@parameter=value]

其中，proc_name 是存储过程名称，parameter 是输入参数的名称，value 是传递给该输入参数的值。

2．创建和执行带输出参数的存储过程

可以从存储过程中返回一个或多个值，这是通过在创建存储过程的语句中定义输出参数来实现的。为了使用输出参数，在 CREATE PROCEDURE 和 EXECUTE 语句中都必须使用 OUTPUT 关键字。

定义输出参数的具体语法如下：

@parameter dataype [=default] OUTPUT

需要注意的是，输出参数必须位于所有输入参数说明之后。

执行带输出参数的存储过程的语法如下：

[EXEC[UTE]]proc_name [@parameter=]value [OUTPUT]

3．返回存储过程的状态

实际上，每个存储过程执行后都将自动返回一个整型状态值(可以通过@return_status 获得)，告诉调用程序“执行该存储过程的状况”。调用程序可根据返回状态进行相应的处理。一般而言，系统使用 0 表示该存储过程执行成功；用–1～–99 之间的整数表示过程执行失败。用户可以用小于–99 或大于 0 的整数来定义返回状态值，以表示不同的执行结果。

用 RETURN 语句定义返回值，并在 EXECUTE 语句中用一个局部变量接收并检查返回的状态值。

RETURN 语句的语法如下：

RETURN [integer_status_value]

EXECUTE 语句的语法如下：

EXEC [UTE] @return_status = procedure_name

注意：在 EXECUTE 语句之前，要声明@return_status 变量。

例 5-20：带参数的存储过程。

```
USE Pubs
GO
IF EXISTS (SELECT name
         FROM sysobjects
         WHERE name='titles_sum' AND type='p')
DROP PROCEDURE titles_sum
GO
CREATE PROCEDURE titles_sum
@title varchar (40) ='%',
@sum money OUTPUT
AS
SELECT 'title_name'=title
FROM titles
WHERE title LIKE @title
SELECT @sum=sum (price)
FROM titles
WHERE title LIKE @title
Go
```

调用：

```
DECLARE @totalcost money
EXECUTE titles_sum 'The%',@totalcost OUTPUT
IF @totalcost<200
BEGIN
 PRINT ''
 PRINT 'All of these titles can be purchased for less than $200.'
END
ELSE
   SELECT 'The total cost of these titles is $'+
   RTRIM (CAST(@totalcost AS varchar(20)))
```

总结：使用 EXECUTE 命令传递单个参数，执行 showind 存储过程，以 titles 为参数值。showind 存储过程需要参数(@tabname)，它是一个表的名称。其程序清单如下：

EXEC showind titles

当然，在执行过程中变量可以显式命名：

EXEC showind @tabname = titles

如果这是 SQL 脚本或批处理中的第一条语句，则 EXEC 语句可以省略：

showind titles

或者 showind @tabname = titles

5.4 触发器

5.4.1 触发器的概念与工作原理

触发器是一种实施复杂的完整性约束的特殊存储过程，它基于一个表创建并和一个或多个数据修改操作相关联。当对触发器所保护的数据进行修改其时自动激活，防止对数据进行不正确、未授权或不一致的修改。触发器不像一般的存储过程，不可以使用触发器的名称来调用或执行。当用户对指定的表进行修改(包括插入、删除或更新)时，SQL Server 将自动执行相应触发器中的 SQL 语句，将这个引起触发事件的数据源称为触发表。

触发器建立在表一级，它与指定的数据修改操作相对应。每个表可以建立多个触发器，常见的有插入触发器、更新触发器、删除触发器，分别对应 INSERT、UPDATE 和 DELETE 操作。也可以将多个操作定义为一个触发器。

SQL Server 为每个触发器都创建了两个专用表：inserted 表和 deleted 表。inserted 表存放由于执行 INSERT 或 UPDATE 语句而导致要加到该触发表中去的所有新行，即用于插入或更新表的新行值，在插入或更新表的同时，也将其副本存入 inserted 表中。因此，inserted 表中的行总是与触发表中的新行相同。deleted 表存放由于执行 DELETE 或 UPDATE 语句而删除或更改的所有表中的旧行，即用于删除或更改表中数据的旧行值，在删除或更改表中数据的同时，也将其副本存入 deleted 表中。因此，deleted 表中的行总是与触发表中的旧行相同。这是两个逻辑表，由系统来维护，不允许用户直接对这两个表进行修改。它们存放于内存中，不存放在数据库中。这两个表的结构总是与触发表的结构相同。触发器工作完成后，与该触发器相关的这两个表也会被删除。

对于 INSERT 操作，只在 insterted 表中保存所插入的新行，而 deleted 表中没有一行数据。对于 DELETE 操作，只在 deleted 表中保存被删除的旧行，而 inserted 表中没有一行数据。对于 UPDATE 操作，可以将它考虑为 DELETE 操作和 INSERT 操作的结果，所以在 inserted 表中存放着更新后的新行值，deleted 表中存放着更新前的旧行值。

在 SQL Server 2005 中，触发器分为两大类。

(1) DML 触发器。DML 触发器是当数据库服务器中发生数据操作语言事件时执行的存储过程。DML 触发器又分为两大类：AFTER 触发器和 INSTEAD OF 触发器。

DML 触发器是由 DML 语句触发的。

DML 触发器的基本要点如下。

- 触发时机：指定触发器的出发时间。
- 触发事件：触发触发器的事件。
- 条件谓词：当触发器中包含多个触发事件的组合时，为了分别针对不同的事件进行不同的处理，需要使用 Oracle 提供的条件谓词。
- INSERTING：当触发事件是 INSERT 时，为真。
- UPDATING[(COLUMN-X)]：当触发事件是 UPDATE 时，如果修改了 COLUMN_X 列，为真。
- DELETING：当触发事件是 DELETE 时，取值为真。

(2) DDL 触发器。DDL 触发器是在响应数据定义语言事件时执行的存储过程。DDL 触发器是 SQL Server 2005 新增的一种特殊的触发器,它在响应数据定义语言语句时触发。一般在以下几种情况下可以使用 DDL 触发器。

① 数据库里的库架构或数据表结构很重要，不允许修改。

② 防止数据库或数据表被误操作删除。

③ 在修改某个数据表结构的同时修改另一个数据表的结构。

④ 要记录对数据库结构操作的事件。

5.4.2　创建触发器

1. 一般语法

使用 CREATE TRIGGER 语句创建触发器的语法为：

```
CREATE TRIGGER trigger_name
ON { table | view }
[ WITH ENCRYPTION ]
{
    { { FOR | AFTER | INSTEAD OF }
        { [ DELETE ] [ , ] [ INSERT ] [ , ] [ UPDATE ] }
            [ WITH APPEND ]
            [ NOT FOR REPLICATION ]
                AS
                 [ { IF UPDATE（column）
                 [ { AND | OR } UPDATE（column）]
                 [···n ]
              | IF（COLUMNS_UPDATED（）{ bitwise_operator } updated_bitmask）
           { comparison_operator } column_bitmask [···n ]
        } ]
        sql_statement [···n ]
    }
}
```

其中各参数的含义如下。

- trigger_name 是触发器的名称。触发器名称必须符合标识符规则，并且在数据库中必须唯一。
- table | view 是与创建的触发器相关的表的名称或视图名称。
- WITH ENCRYPTION 表示对包含 CREATE TRIGGER 语句的 syscomments 表加密。
- AFTER 指定触发器只有在 SQL 语句中指定的所有操作都已成功执行后才触发。只有在所有的引用级联操作和约束检查也必须成功完成后才能执行此触发器。如果仅指定 FOR 关键字，则 AFTER 是默认设置。注意，不能在视图上定义 AFTER 触发器。
- INSTEAD OF 可参看 INSTEAD OF 触发器。
- { [DELETE] [,] [INSERT] [,] [UPDATE] }是指定在表或视图上执行哪些数据修改语句时将激活触发器的关键字。必须至少指定一个选项。在触发器定义中允许使用以任意顺序组合的这些关键字。如果指定的选项多于一个，需用逗号分隔开这些选项。
- WITH APPEND 用于指定添加现有的其他触发器。只有当兼容级别不大于 65 时，才需要使用该可选子句。WITH APPEND 不能与 INSTEAD OF 触发器一起使用，或者，如果显式声明 AFTER 触发器，也不能使用该子句。只有当出于向后兼容的目的而指定 FOR 时（没有 INSTEAD OF 或 AFTER），才能使用。
- NOT FOR REPLICATION 表示当复制进程更改触发器所涉及的表时，不应执行该触发器。

- AS 是触发器要执行的操作。
- IF UPDATE（column）用于测试在指定的列上进行的 INSERT 或 UPDATE 操作，不能用于 DELETE 操作。可以指定多列。因为在 ON 子句中指定了表名，所以在 IF UPDATE 子句中的列名前不要包含表名。若要测试在多个列上进行的 INSERT 或 UPDATE 操作，可在第一个操作后指定单独的 UPDATE(column)子句。在 INSERT 操作中 IF UPDATE 将返回 TRUE 值，因为这些列插入了显式值或隐性(NULL)值。column 是要测试 INSERT 或 UPDATE 操作的列名。该列可以是 SQL Server 支持的任何数据类型。但是，计算列不能用于该环境中。
- IF（COLUMNS_UPDATED()）用于测试是否插入或更新了提及的列，仅用于 INSERT 或 UPDATE 触发器中。COLUMNS_UPDATED 返回 varbinary 位模式，表示插入或更新了表中的哪些列。
- bitwise_operator 是用于比较运算的位运算符。
- updated_bitmask 是整型位掩码，表示实际更新或插入的列。例如，表 t1 包含列 C1、C2、C3、C4 和 C5。假定表 t1 上有 UPDATE 触发器，若要检查列 C2、C3 和 C4 是否都有更新，指定值为 14；若要检查是否只有列 C2 有更新，指定值为 2。
- comparison_operator 是比较运算符。使用等号(=)检查 updated_bitmask 中指定的所有列是否都实际进行了更新。使用大于号(>)检查 updated_bitmask 中指定的任一列或某些列是否已更新。
- column_bitmask 是要检查的列的整型位掩码，用来检查是否已更新或插入了这些列。
- sql_statement 是触发器的条件和操作。触发器条件指定触发准则，以确定 DELETE、INSERT 或 UPDATE 语句是否导致执行触发器操作。

2. 注意事项

(1) CREATE TRIGGER 语句必须是批处理中的第一个语句。

(2) 创建触发器的权限默认分配给表的所有者，且不能将该权限转给其他用户。

(3) 触发器为数据库对象，其名称必须遵循标识符的命名规则。

(4) 虽然触发器可以引用当前数据库以外的对象，但只能在当前数据库中创建触发器。

(5) 虽然不能在临时表或系统表上创建触发器，但是触发器可以引用临时表或视图。

(6) 在含有用 DELETE 或 UPDATE 操作定义的外键的表中，不能定义 INSTEAD OF 和 INSTEAD OF UPDATE 触发器。

(7) 虽然 TRUNCATE TABLE 语句类似于没有 WHERE 子句(用于删除行)的 DELETE 语句，但它并不会触发 DELETE 触发器，因为 TRUNCATE TABLE 语句没有记录。

(8) WRITETEXT 语句不会引发 INSERT 或 UPDATE 触发器。

(9) 触发器允许嵌套，最大嵌套级数为 32。

(10) 触发器中不允许有以下 Transact_SQL 语句：

- ALTER DATABASE
- CREATE DATABASE
- DISK INIT
- DISK RESIZE
- DROP DATABASE
- LOAD DATABASE
- LOAD LOG
- RECONFIGURE

- RESTORE DATABASE
- RESTORE LOG

3．插入触发器

插入触发器的执行步骤如下。

(1) 执行 INSERT 语句进行插入操作。系统检查所插入新值的正确性(如约束等)，如果正确，将新行插入到目的表和 inserted 表中。

(2) 执行触发器中的相应语句。如果执行到 ROLLBACK 操作，则系统将回滚整个操作(删除第一步插入的新值，对触发器中已经执行的操作做反操作)。

4．删除触发器

删除触发器的执行步骤如下。

(1) 执行 DELETE 语句进行删除操作。系统检查被删除值的正确性(如约束等)，如果正确，将从源表中删除该行，并将删除的旧行存放到 deleted 表中。

(2) 执行触发器中的相应语句。如果执行到 ROLLBACK 语句，则系统将回滚整个操作(删除第一步插入的新值，对触发器中已经执行的操作做反操作)。

5．更新触发器

更新触发器的执行步骤如下。

(1) 执行 UPDATE 语句进行更新操作。系统检查被更新值的正确性(如约束等)，如果正确，在表中修改该行的信息，将修改前的旧行存放到 deleted 表中，并将修改后的新行存放到 inserted 表中。

(2) 执行触发器中的相应语句。如果修改了某些表中相应列的信息并执行到 ROLLBACK 语句，则系统将回滚整个操作(将新值改为旧值，对触发器中已经执行的操作做反操作)。

6．INSTEAD OF 触发器

SQL Server 2005 支持 AFTER 和 INSTEAD OF 两种类型的触发器。当为表或视图定义了针对某一操作(INSERT、DELETE、UPDATE)的 INSTEAD OF 类型触发器且执行了相应的操作时，尽管触发器被触发，但相应的操作并不被执行，而运行的仅是触发器 SQL 语句本身。

INSTEAD OF 触发器的主要优点是使不可被修改的视图能够支持修改。

INSTEAD OF 触发器的其他优点是，通过使用逻辑语句可以执行批处理的某一部分而放弃执行其余部分。比如，可以定义触发器在遇到某一错误时转而执行触发器的另外部分。

在使用 INSTEAD OF 触发器时应当注意如下方面。

(1) 在表或视图上，每个 INSERT、UPDATE 或 DELETE 语句最多可以定义一个 INSTEAD OF 触发器。然而，可以在每个具有 INSTEAD OF 触发器的视图上定义视图。

(2) INSTEAD OF 触发器不能在包含 WITH CHECK OPTION 选项的可更新视图上定义。

(3) 对于 INSTEAD OF 触发器，不允许在具有 ON DELETE 级联操作引用关系的表上使用 DELETE 选项。同样，也不允许在具有 ON UPDATE 级联操作引用关系的表上使用 UPDATE 选项。

7．合并触发器与递归触发器

合并触发器就是将 INSERT、UPDATE 与 DELETE 触发器进行任意组合，使触发器的管理工作简单化。

递归触发器即触发器更新其他表时，可能使其他表的触发器被触发，称为递归触发器。

5.4.3 管理触发器

1. 查看触发器信息

触发器也是存储过程，所以触发器被创建以后，它的名称存放在系统表 sysobjects 中，它的创建源代码存放在 syscomments 系统表中。可以通过 SQL Server 提供的系统存储过程 sp_help、sp_helptext 和 sp_depends 来查看有关触发器的不同信息。

(1) sp_help。通过该系统存储过程，可以了解触发器的一般信息，如触发器的名称、属性、类型、创建时间，其语法格式为：

```
sp_help trigger_name
```

(2) sp_helptext。通过 sp_helptext 能够查看触发器的正文信息，其语法格式为：

```
sp_helptext trigger_name
```

(3) sp_depends。通过 sp_depends 能够查看指定触发器所引用的表或指定的表涉及到的所有触发器，其语法格式为：

```
sp_depends trigger_name
sp_depends table_name
```

注意：用户必须在当前数据库中查看触发器的信息，而且被查看的触发器必须已经被创建。

2. 修改触发器

通过 ALTER TRIGGER 命令修改触发器正文信息，其语法格式为：

```
ALTER TRIGGER trigger_name
ON { table | view }
 [ WITH ENCRYPTION ]
{
    { { FOR | AFTER | INSTEAD OF }
    { [ DELETE ] [ , ] [ INSERT ] [ , ] [ UPDATE ] }
     [ WITH APPEND ]
     [ NOT FOR REPLICATION ]
          AS
          [ { IF UPDATE ( column )
          [ { AND | OR } UPDATE ( column ) ]
          […n ]
       | IF ( COLUMNS_UPDATED ( ) { bitwise_operator } updated_bitmask )
            { comparison_operator } column_bitmask […n]
       } ]
       sql_statement […n ]
    }
}
```

其中，各参数或保留字的含义参看创建触发器语句 CREATE TRIGGER。

3. 删除触发器

用户在使用完触发器后可以将其删除，只有触发器属主才有权删除触发器。删除已创建的触发器有两种方法。

(1) 用系统命令 DROP TRIGGER 删除指定的触发器，其语法形式如下：

```
DROP TRIGGER trigger_name
```

(2) 删除触发器所在的表时，SQL Server 将自动删除与该表相关的触发器。

5.4.4 触发器的用途

触发器的主要作用就是其能够实现由主键和外键所不能保证的复杂的参照完整性和数据的一致性。除此之外，触发器还有其他许多不同的功能。

(1) 强化约束(Enforce Restriction)。触发器能够实现比 CHECK 语句更为复杂的约束。

(2) 跟踪变化(Auditing Changes)。触发器可以侦测数据库内的操作，从而不允许数据库中发生未经许可的指定更新和变化。

(3) 级联运行(Cascaded Operation)。触发器可以侦测数据库内的操作，并自动地级联影响整个数据库的各项内容。例如，某个表上的触发器中包含有对另外一个表的数据操作(如删除、更新、插入)，而该操作又导致该表上的触发器被触发。

(4) 存储过程的调用(Stored Procedure Invocation)。为了响应数据库更新触发器可以调用一个或多个存储过程，甚至可以通过外部过程的调用而在 DBMS(数据库管理系统)之外进行操作。

5.5 小结

本章主要介绍 Transact_SQL 语言的一些基本概念、语法以及各种运算符的一些相关用法，同时介绍了在程序中如何使用语句控制程序执行的顺序，着重介绍了 MS SQL Server 中的存储过程和触发器。通过本章学习，读者会了解到 SQL Server 2005 是一个优秀的关系型数据库管理系统，掌握 Transact_SQL 程序设计的方法和技巧。存储过程、触发器是一组 SQL 语句集，触发器就其本质而言是一种特殊的存储过程。存储过程和触发器在数据库开发过程中，在对数据库的维护和管理等任务中以及在维护数据库参照完整性等方面具有不可替代的作用，因此无论对于开发人员，还是对于数据库管理人员来说，熟练地使用存储过程，尤其是系统存储过程，深刻地理解有关存储过程和触发器的各个方面的问题是极为必要的。

习题 5

1. 什么是批处理？如何标识多个批处理？
2. Transact_SQL 语言附加的语言要素有哪些？
3. 全局变量有什么特点？
4. 如何定义局部变量？如何给局部变量赋值？
5. 什么是存储过程？存储过程分为哪几类？使用存储过程有什么好处？
6. 修改存储过程有哪几种方法？假设有一个存储过程需要修改但又不希望影响现有的权限，应使用哪个语句来进行修改？
7. 什么是触发器？触发器分为哪几种？

第 6 章　数据库设计

本章主要介绍数据库设计的内容与特点，重点介绍数据库设计的方法和步骤，详细介绍数据库设计的全过程，从需求分析、结构设计到数据库的实施和维护。

通过本章学习，将了解以下内容：

- 数据库设计的内容与特点
- 数据库设计的方法
- 数据库设计的步骤
- 需求分析的方法和步骤
- 局部、全局 E-R 模型的设计
- E-R 模型向关系模型的转换
- 逻辑结构设计的一般步骤
- 优化逻辑模式
- 数据库物理设计的内容与方法
- 确定系统的存储结构
- 数据库的实施与维护

6.1　数据库设计的内容与特点

数据库设计与数据库应用系统设计相结合，即数据库设计包括两个方面：结构特性的设计与行为特性的设计。结构特性的设计就是数据库框架和数据库结构设计。其结果是得到一个合理的数据模型，以反映真实的事务间的联系；目的是汇总各用户的视图，尽量减少冗余，实现数据共享。结构特性是静态的，一旦成型之后，通常不再轻易变动。行为特性设计是指应用程序设计，如查询、报表处理等，用于确定用户的行为和动作。用户通过一定的行为与动作存取数据库和处理数据。行为特性现在多由面向对象的程序给出用户操作界面。

从使用方便和改善性能的角度来看，结构特性必须适应行为特性。数据库模式是各应用程序共享的结构，是稳定的、永久的结构。数据库模式也正是通过考察各用户的操作行为将涉及的数据处理进行汇总和提炼得到的，因此数据库结构设计是否合理，直接影响到系统的各个处理过程的性能和质量，这也使得结构设计成为数据库设计方法和设计理论关注的焦点，所以数据库结构设计与行为设计要相互参照，它们组成统一的数据库工程，这是数据库设计的一个重要特点。

建立一个数据库应用系统需要根据各用户需求、数据处理规模、系统的性能指标等方面来选择合适的软、硬件配置，选定数据库管理系统，组织开发小组完成整个应用系统的设计。所以说，数据库设计是硬件、软件、管理等的结合，这是数据库设计的又一个重要特点。

6.2　数据库设计方法

由于现实世界的复杂性及用户需求的多样性，要想设计一个优良的数据库，减少系统开发的成本以及运行后的维护代价、延长系统的使用周期，必须以科学的数据库设计理论为基础，在具体的设计原则指导下，采用科学的数据库设计方法来进行数据库设计。人们经过努力探索，提出了各种数据库设计方法，这些方法各有自己的特点和局限，但是都属于规范设计法，即都运用软件工程的思想和方法，根据数据库设计的特点，提出了各自的设计准则和设计规程。如比较著名的新奥尔良方法，将数据库设计分为 4 个阶段：需求分析、概念设计、逻辑设计、物理设计。其后，S.B.Yao 等又将数据库设计分为 5 个步骤。又有 I.R.Palmer 等主张将数据库设计当成一步接一步的过程，并采用一些辅助手段实现每个过程。本质上讲，规范设计法从的基本思想是“反复探寻、逐步求精”。

针对不同的数据库设计阶段，人们提出了具体的实现技术与实现方法。如基于 E—R 模型的数据库设计方法(针对概念结构设计阶段)、基于 3NF 的设计方法、基于抽象语法规范的设计方法。

规范设计法在具体使用中又分为两种：手工设计和计算机辅助设计。如计算机辅助设计工具 Oracle Designer 2000、Rational Rose，它们可以帮助或者辅助设计人员完成数据库设计中的很多任务，这样可以加快数据库设计的速度，提高数据库设计质量。

6.3　数据库设计步骤

一个数据库设计的过程通常要经历 3 个阶段：总体规划阶段，系统开发设计阶段，系统运行和维护阶段。具体可分为下列步骤：数据库规划、需求分析、概念结构设计、逻辑结构设计、物理结构设计、数据库运行与维护 6 个步骤(如图 6-1 所示)。

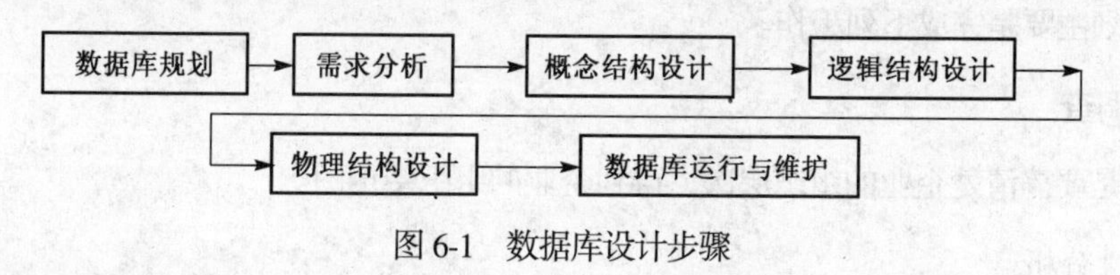

图 6-1　数据库设计步骤

1．数据库规划阶段

明确数据库建设的总体目标和技术路线，得出数据库设计项目的可行性分析报告；对数据库设计的进度和人员分工做出安排。

2．需求分析阶段

获取到准确的用户需求，是进行数据库设计的基础。它影响到数据库设计的结果是否合理与实用。

3．概念结构设计阶段

数据库逻辑结构依赖于具体的 DBMS，直接设计数据库的逻辑结构会增加设计人员对不同数据库管理系统的数据库模式的理解负担，同时也不便于与用户交流，为此加入概念设计这一步骤。它独立于计算机的数据模型，独立于特定的 DBMS。通过对用户需求进行综合、归纳、抽象，形成独立于具体 DBMS 的概念模型。概念结构是各用户关心的系统信息结构，是对现实世界的第一层抽象(如图 6-2 所示)。

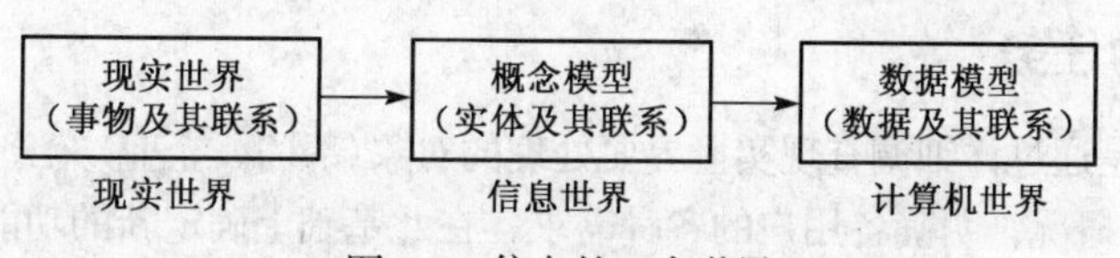

图 6-2　信息的 3 个世界

4. 逻辑结构设计阶段

将概念结构转换为某个 DBMS 所支持的数据模型，并进行优化。

5. 物理结构设计阶段

物理设计的目标是从一个满足用户信息要求的已确定的逻辑模型出发，设计一个在限定的软、硬件条件和应用环境下可实现的、运行效率高的物理数据库结构。如选择数据库文件的存储结构、创建索引、分配存储空间以形成数据库的内模式。

6. 数据库运行与维护阶段

设计人员运用 DBMS 所提供的数据语言及其宿主语言，根据逻辑结构设计及物理设计的结果建立数据库，编制与调试应用程序，组织数据入库，并进行试运行。数据库应用系统经过试运行后若能达到设计要求即可投入运行使用，在数据库系统运行阶段还必须对其进行评价、调整和修改。当应用环境发生了大的变化时，若局部调整数据库的逻辑结构已无济于事，就说明应该淘汰旧的系统，设计新的数据库应用系统，这样旧的数据库应用系统的生命周期已经结束。

6.4 数据库规划

数据库规划主要是完成下列工作。

1. 系统调查

调查，就是要搞清楚企业的组织层次，得到企业的组织结构图。

2. 可行性分析

可行性分析，就是分析数据库建设是否具有可行性，即从经济、法律、技术等多方面进行可行性论证分析，在此基础上得到可行性报告。从经济上考察，包括对数据库建设所需费用的结算及数据库回收效益的估算。从技术上考察，即分析所提出的目标在现有技术条件下是否有实现的可能。最后，需要考察各种社会因素，决定数据库建设的可行性。

3. 数据库建设的总体目标的确定和数据库建设的实施总安排

目标的确定，即确定数据库为什么服务，需要满足什么要求。企业在设立战略目标时，很难提得非常具体，还需要在开发过程中逐步明确和定量化。因此，比较合理的办法是把目标限制在较少的基本指标或关键目的上，因为只要这些目标或目的达到了，其他许多变化就有可能实现，用不着过早地限制或讨论其细节。数据库建设的实施总安排，就是要通过周密分析研究确定数据库建设项目的分工安排以及合理的工期目标。

6.5 需求分析

6.5.1 需求分析的任务

需求分析的任务是通过详细调查现实世界要处理的对象(部门、企业)充分了解原系统(手工系统或老计算机系统)工作概况，明确各用户的各种需求，在此基础上确定新的功能。新系统的设计不仅要考虑当前的需求，还要为今后的扩充和升级留有余地，要有一定的前瞻性。

需求分析的重点是调查、收集用户在数据管理中的信息要求、处理要求、安全性与完整性要求。信息要求是指用户需要从数据库中获取信息的内容与性质。由用户的信息要求可以导出数据要求，即在数据库中需要存储哪些数据。处理要求是指用户要求完成什么样的处理功能，对处理的响应时间有什么要求，处理方式是批处理还是联机处理。安全性的意思是保护数据不被未授权的用户破坏，完整性的意思是保护数据不被授权的用户破坏。

6.5.2　需求分析的方法

进行需求分析首先要调查清楚用户的实际需求并进行初步分析。与用户达成共识后再进一步分析与表达这些需求。

调查与分析用户的需求一般需要 4 个步骤。

(1) 调查组织机构情况，包括了解该组织的部门组成情况、各部门的职责，为分析信息流程做准备。

(2) 调查各部门的业务活动情况，包括了解各部门输入和使用什么数据、如何加工和处理这些数据、输出什么信息、输出到什么部门、输出结果的格式是什么，这是调查的重点。

(3) 在熟悉了业务活动的基础上，协助用户明确对新系统的各种要求，包括信息要求、处理要求、完整性与安全性要求。

(4) 对调查结果进行初步分析，确定系统的边界，即确定哪些工作由人工完成，哪些工作由计算机系统来完成。

在调查过程中，可以根据实际采用不同的调查方法。常用的调查方法有以下几种。

(1) 跟班作业。通过亲身参加业务工作来了解业务活动清况。

(2) 开调查会。通过与用户座谈来了解业务活动情况及用户的需求。

(3) 查阅档案资料。如查阅企业的各种报表、总体规划、工作总结、条例规范等。

(4) 询问。对调查中的问题可以找专人询问。最好是懂点计算机知识的业务人员，他们能更清楚地回答设计人员的询问。

(5) 设计调查用表请用户填写。这里关键是调查用表要设计合理。

在实际调查过程中，往往综合采用上述方法。但无论采用何种方法都需要用户充分参与、和用户充分沟通，在与用户沟通中最好与那些懂点计算机知识的用户多交流，因为他们能清楚地表达他们的需求。

6.5.3　需求分析的步骤

用户需求分析包括如下 4 个步骤：分析用户的活动、确定系统的边界、分析用户活动所涉及的数据、分析系统数据。下面结合“图书馆信息系统”的数据库设计来加以详细说明。

1. 分析用户的活动

在调查需求的基础上，通过一定的抽象、综合、总结可以将用户的活动归类、分解。如果一个系统比较复杂，一般采用自顶向下的用户需求分析方法将系统分解成若干子系统，每个子系统功能明确、界限清楚，这样就得到了用户的各类活动。如一个“图书广场”的征订子系统经过调查和分析，主要涉及到如下几种活动：查询图书、书店订书等。在此基础上可以进一步画出“用户活动图”，通过用户活动图可以直观地把握用户的工作需求，也有利于进一步和用户沟通以便更准确地了解用户的需求。图6-3为部分业务的用户活动图。

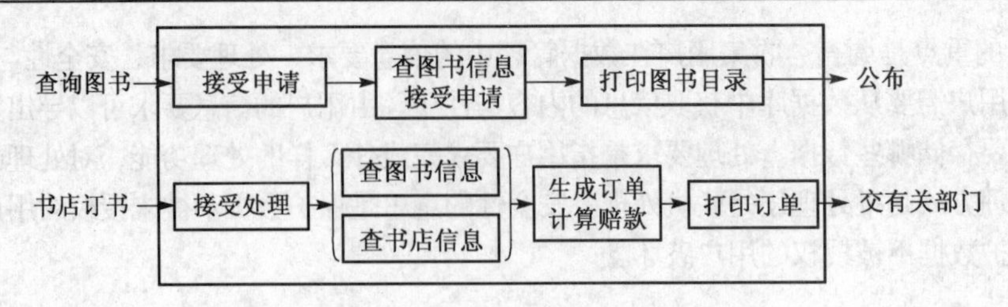

图 6-3 图书发行企业部分业务用户活动图

2. 确定系统的边界

用户的活动多种多样，有些适宜计算机来处理，而有些即使在计算机环境中仍然需要人工处理。为此，要在上述用户活动图中确定计算机与人工分工的界线，即在其上标明由计算机处理的活动范围(计算机处理与人工处理的边界。如在图 6-3 中在线框内的部分由计算机处理，线框外的部分由人工处理)。

3. 分析用户活动所涉及的数据

在弄清了计算机处理的范围后，就要分析该范围内用户活动以及所涉及的数据。为此这一步关键是搞清用户活动中的数据以及用户对数据进行的加工。在将处理功能逐步分解的同时，所用的数据也被逐级分解形成若干层次的数据流图。

数据流图(Data Flow Diagram，DFD)是描述各处理活动之间数据流动的有力工具，是一种从数据流的角度描述一个组织业务活动的图示。数据流图被广泛用于数据库设计中，并作为需求分析阶段的重要文档技术资料——系统需求说明书的重要内容，也是数据库信息系统验收的依据。

数据流图是从数据和数据加工两方面来表达数据处理系统工作过程的一种图形表示法，是用户和设计人员都容易理解的一种表达系统功能的描述方式。

数据流图用上面带有名字的箭头表示数据流，用标有名字的圆圈表示数据的加工处理，用直线表示文件(离开文件的箭头表示文件读，指向文件的箭头表示文件写)，用方框表示数据的源头和终点。图 6-4 就是一个简单的数据流图。

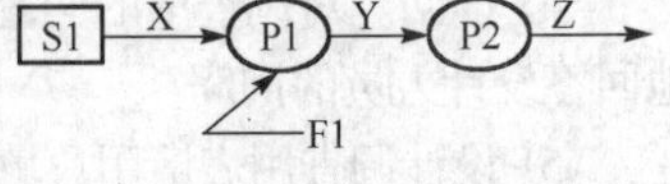

图 6-4 一个简单的数据流图

该图表示数据流 X 从数据源 S1 出发流向加工处理进程 P1，P1 在读取文件 F1 的基础上将数据流加工成数据流 Y，再经加工处理进程 P2 加工成数据流 Z。

在画数据流图时一般从输入端开始向输出端推进，每当经过使数据流的组成或数据值发生变化的地方就用加工将其连接。注意：不要把相互无关的数据画成一个数据流，如果涉及到文件操作，则应表示出文件与加工的关系(是读文件还是写文件)。

在查询图书信息时，书店可能会查询作者的相关信息，从而侧面了解书的内容质量，所以需要“作者”文件；另一方面也会查询出版社有关信息，以便和其联系，所以还需要“出版社”文件。这样，在图6-3的基础上，用数据流的方法表示出相应的数据流图，如图6-5所示。

4. 分析系统数据

数据流图中对数据的描述是笼统的、粗糙的，并没有表述数据组成的各个部分的确切含义，只有给出数据流图中的数据流、文件、加工等的详细、确切描述才算比较完整地描述了这个系统。这个描述每个数据流、每个文件、每个加工的集合就是所谓的数据字典。

数据字典(Data Dictionary，DD)是进行详细的数据收集与分析所得到的主要成果，是数据库设计中的又一个有力工具。它与 DBMS 中的数据字典在内容上有所不同，在功能上是一致的。DBMS 数据字典用来描述数据库系统运行中所涉及的各种对象，这里的数据字典用于对数据流图中出现的所有数据元素给出逻辑定义和描述。数据字典也是数据库设计者与用户交流的又一个有力工具，可以供系统设计者、软件开发者、系统维护者和用户参照使用，因而可以大大提高系统开发效率，降低开发和维护成本。

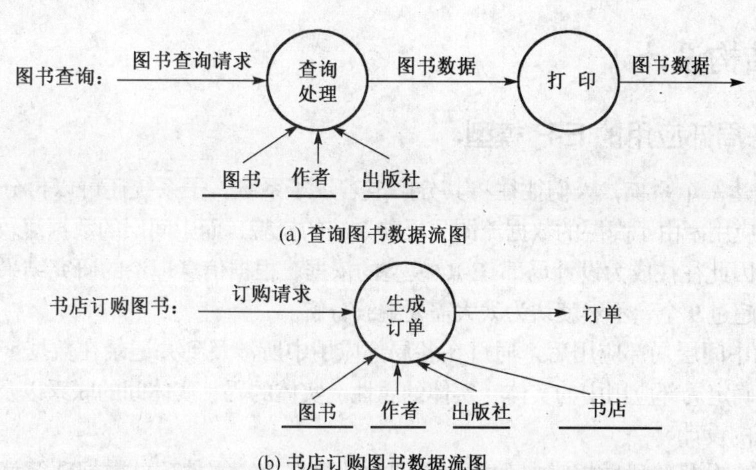

(a) 查询图书数据流图

(b) 书店订购图书数据流图

图 6-5　图书管理系统内部用户活动图对应的各数据流图

数据字典通常包括数据项、数据文件、数据流、数据加工处理 4 个部分。

(1) 数据项

数据项描述={数据项名，别名，数据项含义，数据类型，字节长度，取值范围，取值含义，与其他数据项的逻辑关系}

其中取值范围与其他项的逻辑关系定义了数据的完整性约束，是 DBMS 检查数据完整性的依据。当然不是每个数据项描述都包含上述内容或一定需要上述内容来描述。如图书包括有多个数据项，其中各项的描述如表 6-1 所示。

表 6-1　图书各数据项描述

数 据 项 名	数据类型	字节长度
图书编号	字符	6
书名	字符	80
评论	字符	200
出版社标识	字符	4
价格	数字	8
出版日期	日期	8
图书类别	字符	12

(2) 数据文件

数据文件描述={数据文件名，组成数据文件的所有数据项名，数据存取频度，存取方式}

存取频度是指每次存取多少数据，单位时间存取多少次信息等。存取方式是指是批处理还是联机处理；是检索还是更新；是顺序检索还是随机检索等。这些描述对于确定系统的硬件配置以及数据库设计中的物理设计都是非常重要的。对关系数据库而言，这里的文件就是指基本表或视图。如图书文件表的描述如下：

图书={组成：图书编号、书名、评论、出版社标识、价格、出版日期、图书类别，存取频度：*M* 次/每天，存取方式：随机存取}

(3) 数据流

数据流描述={数据流的名称，组成数据流的所有数据项名，数据流的来源，数据流的去向，平均流量，峰值流量}

数据流来源是指数据流来自哪个加工过程，数据流去向是指数据流将流向哪个加工处理过程，平均流量是指单位时间里的传输量，峰值流量是指流量的峰值。

(4) 数据加工处理

数据加工处理描述={加工处理名, 说明, 输入的数据流名, 输出的数据流名, 处理要求}处理要求一般指单位时间内要处理的流量、响应时间、触发条件及出错处理方法等。

对数据加工处理的描述不需要说明具体的处理逻辑，只需要说明这个加工是做什么的，不需要描述这个加工如何处理。

6.6 概念结构设计

6.6.1 设计各局部应用的 E-R 模型

为了清楚表达一个系统，人们往往将其分解成若干子系统，子系统还可以再分，而每个子系统就对应一个局部应用。由于高层的数据流图只反映系统的概貌，而中间层的数据流较好地反映了各局部应用子系统，因此往往成为设计局部 E-R 模型的依据。根据信息理论的研究结果，一个局部应用中的实体数不能超过 9 个，不然就认为太大需要继续分解。

选定合适的中间层局部应用后，通过在各局部应用中所涉及到并记录在数据字典中的数据，且参照数据流图来确定局部应用中的实体、实体的属性、实体的码、实体间的联系以及联系的类型来完成局部 E-R 模型的设计。

事实上在需求分析阶段数据字典和数据流图中的数据流、文件项、数据项等就体现了实体、实体的属性等的划分，因此从这些内容出发然后做必要的调整。

在调整中应遵守准则：现实中的事物能按“属性”处理的就不要按“实体”对待，这样有利于 E-R 模型的处理简化。那么什么样的事物可以作为属性处理呢？实际上实体和属性的区分是相对的。同一事物在一个应用环境中为属性在另一个应用环境中就可能为实体，因为人们讨论问题的角度发生了变化。如在“图书广场”系统中，“出版社”是图书实体的一个属性，但当考虑到出版社有地址、联系电话、负责人等，这时出版社就是一个实体了。

一般可以采取下述两个准则来决定事物可不可以作为属性来对待。

(1) 如果事物作为属性，则此事物不能再包含别的属性，即事物只需要使用名称来表示时，那么用属性来表示；反之，如果需要事物具有比其名称更多的信息，那么用实体来表示。

(2) 如果事物作为属性，则此事物不能与其他实体发生联系。联系只能发生在实体之间，一般满足上述两条件的事物都可作为属性来处理。

对于图 6-5 中的各个局部应用下面来一一考察它们的 E-R 图。从表面上看一个实体“图书”就能够满足查询图书的要求,但考虑到要联系出版图书的出版社(如汇款)，所以除了它的名称以外还需要知道地址、联系人等信息，故需要“出版社”这个实体，在“图书”实体中以出版社的标识来标明图书对应的出版社；另外考虑到一本图书可能有多个作者，一方面作者的数量各本书之间是不一样的，另一方面订购图书时可能还需要查询作者姓名以外的其他信息，故还需要一个“作者”实体，考虑到作者的排名次序，作者与图书之间的联系有一个“作者序号”属性，其E-R模型如图 6-6 所示。

办理图书订购，无疑需要“图书”实体、“书店”实体，其 E-R 模型如图 6-7 所示(一些实体的属性在图 6-6 中有，故在本图中省略)。图书和书店之间发生订购联系，为了表示这种联系，联系应具有“订购日期”、“订购数量”等属性。

6.6.2 全局 E-R 模型的设计

当所有的局部 E-R 图设计完毕后，就可以对局部 E-R 图进行集成。集成即把各局部 E-R 图加以综合连接在一起，使同一实体只出现一次，消除不一致和冗余。集成后的 E-R 图应满足以下要求。

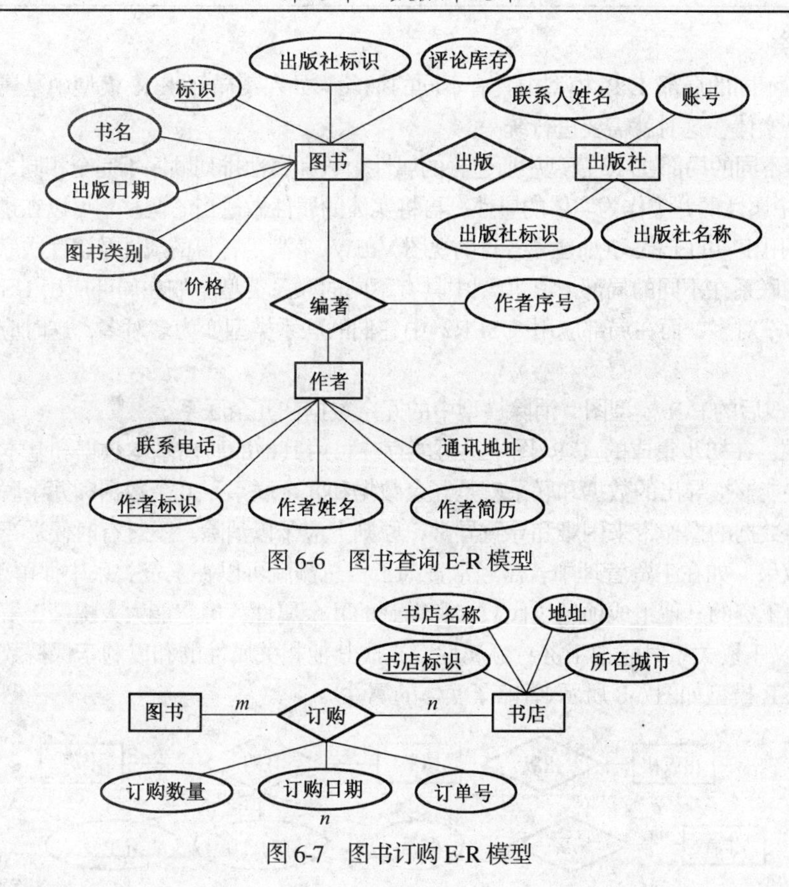

图 6-6　图书查询 E-R 模型

图 6-7　图书订购 E-R 模型

(1) 完整性和正确性：即整体 E-R 图应包含局部 E-R 图所表达的所有语义，完整地表达与所有局部 E-R 图中应用相关的数据。

(2) 最小化：系统中的对象原则上只出现一次。

(3) 易理解性：集成后的全局 E-R 图易于被设计人员与用户理解。

全局 E-R 图的集成是件很困难的工作，往往要凭设计人员的工作经验和技巧来完成集成，当然这并不是说集成无章可循，事实上一个优秀的设计人员往往都遵从下列的基本集成方法。

(1) 依次取出局部 E-R 图进行集成。

即集成过程类似于后根遍历一棵二叉树，其叶节点代表局部视图，根节点代表全局视图，中间节点代表集成过程中产生的过渡视图。通常是两个关键的局部视图先集成，当然如果局部视图比较简单，也可以一次集成多个局部 E-R 图。

集成局部 E-R 图就是要形成一个被全系统所有用户共同理解和接受的统一的概念模型，合理地消除各 E-R 图中的冲突和不一致是工作的重点和关键所在。

各 E-R 图之间的冲突主要有 3 类：属性冲突、命名冲突、结构冲突。

① 属性冲突：包括属性域冲突和属性取值单位冲突。

属性域冲突是指在不同的局部 E-R 模型中同一属性有不一样的数值类型、取值范围或取值集合。

属性取值单位的冲突是指同一属性在不同的局部 E-R 模型中具有不同的单位。

② 命名冲突。

如果两个对象有相同的语义，则应归为同一对象，使用相同的命名以消除不一致；另外，如果两个对象在不同局部 E-R 图中采用了相同的命名但表示的却是不同的对象，则可以将其中一个重命名来消除命名冲突。

③ 模型冲突。

同一对象在不同的局部 E-R 模型中具有不同的抽象。如在某局部 E-R 模型中是属性，在另一局部E-R模型中是实体，这时就需要进行统一。

同一实体在不同的局部 E-R 模型中所包含的属性个数和属性排列顺序不完全相同，这时可以将各局部 E-R 模型中属性的并集作为实体的属性，再将实体的属性做适当的调整。可以在逻辑结构设计阶段设置各局部应用相应的子模式(如建立各自的视图 VIEW)来满足各自的属性及属性次序要求。

实体之间的联系在不同的局部 E-R 模型中具有不同的联系类型。如在局部应用 USER1 中的某两实体联系类型为一对多，而在局部应用 USER2 中它们的联系类型变为多对多，这时应该根据实际的语义加以调整。

(2) 检查集成后的E-R模型图，消除模型中的冗余数据和冗余联系。

冗余表现在：在初步集成的 E-R 图中，可能存在可由其他的所谓基本数据和基本联系导出的数据和联系，这些能够被导出的数据和联系就是冗余数据和冗余联系。冗余数据和冗余联系容易破坏数据的完整性，给数据的操作带来困难和导致异常，原则上应予以消除。不过有时候适当的冗余能起到空间换时间的效果。如在工资管理中若需经常查询工资总额就可以在工资关系中保留工资总额(虽然工资总额是可由工资的其他组成项经过代数求和得到的冗余属性，但它能大大提高工资总额的查询效率)。不过在定义工资关系时应把工资总额属性定义成其他相关属性的和以利于保持数据的完整性。集成后的全局E-R模型如图6-8所示(省略了实体的属性)。

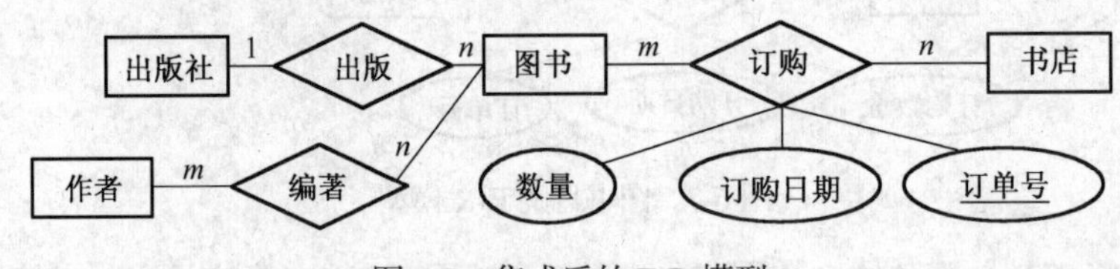

图6-8 集成后的E-R模型

6.7 逻辑结构设计

6.7.1 逻辑结构设计的步骤

逻辑模式设计的主要目标就是产生一个具体 DBMS 可处理的数据模型和数据库模式，即把概念设计阶段的全局E-R图转换成DBMS支持的数据模型，如层次模型、网状模型、关系模型等模型。

逻辑结构设计一般分为如下3个步骤。

(1) 将概念结构转换为一般的关系、网状或层次模型。

(2) 将转换来的关系、网状、层次模型转换为DBMS支持的数据模型，变成合适的数据库模式。

(3) 对模式进行调整和优化。

由于目前最流行的是采用关系模型来进行数据库设计，下一节将介绍E-R图向关系模型的转换。

6.7.2 E-R 图向关系模型的转换

E-R 图由实体、实体的属性、实体之间的联系 3 个要素组成，因此 E-R 图向关系模型的转换就是解决如何将实体、实体的属性、实体间的联系转换成关系模型中的关系和属性以及如何确定关系的键。在E-R图向关系模式的转换中，一般遵循下列原则。

(1) 对于实体，一个实体型就转换成一个关系模式，实体名成为关系名，实体的属性成为关系的属性，实体的键就是关系的键。如图6-8中的实体分别转换成如下关系模式。

图书(图书标识，出版社标识，评论，价格，出版日期，图书类别，书名)
作者(作者标识，作者姓名，作者简历，联系电话，通讯地址)
出版社(出版社标识，出版社名称，联系人姓名，账号)
书店(书店标识，书店名称，地址，所在城市)

对于联系，由于实体间的联系存在一对一、一对多、多对多 3 种类型，因而联系的转换也因这 3 种不同的联系类型而采取不同的方法。

(2) 对于一对一的联系，可以将联系转换成一个独立的关系模式，也可以与联系的任意一端对应的关系模式合并。如果转换成独立的关系模式，则与该联系相连的各实体的键及联系本身的属性均转换成新关系的属性，每个实体的键均是该关系的候选键；如果将联系与其中的某端关系合并，则需在该关系模式中加上另一关系模式的键及联系的属性，两个关系中保留了两个实体的联系。

(3) 对于一对多的联系，可以将联系转换成一个独立的关系模式，也可以与“多”端对应的关系模式合并。如果成为一个独立的关系模式，则与该联系相连的各实体的键以及联系本身的属性均转换成新关系模式的属性，“多”端实体的键成为新关系的键。若将其与“多”端对应的关系模式合并，则将“一”端关系的键加入到“多”端，然后把联系的所有属性也作为“多”端关系模式的属性，这时“多”端关系模式的键仍然保持不变。

如“出版”关系，由于其本身没有属性，最好将其与“多”端合并，将“一”端的键——“出版社标识”加入到图书实体中。

(4) 对于多对多的联系，可以将其转换成一个独立的关系模式。与该联系相连的各实体的键及联系本身的属性均转换成新关系的属性，而新关系模式的键为各实体的键的组合。

例如：编著关系(图书标识，作者标识，作者序号)

　　　订购关系(图书标识，书店标识，订购日期，数量，订单号)

(5) 对于 3 个或 3 个以上实体的多元联系可以转换成一个关系模式。与该联系相连的各实体的键及联系本身的属性均转换成新关系的属性，而新关系模式的键为各个实体的键的组合。

(6) 自联系：在联系中还有一种自联系，这种联系可按上述的一对一、一对多、多对多的情况分别加以处理。如职工中的领导和被领导关系，可以将该联系与职工实体合并，这时职工号多次出现，但作用不同，可用不同的属性名加以区别，比如在合并后的关系中再增加一个“上级领导”属性，存放相应领导的职工号。

(7) 具有相同键的关系可以合并。为减少系统中的关系个数，如果两个关系模式具有相同的主码，可以考虑将它们合并为一个关系模式，合并时将其中一个关系模式的全部属性加入到另一个关系模式，然后去掉其中的同义属性，并适当调整属性的次序。

6.7.3　逻辑模式的优化

优化是在性能预测的基础上进行的。性能一般用 3 个指标来衡量：单位时间里所访问的逻辑记录个数的多少；单位时间里数据传送量的多少；系统占用的存储空间的多少。由于在定量评估性能方面难度大，消耗时间长，一般不宜采用，通常采用定性的方法判断不同设计方案的优劣。

关系模式的优化一般采用关系规范化理论和关系分解方法作为优化设计的理论指导，优化步骤如下。

(1) 确定数据依赖。用数据依赖分析和表示数据项之间的联系，写出每个数据项之间的依赖，即按需求分析阶段所得到的语义，分别写出每个关系模式内部各属性之间的数据依赖，以及不同关系模式属性之间的数据依赖。

(2) 对各个关系模式之间的数据依赖进行极小化处理，消除冗余的联系。

(3) 根据数据依赖理论对关系模式一一进行分析，考察是否存在部分依赖、传递依赖、多值依赖，确定各关系模式分别属于第几范式。

(4) 按照需求分析阶段得到的处理要求，分析这些模式对于应用环境是否合适，确定是否要对某些模式进行合并和分解。

在关系数据库设计中一直存在规范化与非规范化的争论。规范化设计的过程就是按不同的范式，将一个二维表不断进行分解成多个二维表并建立表之间的关联，最终达到一个表只描述一个实体或者实体间的一种联系的目标。目前遵循的主要范式有 1NF、2NF、3NF、BCNF、4NF 和 5NF 等。在工程中 3NF、BCNF 应用得最广泛。

规范化设计的优点是有效消除数据冗余，保持数据的完整性，增强数据库稳定性、伸缩性、适应性。非规范化设计理论认为现实世界并不总是依从于某一完美的数学化的关系模式。强制地对事物进行规范化设计，形式上显得简单，内容上趋于复杂，更重要的是会导致数据库运行效率的降低。

事实上，规范化和非规范化也不是绝对的，并不是规范化程度越高的关系就越优化，反之依然。例如，当查询经常涉及两个或多个关系模式属性时，系统进行连接运算，大量的 I/O 操作使得连接的代价相当高，可以说关系模型效率低的主要原因就是由连接运算引起的。这时可以考虑将几个关系进行合并，此时第二范式甚至第一范式也是合适的，但另一方面，非 BCNF 模式从理论上分析存在不同程度的更新异常和冗余。

(5) 对关系模式进行必要的分解，提高数据操作的效率和存储空间的利用率。

被查询关系的大小对查询的速度有很大的影响，为了提高查询速度有时不得不把关系分得再小一点。有两种分解方法：水平分解和垂直分解。这两种方法的思想就是提高访问的局部性。

水平分解是把关系的元组分成若干子集合，定义每个集合为一个子关系，以提高系统的效率。根据“80/20 原则”，在一个大关系中，经常用到的数据只是关系的一部分，约为 20%，可以把这 20% 的数据分解出来，形成一个子关系。如在图书馆业务处理中，可以把图书的数据都放在一个关系中，也可以按图书的类别分别建立对应的图书子关系，这样在对图书进行分类查询时将显著提高查询的速度。

垂直分解是把关系模式的属性分解成若干子集合，形成若干子关系模式。垂直分解是将经常一起使用的属性放在一起形成新的子关系模式。垂直分解时需要保证无损连接和保持函数依赖，即确保分解后的关系具有无损连接和保持函数依赖性，另外，垂直分解也可能使得一些事务不得不增加连接的次数，因此分解时要综合考虑以使得系统总的效率得到提高。如对于图书数据把查询时常用的属性和不常用的属性分置在两个不同的关系模式中，可以提高查询速度。

(6) 有时为了减少重复数据所占用的存储空间，可以采用假属性的办法。

6.7.4 外模式的设计

由于外模式的设计与模式的设计出发点不一样，因而在设计时注重点是不一样的。在定义数据库模式时，主要是从系统的时间效率、空间效率、易维护性等角度出发的。在设计用户外模式时，更注重用户的个别差异，如注重考虑用户的习惯和方便，包括如下方面。

(1) 使用符合用户习惯的别名。

在合并各局部 E-R 图时，曾进行过消除命名冲突的工作，以便使数据库系统中的同一关系和属性具有唯一的名字，这在设计数据库整体结构时是非常必要的，但这样使得一些用户用了不符合用户习惯的属性名，为此应用视图机制在设计用户视图时重新定义某些属性名，即在外模式设计时重新设计这些属性的别名使其与用户习惯一致，以方便用户的使用。

(2) 针对不同级别的用户定义不同的外模式，以保证系统的安全性要求。不想让用户知道的数据其对应的属性就不出现在视图中。

(3) 简化用户对系统的使用。

如果某些局部应用经常用到某些复杂的查询，为了方便用户可以将这些查询定义为视图 VIEW，用户每次只对定义好的视图进行查询，从而大大简化了用户对系统的使用。

6.8 物理结构设计

6.8.1 数据库物理结构设计的内容与方法

为确定数据库的物理结构，设计人员必须了解下面的几个问题。

(1) 详细了解给定的 DBMS 的功能和特点，特别是系统提供的存取方法和存储结构，因为物理结构的设计和 DBMS 息息相关，这可以通过阅读 DBMS 的相关手册来了解。

(2) 熟悉系统的应用环境，了解所设计的应用系统中各部分的重要程度、处理频率及对响应时间的要求。

因为物理结构设计的一个重要设计目标就是要满足主要应用的性能要求。

对于数据库的查询事务，需要得到如下信息。

① 查询的关系。

② 查询条件所涉及的属性。

③ 连接条件所涉及的属性。

④ 查询的投影属性。

对于事务更新需要得到如下信息。

① 被更新的关系。

② 每个关系上的更新操作条件所涉及的属性。

③ 修改操作要改变的属性值。

当然还需要知道每个事务在各关系上运行的频率和性能要求。上述信息对存取方法的选择具有重要影响。

(3) 了解外存设备的特性。

如分块原则、分块的大小、设备的 I/O 特性等，因为物理结构的设计要通过外存设备来实现。

通常对于关系数据库物理设计而言，物理设计主要包括如下内容。

① 为关系模式选取存取方法。

② 设计关系、索引等数据库文件的物理存储结构。

6.8.2 关系模式存取方法的选择

数据库系统是多用户共享系统，对于同一个关系要建立多条存取路径才能满足多用户的多种应用需求，确定选择哪些存取方法，即建立哪些存取路径。在关系数据库中，选取存取路径主要是确定如何建立索引。例如，应把哪些域作为次码建立次索引，是建立单码索引还是建立组合索引，建立多少个索引才最合适，是否要建立聚簇索引等。

1．索引存取方法的选择面临的困难

所谓选择索引存取方法，实际上就是根据应用要求确定对关系的哪些属性列建立索引，对哪些

列建立组合索引，对哪些列建立唯一索引等。索引选择是数据库物理设计的基本问题之一，也是较为困难的。在比较各种索引方案后从中选择最佳方案时，具体来说至少有以下几个方面的困难。

(1) 数据库中的各个关系表不是相互孤立的，要考虑相互之间的影响。

(2) 在数据库中有多个关系表存在，在设计表的索引时不仅要考虑关系在单独参与操作时的代价，还要考虑它在参与连接操作时的代价，该代价往往与其他关系参与连接操作的方法有关。

(3) 索引的解空间太大，组合情况太多，如果通过穷尽各种可能来寻求最佳设计，几乎是不可能的。

(4) 访问路径与DBMS的优化策略有关。

优化是数据库服务器的一个基础功能。一个事务应该如何执行，不仅取决于数据库设计者所提供的访问路径，而且还取决于 DBMS 的优化策略。如果设计者所认为的事务执行方式不同于 DBMS 实际执行事务的方式，则将导致设计结果与实际有偏差。

(5) 设计目标比较复杂。

总的来说，设计的目标是要减小 CPU 的代价、I/O 代价、存储代价，但这三者之间常常相互影响，在减小了一种代价的基础上往往导致另一种代价的增加，因此人们对于设计目标往往难以进行精确、全面的描述。

(6) 代价的估算比较困难。

CPU 代价涉及到系统软件和运行环境，很难准确估计。I/O 代价和存储代价比较容易估算。但代价模型与系统有关，很难形成一个通用的代价估算公式。

由于上述原因，在手工设计时，一般根据原则和需求说明来选择方案，在计算机辅助设计工具中，也是先根据一般的原则和需求确定索引选择范围，再用简化的代价比较法来选择所谓的最优方案。

2. 普通索引的选取

凡是满足下列条件之一，可以考虑在有关属性上建立索引。

(1) 在主键和外键上一般会建立索引，这样做的好处如下。

① 有利于主键唯一性的检查。

② 有助于引用完整性约束检查。

③ 可以加快以主键和外键作为连接条件属性的连接操作。

(2) 如果一个(或一组)属性经常在查询条件中出现，则考虑在这个(或这组)属性上建立索引(或组合索引)。如图书关系中的“书名”，由于其经常在查询条件中出现，故可以按“书名”建立普通索引。

(3) 如果一个属性经常作为最大值和最小值等聚集函数的参数，则考虑在这个属性上建立索引。

(4) 如果一个(或一组)属性经常在连接操作的连接条件中出现，则考虑在这个(或这个组)属性上建立索引。

(5) 对于以读为主或只读的关系表，只要需要且存储空间允许，可以建立多个索引。

凡是满足下列条件之一的属性或表，不宜建立索引。

(1) 不出现或很少出现在查询条件中的属性。

(2) 属性值可能取值的个数很少的属性。如属性“性别”只有两个值，若在其上建立索引，则平均起来每个索引值对应一半的元组。

(3) 属性值分布严重不均的属性。如属性“年龄”往往集中在几个属性值上，若在年龄上建立索引，则每个索引值会对应多个相应的记录，用索引查询还不如顺序扫描。

(4) 经常更新的属性和表。因为在更新属性值时，必须对相应的索引进行修改，这就使系统为维护索引付出的代价变大，甚至是得不偿失。

(5) 属性的值过长。在过长的属性上建立索引，索引所占的存储空间比较大，而且索引的级数也随之增加，这样带来诸多不利之处。

(6) 太小的表。太小的表不值得采用索引。

非聚簇索引需要大量的硬盘空间和内存。另外非聚簇索引在提高查询速度的同时会降低向表中插入数据和更新数据的速度，因此在建立非聚簇索引时要慎重考虑，不能顾此失彼。

3. 聚簇索引的选取

聚簇就是把某个属性或属性组(称为聚簇码)上具有相同值的元组集中在一个物理块内或物理上相邻的区域内，以提高某些数据的访问速度，即记录的索引顺序与物理顺序相同。而在非聚簇索引中索引顺序和物理顺序没有必然的联系。

聚簇索引可以大大提高按聚簇码进行查询的效率。例如要查询一个作者表，在其上建有出生年月的索引。若要查询 1970 年出生的作者，设符合条件的作者有 50 人，在极端的条件下，这 50 条记录分散在 50 个不同的物理块中，这样在查询时即使不考虑访问索引的 I/O 次数，访问数据也得要 50 次 I/O 操作。如果按出生年月采用聚簇索引，则访问一个物理块可以得到多个符合条件的记录，从而显著减少 I/O 操作的次数，而 I/O 操作会占用大量的时间，所以聚簇索引可以大大提高按聚簇查询的效率。

聚簇功能不但适用于单个关系，也适用于经常进行连接操作的多个关系，即把多个连接关系的元组按连接属性值聚簇存放，这相当于把多个关系按“预连接”的形式进行存放，从而大大提高连接操作的效率。

一个数据库可以建立多个聚簇，但一个关系中只能加入一个聚簇。因为聚簇索引规定了数据在表中的物理存储顺序。

在满足下列条件时，一般可以考虑建立聚簇索引。

(1) 对经常在一起进行连接操作的关系可以建立聚簇，即通过聚簇键进行访问或连接是对该表的主要应用，与聚簇键无关的访问很少。如在书店关系中可以对“书店标识”建立聚簇索引；在订购关系中可以对“书店标识”、“图书标识”、“订单号”建立组合聚簇索引。

(2) 如果一个关系的一个(或一组)属性上的值重复率很高，则此关系可建立聚簇索引。对应每个聚簇键值的平均元组不要太少，太少时聚簇效果不明显。

(3) 如果一个关系的一组属性经常出现在相等比较条件中，则该单个关系可建立聚簇索引，这样符合条件的记录正好出现在一个物理块或相邻的物理块中。例如，如果在查询中要经常检索某一日期范围内的记录，则可按日期属性聚簇，这样通过聚簇索引可以很快找到开始日期的行，然后检索相邻的行直到碰到结束日期的行。

在建立聚簇后，应检查候选聚簇中的关系，取消其中不必要的关系。

① 从聚簇中删除经常进行全表扫描的关系。

② 从聚簇中删除更新操作远多于连接操作的关系。

③ 不同的聚簇中可能包含相同的关系，一个关系可以在某一个聚簇中，但不能同时在多个聚簇中。

6.8.3　系统存储结构的确定

确定数据的存放位置和存储结构要综合考虑存取时间、存储空间利用率和维护代价 3 个方面。这 3 个方面常常相互矛盾，因此需要权衡利弊，选取一个可行方案。

1. 确定数据的存放位置

为了提高系统的性能，应该根据应用情况将数据的易变部分和稳定部分、经常存取的部分和不经常存取的部分分开存放，分别放在不同的关系表中或放在不同的外存空间等。

例如，将表和索引放在不同的磁盘上，在查询时，由于两个磁盘并行工作可以提高 I/O 操作的效率。一般来说在设计中应遵守以下原则。

(1) 减少访问磁盘时的冲突，提高 I/O 的并行性。

多个事务并发访问同一磁盘组时，会因访盘冲突而等待。如果事务访问的数据分散在不同的磁盘组上，则可并行地执行 I/O，从而提高性能。如将比较大的表采用水平或垂直分割的办法分另存放在不同的磁盘上，可以加快存取速度，这在多用户环境下特别有效。

(2) 分散热点数据，均衡 I/O 负载。

把经常被访问的数据称为热点数据。热点数据最好分散在多个磁盘组上，以均衡各个磁盘组的负荷，充分利用磁盘组并行操作的优势。

(3) 保证关键数据的快速访问，缓解系统的瓶颈。

常用的数据应保存在高性能的外存上，相反不常用的数据可以保存在较低性能的外存上。如数据库的数据备份和日志文件备份等因只在进行故障恢复时才使用，可以存放在磁带上。

由于各个系统所能提供的对数据进行物理安排的手段、方法差异很大，因此设计人员必须详细了解给定的 DBMS 在这方面能提供哪些方法，再针对应用环境的要求进行合理的物理安排。

2. 确定系统的配置参数

DBMS 一般都提供了一些系统配置参数、存储分配参数供设计人员和 DBA 对数据库进行物理优化。在初始情况下，系统给这些参数赋予了合理的默认值。为了系统的性能，在进行物理设计时需要给这些参数重新赋值。

DBMS 提供的配置参数一般包括同时使用数据库的用户个数，同时打开的数据库对象数，缓冲区大小和个数，物理块的大小，数据库的大小，数据增长率等。

6.9 数据库的实施

数据库的实施一般包括下列步骤。

1. 定义数据库结构

确定数据库的逻辑及物理结构后，就可以用选定的 RDBMS 提供的数据定义语言 DDL 来严格描述数据库的结构。

2. 载入数据

数据库结构建立后，就可以向数据库中装载数据。组织数据入库是数据库实施阶段的主要工作。数据入库是一项费时的工作，来自各部门的数据通常不符合系统的格式，另外系统对数据的完整性也有一定的要求。将数据入库通常采取以下步骤。

(1) 筛选数据。需要装入数据库的数据通常分散在各个部门的数据文件或原始凭证中，首先要从中选出需要入库的数据。

(2) 输入数据。在输入数据时，如果数据的格式与系统要求的格式不一样，就要进行数据格式的转换。如果数据量小，可以先转换后再输入，如果数据量较大，可以针对具体的应用环境设计数据录入子系统来完成数据格式的自动转换工作。

(3) 检验数据。检验输入的数据是否有误。一般在数据录入子系统中都设计有一定的数据校验功能。在数据库结构的描述中，对数据库的完整性的描述也能起到一定的校验作用，如图书的“价格”

要大于零。当然有些校验手段在数据输入完成后才能使用，如在财务管理系统中的借贷平衡等。当然有些错误只能通过人工来进行检验，如在录入图书时把图书的书名输错。

3. 编码与调试

数据库应用程序的设计应与数据库设计并行进行，也就是说编写与调试应用程序是与数据入库同步进行的。调试应用程序时由于数据入库尚未完成，可先使用模拟数据。

6.9.1　数据库试运行

应用程序调试完成，并且有一部分数据入库后，就可以开始数据库的试运行。数据库试运行主要包括下列内容。

(1) 功能测试。实际运行应用程序，执行其中的各种操作，测试各项功能是否达到要求。如不满足就要对应用程序部分进行修改、调整直到达到设计要求为止。

(2) 性能测试。即分析系统的性能指标，从总体上看系统是否达到设计要求。

在组织数据入库时，要注重采取下列策略。

(1) 要采取分批输入数据的方法。如果测试结果达不到系统设计的要求，则可能需要返回物理设计阶段，调整各项参数；有时甚至要返回逻辑设计阶段来调整逻辑结构。如果试运行后要修改数据库设计，这可能导致要重新组织数据入库，因此在组织数据入库时，要采取分批输入数据的方法，即先输入少量数据供调试使用，待调试合格后再大批量输入数据来逐步完成试运行评价。

(2) 在数据库试运行过程中首先调试好系统的转储和恢复功能并对数据库中的数据做好备份工作。这是因为，在试运行阶段，一方面系统还不是很稳定，软、硬件故障时有发生，会对数据造成破坏；另一方面，操作人员对系统还处于生疏阶段，误操作不可避免，因此要做好数据库的备份和恢复工作，把损失降到最低点。

6.9.2　数据库的运行与维护

对数据库的维护工作主要由 DBA 完成，具体包括以下内容。

1. 日常维护

日常维护是指对数据库中的数据随时按需要进行增、删、改等操作，如对数据库的安全性、完整性进行控制。在应用中随着环境的变化，有的数据原来是机密的，现在变得可以公开了，用户岗位的变化使得用户的密级、权限也在变化。同样数据的完整性要求也会变化。这些都需要 DBA 进行修改以满足用户的需求。

2. 定期维护

定期维护主要指重组数据库和重构数据库。重构数据库是指重新定义数据库的结构，并把数据存到数据库文件中。重组数据库指除去删除标志，回收空间。

在数据库运行一段时间后，由于不断地进行增、删、改等操作使得数据库的物理存储情况变坏，数据存储效率降低，这时需要对数据库进行全部或部分重组。数据库的重组并不会修改原设计的逻辑和物理结构。

当数据库的应用环境发生变化时，如增加了新的应用或新的实体或取消了某些应用或实体，都会导致实体及实体间的联系发生变化，使原有的数据库不能很好地满足系统的需要，这时就需要进行数据库重构。数据库重构部分修改了数据库的逻辑和物理结构，即修改了数据库的模式和内模式。

在数据库运行期间要对数据库的性能进行监督、分析来为重组或重构数据库提供依据。目前有些 DBMS 产品提供了监测系统性能参数的工具，DBA 可以利用这些工具得到系统的性能参数值，分析这些数值为重组或重构数据库提供依据。

3. 故障维护

数据库在运行期间可能产生各种故障，使数据库处于一个不一致的状态，如事务故障、系统故障、介质故障等。事务故障和系统故障可以由系统自动恢复，而介质故障必须由 DBA 协助恢复。发生故障造成数据库被破坏，后果可能是灾难性的，特别是对磁盘系统的破坏将导致数据库数据全部消失，千万不能掉以轻心。

具体的做法如下。

(1) 建立日志文件，每当发生增、删、改时就自动将要处理的原始记录加载到日志文件中。这项高级功能在数据库管理系统 SQL Server 2000 中是由系统自动完成的，否则需要程序员在编写应用程序时加入此项功能。

(2) 建立副本用以恢复。DBA 要针对不同的应用要求制定不同的备份计划，以保证一旦发生故障能尽快将数据库恢复到某个时间的一致状态。

6.10 数据库应用的结构和开发环境

6.10.1 数据库应用模型

根据在用户与数据之间所具有的层次来划分，数据库应用系统体系结构模型可划分为单层应用体系结构模型、两层应用体系结构模型、多层(可以是 3 层或 3 层以上)应用体系结构模型。

1. 单层应用模型

应用程序没有将用户界面、事务逻辑和数据存取分开。在单层的数据库应用程序中，应用程序和数据库共享同一个文件系统，它们使用本地数据库或文件来存取数据。早期通常为大型机编写这种体系结构的程序，当时的用户通过“哑终端”来共享大型机资源，“哑终端”没有任何处理能力，所有的用户界面、事务逻辑和数据存取功能都是在大型机上实现的，因此当时使用单层体系结构而没有出现多层体系结构也就在情理之中。

2. 两层应用模型

PC 的出现给应用程序模型的发展带来了巨大的推动力，因为 PC 有了一定的处理能力，传统在大型机上实现的的用户界面和部分事务逻辑被移到 PC 上运行(将这种 PC 端的代码称为应用程序客户端)，而大型机则提供部分事务逻辑处理和数据存取的功能(将这种大型机端的代码称为应用程序服务器端)，这种模型通常称为客户/服务器(Client/Server，CS)模型。根据事务逻辑在客户端和服务器端分配的不同，这种模型有如图6-9所示的几种形式。

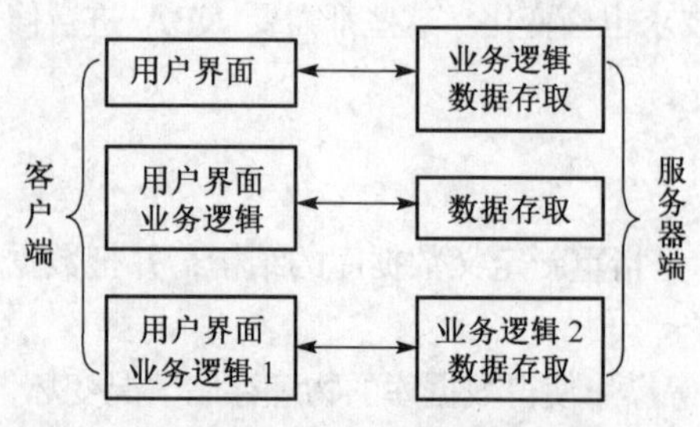

图 6-9 两层客户/服务器应用模型的 3 种形式

在两层应用体系结构模型中，数据的存取和管理独立出来由单独的、通常运行在不同系统上的程序完成，这样的数据存取和管理程序通常就是像 SQL Server 或 Oracle 这样的数据库系统。基于 C/S 结构的应用在局域网的应用中占绝大多数。

在 C/S 结构中，一直有一个形象的说法："瘦客户机，胖服务器"。所谓"胖"或者"瘦"，是对它们的要求或者说具备的功能而言的，具备的功能越来越少称为变瘦，反之称为变胖。

C/S 结构模型的一个最大的优势在于：通过允许多用户同时存取相同的数据，来自一个用户的数据更新可以立即被连接到服务器上的所有用户访问。这种结构的缺点也很明显：当客户端的数目增加时，服务器端的负载会逐渐加大，直到系统承受不了众多的客户请求而崩溃；此外，由于商业规则的处理逻辑和用户界面程序交织在一起，因此商业规则的任何改动都将是费钱、费时、费力的。虽然两层结构模型为许多小规模商业应用带来简便、灵活性，但是对快速数据访问以及更短的开发周期的需求驱使应用系统开发人员去寻找一条新的应用道路，那就是多层应用体系结构模型。

3. 多层应用模型

在多层应用体系结构模型中，商业规则被进一步从客户端独立出来，运行在一个介于用户界面和数据存储的单独的系统之上，如图 6-10 所示。现在，客户端程序可提供应用系统的用户界面，用户输入数据，即可查看反馈回来的请求结果。对于 Web 应用，浏览器是客户端用户界面，这时人们又称这种模型为浏览器/服务器应用结构模型或 Internet 数据库应用模型；对于非 Web 应用，客户端是独立的编译后的前端应用程序。商业中间层负责接收和处理对数据库的查询和操纵请求，由封装了商业逻辑的组件构成，这些商业逻辑组件模拟日常的商业任务，通常是一种 COM 组件或者 CORBA 组件。数据层可以是一个像 SQL Server 这样的数据库管理系统，用于存放和管理用户数据，这时服务器就分为数据库服务器和应用服务器。

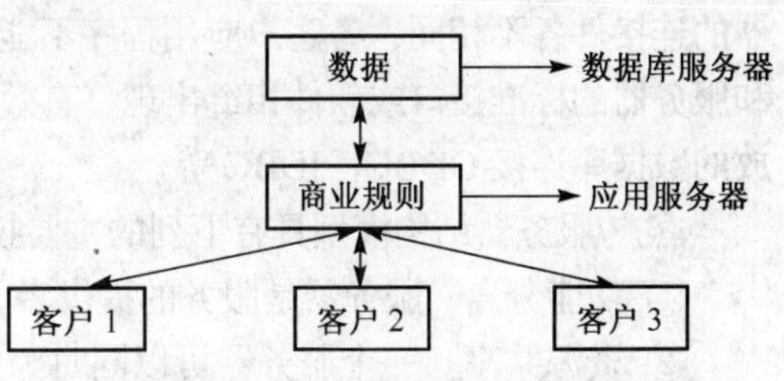

图 6-10　3 层客户/服务器模型

在这种多层体系模型中，客户端程序不能直接存取数据，从而为数据的安全性和完整性带来保障。例如，如果在客户端设置访问权限，那么当别有用心的用户用另外的工具来访问数据库中的数据时，就无能为力了。这种结构带来的另一个好处就是应用系统的每一个部分都可以被单独修改而不会影响到其他两个部分。因为每一层之间是通过接口来相互通信的，所以只要接口保持不变，内部程序的变化就不会影响到系统应用的其余部分。例如商业规则可能需要经常变化，直接修改商业规则层就行了，只要保持接口不变，这种修改对客户来说是透明的，也就是说客户端软件不变，免去了对成百上千的客户端软件的更新、升级。

在多层体系结构模型中，各应用层并不一定要分布在网络上不同机器的物理位置上，可以只分布在逻辑上的不同位置，此外各应用层和网络物理拓扑之间并不需要有一一对应关系，每个应用层在物理拓扑上的分布可以随系统需求而变化。比如，商业中间层和数据处理层可以位于装有 IIS Web 服务器和 SQL Server 数据库服务器的同一台机器上。

使用多层体系结构模型为应用程序的生命周期带来诸多好处，包括可复用性、适应性、易管理性、可维护性、可伸缩性。用户可以将要创建的组件和服务共享和复用，并按需求通过计算机网络分发，也可以将大型的、复杂的工程项目分解成众多简单安全的子模块，并分派给不同的开发人员或开发小组。可以在服务器上配置组件和服务以帮助跟踪需求的变化，并且当应用程序的用户基础、数据、交易量增加时可以重新部署。

多层应用程序将每个主要的功能隔离开来。用户显示层独立于商业中间层，而商业中间层独立于数据处理层。设计这样的多层应用程序在初始阶段需要更多的分析和设计，但在后期阶段会大大减少维护费用并且增加功能适应性。

在这种应用程序结构中客户端应用程序变得比在 C/S 这样的两层体系结构模型中更为小巧，因为服务组件已经分布在中间商业层。这种方式带来的结果是对用户的管理费用一般会降低，但是由于服务组件分布在不同的机器上，因此系统的通信量会大大增加。

从用户的角度来看，客户机/服务器模型有3个基本组成部分：客户机、服务器、客户机与服务器之间的连接件。

(1) 客户机。客户机是一个 GUI 应用程序或者非 GUI 应用程序。它负责向服务器(应用服务器或数据库服务器)请求信息，然后将从服务器传送回来的信息显示给用户。如果客户机只是简单地将请求数据传输给服务器，那么称它为瘦客户机；当然，它也可以承担大部分的商业规则或者说业务逻辑，这时客户机就成了胖客户机。

(2) 服务器。服务器向客户机提供服务。服务器要具有定位网络服务地址、监听客户机的调用并与之建立连接、处理客户机的请求等功能。由于服务器通常同时为多个客户机服务，服务器的配置也要求高速的处理器、大容量的内存和高质量的网络传输。在多数情况下，服务器要连续运行以便为客户机提供持续的服务。

(3) 连接件。客户机和服务器之间不仅需要硬件连接，更需要软件连接。对于应用系统来说，这种连接更多的是一种软件通信过程，对应用系统开发人员来说，客户机与服务器之间的连接件主要是软件工具和 API 函数。过去，大多数前端客户程序都是专门为后端服务器而写的，所以不同的服务器的连接件各不相同，各客户应用程序不能支持所有的后端网络和服务器。近年来，各种连接客户机和服务器的标准接口或软件相继出现，有效地解决了上述问题，使 C/S 结构走向了"开放性"，如开放的数据库连接 ODBC、JDBC 等。

客户/服务器结构模型具有下列的主要技术特征。

① 功能分离。服务器是服务的提供者，客户机是服务的消费者。

② 资源共享。一个服务器可以同时为多个客户机提供服务。为此服务器必须具有并发控制等协调多客户机对资源的共享访问的能力。

③ 定位透明。服务器可以驻留在与客户机相同或不同的处理器上，需要时，C/S 平台可通过重新定向服务来掩盖服务器位置，即用户不必知道服务器的位置，就可以请求服务器的服务。

④ 服务封装。客户机只需知道服务器接口，不必了解其逻辑。服务器是专用程序，客户机通过服务器提供的接口与服务器通信，由服务器确定完成任务的方式，只要接口不变，服务器的升级就不会影响客户机。

⑤ 可扩展性。支持水平和垂直扩展，前者指可以增加或更改工作站；后者指可以将服务转移到新的服务器处理机上。

6.10.2 数据库应用开发环境 ODBC

1. ODBC 编程接口概述

ODBC(Open Database Connectivity)是 Microsoft Windows 的开放服务体系(Windows Open Services Architecture，WOSA)的标准组成部分，已成为人们广泛应用的数据库访问应用程序编程接口(Application Programming Interface，API)。对于数据库 API，它以 X/Open 和 ISO/IEC 的 Call-Level Interface(CLI)规范为基础，使用结构化查询语言(SQL)作为访问数据库的语言。CLI 使用一种自然语言来调用函数，因此无需对使用它的编程语言进行扩展。ODBC 为数据库用户和程序开发者隐蔽了异构环境的复杂性，提供了统一的数据库访问和操作接口，为应用程序的平台无关和可移植性提供了基础，为实现数据库间的操作提供了有力支持。这与内嵌式 API(Embedded API)不同，内嵌式 API 被定义为对使用它的语言的一种扩展，因此就需要使用该 API 的应用程序有一个单独的预编译过程。

一个基本的ODBC结构由应用程序、驱动程序管理器、驱动程序和数据源4个部分组成。

(1) 应用程序(Application)。应用程序负责处理和调用ODBC函数。其主要任务如下。

① 连接数据库。

② 提交SQL语句给数据库。

③ 检索结果并处理错误。

④ 提交或回滚事务。

⑤ 断开与数据库的连接。

(2) 驱动程序管理器(Driver Manager)。ODBC驱动程序管理器是一个驱动程序库，负责应用程序和驱动程序的通信。对于不同的数据源，驱动程序将加载相应的驱动程序到内存中，并将后面的SQL请求传送给正确的ODBC驱动程序。

(3) 驱动程序。ODBC应用程序不能直接存取数据库，应用程序的操作请求需要驱动程序管理器提交给正确的驱动程序。而驱动程序负责将对数据库的请求传送给数据库管理系统，并把结果返回给驱动程序管理器，然后驱动程序管理器再将结果返回给应用程序处理。

(4) 数据源(Data Source)。数据源是连接数据库驱动程序与数据库管理系统的桥梁，它定义了数据库服务器名称、登录名和密码等选项。也可以这么说，数据源由用户所需访问的数据及其所处的操作系统平台、数据库系统和访问数据库服务器所需的网络系统组成。

这样，在使用ODBC开发数据库应用程序时，程序开发者只需调用ODBC API和SQL语句，至于数据的底层操作则由不同类型的数据库的驱动程序来完成。它使得程序开发人员从各种烦琐的特定数据库API接口中解脱出来。

2. ODBC数据源的配置

使用ODBC编程之前，除了要安装ODBC驱动程序外，还需要配置ODBC数据源。配置ODBC数据源的操作步骤如下(以Windows 2000为例)。

(1) 在控制面板中，将鼠标指向"管理工具"菜单，然后选择"数据源(ODBC)"命令，打开"ODBC数据源管理器"对话框，如图6-11所示。

各选项卡的功能介绍如下。

① 用户DSN：显示当前登录用户使用的数据源清单。

② 系统DSN：显示可以由系统中全部用户使用的数据源清单。

③ 文件DSN：显示允许连接到一个文件提供程序的数据源清单。它们可以在所有安装了相同驱动程序的用户中被共享。

④ 驱动程序：显示所有已经安装了的驱动程序。

⑤ 跟踪：允许跟踪某个给定的ODBC驱动程序的所有活动，并记录到日志文件。

⑥ 连接池：用来设置连接ODBC驱动程序的等待时间。通过连接池应用程序能够使用一个来自连接池的连接，其中的连接不需要在每次使用时重建。一旦创建了一个连接并将之置于池中，应用程序就可以重新使用该连接而不需要执行整个连接过程，因而提高了性能。

⑦ 关于：显示有关ODBC核心组件的信息。

(2) 在"系统DSN"选项卡中，单击"添加"按钮，打开"创建新数据源"对话框，在"名称"列表框中选驱动程序，如SQL Server(这时创建SQL Server数据源)，如图6-12所示。

(3) 单击"完成"按钮，打开"建立新的数据源到SQL Server"对话框，如图6-13所示。在"名称"文本框中输入数据源的名称，如test，在"服务器"下拉列表框中选要连接到的服务器。

(4) 单击"下一步"按钮，选择验证模式。

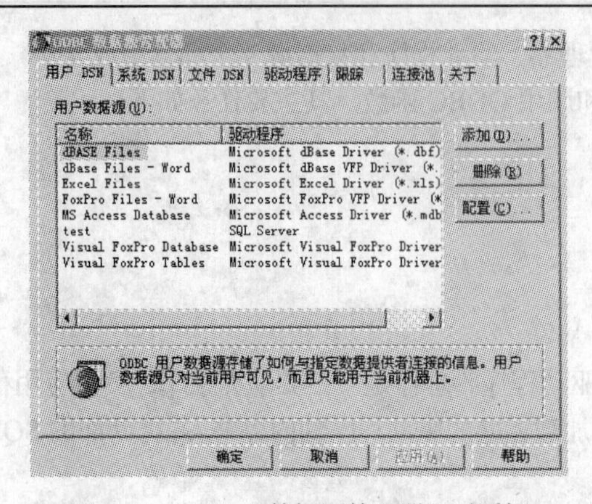

图 6-11 “ODBC 数据源管理器”对话框

图 6-12 “创建新数据源”对话框

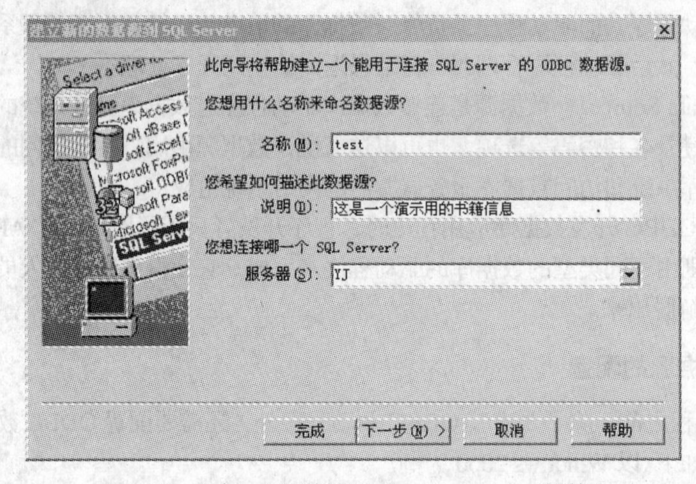

图 6-13 “建立新的数据源到 SQL Server”对话框

(5) 单击“下一步”按钮，选择连接的默认数据库。

(6) 单击“下一步”按钮，系统提示用户设置驱动程序使用的语言、字符集区域和日志文件等。

(7) 单击“完成”按钮，出现“ODBC Microsoft SQL Server 安装”，如图 6-14 所示，单击“测试数据源”按钮，测试数据源是否正确。若显示测试成功的消息，单击“确定”按钮回到“ODBC Microsoft SQL Server 安装”对话框。

图 6-14 “ODBC Microsoft SQL Server 安装”对话框

(8) 单击“确定”按钮，即创建了一个系统数据源 test。

3. ODBC 接口函数

按照 ODBC 接口函数的作用可以将其分成如下 6 组。

- 分配和释放
- 连接
- 执行 SQL 语句
- 接收结果
- 事务控制
- 错误处理与其他杂项

(1) 分配和释放。这一组函数用于分配必要的句柄：连接句柄、环境句柄和语句句柄。环境句柄用于定义一个数据库环境，连接句柄用于定义一个数据库连接，语句句柄用于定义一条 SQL 语句。ODBC 环境句柄是其他所有 ODBC 资源句柄的父句柄。释放函数用于释放各种句柄以及与每个句柄相关联的内存。如 SQLAllocEnv 函数用于获取 ODBC 环境句柄。

(2) 连接。利用这些函数，用户能够与服务器建立连接，如 SQL Connect。

(3) 执行 SQL 语句。用户对 ODBC 数据源的存取操作都是通过 SQL 语句来实现的。应用程序通过与服务器建立好的连接向 ODBC 数据库提交 SQL 语句来完成用户的请求，如 SQLAllocStmt 函数。

(4) 接收结果。这一组函数负责从 SQL 语句结果集合中检索数据，并检索与结果集合相关的信息，如 SQLFetch 和 SQLGetData 函数。

(5) 事务控制。这组函数允许提交或重新运行事务。ODBC 的默认事务模式是“自动提交”，也可以通过设置连接选项来使用“人工提交”模式。

(6) 错误处理与其他杂项。该组函数用于返回与句柄相关的错误信息或允许人们取消一条 SQL 语句。

现在非常流行用 ADO 接口来进行编程。ADO(ActiveX Data Objects)是一个封装了 OLE DB 功能的高层次对象模型接口。ADO 高度优化，已经能够用于诸如 Visual Basic、Visual C++、Delphi、PowerBuilder 等可视化编程环境中。实际上，ODBC 的 OLE DB 提供者允许用户通过 OLE DB 或 ADO 调用 ODBC 提供的所有功能。

6.11　小结

本章主要介绍了数据库设计的一般方法和步骤，详细介绍了数据库设计各个阶段的主要内容及方法。其中重点是概念结构设计和逻辑结构设计。要求读者能在实际工作中灵活运用这些思想，设计出符合应用需求的数据库系统。

习题 6

一、单项选择题

1. 在数据库设计中，用 E-R 图来描述信息结构，但不涉及信息在计算机中的表示，这是数据库设计的_____阶段。

A. 需求分析　　B. 概念设计　　C. 逻辑设计　　D. 物理设计

2. E-R 图是数据库设计的工具之一，适用于建立数据库的_____。

A. 概念模型　　B. 逻辑模型　　C. 结构模型　　D. 物理模型

3. 在关系数据库设计中，设计关系模式是____的任务。

A. 需求分析阶段　　B. 概念设计阶段　　C. 逻辑设计阶段　　D. 物理设计阶段

4. 在数据库概念设计的 E-R 图中，用属性描述实体的特征，用_____表示。

A. 矩形　　B. 四边形　　C. 菱形　　D. 椭圆形

5. 在数据库的概念设计中，最常用的数据模型是______。

A. 形象模型　　B. 物理模型　　C. 逻辑模型　　D. 实体联系模型

6. E-R 图中的联系可以与____实体有关。

A. 0 个　　B. 1 个　　C. 1 个或多个　　D. 多个

7. 数据流程图(DFD)是结构化方法中______阶段使用的工具。

A. 可行性分析　　B. 详细设计　　C. 需求分析　　D. 程序编码

8. 将图6-15所示的E-R图转换成关系模型，可以转换为____关系模式。

A. 1个　　B. 2个　　C. 3个　　D. 4个

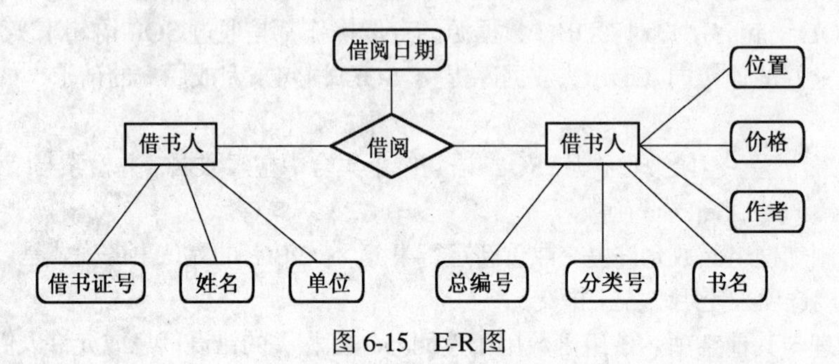

图6-15 E-R图

二、填空题

1. 数据库设计的几个步骤是______。

2. "为哪些表，在哪些字段上，建立什么样的索引"应该在数据库设计中的_____阶段进行设计。

3. 在数据库设计中，把数据需求写成文档，它是各类数据描述的集合，包括数据项、数据结构、数据流、数据存储和数据加工过程等的描述，通常称为____。

4. E-R图向关系模型转化要解决的问题是将实体和实体之间的联系转换成关系模式和确定这些关系模式的______。

5. 在数据库领域里，统称使用数据库的各类系统为_____系统。

三、简答题

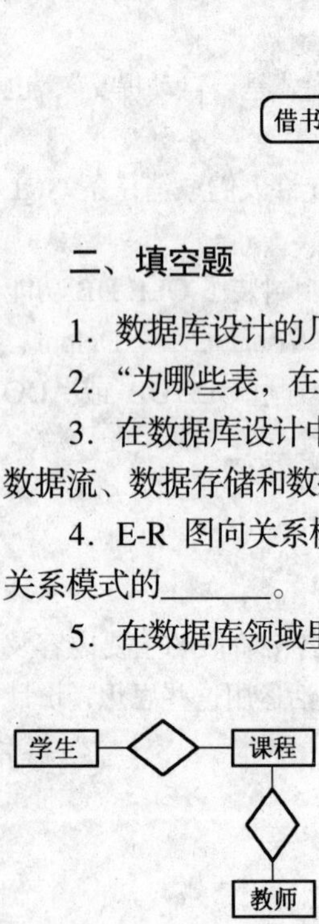

1. 某大学实行学分制，学生可根据自己的情况选修课程。每名学生可同时选修多门课程，每门课程可由多位教师讲授；每位教师可讲授多门课程。其不完整的E-R图如图6-16所示。

图6-16 E-R图

(1) 指出学生与课程的联系类型，完善E-R图。

(2) 指出课程与教师的联系类型，完善E-R图。

(3) 若每名学生由一位教师指导，每个教师指导多名学生，则学生与教师是何联系?

(4) 在原E-R图上补画教师与学生的联系，并完善E-R图。

2. 将如图6-17所示的E-R图转换为关系模式，棱形框中的属性自己确定。

3. 假定一个部门的数据库包括以下信息。

- 职工的信息：职工号、姓名、住址和所在部门。
- 部门的信息：部门所有职工、经理和销售的产品。
- 制造商的信息：制造商名称、地址、生产的产品名和价格。

试画出这个数据库的E-R图。

4. 设有如下实体：

学生：学号、单位、姓名、性别、年龄、选修课程名

课程：编号、课程名、开课单位、任课教师号

教师：教师号、姓名、性别、职称、讲授课程编号

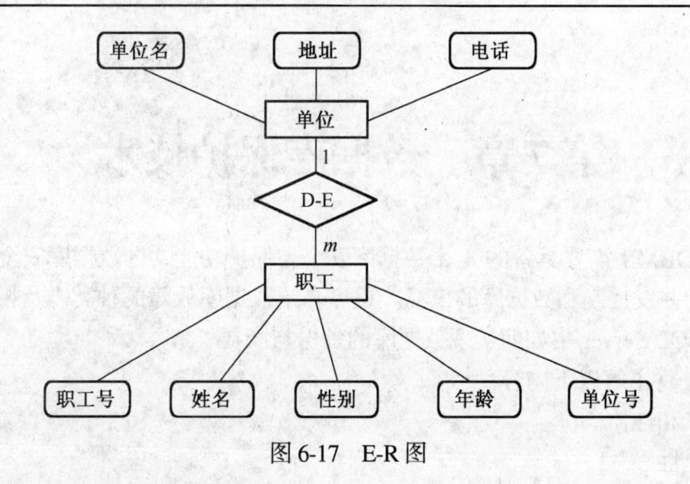

图 6-17　E-R 图

单位：单位名称、电话、教师号、教师名

上述实体中存在如下联系。

(1) 一名学生可选修多门课程，一门课程可被多名学生选修。

(2) 一名教师可讲授多门课程，一门课程可用多名教师讲授。

(3) 一个单位可有多名教师，一名教师只能属于一个单位。

试完成如下工作。

(1) 分别设计学生选课和教师任课两个局部 E-R 图。

(2) 将上述设计完成的 E-R 图合并成一个全局 E-R 图。

(3) 将该全局 E-R 图转换为等价的关系模型表示的数据库逻辑结构。

5. 工厂(包括厂名和厂长名)需建立一个管理数据库存储以下信息。

- 一个厂内有多个车间，每个车间有车间号、车间主任姓名、地址和电话。
- 一个车间有多个工人，每个工人有职工号、姓名、年龄、性别和工种。
- 一个车间生产多种产品，产品有产品号和价格。
- 一个车间生产多种零件，一个零件也可能由多个车间制造。零件有零件号、重量和价格。
- 一个产品由多种零件组成，一种零件也可装配出多种产品。
- 产品与零件均存入仓库中。
- 厂内有多个仓库，仓库有仓库号、仓库主任姓名和电话。

(1) 画出该系统的 E-R 图。

(2) 给出相应的关系数据模型。

(3) 画出该系统的层次模型图。

第7章　数据库保护技术

本章主要介绍 DBMS 需要具备的 4 个数据库安全与保护功能，即数据库安全性控制、数据库完整性控制、数据库的并发控制和数据库的恢复。重点介绍数据库故障的种类以及相关的恢复技术。同时还详细描述了在 SQL Server 中如何实现数据库的备份与恢复。

通过本章学习，将了解以下内容：

- 事务的定义和性质
- 数据库安全性
- 数据库完整性
- 数据库的故障种类
- 故障恢复的相关技术
- SQL Server 的备份类型
- SQL Server 中的几种恢复模型
- SQL Server 中的封锁、死锁的概念

7.1　事务机制

7.1.1　事务的概念与特性

1. 事务的定义

所谓事务(Transact)是用户定义的一个数据库操作序列，这些操作要么全部成功运行，否则，将不执行其中任何一个操作，它是一个不可分割的工作单元。

在关系数据库中，一个事务可以是一条 SQL 语句、一组 SQL 语句或整个程序。事务和程序是两个概念。一般地，一个程序中会包含多个事务。

应用程序必须用命令 BEGIN TRANSACT、COMMIT 或 ROLLBACK 来标记事务逻辑的边界。

(1) BEGIN TRANSACT 表示事务开始。

(2) COMMIT 表示提交，即提交事务的所有操作，具体地说就是将事务中所有对数据库的更新写回到磁盘上的物理数据库中，事务正常结束。

(3) ROLLBACK 表示回滚，即在事务执行过程中发生了某种故障，事务不能继续执行，系统将事务中对数据库的所有已完成的更新操作全部撤销，回滚到事务开始时的状态。

对于不同的 DBMS 产品，这些命令的形式有所不同。

2. 事务的基本性质

从保证数据库完整性出发，要求数据库管理系统维护事务的几个性质：原子性(Atomicity)、一致性(Consistency)、隔离性(Isolation)、持久性(Durability)，可简称为 ACID 特性，下面分别对它们进行解释。

(1) 原子性：指事务是数据库的逻辑工作单位，事务中的操作要么都做，要么都不做。

(2) 一致性：指事务执行的结果必须是数据库从一个一致性状态变到另一个一致性状态。

(3) 隔离性：指数据库中一个事务的执行不能被其他事务干扰。

(4) 持久性：也称为永久性，指事务一旦被提交，则其对数据库中数据的改变就是永久的。

保证事务的 ACID 特性是事务处理的重要任务。事务的 ACID 特性可能遭到破坏的因素有以下两个。

(1) 多个事务并发执行，不同事务的操作交叉执行。

(2) 事务在运行过程中被强行停止。

7.1.2 事务的提交与回退

1. SQL Server 中的事务模式

(1) 事务定义。SQL Server 关于事务的定义是以 BEGIN TRANSACT 开始的，它显式地标记一个事务的起始点。其语法形式如下：

BEGIN TRAN[SACTION] [事务名 [WITH MARK ['事务描述']]]

下面是语法中各参数说明。

① 事务名：作用仅仅在于帮助程序员阅读编码。

② WITH MARK：在日志中按指定的事务描述来标记事务，它实际上提供了一种恢复数据的手段，可以将数据库还原到早期的某个事务标记状态。

注意：如果使用了 WITH MARK，则必须指定事务名。

BEGIN TRANSACTION 代表了一点，由连接引用的数据在该点上都是一致的。如果事务正常结束，则用 COMMIT 命令提交，将它的改动永久地反映到数据库中；如果遇到错误，则用 ROLLBACK 命令撤销已做的所有改动，回滚到事务开始时的一致状态。

(2) 事务提交。事务提交标志一个成功的事务的结束，它有两种命令形式：

COMMIT TRANSACTION 或 COMMIT WORK

两者的区别在于 COMMIT WORK 后不跟事务名称，这与 SQL-92 是兼容的。其语法形式分别如下：

COMMIT [TRAN[SACTION] [事务名]]

COMMIT [WORK]

(3) 事务回滚。事务回滚表示事务非正常结束，清除自事务的起点所做的所有数据修改，同时释放由事务控制的资源。它同样有两种命令形式：

ROLLBACK TRANSACTION 或 ROLLBACK WORK

两者的区别在于：ROLLBACK TRANSACTION 可以接受事务名，还可以回滚到指定的保存点，但 ROLLBACK WORK 只能回滚到事务的起点。其语法形式分别如下：

ROLLBACK [TRAN[SACTION] [事务名|保存点名]]

ROLLBACK [WORK]

2. SQL Server 中的事务执行模式

在 SQL Server 中，可以按显式、隐性或自动提交模式启动事务。

(1) 显式事务。在显式事务模型下可以显式地定义事务的启动和结束。每个事务均以 BEGIN TRANSACTION 语句显式开始，以 COMMIT 或 ROLLBACK 语句显式结束。

显式事务模式持续的时间只限于该事务的持续期。当事务结束时，连接将返回到启动显式事务前所处的事务模式，或者是隐性模式，或者是自动提交模式。

(2) 隐性事务。当连接以隐性事务模式进行操作时，SQL Server 将在当前事务结束后自动启动新事务。无需描述事务的开始，但每个事务仍以 COMMIT 或 ROLLBACK 语句显式完成。在隐性事务模式下将生成连续的事务链。

(3) 自动提交事务。自动提交模式是 SQL Server 的默认事务管理模式，是指每条单独的语句都是一个事务。每个 T-SQL 语句在完成时，都被提交或回滚。如果一个语句成功地完成，则提交该语句；如果遇到错误，则回滚该语句。只要自动提交模式没有被显式或隐性事务替代，SQL Server 连接就以该默认模式进行操作。当提交或回滚显式事务，或者关闭隐性事务模式时，SQL Server 将返回到自动提交模式。

7.2 数据库安全性

DBMS 对数据库的安全与保护通过 4 个方面来实现，即数据库安全性控制、数据库完整性控制、数据库的并发控制和数据库的恢复。

(1) 数据库安全性控制：防止未经授权的用户存取数据库中的数据，避免数据被泄露、更改或破坏。

(2) 数据库完整性控制：保证数据库中数据及语义的正确性和有效性，防止任何对数据造成错误的操作。

(3) 数据库的并发控制：在多个用户同时对同一个数据进行操作时，系统应能加以控制，防止破坏数据库中的数据。

(4) 数据库的恢复：在数据库被破坏或数据不正确时，系统有能力把数据库恢复到正确时的状态。

7.2.1 对数据库安全的威胁

1. 数据库安全性的定义

数据库安全性(Security)是指保护数据库，防止其被不合法地使用，以免数据被泄密、更改或破坏。

安全性问题不是数据库系统所独有的，所有计算机系统都有这个问题。只是在数据库系统中大量数据是集中存放的，而且为许多最终用户直接共享，从而使安全性问题更为突出。

2. 安全性级别

数据库的安全性和计算机系统的安全性，包括操作系统、网络系统的安全性是紧密联系、相互支持的。为了保护数据库，防止其被故意破坏，可以按照从低到高的 5 个级别进行各种安全的措施设置。

(1) 环境级。计算机系统的机房和设备应加以保护，防止有人进行物理破坏。

(2) 职员级。工作人员应清正廉洁，正确授予用户访问数据库的权限。

(3) 操作系统级。应防止未经授权的用户从操作系统处着手访问数据库。

(4) 网络级。由于大多数数据库系统都允许用户通过网络进行远程访问，因此网络软件内部的安全性是很重要的。

(5) 数据库系统级。数据库系统的职责是检查用户的身份是否合法及使用数据库的权限是否正确。

3. 权限问题

在数据库系统中，定义存取权限称为授权(Authorization)。在关系数据库系统中，权限可分为两种：访问数据的权限和修改数据库结构的权限。DBA 可以把建立、修改基本表的权限授予用户，用户获得此权限后可以建立和修改基本表、索引与视图。

(1) 访问数据的权限有 4 个。

① 查找(Select)权限：允许用户读数据，但不能修改数据。

② 插入(Insert)权限：允许用户插入新的数据，但不能修改数据。

③ 修改(Update)权限：允许用户修改数据，但不能删除数据。

④ 删除(Delete)权限：允许用户删除数据。

(2) 修改数据库结构的权限也有 4 个。

① 索引(Index)权限：允许用户创建和删除索引。

② 资源(Resource)权限：允许用户创建新的关系。

③ 修改(Alteration)权限：允许用户在关系结构中加入或删除属性。

④ 撤销(Drop)权限：允许用户撤销关系。

7.2.2 数据库安全性控制

1. 用户标识与鉴别

用户标识与鉴别是系统提供的最外层安全保护措施。其方法是由系统提供一定的方式对用户进行标识。每次用户要求进入系统时，由系统对其身份进行验证，通过验证后才提供机器使用权。

2. 存取控制

存取控制机制主要包括两部分。

(1) 定义用户权限，并将用户权限登记到数据字典中。

(2) 合法权限检查，每当用户发出存取数据库的操作请求之后(请求一般应包括操作类型、操作对象和操作用户等信息)，DBMS 查找字典，根据安全规则进行合法权限检查，若用户的操作请求超出了定义的权限，系统将拒绝执行此操作。

3. 自主存取控制(Discretionary Access Control，DAC)方法

在自主存取控制中(DAC)，用户对不同的数据对象有不同的存取权限，不同的用户对同一对象也有不同的权限，而且用户还可将其拥有的存取权限转授给其他用户，因此自主存取控制非常灵活。

自主存取控制能够通过授权机制有效地控制其他用户对敏感数据的存取。但是由于用户对数据的存取权限是“自主”的，用户可以自由地决定将数据的存取权限授予何人、是否也将“授权”的权限授予别人。在这种授权机制下，仍可能存在数据的“无意泄露”。

4. 强制存取控制(Mandotory Access Control，MAC)方法

在强制存取控制(MAC)中，每一个数据对象被标以一定的密级，每一个用户也被授予某一个级别的许可证。对于任意一个对象，只有具有合法许可证的用户才可以存取，强制存取控制因此相对比较严格。

有些数据库的数据具有很高的保密性，通常具有严格的静态分层结构，强制存取控制对于存放这样数据的数据库非常适用。这个方法的基本思想在于给每个数据对象(文件、记录或字段等)赋予一定的密级，级别从高到低有：绝密级(Top Secret)、机密级(Secret)、秘密级(Confidential)和公用级(Unclassified)。每个用户也具有相应的级别，称为许可证级别(Clearance Level)。密级和许可证级别都是严格有序的，如绝密>机密>秘密>公用。

在系统运行时，采用如下两条简单规则。

(1) 用户只能查看比他级别低或和他同级的数据。

(2) 用户只能修改和他同级的数据。

7.2.3 视图机制

视图(View)是从一个或多个基本表导出的表，进行存取权限控制时可以为不同的用户定义不同的视图，把数据对象限制在一定的范围内，也就是说，通过视图机制把要保密的数据对无权存取的用户隐藏起来，从而自动地为数据提供一定程度的安全保护。

视图机制使系统具有 3 个优点：数据安全性、逻辑数据独立性和操作简便性。

7.2.4 数据加密

数据加密是防止数据库中的数据在存储和传输中失密的有效手段。加密的基本思想是根据一定的算法将原始数据(术语为“明文”，Plain Text)变换为不可直接识别的格式(术语为“密文”，Cipher Text)，从而使得不知道解密算法的人无法获知数据的内容。加密方法主要有两种：对称密钥加密法和公开密钥加密法。

7.2.5 SQL Server 2005 的安全性

1. SQL Server 安全性措施概述

数据的安全性是指保护数据以防止因用户不合法的使用而造成数据被泄密和破坏，因此需要采取一定的安全保护措施。SQL Server 采用如下 4 个等级的安全验证。

(1) 操作系统安全验证。安全性的第一层在网络层。

(2) SQL Server 安全验证。安全性的第二层在服务器自身。

(3) SQL Server 数据库安全验证。安全性的第三层。

(4) SQL Server 数据库对象安全验证。SQL Server 安全性的最后一层是处理权限。

2. 安全模式

SQL Server 提供了两种不同的方式对进入服务器的用户进行验证。用户可以根据自己的网络配置，决定使用其中一种。

(1) Windows 验证。对 SQL Server 来说，Windows 验证是首选的方法。Windows NT 验证模式正是利用了这一用户安全性和账号管理的机制，允许 SQL Server 也使用 Windows NT 的用户名和口令。在这种模式下，用户只需要通过 Windows NT 的验证，就可以连接到 SQL Server，而 SQL Server 本身也就不需要管理登录数据了。

(2) SQL Server 混合验证。混合验证模式允许用户使用 Windows NT 验证模式或 SQL Server 验证模式连接到 SQL Server，这就意味着用户可以使用他的账号登录到 Windows NT，或者使用他的登录名登录到 SQL Server 系统。

3．服务器登录标识管理

sa 和 Administrators 是系统在安装时创建的分别用于 SQL Server 混合验证模式和 Windows 验证模式的系统登录名。如果用户想创建新的登录名或删除已有的登录名，可使用下列两种方法。

(1) 使用 SQL Server Management Studio 管理登录名。

(2) 使用系统存储过程管理登录名。

下面对如何利用如下系统存储过程来管理登录名进行逐一介绍。

① sp_addlogin。用来创建新的使用 SQL Server 验证模式的登录名，其语法格式为：

```
sp_addlogin [@loginame =] 'login'
        [, [@passwd =] 'password']
        [, [@defdb =] 'database']
        [, [@deflanguage =] 'language']
        [, [@sid =] 'sid']
        [, [@encryptopt =] 'encryption_option']
```

② sp_droplogin。用来删除使用 SQL Server 验证模式的登录名，禁止其访问 SQL Server，其语法格式为：

```
sp_droplogin [@loginame =] 'login'
```

③ sp_grantlogin。设定一个 Windows 用户或用户组为 SQL Server 登录者，其语法格式为：

```
sp_grantlogin [@loginame =] 'login'
```

④ sp_denylogin。拒绝某一个 Windows 用户或用户组连接到 SQL Server，其语法格式为：

```
sp_denylogin [@loginame =] 'login'
```

⑤ sp_revokelogin。用来删除 Windows 用户或用户组在 SQL Server 上的登录信息，其语法格式为：

```
sp_revokelogin [@loginame =] 'login'
```

⑥ sp_helplogins。用来显示 SQL Server 所有登录者的信息，包括每一个数据库里与该登录者相对应的用户名，其语法格式为：

```
sp_helplogins [[@LoginNamePattern =] 'login']
```

如果未指定@LoginNamePattern，则当前数据库中所有登录者的信息包括 Windows 登录者都将显示出来。

4．数据库用户管理

SQL Server 可使用下列两种方法来管理数据库用户。

(1) 使用 SQL Server Management Studio 管理数据库用户。

(2) 使用 SQL Server 系统存储过程管理数据库用户。

5．权限管理

权限用来指定授权用户可以使用的数据库对象和授权用户可以对这些数据库对象执行的操作。用户在登录到 SQL Server 之后，其用户账号所归属的 NT 组或角色所被赋予的权限决定了该用户能够对哪些数据库对象执行哪种操作以及能够访问、修改哪些数据。在每个数据库中用户的权限独立于用户账号和用户在数据库中的角色，每个数据库都有自己独立的权限系统，SQL Server 中包括 3 种类型的权限，即对象权限、语句权限和预定义权限。

(1) 对象权限：表示对特定的数据库对象，即表、视图、字段和存储过程的操作权限，它决定了能对表、视图等数据库对象执行哪些操作。

(2) 语句权限：表示对数据库的操作权限，也就是说，创建数据库或者创建数据库中的其他内容所需要的权限类型称为语句权限。

可用于语句权限的 Transact_SQL 语句及其含义如下。

- CREATE DATABASE：创建数据库。
- CREATE TABLE：创建表。
- CREATE VIEW：创建视图。
- CREATE RULE：创建规则。
- CREATE DEFAULT：创建默认值。
- CREATE PROCEDURE：创建存储过程。
- CREATE INDEX：创建索引。
- BACKUP DATABASE：备份数据库。
- BACKUP LOG：备份事务日志。

(3) 预定义权限：是指系统在安装完成以后有些用户和角色未经授权就有的权限。

(4) 使用 SQL Server Management Studio 管理权限。

SQL Server 可通过两种途径：面向单一用户和面向数据库对象的许可设置，来实现对语句许可和对象许可的管理，从而实现对用户许可的设定。

(5) 使用 Transact_SQL 语句管理权限。

Transact_SQL 语句使用 GRANT、REVOKE 和 DENY 这 3 种命令来管理权限。

使用授权语句管理对象/语句权限的语法如下：

```
GRANT 权限名 [, …]
ON {表名 | 视图名 | 存储过程名 }
TO {数据库用户名 | 用户角色名 } [,… ]
```

使用收权语句管理对象/语句权限的语法如下：

```
REVOKE 权限名 [,… ]
ON { 表名 | 视图名 | 存储过程名 }
FROM { 数据库用户名 | 用户角色名 } [,… ]
```

使用拒绝语句管理对象/语句权限的语法如下：

```
DENY 权限名 [,… ]
ON { 表名 | 视图名 | 存储过程名}
TO { 数据库用户名 | 用户角色名 } [,… ]
```

例 7-1：为用户 user1 授予 Students 表的查询权限。

```
GRANT SELECT ON Students TO user1
```

例 7-2：为用户 user1 授予 Courses 表的查询权限和插入权限。

```
GRANT SELECT,INSERT ON Courses TO user1
```

例 7-3：收回用户 user1 对 Students 表的查询权限。

```
REVOKE SELECT ON Students FROM user1
```

例 7-4：拒绝 user1 用户具有 Courses 表的更改权限。

```
DENY UPDATE ON Courses TO user1
```

例7-5：授予user1具有创建数据库表的权限。

```
GRANT CREATE TABLE TO user1
```

例7-6：授予user1和user2具有创建数据库表和视图的权限。

```
GRANT CREATE TABLE, CREATE VIEW TO user1, user2
```

例7-7：收回授予user1创建数据库表的权限。

```
REVOKE CREATE TABLE FROM user1
```

例7-8：拒绝user1创建视图的权限。

```
DENY CREATE VIEW TO user1
```

6. 角色

(1) 服务器角色。

在SQL Server中管理服务器角色的存储过程主要有两个：sp_addsrvrolemember和sp_dropsrvrolemember。以下列出SQL Server中7种常用的服务器角色及其权限。

- 系统管理员：拥有SQL Server的所有操作权限。
- 服务器管理员：管理SQL Server服务器端的设置。
- 磁盘管理员：管理磁盘文件。
- 进程管理员：管理SQL Server系统进程。
- 安全管理员：管理和审核SQL Server系统登录。
- 安装管理员：增加、删除连接服务器，建立数据库复制以及管理扩展存储过程。
- 数据库创建者：创建数据库，并对数据库进行修改。

(2) 数据库角色。

SQL Server提供了两种类型的数据库角色：固定的数据库角色和用户自定义的数据库角色。其中固定的数据库角色主要包括以下几类。

- public：维护全部默认许可。
- db_owner：数据库的所有者，可以对所拥有的数据库执行任何操作。
- db_accessadmin：可以增加或者删除数据库用户、工作组和角色。
- db_addadmin：可以增加、删除和修改数据库中的任何对象。
- db_securityadmin：执行语句许可和对象许可。
- db_backupoperator：可以备份和恢复数据库。
- db_datareader：能且仅能对数据库中的表执行SELECT操作，从而读取所有表的信息。
- db_datawriter：能够增加、修改和删除表中的数据，但不能进行SELECT操作。
- db_denydatareader：不能读取数据库中任何表中的数据。
- db_denydatawriter：不能对数据库中的任何表执行增加、修改和删除数据操作。

7.3 数据库完整性

7.3.1 数据库完整性概述

数据库完整性是指数据的正确性(Correctness)、有效性(Validity)和相容性(Consistency)。完整性检查是围绕完整性约束条件进行的，因此完整性约束条件是完整性控制机制的核心。

完整性约束条件作用的对象可以是关系、元组、列。其中列约束主要是列的类型、取值范围、精度、排序等约束条件。元组的约束是元组中各个字段间的联系的约束。关系的约束是若干元组间、关系集合上以及关系之间的联系的约束。

完整性约束条件分为以下6类。

1. 静态列级约束

静态列级约束是对一个列的取值域的说明，这是最常用也最容易实现的一类完整性约束，包括以下几个方面。

(1) 对数据类型的约束(包括数据的类型、长度、单位、精度等)。

(2) 对数据格式的约束。

(3) 对取值范围或取值集合的约束。

(4) 对空值的约束。

(5) 其他约束。

2. 静态元组约束

一个元组是由若干列值组成的，静态元组约束就是规定元组的各个列之间的约束关系。例如订货关系中包含发货量、订货量等列，规定发货量不得超过订货量。

3. 静态关系约束

在一个关系的各个元组之间或者若干关系之间常常存在各种联系或约束。常见的静态关系约束有：

(1) 实体完整性约束：在关系模式中定义主键，一个基本表中只能有一个主键。

(2) 参照完整性约束：在关系模式中定义外部键。

(3) 函数依赖约束：大部分函数依赖约束都在关系模式中定义。

(4) 统计约束：统计约束是指某个属性值与另外一个关系多个元组的统计值之间的约束关系。如部门经理的工资是本部门职工的平均工资的2倍以上，高工的最低工资要高于工程师的最高工资。

4. 动态列级约束

动态列级约束是修改列定义或列值时应满足的约束条件，包括以下两个方面。

(1) 修改列定义时的约束。

例如，将允许空值的列改为不允许空值时，如果该列目前已存在空值，则拒绝这种修改。

(2) 修改列值时的约束。

修改列值有时需要参照其旧值，并且新旧值之间需要满足某种约束条件。例如，职工工资调整不得低于其原来工资，学生年龄只能增长等。

5. 动态元组约束

动态元组约束是一个元组值改变时新旧数据之间应满足的关系。如职工的工龄增加时工资不能减少。

6. 动态关系约束

动态关系约束是加在关系变化前后状态上的限制条件，例如事务一致性、原子性等约束条件。

7.3.2 完整性控制

DBMS的完整性控制机制应具有如下两个方面的功能。

(1) 定义功能，提供定义完整性约束条件的机制。

(2) 检查功能，检查用户发出的操作请求是否违背了完整性约束条件。如果发现用户的操作请求使数据违背了完整性约束条件，则采取恰当的操作，如拒绝操作、报告违反情况、改正错误等方法来保证数据的完整性。

完整性约束条件共有 6 类，约束条件可能非常简单，也可能极为复杂。一个完善的完整性控制机制应允许用户定义所有这 6 类完整性约束条件，同时还需考虑下面 3 个方面的因素。

1．约束可延迟性

SQL 标准中的所有约束都包括延迟模式和约束检查时间两个方面。

(1) 延迟模式。约束的延迟模式可分为立即执行约束(Immediate Constraints)和延迟执行约束(Deferred Constraints)。立即执行约束是在执行用户事务时，对事务的每一更新语句执行结束后，立即对数据应满足的约束条件进行完整性检查。延迟执行约束是指在整个事务执行结束后才对数据应满足的约束条件进行完整性检查，检查正确方可提交。

(2) 约束检查时间。每一个约束定义还包括初始检查时间规范，分为立即检查和延迟检查。立即检查约束的延迟模式可以是立即执行约束或延迟执行约束，其约束检查在每一个事务开始就是立即方式。延迟检查约束的延迟模式只能是延迟执行约束，且其约束检查在每一个事务开始就是延迟方式。延迟执行约束可以改变约束检查时间。

2．约束参照完整性

实现参照完整性要考虑以下两个问题。

(1) 外部键能否接受空值的问题。

(2) 在被参照关系中删除元组的问题。

如果要删除被参照表的某个元组(即要删除一个主键值)，而参照关系存在若干元组，其外部键值与被参照关系删除元组的主键值相同，那么对参照表有什么影响将由定义外部键时参照的动作决定。有 5 种不同的策略：无动作(NO ACTION)、级联删除(CASCADES)、受限删除(RESTRICT)、置空值删除(SET NULL)和置默认值删除(SET DEFAULT)。

(3) 在参照关系中插入元组时的问题。

在参照关系中插入元组时，可采用两种策略：受限插入和递归插入。

(4) 修改关系中主码的问题。

在修改关系中的主码时，可采用两种策略：不允许修改主码和允许修改主码。

3．断言与触发器机制

(1) 断言。断言是设置数据库应满足的条件，其格式为：

```
CREATE ASSERTION 断言名 CHECK 条件
```

说明：当条件为假时，DBMS 终止操作，并提示用户。

例 7-9：限制每门课的选课人数不能超过 100 人。

```
CREATE ASSERTION rsxz CHECK 100>=ALL (SELECT   COUNT(xh)
FROM xk GROUP BY kh)
```

例 7-10：如何写一断言限制学生选课门数超过 8 门。

```
CREATE ASSERTION xkms
CHECK (8>= ALL(SELECT COUNT(*) FROM xk GROUP BY xh)
```

(2) 触发器。触发器是当设定的事件发生时，由 DBMS 自动启动的维护数据库一致性的程序。触发事件是指能引起数据库的状态发生改变的操作，如删除(DELETE)、插入(INSERT)、更新(UPDATE)属性等操作。

事件触发的时间主要包括 BEFORE(在操作前触发)、AFTER(在操作后触发)、INSTEAD OF(取代操作)。触发粒度是指引起触发器工作的数据单位，主要包括行粒度(FOR EACH ROW)和表粒度(FOR EACH STATMENT)。

7.3.3 数据完整性的实现

SQL Server 提供两种方法实现数据完整性。

(1) 声明型数据完整性。在 CREATE TABLE 和 ALTER TABLE 定义中使用约束限制表中的值。使用这种方法实现数据完整性简单且不容易出错，系统直接将实现数据完整性的要求定义在表和列上。

(2) 过程型数据完整性。由规则、默认值和触发器实现。由视图和存储过程支持。

下面重点对约束、规则和默认值进行详细介绍。

1. 约束

约束(Constraint)是 Microsoft SQL Server 提供的自动保持数据库完整性的一种方法，定义了可输入表或表的单个列中的数据的限制条件。在 SQL Server 中有 6 种约束：空值约束、主键约束(Primary Key Constraint)、外键约束(Foreign Key Constraint)、唯一性约束(Unique Constraint)、检查约束(Check Constraint)和默认约束(Default Constraint)。

约束在 CREATE TABLE 语句中定义，其一般语法如下：

```
CREATE TABLE table_name
 (column_name data_type
 [[ CONSTRAINT constraint_name ]
 {
 [ NULL/NOT NULL]
|PRIMARY KEY [ CLUSTERED | NONCLUSTERED ]
|UNIQUE [ CLUSTERED | NONCLUSTERED ]
|[ FOREIGN KEY ] REFERENCES ref_table [ (ref_column) ]
|DEFAULT constant_expression
|CHECK (logical_expression)
}
][, …n ]
 [, PRIMARY KEY (<column_name>[{, <column_name >}])]
 [, UNIQUE (<column_name>[{, <column_name >}]) ]
 [,   …n ]
)
```

在 CREATE TABLE 语句中使用 CONSTRAINT 给出完整性约束的名称，该完整性约束的名称必须符合 SQL Server 的标识符规则，并且在数据库中是唯一的。

下面具体介绍该语法的各元素。

(1) NULL/NOT NULL。空值约束，用来指定某列的取值是否可以为空值。NULL 不是 0 也不是空白，而是表示“不知道”、“不确定”或“没有数据”的意思。空值约束只能用于定义列级约束。

(2) PRIMARY KEY。定义列级主键约束。

(3) UNIQUE。定义列级唯一约束。

(4) [FOREIGN KEY] REFERENCES ref_table (ref_column) [{, <ref_column>}])。外键约束和参照约束既可以用于定义列级约束，又可以用于定义表级约束。在一般情况下，外键约束和参照约束要一起使用，以保证参照完整性。要求指定的列(外键)中正被插入或更新的新值必须在被参照表(主表)的相应列(主键)中已经存在。

(5) DEFAULT constant_expression。默认值约束，当向数据库中的表中插入数据时，如果用户没有明确给出某列的值，SQL Server 将自动为该列输入指定值。

(6) CHECK(logical_expression)。检查约束用来指定某列可取值的清单、可取值的集合或某列可取值的范围。检查约束主要用于实现域完整性，它在 CREATE TABLE 和 ALTER TABLE 语句中定义。当对数据库中的表执行插入或更新操作时，检查新行中的列值必须满足的约束条件。检查约束既可以用于定义列级约束，又可以用于定义表级约束。

(7) PRIMARY KEY (<column_name>[{, <column_name >}])。定义表级主键约束。

(8) UNIQUE (<column_name>[{, <column_name >}])。定义表级唯一约束。

2．规则

规则是数据库对象之一，用于指定当向表的某列(或使用与该规则绑定的用户定义数据类型的所有列)中插入或更新数据时，限制输入新值的取值范围。一个规则可以是值的清单或值的集合、值的范围、必须满足的单值条件和用 LIKE 子句定义的编辑掩码。

下面简单介绍一下有关规则的管理和使用方法。

(1) 创建规则。

规则可用于表中的列或用户定义数据类型。规则在实现功能上等同于 CHECK 约束。创建规则的语法格式如下：

```
CREATE RULE rule_name AS condition_expression
```

下面具体介绍该语法的各元素。

- rule_name：创建的规则的名称，应遵循 SQL Server 标识符和命名准则。
- condition_expression：指明定义规则的条件，在这个条件表达式中不能包含列名或其他数据库对象名，但它带有一个前缀为@的参数(即参数的名字必须以@作为第一个字符)，也称为空间标识符(Spaceholder)。

创建规则时应注意以下几点。

① 用 CREATE RULE 语句创建规则，然后用 sp_bindrule 把它绑定至一列或用户定义的数据类型。

② 规则可以绑定到一列、多列或数据库中具有给定的用户定义数据类型的所有列。

③ 在一列上至多有一个规则起作用，如果有多个规则与一列相绑定，那么只有最后绑定到该列的规则是有效的。

(2) 规则绑定。

创建规则之后，可以使用系统存储过程 sp_bindrule 与表中的列绑定，也可与用户定义数据类型绑定，其语法如下：

```
sp_bindrule rule_name, object_name [, futureonly]
```

下面具体介绍该语法的各元素。

- rule_name 是由 CREATE RULE 语句创建的规则名称，它将与指定的列或用户定义数据类型相绑定。
- object_name 用于指定要与该规则相绑定的列名或用户定义数据类型名。如果指定的是表中的列，其格式为“table.column”；否则被认为是用户定义数据类型名。如果名字中含有空格或标点符号，或名字是保留字，则必须将它放在引号中。

(3) 解除绑定规则。

使用系统存储过程 sp_unbindrule 可以解除由 sp_bindrule 建立的默认值与列或用户定义数据类型的绑定，其语法如下：

```
sp_unbindrule objname [, futureonly]
```

(4) 删除规则。

删除规则的语法如下：

```
DROP RULE [owner.] rule_name[, [owner.] rule_name…]
```

3. 默认值

默认值也是数据库对象之一，用于指定在向数据库的表中插入数据时，如果用户没有明确给出某列的值，SQL Server 自动为该列(包括使用与该默认值相绑定的用户定义数据类型的所有列)输入的值。它是保证数据完整性的方法之一。在关系数据库中，每个数据元素(即表中的某行某列)必须包含某个值，即使这个值是个空值。对于不允许为空值的列，则必须输入某个非空值，它要么由用户明确输入，要么由 SQL Server 输入默认值值。

(1) 创建默认值。

默认值可用于表中的列或用户定义数据类型。

创建默认值的语法格式如下：

```
CREATE DEFAULT default_name AS constant_expression
```

下面具体介绍该语法的各元素。

- default_name 是新建默认值的名字，它必须遵循 SQL Server 标识符和命名规则。
- constant_expression 是一个常数表达式，在这个表达式中不含有任何列名或其他数据库对象名，但可使用不涉及数据库对象的 SQL Server 内部函数。

创建默认值时应该注意以下几点。

① 确定列对于该默认值足够大。

② 默认值需和它要绑定的列或用户定义数据类型具有相同的数据类型。

③ 默认值需符合该列的任何规则。

④ 默认值还需符合所有 CHECK 约束。

(2) 绑定默认值。

创建默认值之后，应使用系统存储过程 sp_bindefault 与表中的列绑定，也可与用户定义数据类型绑定，其语法如下：

```
sp_bindefault default_name,    object_name [, futureonly]
```

下面具体介绍该语法的各元素。

- default_name 是由 CREATE DEFAULT 语句创建的默认值名称，它将与指定的列或用户定义数据类型相绑定。
- object_name 用于指定要与该默认值相绑定的列名或用户定义数据类型名。如果指定的是表中的列，其格式为“table.column”；否则被认为是用户定义数据类型名。如果名字中含有空格或标点符号，或名字是保留字，则必须将它放在引号中。

绑定默认值时应注意以下几点。

① 绑定的默认值只适用于受 INSERT 语句影响的行。

② 绑定的规则只适用于受 INSERT 和 UPDATE 语句影响的行。

③ 不能将默认值或规则绑定到系统数据类型或 timestamp 列。

④ 若绑定了一个默认值或规则到一个用户定义数据类型，又绑定了一个不同的默认值或规则到使用该数据类型的列，则绑定到列的默认值和规则有效。

(3) 解除默认值绑定。

使用系统存储过程 sp_unbindefault 可以解除由 sp_bindefault 建立的默认值与列或用户定义数据类的绑定。它的语法如下：

```
sp_unbindefault objname [, futureonly]
```

(4) 删除默认值

不再使用的默认值可用 DROP DEFAULT 语句删除，其格式如下：

```
DROP DEFAULT [owner.] default_name[, [owner.] default_name…]
```

7.4　数据库恢复

7.4.1　数据库的故障分类

系统可能发生的故障有很多种，每种故障需要采用不同的方法来处理。一般来讲，数据库系统主要会遇到 3 种故障：事务故障、系统故障和介质故障。

1. 事务故障

事务故障指事务的运行没有到达预期的终点就被终止，有两种错误可能造成事务执行失败。

(1) 非预期故障：指不能由应用程序处理的故障，例如运算溢出、与其他事务形成死锁而导致事务被撤销、违反了某些完整性限制等，但该事务可以在以后的某个时间重新执行。

(2) 可预期故障：指应用程序可以发现的事务故障，并且应用程序可以控制让事务回滚。例如转账时发现账面金额不足。

可预期故障由应用程序处理，非预期故障不能由应用程序处理。后面所说的事务故障仅指这类非预期的故障。

2. 系统故障

系统故障又称软故障(Soft Crash)，指在硬件故障、软件错误(如 CPU 故障、突然停电、DBMS、操作系统或应用程序等异常终止)的影响下，导致内存中的数据丢失，并使得事务处理终止，但未破坏外存中的数据库。这种由于硬件错误和软件漏洞致使系统终止，而不破坏外存内容的假设又称为故障-停止假设(Fail-stop Assumption)。

3. 介质故障

介质故障又称硬故障(Hard Crash)，指由于磁盘的磁头碰撞、瞬时的强磁场干扰等造成磁盘被损坏，外存上的数据库被破坏，并使正在存取这部分数据的所有事务被影响。

计算机病毒可以繁殖和传播并破坏计算机系统，已成为计算机系统包括数据库的重要威胁。它也会造成介质故障，破坏外存上的数据库，并影响正在存取这部分数据的所有事务。

总结各类故障，对数据库的影响有两种可能性：一是数据库本身被破坏；二是数据库没有被破坏，但数据可能不正确，这是由于事务的运行被非正常终止造成的。因此，数据库一旦被破坏仍要用恢复技术恢复数据库。恢复的基本原理是冗余，即数据库中任一部分的数据可以根据存储在系统别处的冗余数据来重建。数据库中一般有两种形式的冗余：副本和日志。

要确定系统如何从故障中恢复，首先需要确定用于存储数据的设备的故障状态。其次，必须考虑这些故障状态对数据库内容有什么影响，然后可以设计在故障发生后仍保证数据库一致性以及事务的原子性的算法，这些算法称为恢复算法，它一般由两部分组成。

(1) 在事务执行正常时采取措施，保证有足够的冗余信息用于故障恢复。

(2) 故障发生后采取措施，将数据库内容恢复到某个保证数据库一致性、事务原子性及持久性的状态。

7.4.2　数据库故障的基本恢复方式

恢复机制涉及的两个关键问题是：第一，如何建立冗余数据；第二，如何利用这些冗余数据实施数据库恢复。

建立冗余数据最常用的方法是数据转储和使用登录日志文件。通常在一个数据库系统中会同时使用这两种方法是一起使用的。

1. 数据转储

数据转储是恢复数据库采用的基本技术。所谓转储即 DBA 定期地将整个数据库复制到磁带或另一个磁盘上保存起来的过程。这些备用的数据文本称为后备副本或后援副本。

当数据库遭到破坏后可以将后备副本重新装入，但重装后备副本只能将数据库恢复到转储时的状态，要想恢复到故障发生时的状态，必须重新运行转储以后的所有更新事务。

转储是十分耗费时间和资源的，不能频繁进行。DBA 应该根据数据库使用情况确定一个适当的转储周期。

转储可分为静态转储和动态转储。

(1) 静态转储。

静态转储是在系统中无运行事务时进行的转储操作，即在转储操作开始的时刻，数据库处于一致性状态，而在转储期间不允许(或不存在)对数据库进行任何存取、修改活动。显然，静态转储得到的一定是一个数据一致性的副本。

静态转储简单，但转储必须等待正在运行的用户事务结束才能进行，同样，新的事务必须等待转储结束才能执行，显然，这会降低数据库的可用性。

(2) 动态转储。

动态转储是指在转储期间允许对数据库进行存取或修改操作，即转储和用户事务可以并发执行。

动态转储可克服静态转储的缺点，它不用等待正在运行的用户事务结束，也不会影响新事务的运行。但是，转储结束时后备副本上的数据并不能保证正确有效。为此，必须把转储期间各事务对数据库的修改活动登记下来，建立日志文件(Log File)。这样，使用后备副本加上日志文件就能把数据库恢复到某一时刻的正确状态。

转储还可以分为全量转储和增量转储两种方式。全量转储是指每次转储全部数据库。增量转储则指每次只转储上一次转储后更新过的数据。从恢复角度看，使用通过全量转储得到的后备副本进行恢复一般来说会方便些。但如果数据库很大，事务处理又十分频繁，则增量转储方式更实用、更有效。

数据转储有两种方式，分别可以在两种状态下进行，因此数据转储方法可以分为 4 类：动态海量转储、动态增量转储、静态海量转储和静态增量转储。

2. 登记日志文件

使用最为广泛的用于记录数据库更新的结构就是日志(Log)。日志是以事务为单位记录数据库的每一次更新活动的文件，由系统自动记录。

为保证数据库是可恢复的，登记日志文件时必须遵循两条原则。

(1) 登记的次序严格按并发事务执行的时间次序。

(2) 必须先写日志文件，后写数据库。

把对数据的修改写到数据库中和把表示这个修改的日志记录写到日志文件中是两个不同的操作。有可能在这两个操作之间发生故障，即这两个写操作只完成了一个。如果先写了数据库修改，而在运行日志中没有登记这个修改，则以后就无法恢复这个修改了。如果先写日志，但没有修改数据库，按日志文件恢复时只不过是多执行一次不必要的撤销操作，并不会影响数据库的正确性。所以为了安全，一定要先写日志文件。

日志文件在数据库恢复中起着非常重要的作用。可以用来进行事务故障恢复和系统故障恢复，并协助后备副本进行介质故障恢复。在故障发生后，可通过前滚(Rollforward)和回滚(Rollback)恢复数据库，如图 7-1 所示。前滚就是通过后备副本恢复数据库，并且重做应用保存后的所有有效事务。回滚就是撤销错误地执行或者未完成的事务对数据库的修改，以此来纠正错误。要撤销事务，日志中必须包含数据库发生变化前的所有记录的备份，这些记录称为前像(Before-images)。可以通过将事务的前像应用到数据库来撤销事务。为了恢复事务，日志中必须包含数据库改变之后的所有记录的备份，这些记录称为后像(After-images)。通过将事务的后像应用到数据库可以恢复事务。

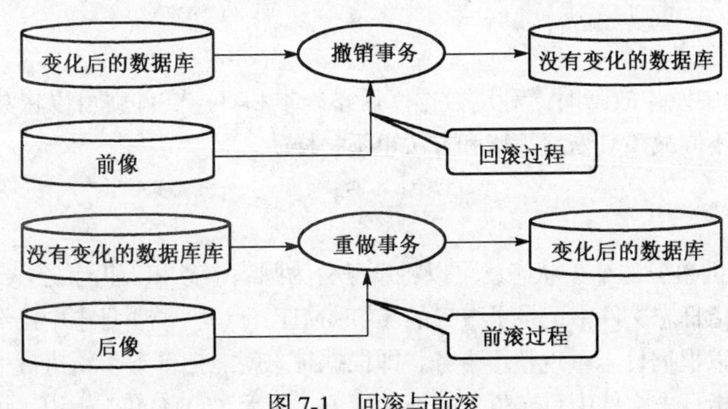

图 7-1　回滚与前滚

3. 基本日志结构

日志是日志记录(Log Records)的序列，一般会包含以下几种形式的记录。

(1) 事务开始标识：如<T_i start>。

(2) 更新日志记录(Update Log Record)：描述一次数据库写操作，如<T_i, X_i, V_1, V_2>，各字段的含义如下。

① 事务标识 T_i 是执行写操作的事务的唯一标识。

② 数据项标识 X_i 是所写数据项的唯一标识。通常是数据项在磁盘上的位置。

③ 更新前数据的旧值 V_1(对插入操作而言，此项为空值)。

④ 更新后数据的新值 V_2(对删除操作而言，此项为空值)。

(3) 事务结束标识：主要包括如下两种。

① <T_i COMMIT>，表示事务 T_i 提交。

② <T_i abort>，表示事务 T_i 中止。

下面示例了随着 T_0 和 T_1 事务活动的进行，日志中记录变化的情况，A、B、C 的初值分别为 1000、2000 和 700。分 T_0 完成但未提交，T_0 已提交，T_1 完成但未提交，T_1 已提交 3 个阶段表示日志中记录变化的情况，如图 7-2 所示。

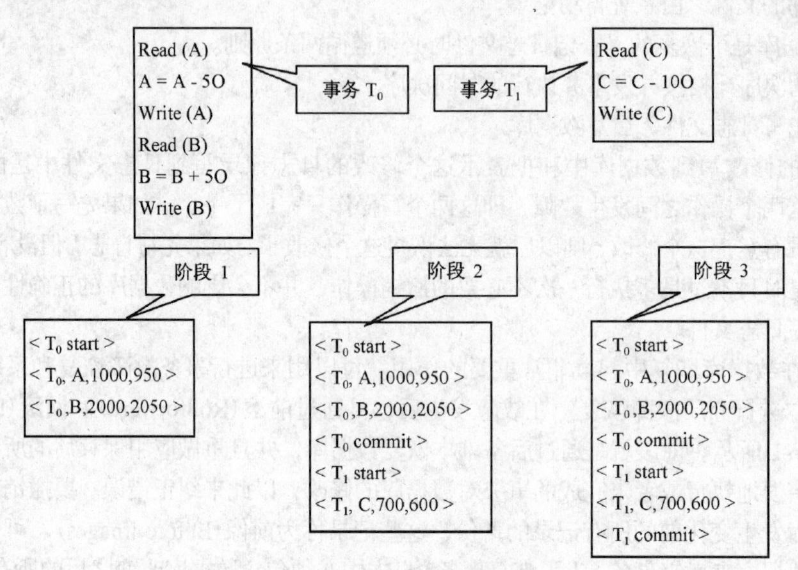

图 7-2 事务 T_0 和 T_1 的活动日志中记录变化的情况

7.4.3 恢复策略

当系统运行过程中发生故障时，利用数据库后备副本和日志文件就可以将数据库恢复到故障前的某个一致性状态。不同故障其恢复策略和方法也不一样。

1. 事务分类

根据日志中记录的事务的结束状态，可以将事务分为圆满事务和夭折事务。

(1) 圆满事务：指日志文件中记录了事务的 COMMIT 标识，说明日志中已经完整地记录下事务的所有更新活动。可以根据日志重现整个事务，即根据日志就能把事务重新执行一遍。

(2) 夭折事务：指日志文件中只有事务的开始标识，而无 COMMIT 标识，说明对事务更新活动的记录是不完整的，无法根据日志来重现事务。为保证事务的原子性，应该撤销这样的事务。

如图 7-2 所示，在阶段 1，T_0 是夭折事务；在阶段 2，T_0 是圆满事务，T_1 是夭折事务；在阶段 3，T_0 和 T_1 均是圆满事务。

2. 基本的恢复操作

(1) REDO。对圆满事务所做过的修改操作应执行 REDO 操作，即重新执行该操作，修改对象赋予其新记录值，这种方法又称为前滚，如图7-3所示。

(2) UNDO。对夭折事务所做过的修改操作应执行 UNDO 操作，即撤销该操作，修改对象赋予其旧记录值，这种方法又称为回滚，如图7-4所示。

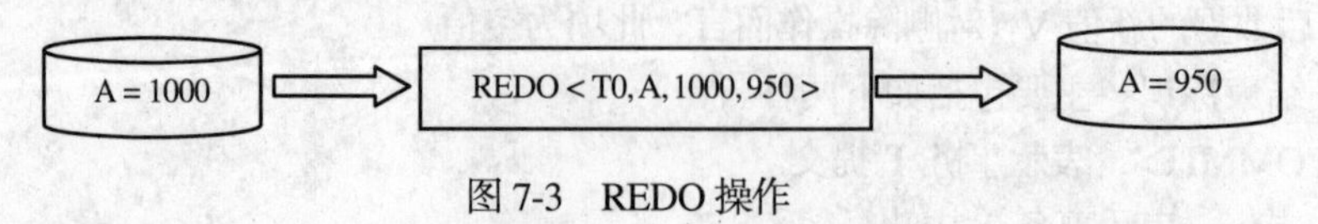

图 7-3 REDO 操作

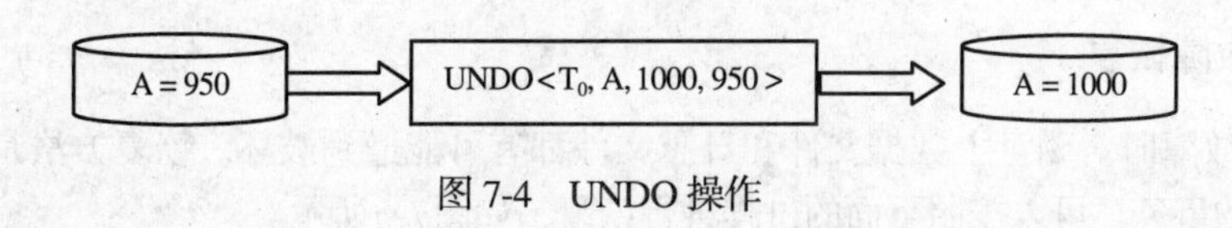

图 7-4　UNDO 操作

3．事务故障的恢复

事务故障属于夭折事务，应该将其回滚，撤销事务对数据库已做的修改。事务故障的恢复是由系统自动完成的，对用户是透明的。具体的恢复措施如下。

(1) 反向扫描日志文件，查找该事务的更新操作。

(2) 对该事务的更新操作执行逆操作，即将事务更新前的旧值写入数据库。若是插入操作，则做删除操作；若是删除操作，则做插入操作；若是修改操作，则相当于用修改前旧值代替修改后新值。

(3) 继续反向扫描日志文件，查找该事务的其他更新操作，并做同样处理。

(4) 如此处理下去，直至读到此事务的开始标识，事务的故障恢复就完成了。

> 注意：一定要反向撤销事务的更新操作，这是因为一个事务可能两次修改同一数据项，后面的修改基于前面的修改结果。如果正向撤销事务的操作，那么最终数据库反映出来的是第一次修改后的结果，而非第一次修改前即事务开始前的状态。

假定发生故障时日志文件和数据库内容如图7-5所示。

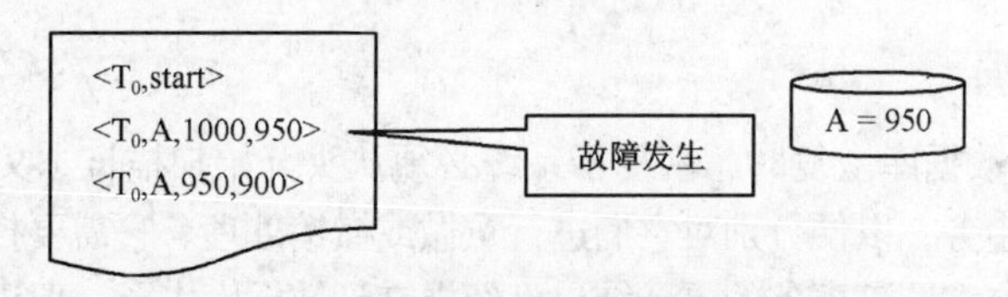

图 7-5　发生故障时日志文件和数据库内容

反向和正向撤销事务操作的结果分别为 A = 1000 和 A = 950。

4．系统故障的恢复

对于系统故障，有两种情况会造成数据库的不一致。

(1) 未完成事务对数据库的更新可能已写入数据库。

(2) 已提交事务对数据库的更新可能还留在缓冲区，没来得及写入数据库。

因此恢复操作就是要撤销故障发生时未完成的事务，重做已完成的事务。系统故障的恢复是由系统在重新启动时自动完成的，不需要用户干预。

系统故障的恢复措施如下。

(1) 正向扫描日志文件，找出圆满事务，将其事务标识记入重做队列；找出夭折事务，将其事务标识记入撤销队列。

(2) 对撤销队列中的各个事务进行撤销处理。方法是：反向扫描日志文件，对每个撤销事务的更新操作执行逆操作，即将日志记录中“更新前的值”写入数据库。

(3) 对重做队列中的各个事务进行重做处理。方法是：正向扫描日志文件，对每个重做事务重新执行日志文件登记的操作，即将日志记录中“更新后的值”写入数据库。

5. 介质故障恢复

发生介质故障时，磁盘上数据文件和日志文件都有可能遭到破坏。恢复方法是重装数据库，然后重做已完成的事务。可以按照下面的过程进行恢复，如图7-6所示。

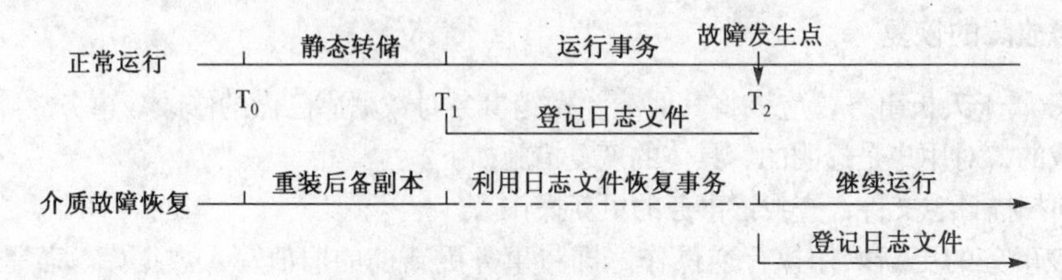

图 7-6 采用静态转储介质进行故障恢复

(1) 装入最新的数据库后备副本，将数据库恢复到最近一次转储时的一致性状态。

(2) 装入相应的日志文件副本，重做已完成的事务，即首先扫描日志文件，找出故障发生时已提交的事务的标识，将其记入重做队列。然后正向扫描日志文件，对重做队列中的所有事务进行重做处理，即将日志记录中"更新后的值"写入数据库。

这样就可以将数据库恢复至故障前某一时刻的一致状态了。

介质故障的恢复需要 DBA 介入，但 DBA 只需要重装最近转储的数据库副本和有关的各日志文件副本，然后执行系统提供的恢复命令即可，具体的恢复操作仍由 DBMS 完成。

7.4.4 具有检查点的恢复技术

1. 一般检查点原理

利用日志技术进行数据库恢复时，恢复子系统必须从头开始扫描日志文件，以决定哪些事务是圆满事务，哪些是夭折事务，以便分别对它们进行重做或撤销处理。它需要扫描整个日志文件，导致搜索过程太耗时，而且许多圆满事务的更新结果已经提交到数据库中了，但仍需要重做它们，使得恢复过程无故变长了。这样处理是由于在发生故障时，日志文件和数据库内容有可能不一致，无法判定日志文件中的圆满事务是否完全反映到数据库中去了，所以只能逐个重做它们。为避免这种开销，引入检查点(Checkpoints)机制。它的主要作用就是保证在检查点时刻外存上的日志文件和数据库文件的内容是完全一致的。

在数据库系统运行时，DBMS 定期或不定期地设置检查点，在检查点时刻保证所有已完成事务对数据库的修改写到外存，并在日志文件写入一条检查点记录。当数据库需要恢复时，只有检查点后面的事务需要恢复。这种检查点机制大大提高了恢复过程的效率。一般 DBMS 自动设置检查点操作，无需人工干预。

生成检查点的步骤如下。

(1) 将当前位于主存的所有日志记录输出到外存上。

(2) 将所有修改了的数据库缓冲块(脏页)输出到外存上。

(3) 将一个日志记录<checkpoint L>输出到外存上，其中 L 是检查点时刻系统内的活跃事务列表。

图 7-7 简略示意了当故障发生时，对于检查点前后各种状态事务的不同处理情况。

各个检查点详细情况描述如下。

- T_1：在检查点之前提交，无需重做。
- T_2：在检查点之前开始执行，在检查点之后故障点之前提交，要重做。
- T_3：在检查点之前开始执行，在故障点时还未完成，所以予以撤销。

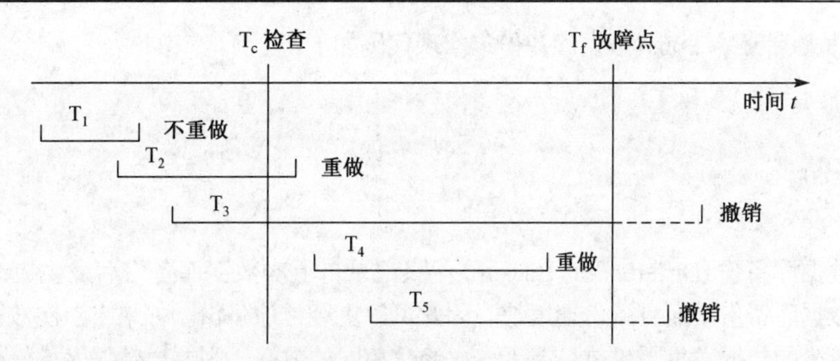

图 7-7　检查点前后不同状态的事务恢复示意图

- T_4：在检查点之后开始执行，在故障点之前提交，要重做。
- T_5：在检查点之后开始执行，在故障点时还未完成，所以予以撤销。

2．模糊检查点

在生成检查点的过程中，不允许事务执行任何更新动作，比如写缓冲块或写日志记录，以避免造成日志文件与数据库文件之间的不一致。但如果缓存中页的数量非常大，这种限制会使得生成一个检查点的时间很长，从而导致事务处理中难以忍受的中断。

为避免这种中断，可以改进检查点技术，使之允许在检查点记录写入日志后，但在修改过的缓冲块写到磁盘前做更新，这样产生的检查点称为模糊检查点(Fuzzy Checkpoint)。

由于只有在写入检查点记录之后，页才输出到磁盘，系统有可能在所有页写完之前崩溃，这样，磁盘上的检查点可能是不完善的。一种处理不完善检查点的方法是，将最后一个完善检查点记录在日志中的位置存在磁盘固定的位置 last_checkpoint 上，系统在写入检查点记录时不更新该信息，而是在写检查点记录前创建所有修改过的缓冲页的列表，只有在所有该列表中的缓冲页都输出到了磁盘上以后，last_checkpoint 信息才会更新。

即使使用模糊检查点，正在输出到磁盘的缓冲页也不能更新，虽然其他缓冲页可以被并发地更新。

7.4.5　SQL Server 2005 备份与还原

1．SQL Server 的备份类型

SQL Server 有 4 种不同的备份类型，它们是数据库备份、差异备份、日志备份和文件备份。

(1) 数据库备份(Database Backup)：创建数据库的副本。与其他备份方式相比，数据库备份使用的存储空间更多，完成备份操作需要更多的时间，因此其创建频率通常比较低。

还原数据库时，SQL Server 将备份中的所有数据复制到数据库中，同时回滚数据库备份中任何未完成的事务以确保数据库保持一致。

例 7-11：将整个 Pubs 数据库备份到磁带上，实现代码如下：

```
USE Pubs
GO
BACKUP DATABASE Pubs
    TO TAPE = '\\.\Tape0' WITH FORMAT,
    NAME = 'Full Backup of Pubs'
```

例 7-12：从磁带还原 Pubs 数据库备份，实现代码如下：

```
USE master
GO
RESTORE DATABASE Pubs
   FROM TAPE = '\\.\Tape0'
```

(2) 差异数据库备份(Differentia1 Backup)：只记录自上次数据库备份后发生更改的数据。差异数据库备份比数据库备份小而且备份速度快，因此可以更经常地备份。如果自上次数据库备份后数据库中只有相对较少的数据发生了更改，或者多次修改相同的数据，则差异数据库备份尤其有效。

只有首先备份数据库，然后才能创建差异数据库备份。

例 7-13：为 Pubs 数据库创建一个完整数据库备份和一个差异数据库备份，实现代码如下：

```
BACKUP DATABASE Pubs TO Pubs_1
WITH INIT
BACKUP DATABASE Pubs TO Pubs_1
WITH DIFFERENTIAL
```

例 7-14：还原 Pubs 数据库的数据库备份和差异数据库备份，实现代码如下：

```
RESTORE DATABASE Pubs FROM Pubs_1
WITH NORECOVERY
RESTORE DATABASE Pubs FROM Pubs_1
WITH FILE=2, RECOVERY
```

(3) 事务日志备份：事务日志是自上次备份事务日志后对数据库执行的所有事务的一系列记录。可以使用事务日志备份(Log Backup)将数据库恢复到特定的即时点或恢复到故障点。在一般情况下，事务日志备份比数据库备份使用的资源少，因此可以比数据库备份更经常地创建事务日志备份。

还原事务日志备份时，SQL Server 重做事务日志中记录的所有更改。当 SQL Server 到达事务日志的最后时，已重现了与开始执行备份操作的那一刻完全相同的数据库状态。如果数据库已经恢复，则 SQL Server 将回滚备份操作开始时尚未完成的所有事务。

例 7-15：生成事务日志备份序列，实现代码如下：

```
BACKUP DATABASE Pubs TO Pubs WITH INIT
BACKUP LOG Pubs TO Pubs_log1
BACKUP LOG Pubs TO Pubs_log2
```

例 7-16：还原到故障点，实现代码如下：

```
--备份当前活动的事务日志
BACKUP LOG Pubs TO Pubs_log3
WITH NO_TRUNCATE
--还原数据库备份
RESTORE DATABASE Pubs FROM Pubs_1
WITH NORECOVERY
--应用每个事务日志备份
RESTORE LOG Pubs FROM Pubs_log1
WITH NORECOVERY
RESTORE LOG Pubs FROM Pubs_log2
WITH NORECOVERY
```

```
--还原最后的事务日志备份
RESTORE LOG Pubs
FROM Pubs_log3 WITH RECOVERY
```

注意：WITH RECOVERY 选项表示回滚未完成的事务。数据库此时是可用的。而 WITH NORECOVERY 表示不回滚未完成的事务，此时数据库处于不一致状态，是不可用的。如果要回滚多个日志备份，那么只有最后一个 RESTORE 命令带 WITH RECOVERY 选项，其余 RESTORE 命令必须跟 WITH NORECOVERY。

(4) 使用文件备份：可以备份和还原数据库中的个别文件，这样可以只还原已损坏的文件，而不用还原数据库的其余部分，从而加快了恢复速度。例如，如果数据库由几个在物理上位于不同磁盘上的文件组成，当其中一个磁盘发生故障时，只需还原发生了故障的磁盘上的文件即可。

SQL Server 支持备份或还原数据库中的个别文件或文件组。这是一种相对较完善的备份和还原过程，通常用在具有较高可用性要求的超大型数据库(Very Large Database，VLDB)中。如果可用的备份时间不足以支持完整数据库备份，则可以在不同的时间备份数据库的子集。

例 7-17：执行 Pubs 数据库的文件和文件组的备份操作，实现代码如下：

```
BACKUP DATABASE Pubs
FILE=' Pubs_data_1', FILEGROUP='file_group1',
FILE=' Pubs_data_2',
FILEGROUP='file_group2' TO Pubs_1
```

例 7-18：还原 Pubs 数据库的文件和文件组，实现代码如下：

```
RESTORE DATABASE Pubs
FILE=' Pubs_data_1', FILEGROUP='file_group1',
FILE=' Pubs_data_2', FILEGROUP='file_group2' FROM Pubs_1
WITH NORECOVERY
```

2．将数据库还原到前一个状态

有时要将数据库还原到更早的即时点。例如，如果数据库内的某个早期事务错误地更改了某些数据，则需将数据库还原到早于错误数据输入时间的即时点。为此，需将整个数据库恢复到事务日志内的某个点。可以将数据库恢复到事务日志内的特定即时点，也可以恢复到以前插入到日志中的某个命名标记。

(1) 恢复到即时点。

可以通过只恢复在事务日志备份内的特定即时点之前发生的事务来恢复到即时点，而不用恢复整个备份。通过查看每个事务日志备份的标题信息或 msdb 中 backupset 表内的信息，可以快速识别哪个备份包含要将数据库还原到的即时点，然后只需将事务日志备份应用到该点(每个备份集在 backupset 表中占一行，该表存储在 msdb 数据库中)。

例 7-19：将数据库还原到它在 2009 年 2 月 18 日上午 10:00 点的状态，实现代码如下：

```
RESTORE DATABASE Pubs FROM Pubs
WITH NORECOVERY
RESTORE LOG Pubs FROM Pubs_log1
WITH RECOVERY, STOPAT = 'Feb 18, 2009 10:00 AM'
```

(2) 恢复到命名事务。

SQL Server 支持在事务日志中插入命名标记以允许恢复到特定的标记。日志标记是事务性的，只有在提交与它们相关联的事务时才插入，因此可将标记绑定到特定的工作上，而且可恢复到包含或排除此工作的点。

表 7-1 logmarkhistory 表

列 名	描 述
Database_name	标记事务出现的本地数据库
Mark_name	用户提供的标记事务名
Description	用户提供的标记事务描述
User_name	执行标记事务的数据库用户名
Lsn	出现标记的事务记录的日志序列号
Mark_time	提交标记事务的时间(本地时间)

使用 BEGIN TRANSACTION 语句和 WITH MARK [description]子句可以在事务日志中插入标记。对于提交的每个带标记的事务，在 msdb 中的 logmarkhistory 表中都会插入一行，如表7-1所示。

使用 RESTORE LOG 和 WITH STOPATMARK = 'mark_name'子句可以恢复到日志中的某个标记。

3. 恢复模型

可以为 SQL Server 中的每个数据库选择 3 种恢复模型中的一种，以确定如何备份数据以及能承受何种程度的数据丢失。下面是可以选择的 3 种恢复模型。

(1) 简单恢复(SIMPLE)：允许将数据库恢复到最新的备份。

简单恢复模型使用数据库备份或差异数据库备份，它可以将数据库恢复到上次备份的即时点。当发生故障时，简单恢复的处理过程如下。

① 还原最新的完整数据库备份。

② 如果有差异备份，则还原最新的那个备份。

(2) 完全恢复(FULL)：允许将数据库恢复到故障点状态。

完全恢复模型使用数据库备份和事务日志备份，它可以将数据库恢复到故障点或特定即时点。为此，包括批量操作，如 SELECT INTO、CREATE INDEX 和批量装载数据(bcp 和 BULK INSERT)在内的所有操作都将完整地记入日志。

如果数据库的当前事务日志文件可用而且没有损坏，则完全恢复可以将数据库还原到故障点发生时的状态，恢复过程如下。

① 备份当前活动事务日志。

② 还原最新的数据库备份，但不恢复数据库。

③ 如果有差异备份，则还原最新的那个备份。

④ 按照创建时的相同顺序，还原自数据库备份或差异备份后创建的每个事务日志备份，但不恢复数据库。

⑤ 应用最新的日志备份(在步骤①中创建)恢复数据库。

(3) 批量日志记录恢复(BULK_LOGGED)：允许批量日志记录操作。

批量日志记录恢复模型对某些大规模或批量复制操作提供最佳性能和最少的日志使用空间。下列操作为最小日志记录操作。

① SELECT INTO。

② 批量装载操作(bcp 和 BULK INSERT)。

③ CREATE INDEX(包括索引视图)。

④ text 和 image 操作(WRITETEXT 和 UPDATETEXT)。

完全恢复模型会记录下批量复制操作的完整日志，但批量日志记录恢复模型只记录这些操作的发生，但是操作还是完全可恢复的，因为 SQL Server 记录下了这次批量操作到底影响到了哪些区间。

与完全恢复模式相比，批量日志记录恢复的日志文件本身可以小很多，但日志备份却很大，因此，它生成日志备份所花费的时间要更多。

恢复批量日志记录的处理过程如下。

① 备份当前活动事务日志。

② 还原最新的完整数据库备份。

③ 如果有差异备份，则还原最新的那个备份。

④ 按顺序应用自最新的差异备份或完整数据库备份后创建的所有事务日志备份。

⑤ 手工重做最新日志备份后的所有更改。

4．切换恢复模型

可以将数据库从一个恢复模型切换到另一个恢复模型，以满足不断变化的业务要求。例如，如果系统需要完全的可恢复性，可以在装载和索引操作的过程中，将数据库的恢复模型更改到批量日志记录模型，然后再返回到完全恢复，这将提高性能并减少所需的日志空间，同时保持服务器保护。

下面是切换恢复模型的 SQL 命令：

```
ALTER DATABASE <database_name>
SET RECOVERY [ FULL | BULKLOGGED | SIMPLE ]
```

下面是查看当前数据库所使用的恢复模型的 SQL 命令：

```
SELECT DATABASEPROPERTYEX ('<database_name>', 'recovery')
```

7.5　并发控制

7.5.1　数据库并发操作带来的数据不一致性问题

数据库中的数据是一个共享的资源，因此会有很多用户同时使用数据库中的数据，在多用户系统中，可能同时运行着多个事务，而事务的运行需要时间，并且事务中的操作是针对一定的数据进行的。当系统中同时有多个事务在运行时，特别是当这些事务是对同一段数据进行操作时，彼此之间就有可能产生相互干扰的情况。

假设 A、B 两个订票点恰巧同时办理同一架航班的飞机订票业务。设其操作过程及顺序如下。

(1) A 订票点(事务 A)读出航班目前的机票余额数，假设为 10 张。

(2) B 订票点(事务 B)读出航班目前的机票余额数，也为 10 张。

(3) A 订票点订出 6 张机票，修改机票余额为 $10-6=4$，并将 4 写回到数据库中。

(4) B 订票点订出 5 张机票，修改机票余额为 $10-5=5$，并将 5 写回到数据库中。

由此可见，这两个事务不能反映出飞机票数不够的情况，而且 B 事务还覆盖了 A 事务对数据库的修改，使数据库中的数据不可信，这种情况就称为数据的不一致性。

并发操作所带来的数据不一致性情况大致可分为 4 种，即丢失修改(Lost Update)、读脏数据(Dirty Read)、不可重复读(Non-Repeatable Read)和幻想读(Phantom Read)，下面分别介绍这 4 种情况。

1．丢失修改

两个事务 T_1 和 T_2 读入同一数据并修改，T_2 提交的结果破坏了 T_1 提交的结果，导致 T_1 的修改被丢失。丢失修改又称为写-写错误，如图7-8所示。

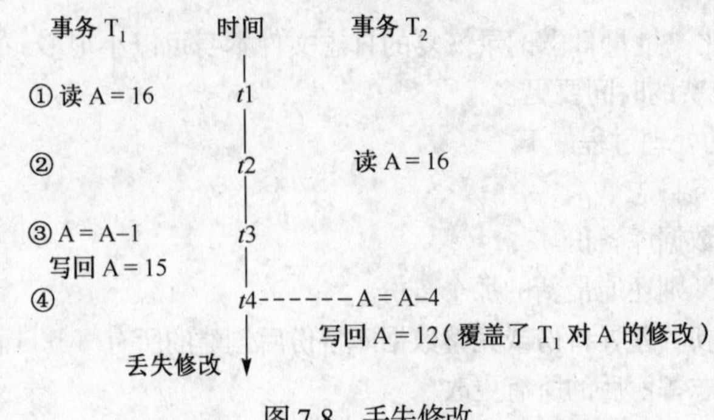

图 7-8　丢失修改

2．读脏数据

事务 T_1 修改某一数据，并将其写回磁盘，事务 T_2 读取同一数据后，T_1 由于某种原因被撤销，这时 T_1 已修改过的数据恢复原值，T_2 读到的数据就与数据库中的数据不一致，则 T_2 读到的数据就为“脏”数据，即不正确的数据。脏读又称为写-读错误，如图 7-9 所示。

提交意味着一种确认，确认事务的修改结果真正反映到数据库中了。而在事务提交之前，事务的所有活动都处于一种不确定状态，各种各样的故障都可能导致它的中止，即不能保证它的活动最终能反映到数据库中。如果其他事务基于未提交事务的中间状态来做进一步的处理，那么它的结果很可能是不可靠的，正如不能依靠草稿上的蓝图来盖楼一样。

如果一个事务是对一张大表做统计分析，那么读取部分脏数据对其结果来说是无关紧要的。但如果一个存款事务正在向某账户上存入 500 元，那么取款事务这时就不能对该账户执行取款，否则很可能会出现以下情况，即存款事务失败了，它所存入账户的资金被撤销掉，但这笔资金却可能被取走。

3．不可重复读

事务 T_1 读取某一数据后，事务 T_2 对其做了修改，当 T_1 再次读取该数据时，得到与前次不同的值。不可重复读又称为读-写错误，如图 7-10 所示。

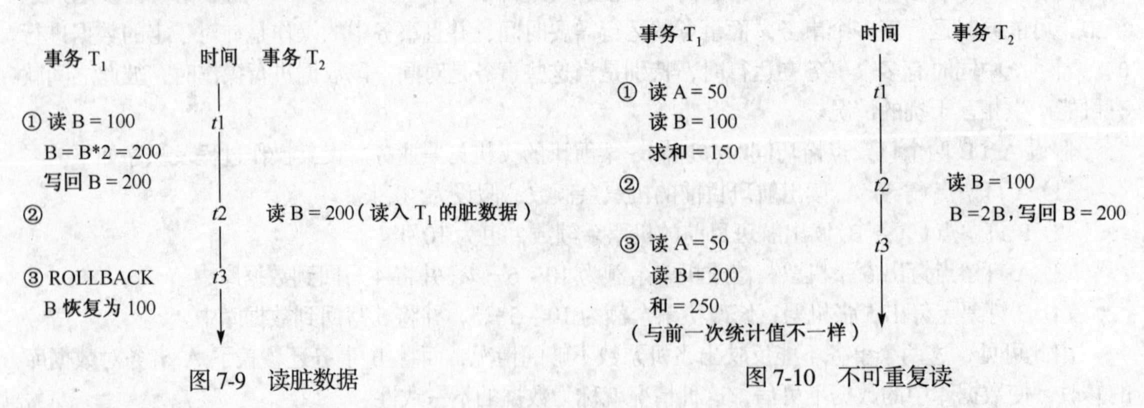

图 7-9　读脏数据

图 7-10　不可重复读

4．幻想读

事务 T_2 按一定条件读取了某些数据后，事务 T_1 插入(删除)了一些满足这些条件的数据，当 T_2 再次按相同条件读取数据时，发现多(少)了一些记录。

对于幻想这种情况，即使事务可以保证它所访问到的数据不被其他事务修改也还是不够的，因为如果只是控制现有数据，并不能阻止其他事务插入新的满足条件的元组。

7.5.2　封锁技术

封锁是实现并发控制的一个非常重要的技术。所谓封锁就是事务 T 在对某个数据对象进行操作之前，先向系统发出请求，对其加锁。加锁后事务 T 就对该数据对象有了一定的控制，在事务 T 释放它的锁之前，其他的事务不能更新此数据对象。封锁可以由 DBMS 自动执行，或由应用程序及查询用户发给 DBMS 的命令执行。

事务对数据库的操作可以概括为读和写。当两个事务对同一个数据项进行操作时，可能的情况有读-读、读-写、写-读和写-写。除了第一种情况，在其他情况下都可能导致数据的不一致，因此要通过封锁来避免后 3 种情况的发生。最基本的封锁模式有两种：排它锁(eXclusive Lock，X 锁)和共享锁(Share Lock，S 锁)。

1．排它锁

又称为写锁，若事务 T 对数据对象 A 加上 X 锁，则只允许 T 读取和修改 A，其他任何事务都不能再对 A 加任何类型的锁，直到 T 释放 A 上的锁，这就保证了其他事务在 T 释放 A 上的锁之前不能再读取和修改 A。申请对 A 的排它锁可以表示为 XLock(A)。

2．共享锁

又称为读锁，若事务 T 对数据对象 A 加上 S 锁，则事务 T 可以读 A 但不能修改 A，其他事务只能再对 A 加 S 锁，而不能加 X 锁，直到 T 释放 A 上的 S 锁，这就保证了其他事务可以读 A，但在 T 释放 A 上的 S 锁之前不能对 A 做任何修改。申请对 A 的共享锁可以表示为 SLock(A)。

排它锁与共享锁的控制方式可以用如表 7-2 所示的相容矩阵来表示。

表 7-2　封锁类型的相容矩阵

T_1 \ T_2	X	S	–
X	N	N	Y
S	N	Y	Y
–	Y	Y	Y

3．意向锁

意向锁的含义是如果对一个节点加意向锁，则说明该节点的下层节点正在加锁；对任一节点加锁时，必须先对它所在的上层节点加意向锁。例如，对任一元组加锁时，必须先对它所在的关系加意向锁。于是，事务 T 要对关系 R_1 加 X 锁时，系统只需检查根节点数据库和关系 R_1 是否已加了不相容的锁，而不再需要搜索和检查 R_1 中的每一个元组是否加了 X 锁。下面介绍 3 种常用的意向锁：意向共享锁(Intent Share Lock，IS 锁)、意向排它锁(Intent Exclusive Lock，IX 锁)和共享意向排它锁(Share Intent Exclusive Lock，SIX 锁)。

(1) IS 锁：如果对一个数据对象加 IS 锁，表示它的后裔节点拟(意向)加 S 锁。例如，要对某个元组加 S 锁，则要首先对关系和数据库加 IS 锁。

(2) IX 锁：如果对一个数据对象加 IX 锁，表示它的后裔节点拟(意向)加 X 锁。例如，要对某个元组加 X 锁，则要首先对关系和数据库加 IX 锁。

(3) SIX 锁：如果对一个数据对象加 SIX 锁，表示对它加 S 锁，再加 IX 锁，即 SIX=S+IX。例如对某个表加 SIX 锁，则表示该事务要读整个表(所以要对该表加 S 锁)，同时会更新个别元组(所以要对该表加 IX 锁)。

7.5.3　锁协议

两段锁协议(Two-phase Locking Protocol)就是保证并发调度可串行性的封锁协议。该协议要求每个事务分两个阶段提出加锁和解锁申请。

(1) 在对任何数据进行读、写操作之前，首先要申请并获得对该数据的封锁。

(2) 在释放一个封锁之后，事务不再申请和获得任何其他封锁。

所谓“两段”锁的含义是事务分为两个阶段：第一个阶段是获得封锁，也称为扩展阶段。在这个阶段，事务可以申请获得任何数据项上的任何类型的锁，但是不能释放任何锁；第二个阶段是释放阶段，也称为收缩阶段。在这个阶段，事务可以释放任何数据项上的任何类型的锁，但是不能申请任何锁。

例如事务 T_1 遵守两段锁协议，其封锁序列是：

Slock A　Slock B　Xlock C　Unlock A　Unlock B　Unlock C

|←　扩展阶段　→|　|←　收缩阶段　→|

又如事务 T_2 不遵守两段锁协议，其封锁序列是：

Slock A　Unlock A　Slock B　Xlock C　Unlock C　Unlock B

可以证明，若并发执行的所有事务均遵守两段锁协议，则对这些事务的任何并发调度策略都是可串行化的。

需要说明的是，事务遵守两段锁协议是可串行化调度的充分条件，而不是必要条件。若并发事务都遵守两段锁协议，则对这些事务的任何并发调度策略都是可串行化的；若对并发事务的一个调度是可串行化的，不一定所有事务都符合两段锁协议。

注意：在两段锁协议下，也可能发生读脏数据的情况。

如果事务的排它锁在事务结束之前就释放掉，那么其他事务就可能读取到未提交数据，这可以通过将两段锁修改为严格两段锁协议(Strict Two-phase Locking Protocol)加以避免。严格两段锁协议除了要求封锁是两阶段之外，还要求事务持有的所有排它锁必须在事务提交后方可释放。这个要求保证在事务提交之前它所写的任何数据均以排它方式加锁，从而防止了其他事务读这些数据。

严格两段锁协议不能保证可重复读，因为它只要求排它锁保持到事务结束，而共享锁可以立即释放，这样当一个事务读完数据之后，如果马上释放共享锁，那么其他事务就可以对其进行修改；当事务重新再读时，将得到与前次读取的不一样的结果，为此可以将两阶段封锁协议修改为强两段锁协议(Rigorous Two-phase Locking Protocol)，它要求事务提交之前不得释放任何锁。很容易验证在强两段锁条件下，事务可以按其提交的顺序串行化。

另外要注意两段锁协议和防止死锁的一次封锁法的异同之处。一次封锁法要求每个事务都必须一次将所有要使用的数据全部加锁，否则就不能继续执行，因此一次封锁法遵守两段协议，但是两段锁协议并不要求事务必须一次将所有要使用的数据全部加锁，因此遵守两段锁协议的事务可能发生死锁。

7.5.4　封锁带来的问题——活锁与死锁

与操作系统一样，封锁的方法也可能引起活锁和死锁。

1．活锁

如果事务 T_1 封锁了数据 R，事务 T_2 又请求封锁 R，于是 T_2 等待。T_3 也请求封锁 R，当 T_1 释放了 R 上的封锁之后系统首先批准了 T_3 的请求，T_2 仍然等待。然后 T_4 又请求封锁 R，当 T_3 释放了 R 上的封锁之后系统又批准了 T_4 的请求……T_2 有可能永远等待，这就是活锁的情形。避免活锁的简单方法是采用先来先服务的策略。锁的相容矩阵如表 7-3 所示。

表 7-3　锁的相容矩阵

T_1 \ T_2	S	X	IS	IX	SIX	–
S	Y	N	Y	N	N	Y
X	N	N	N	N	N	Y
IS	Y	N	Y	Y	Y	Y
IX	N	N	Y	Y	N	Y
SIX	N	N	Y	N	N	Y
–	Y	Y	Y	Y	Y	Y

2．死锁

如果事务 T_1 封锁了数据 R_1，T_2 封锁了数据 R_2，然后 T_1 又请求封锁 R_2，因 T_2 已封锁了 R_2，于是 T_1 等待 T_2 释放 R_2 上的锁。接着 T_2 又申请封锁 R_1，因 T_1 已封锁了 R_1，T_2 也只能等待 T_1 释放 R_1 上的锁，这样就出现了 T_1 在等待 T_2，而 T_2 又在等待 T_1 的局面，T_1 和 T_2 两个事务永远不能结束，形成死锁，如图 7-11 所示。

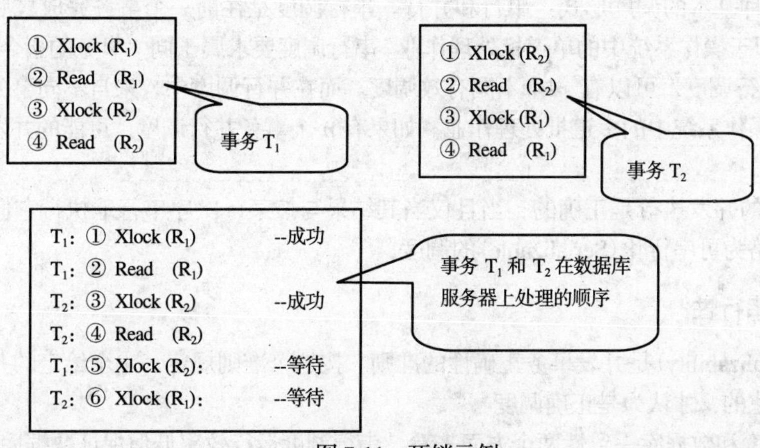

图 7-11　死锁示例

死锁的问题在操作系统和一般并行处理中已做了深入研究，目前在数据库中解决死锁问题主要有两类方法，一类方法是采取一定措施来预防死锁的发生，另一类方法是允许发生死锁，但采用一定的手段定期诊断系统中有无死锁，若有则解除。下面针对死锁的预防、诊断与解除进行详细地介绍。

(1) 死锁的预防。预防死锁通常有两种方法：第一种方法是要求每个事务必须一次将所有要使用的数据全部加锁，否则就不能继续执行，这种方法称为一次封锁法。一次封锁法虽然可以有效地防止死锁的发生，但降低了系统的并发度；第二种方法是预先对数据对象规定一个封锁顺序，所有事务都按这个顺序实行封锁，这种方法称为顺序封锁法。顺序封锁法可以有效地防止死锁，但维护这样的资源的封锁顺序非常困难，成本很高，实现复杂。因此，DBMS 在解决死锁的问题上普遍采用的是诊断并解除死锁的方法。

(2) 死锁的诊断与解除。数据库系统中诊断死锁的方法与操作系统类似，一般使用超时法或事务等待图法。

如果一个事务的等待时间超过了规定的时限，就认为发生了死锁，此方法称为超时法。超时法实现简单，但其不足也很明显，具体包括如下两方面。

一是有可能误判死锁，事务因为其他原因使等待时间超过时限，系统会误认为发生了死锁。

二是时限若设置得太长，死锁发生后不能及时发现。事务等待图是一个有向图 $G = (T, U)$。T 为节点的集合，每个节点表示正运行的事务；U 为边的集合，每条边表示事务等待的情况。事务等待图动态地反映了所有事务的等待情况。并发控制子系统周期性地检测事务等待图，如果发现图中存在回路，则表示系统中出现了死锁。

DBMS 的并发控制子系统一旦检测到系统中存在死锁，就要设法解除。通常采用的方法是选择一个处理死锁代价最小的事务，将其撤销，释放此事务持有的所有的锁，使其他事务得以继续运行下去。当然，对撤销的事务所执行的数据修改操作必须加以恢复。

7.5.5 并发调度的可串行性

1. 基本概念

一般来讲，在一个大型的 DBMS 中，可能会同时存在多个事务处理请求，系统需要确定这组事务的执行次序，即每个事务的指令在系统中执行的时间顺序，这称做事务的调度。

任何一组事务的调度必须保证两点：第一，调度必须包含了所有事务的指令；第二，一个事务中指令的顺序在调度中必须保持不变。只有满足这两点才称得上是一个合法的调度。

事务调度有两种基本的调度形式：串行和并行。串行调度是在前一个事务完成之后，再开始做另外一个事务，类似于操作系统中的单道批处理作业。串行调度要求属于同一事务的指令紧挨在一起。如果有 n 个事务串行调度，可以有 $n!$个不同有效调度。而在并行调度中，来自不同事务的指令可以交叉执行，类似于操作系统中的多道批处理作业。如果有 n 个事务并行调度，可能的并发调度数远远大于 $n!$个。

定义多个事务的并发执行是正确的，当且仅当其结果与按某一次序串行地执行它们时的结果相同，称这种调度策略为可串行化(Serializable)的调度。

2. 事务的可串行性

可串行性(Serializability)是并发事务正确性的准则。按这个准则规定，一个给定的并发调度，当且仅当它是可串行化的，才认为是正确调度。

从系统运行效率和数据库一致性两个方面来看，串行调度运行效率低但保证数据库总是一致的，而并行调度提高了系统资源的利用率和系统的事务吞吐量(单位时间内完成事务的个数)，但可能会破坏数据库的一致性。因为两个事务可能会同时对同一个数据库对象进行操作，因此即便每个事务都正确执行，也会对数据库的一致性造成破坏，这就需要某种并发控制机制来协调事务的并发执行，防止它们之间相互干扰。

3. 事务调度示例

下面以一个银行系统为例，假定有两个事务 T_1 和 T_2，T_1 是转账事务，从账户 A 过户到账户 B，T_2 则是为每个账户结算利息。事务 T_1 和 T_2 的详细描述如图 7-12 所示。

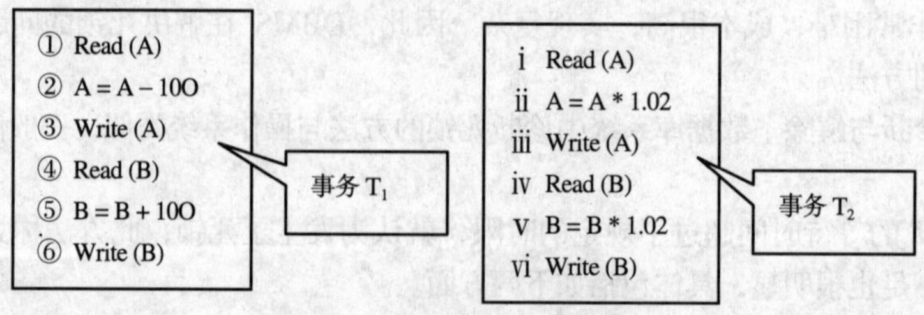

图 7-12　事务 T_1 和 T_2 的描述

设 A、B 数据库中账户余额初始的金额分别为 1000、2000。下面是几种可能的调度情况。

(1) 串行调度一：先执行事务 T_1 的所有语句，这时数据库中账户 A 和账户 B 的余额为(A:900, B:2100)，再执行事务 T_2 的所有语句，数据库中账户 A 和账户 B 的最终余额为(A:918, B:2142)。

(2) 串行调度二：先执行事务 T_2 的所有语句，这时数据库中账户 A 和账户 B 的余额(A:1020, B:2040)，再执行事务 T_1 的所有语句，数据库中账户 A 和账户 B 的最终余额为(A:920, B:2140)。

尽管这两个串行调度的最终结果不一样，但它们都是正确的。

(3) 并行调度三：先执行事务 T_1 的①、②、③语句，再执行事务 T_2 的 i 、ii 、iii语句，接着是事务 T_1 的④、⑤、⑥语句，最后是事务 T_2 的iv 、v 、vi语句，数据库中账户 A 和账户 B 的最终余额为(A：918，B：2142)。这个并行调度是正确的，因为它等价于先 T_1 后 T_2 的串行调度。

(4) 并行调度四：先执行事务 T_1 的①、②语句，再执行事务 T_2 的 i 、ii 语句，接着是事务 T_1 的③语句，然后依次是事务 T_2 的iii 、iv 、v 语句，事务 T_1 的④、⑤语句，事务 T_2 的vi语句，事务 T_1 的⑥语句。数据库中账户 A 和账户 B 的最终余额为(A:1020, B:2100)。

该并行调度是错误的，因为它不等价于任何一个由 T_1 和 T_2 组成的串行调度。在上面列举的各种调度中，都假定事务是完全提交的，并没有考虑因故障而造成事务中止的情况。如果一个事务中止了，那么按照事务原子性要求，它所做过的所有操作都应该被撤销，相当于这个事务从来没有被执行过。

考虑到事务中止的情况，可以扩展前面关于可串行化的定义：如果一组事务并行调度的执行结果等价于这组事务中所有提交事务的某个串行调度，则称该并行调度是可串行化的。

在并发执行时，如果事务 T_i 被中止，单纯撤销该事务的影响是不够的，因为其他事务有可能用到了 T_i 的更新结果，因此还必须确保依赖于 T_i 的任何事务 T_j(即 T_j 读取了 T_i 写的数据)也中止。

(5) 并行调度五。

例如，假定有两个事务 T_3 和 T_4，T_3 是存款事务，T_4 则是为账户结算利息。T_3 往账户 A 里存入 100，然后 T_4 再结算 A 的利息，那么这其中有一部分利息是由 T_3 存入的款项产生的。如果 T_3 被撤销，也应该撤销 T_4，否则那部分存款利息就是无中生有了。T_3 和 T_4 的描述如图 7-13 所示。这样的情形有可能会出现在多个事务中，由于一个事务的故障而导致一系列其他事务的回滚称为级联回滚。

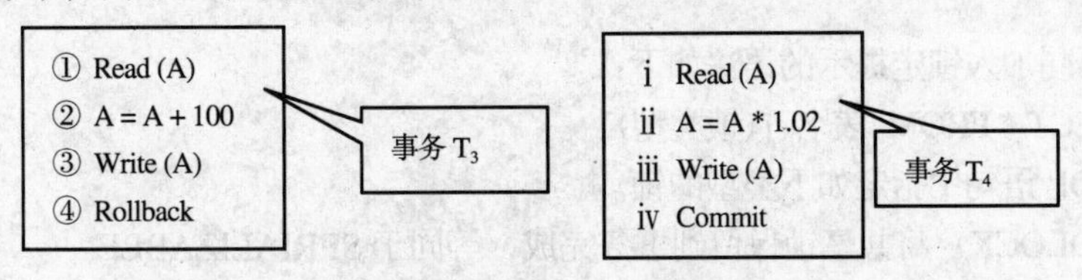

图 7-13　事务 T_3 和 T_4 的描述

级联回滚导致大量撤销工作，尽管事务本身没有发生任何故障，但仍可能因为其他事务的失败而回滚。应该对调度做出某种限制以避免级联回滚发生，这样的调度称为无级联调度。

设 A 数据库中账户余额初始的金额为 1000，再考虑下面形式的调度(事务 T_3 和 T_4 的描述如图7-13 所示)。

并行调度五的执行顺序为：先执行事务 T_3 的①、②、③语句，再执行事务 T_4 的 i 、ii 、iii 、iv 语句，最后是事务 T_3 的④语句。数据库中账户 A 最终余额为(A:1000)。

在上述调度中，T_3 对 A 做了一定修改，并写回到数据库中，然后 T_4 在此基础上对 A 做进一步处理。

 注意：T_4 是在完成存款动作之后计算 A 的利息的，并在调度中先于 T_3 提交的。

由于 T_4 读取了由 T_3 写入的数据项 A，同样必须中止 T_4，但 T_4 已经提交了，不能再中止。如果只回滚 T3，A 的值会恢复成 1000，这样加到 A 上的利息就不见了，但银行是付出了这部分利息的，这样就出现了发生故障后不能正确恢复的情形，这称为不可恢复的调度，是不允许的。

一般数据库系统都要求调度是可恢复的。可恢复调度应该满足：对于每对事务 T_i 和 T_j，如果 T_j 读取了由 T_i 所写的数据项，则 T_i 必须先于 T_j 提交。

7.5.6 SQL Server 的并发控制

下面简单介绍 SQL Server 数据库系统中的并发控制机制。

1. SQL Server 锁模式

SQL Server 支持 SQL-92 中定义的 4 个事务隔离级别，SQL Server 在默认情况下采用严格两段锁协议，如果事务的隔离性级别为 Repeatable read 或 Serializable，那么它将采用强两段锁协议。SQL Server 同时支持乐观和悲观并发控制机制。系统在一般情况下采用基于锁的并发控制，而在使用游标时可以选择乐观并发机制。在解决死锁的问题上 SQL Server 采用的是诊断并解除死锁的方法。

SQL Server 提供了 6 种数据锁：共享锁(S)、排它锁(X)、更新锁(U)、意向共享锁(IS)、意向排它锁(IX)、共享与意向排它锁(SIX)。SQL Server 中封锁粒度包括行级(Row)、页面级(Page)和表级(Table)。

SQL Server 还有其他的一些特殊锁。模式修改锁(Sch-M 锁)、模式稳定锁(Sch-S 锁)、大容量更新锁(BU 锁)，除了 Sch-M 锁模式之外，Sch-S 锁与所有其他锁模式相容。而 Sch-M 锁与所有锁模式都不相容。BU 锁只与 Sch-S 锁及其他 BU 锁相容。

2. 强制封锁类型

在通常情况下，数据封锁由 DBMS 控制，对用户是透明的，但可以在 SQL 语句中加入锁定提示来强制 SQL Server 使用特定类型的锁。比如，如果知道查询将扫描大量的行，它的行锁或页面锁将会提升到表锁，那么事先就可以在查询语句中告知 SQL Server 使用表锁，这将会减少大量因锁升级而引起的开销。

为 SQL 语句加入锁定提示的语法如下：

SELECT * FROM 表名 [(锁类型)]

可以在 SQL 语句中指定如下类型的锁。

(1) HOLDLOCK：将共享锁保留到事务完成，等同于 SERIALIZABLE。

(2) NOLOCK：不要发出共享锁，并且不要提供排它锁。当此项生效时，可能发生脏读。仅用于 SELECT 语句。

(3) PAGLOCK：在通常使用单个表锁的地方采用页锁。

(4) READCOMMITTED：与 READ COMMITTED 相同。

(5) READPAST：跳过由其他事务锁定的行。仅用于运行在 READ COMMITTED 级别的事务，并且只在行级锁之后读取。仅用于 SELECT 语句。

(6) READUNCOMMITTED：等同于 NOLOCK。

(7) REPEATABLEREAD：与 REPEATABLE READ 相同。

(8) ROWLOCK：使用行级锁，而不使用粒度更粗的页级锁和表级锁。

(9) SERIALIZABLE：与 SERIALIZABLE 相同，等同于 HOLDLOCK。

(10) TABLOCK：使用表锁代替粒度更细的行级锁和页级锁。在语句结束前，SQL Server 一直持有该锁。

(11) TABLOCKX：使用表的排它锁。该锁可以防止其他事务读取或更新表，并且在事务或语句结束前一直持有。

(12) UPDLOCK：读取表时使用更新锁，而不使用共享锁，并将锁一直保留到语句或事务结束。UPDLOCK 允许读取数据并在以后更新数据，同时确保自从上次读取数据后数据没有被更改。

(13) XLOCK：使用排它锁并一直保持到事务结束。

注意：与事务的隔离性级别声明不同，这些提示只会控制一条语句中一个表上的锁定，而 SET TRANSACT ISOLATION LEVEL 则控制事务中所有语句中的所有表上的锁定。

例如，如果在第一个连接中执行以下 SQL 语句：

```
UPDATE Authors SET city = 'ChangSha' WHERE au_id = 'A001'
```

然后在第二个连接中执行以下 SQL 语句：

```
SELECT * FROM Authors (READPAST)
```

从上面可以看到，SQL Server 会跳过作者号为 A001 的行，而返回所有其他的作者。

7.6　小结

所有的数据库系统都需要进行安全保护。如果不进行必要的安全保护，即使性能优异的数据库系统也不能正常运行。安全保护会因数据库的大小、复杂性和应用的不同而不同。对于多用户的数据库应用程序来说，数据库的安全与保护会变得更加重要与复杂，因而受到人们的日益重视。鉴于数据库应用程序的复杂性，DBMS 需要具备 4 个数据库安全与保护功能，即数据库安全性控制、数据库完整性控制、数据库的并发控制和数据库的恢复。

保证数据库安全的目的在于确保只有授权的用户可在授权的时间进行授权的操作。为了确保数据库安全有效，必须确定所有用户的处理权限和责任。

DBMS 产品都提供了安全机制，其中大部分包括对用户、组和受保护对象的声明，以及这些对象的权限和特权。几乎所有的 DBMS 产品都使用用户名和口令安全机制。在数据库应用系统中，还采用了强制存取控制、统计数据库的安全性和数据加密等技术。DBMS 安全还可以通过应用程序安全得到改善。

数据库的完整性是为了保证数据库中存储的数据是正确的，所谓正确的是指符合现实世界语义的。DBMS 完整性实现的机制包括完整性约束定义机制、完整性检查机制和违背完整性约束条件时 DBMS 应采取的动作等。

最重要的完整性约束是实体完整性和参照完整性，其他完整性约束条件则可以归入用户定义的完整性。DBMS 产品都提供了完整性机制，不仅能保证实体完整性和参照完整性，而且能在 DBMS 核心定义、检查和保证用户定义的完整性约束条件。读者应注意，不同的数据库产品对完整性的支持策略和支持程度是不同的。

本章主要介绍数据库的故障与恢复，重点介绍了数据库故障的种类以及相关的恢复技术。同时还详细描述了在 SQL Server 中如何实现数据库的备份与恢复。

只要 DBMS 能够保证系统中一切事务的原子性、一致性、隔离性和持续性，也就保证了数据库处于一致状态。为了保证事务的原子性、一致性与持续性，DBMS 必须对事务故障、系统故障和介质故障进行恢复。数据库转储和登记日志文件是恢复中最经常使用的技术。虽然某些时候数据恢复可以通过重新处理来实现，但是人们常常更倾向于根据日志、前像、后像来执行前滚或回滚操作，以恢复数据。检查点可用来减少故障发生后的数据恢复工作量。

事务是用户定义的一个数据库操作序列，作为一个不可分的单元执行，这些操作要么全做，要么全不做。并发事务的操作在服务器上是交叉执行的，当两个事务并发运行产生的结果和分别运行产生的结果一致，称这两个事务为串行化事务。如果对并发操作不加控制就会出现各种不一致现象，如丢失修改、读脏数据、不能重复读、幻想读等。事务不仅是并发控制的基本单位，也是恢复的基本单位。

并发控制的目的就是确保一个用户的操作不会对另外一个用户的工作产生不良影响，即保证并发事务的隔离性，保证数据库的一致性。

数据库的并发控制以事务为单位，通常使用封锁技术实现并发控制。最常用的封锁是共享锁和排它锁。对封锁规定不同的封锁协议，就达到了不同的事务隔离级别。并发控制机制调度并发事务操作是否正确的判别准则是可串行性，两段锁协议可以保证并发事务调度的正确性。

对数据对象施加封锁，会带来活锁和死锁问题，并发控制机制必须提供适合数据库特点的解决方法。不同的数据库管理系统提供的封锁类型、封锁协议、达到的系统一致性级别不尽相同。

习题 7

一、单项选择题

1. 下面哪个不是数据库系统必须提供的数据控制功能？________

A. 安全性　　B. 可移植　　C. 完整性　　D. 并发控制

2. 在数据系统中，对存取权限的定义称为________。

A. 命令　　B. 授权　　C. 定义　　D. 审计

3. 数据库管理系统通常提供授权功能来控制不同用户访问数据的权限，这一定是为了实现数据库的________。

A. 可靠性　　B. 一致性　　C. 完整性　　D. 安全性

4. 事务的原子性是指________。

A. 事务中包括的所有操作要么都做，要么都不做

B. 事务一旦提交，对数据库的改变是永久的

C. 一个事务内部的操作及使用的数据与并发的其他事务是隔离的

D. 事务执行的结果必须是数据库从一个一致性状态变到另一个一致性状态

5. 事务是数据库的基本工作单位。如果一个事务执行成功，则全部更新提交；如果一个事务执行失败，则已做过的更新被恢复原状，好像整个事务从未有过这些更新，这样可以保证数据库处于________状态。

A. 安全性　　B. 一致性　　C. 完整性　　D. 可靠性

6. 事务的一致性是指________。

A. 事务中包括的所有操作要么都做，要么都不做

B. 事务一旦提交，对数据库的改变是永久的

C. 一个事务内部的操作及使用的数据与并发的其他事务是隔离的

D. 事务执行的结果必须是数据库从一个一致性状态变到另一个一致性状态

7. 事务的隔离性是指________。

A. 事务中包括的所有操作要么都做，要么都不做

B. 事务一旦提交，对数据库的改变是永久的

C．一个事务内部的操作及使用的数据与并发的其他事务是隔离的

D．事务执行的结果必须是数据从一个一致性状态变到另一个一致性状态

8．事务的持续性是指______。

A．事务中包括的所有操作要么都做，要么都不做

B．事务一旦提交，对数据库的改变是永久的

C．一个事务内部的操作及使用的数据与并发的其他事务是隔离的

D．事务执行的结果必须是数据库从一个一致性状态变到另一个一致性状态

9．设有两个事务 T_1，T_2，其并发操作如表 7-4 所示，下面评价正确的是______。

A．该操作不存在问题　　B．该操作丢失修改

C．该操作不能重复读　　D．该操作读“脏”数据

10．设有两个事务 T_1，T_2，其并发操作如表 7-5 所示，下面评价正确的是______。

A．该操作不存在问题　　B．该操作丢失修改

C．该操作不能重复读　　D．该操作读“脏”数据

表 7-4　事务并发操作 1

T_1	T_2
① 读 A = 10	
②	读 A = 10
③ A = A − 5 写回	
④	A = A − 8 写回

表 7-5　事务并发操作 2

T_1	T_2
① 读 A = 10，B = 5	
②	读 A = 10 A = A*2 写回
③ 读 A = 20，B = 5 求和 25 验证错	

11．设有两个事务 T_1，T_2，其并发操作如表 7-6 所示，下列评价正确的是______。

A．该操作不存在问题　　B．该操作丢失修改

C．该操作不能重复读　　D．该操作读“脏”数据

12．设有两个事务 T_1 和 T_2，，它们的并发操作如表 7-7 所示。

表 7-6　事务并发操作 3

T_1	T_2
① 读 A = 100 A = A*2 写回	
②	读 A = 200
③ ROLLBACK	
恢复 A = 100	

表 7-7　事务并发操作 4

T_1	T_2
① 读 X = 48	
②	读 X = 48
③ X ← X + 10 写回 X	
④	X←X − 2 写回 X

对于这个并发操作，下面评价正确的是______。

A．该操作丢失了修改

B．该操作不存在问题

C．该操作读“脏”数据

D．该操作不能重复读

13．设 T_1 和 T_2 为两个事务，它们对数据 A 的并发操作如表 7-8 所示。

对于这个并发操作，下面 5 个评价中______和______两条评价是正确的。

表 7-8 事务并发操作 5

T_1	T_2
① 请求 SLOCK A 读 A = 18	
②	请求 SLOCK A 读 A = 18
③ A = A + 10 写回 A = 28 COMMIT UNLOCK A	
④	写回 A = 18 COMMIT UNLOCK A

A．该操作不能重复读

B．该操作丢失修改

C．该操作符合完整性要求

D．在该操作的第①步中，事务 T_1 应申请 X 锁

E．在该操作的第②步中，事务 T_2，不可能得到对 A 的锁

14．后援副本的用途是________。

A．安全性保障　　B．一致性控制

C．故障后的恢复　　D．数据的转储

15．日志文件用于记录________。

A．程序运行过程　　B．数据操作

C．对数据的所有更新操作　　D．程序执行的结果

16．数据库恢复的基础是利用转储的冗余数据。这些转储的冗余数据包指________。

A．数据字典、应用程序、审计档案、数据库后备副本

B．数据字典、应用程序、日志文件、审计档案

C．日志文件、数据库后备副本

D．数据字典、应用程序、数据库后备副本

17．解决并发操作带来的数据不一致性问题普遍采用__________。

A．封锁　　B．恢复　　C．存取控制　　D．协商

18．若事务 T 对数据 R 已加 X 锁，则其他事务对数据 R_________。

A．可以加 S 锁，不能加 X 锁　　B．不能加 S 锁，可以加 X 锁

C．可以加 S 锁，也可以加 X 锁　　D．不能加任何锁

19．关于“死锁”，下列说法中正确的是________。

A．死锁是操作系统中的问题，数据库操作中不存在

B．在数据库操作中防止死锁的方法是禁止两个用户同时操作数据库

C．当两个用户竞争相同资源时不会发生死锁

D．只有出现并发操作时，才有可能出现死锁

二、填空题

1．存取权限包括两方面的内容，一个是__________，另一个是__________。

2．__________是 DBMS 的基本单位，它是用户定义的一组逻辑一致的程序序列。

3．有两种基本类型的锁，它们是__________和__________。

4．对并发操作若不加以控制，可能带来的不一致性有_________、_________和_________。

5．进行并发控制的主要方法是采用________机制，其类型有________和________两种。

6．若事务 T 对数据对象 A 加了 S 锁，则其他事务只能对数据 A 再加__________，不能加__________，直到事务 T 释放 A 上的锁。

7．完整性约束是指______________和______________。

8．实体完整性是指在基本表中，_________________。

9．在 SQL 语言中，为了保证数据库的安全性，设置了对数据的存取进行控制的语句，对用户授权使用___________________语句，收回所授的权限使用_________________语句。

10．若事务在运行过程中，由于种种原因，在未运行到正常终止点之前就被撤销，这种情况称为________。

11．系统在运行过程中，由于某种原因而停止运行，致使事务在执行过程中以非控制方式终止，这时内存中的信息丢失，而存储在外存上的数据不受影响，这种情况称为________。

12．系统在运行过程中，由于某种硬件故障，使存储在外存上的数据部分损失或全部损失，这种情况称为________。

13．数据库系统在运行过程中可能会发生故障。故障主要有________、________、介质故障和________4 类。

三、简答题

1．简述数据库实现完整性检查的方法。

2．什么是事务？

3．事务中的提交和回滚的含义是什么？

4．怎样进行系统故障的恢复？

5．简述数据库中死锁产生的原因和解决死锁的方法。

6．什么是数据库的并发控制？

7．假设存款余额 x = 1000 元，甲事务取走存款 300 元，乙事务取走存款 200 元，其执行时间如下：

甲事务	时间	乙事务
读 x	t1	
	t2	读 x
更新 x=x-300	t3	
	t4	更新 x=x-200

如何实现这两个事务的并发控制？

8．有两个事务，其执行时间如下：

事务 A	时间	事务 B
打开 stud 数据库	t1	
读取最后一条记录	t2	打开 stud 数据库
添加一条新记录	t3	读取最后一条数据库
关闭 stud 数据库	t4	添加一条新记录
	t5	关闭 stud 数据库

如何实现这两个事务的并发控制？

第8章　数据库访问技术

在数据库应用系统的开发中，数据库访问技术是一个重要的组成部分，它是连接前端应用程序和后台数据库的关键环节。目前，数据库应用系统的数据库访问接口有很多，它们都提供了对数据库方便的访问和控制功能，本章介绍几种比较常见的技术。

通过本章学习，将了解以下内容：

- ODBC 工作原理及使用方法
- ADO 模型的层次结构
- 使用 ADO 技术访问数据库的方法
- ADO.NET 的体系结构的组成及工作原理
- JDBC 基本技术

8.1　ODBC 的使用

8.1.1　ODBC 概述

ODBC(Open Database Connectivity，开放数据库互连)是一个数据库编程接口，它是微软公司开放服务结构(Windows Open Services Architecture, WOSA)中有关数据库的一个组成部分，它建立了一组规范，并提供了一组对数据库访问的标准 API(Application Programming Intenface，应用程序编程接口)。这些 API 利用 SQL 来完成其大部分任务。ODBC 本身也提供了对 SQL 语言的支持，用户可以直接将 SQL 语句传送给 ODBC。

应用程序可以通过调用 ODBC 的接口函数访问不同类型的数据库，一个基于 ODBC 的应用程序对数据库的操作不依赖任何 DBMS，不直接与 DBMS 打交道，所有的数据库操作由对应的 DBMS 的 ODBC 驱动程序完成。也就是说，不论是 FoxPro、Access 还是 Oracle 数据库，均可用 ODBC API 进行访问。由此可见，ODBC 的最大优点是能以统一的方式处理所有的数据库。

一个完整的 ODBC 由下列几个部件组成。

(1) 应用程序(Application)。

(2) ODBC 管理器(Administrator)：该程序主要任务是管理安装的 ODBC 驱动程序和管理数据源。

(3) 驱动程序管理器(Driver Manager)：驱动程序管理器包含在 ODBC32.DLL 中，对用户是透明的。其任务是管理 ODBC 驱动程序，是 ODBC 中最重要的部件。

(4) ODBC API。

(5) ODBC 驱动程序：是一些 DLL，提供了 ODBC 和数据库之间的接口。

(6) 数据源：数据源包含了数据库位置和数据库类型等信息，实际上是一种数据连接的抽象。

各部件之间的关系如图8-1所示。

应用程序要访问一个数据库，首先必须用 ODBC 管理器注册一个数据源，管理器根据数据源提供的数据库位置、数据库类型及 ODBC 驱动程序等信息，建立起 ODBC 与具体数据库的联系。这样，只要应用程序将数据源名提供给 ODBC，ODBC 就能建立起与相应数据库的连接。

在 ODBC 中，ODBC API 不能直接访问数据库，必须通过驱动程序管理器与数据库交换信息。

驱动程序管理器负责将应用程序对 ODBC API 的调用传递给正确的驱动程序，而驱动程序在执行完相应的操作后，将结果通过驱动程序管理器返回给应用程序。

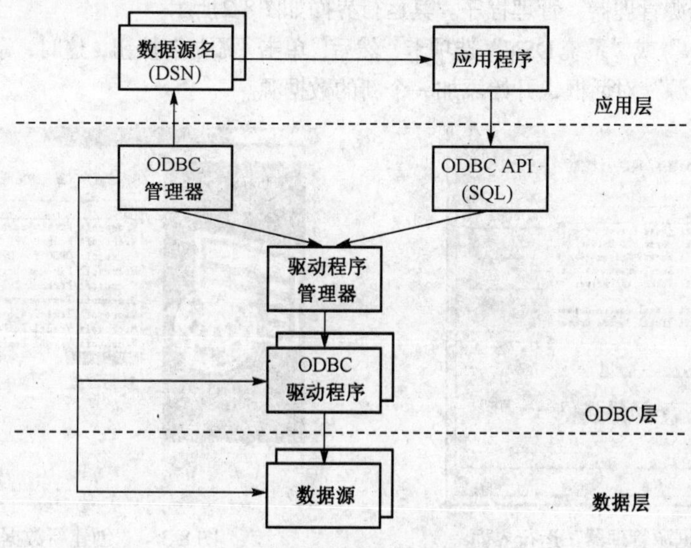

图 8-1　ODBC 部件关系图

在没有 ODBC 以前不同的数据库的开发所采用的标准是不统一的。一般来讲，不同的数据库厂商都有自己的数据库开发包，这些开发包支持两种模式的数据库开发：预编译的嵌入模式(例如 Oracle 的 Proc、SQL Server 的 ESQL)和 API 调用(例如 Oracle 的 OCI)。使用预编译方式开发应用程序，所有的 SQL 语句要写在程序内部，并且遵守一定的规则，然后由数据库厂商的预编译工具处理后形成 C 代码，最后由 C 编译器进行编译。这种预编译方式无法动态地生成 SQL 语句，对程序员来讲是很不方便的。使用 API 方式进行开发，比预编译方式有了很大的改变，数据库厂商提供了开发包，通过各种 API 函数就可以连接数据库，执行查询、修改、删除，执行存储过程等。使程序员有了更多的自由，而且可以创建自己的开发包，但是这种方式只能针对同一种数据库，并不具备通用性。ODBC 解决了上述问题，它的出现结束了数据库开发的无标准时代。此外 ODBC 的结构很简单和清晰，学习和了解 ODBC 的机制和开发方法对学习 ADO 等其他的数据库访问技术也会有所帮助。

8.1.2　ODBC 数据源的配置

ODBC 数据库驱动程序使用数据源名称 Data Source Name, DSN)定位和标识数据库，DSN 包含数据库配置、用户安全性和定位信息，且可以获取 Windows NT 注册表项中或文本文件的表格。通过 ODBC，可以创建 3 种类型的 DSN ：用户 DSN、系统 DSN 或文件 DSN。

下面介绍一下这几个名词。

(1) DSN：根据 Microsoft 的官方文档，DSN 的意思是“应用程序用以请求一个连到 ODBC 数据源的连接(Connection)的名字”，换句话说，它是一个代表 ODBC 连接的符号。它隐藏了诸如数据库文件名、所在目录、数据库驱动程序、用户 ID、密码等细节。因此，当建立一个连接时，不用去考虑数据库文件名、它在哪儿等，只要给出它在 ODBC 中的 DSN 即可。

(2) 用户 DSN：是为特定用户建立的 DSN，只有建立这个 DSN 的用户才能看到并使用它。

(3) 系统 DSN：这种 DSN 可以被任何登录到系统中的用户使用。

上面的两种情况，DSN 的细节都存储在系统的注册表中。

(4) 文件 DSN：这种 DSN 用于从文本文件中获取表格，提供了对多用户的访问。

下面以连接SQL Server数据库为例，介绍一下ODBC数据源的配置。

在Windows NT和Windows 9x的“控制面板”中或Window 2000的“控制面板”的“管理工具”中启动“ODBC数据源管理器”管理程序。其运行界面如图8-2所示。

选择“用户DSN”或“系统DSN”选项卡，然后，单击“添加”按钮，这时，系统将弹出如图8-3所示的“创建新数据源”对话框，开始添加一个新的数据源。

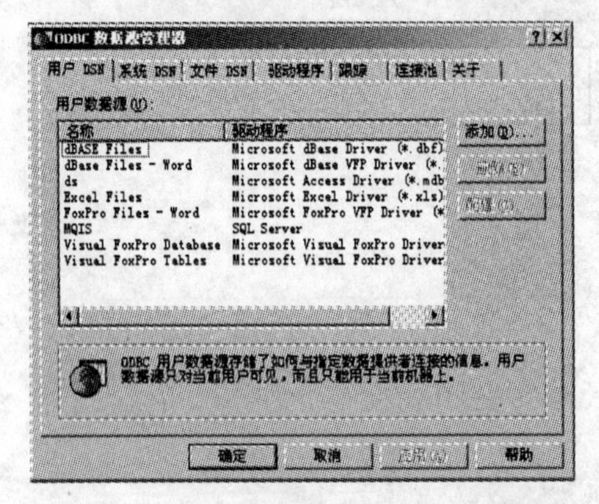

图8-2 “ODBC数据源管理器”运行界面

图8-3 “创建新数据源”对话框

在驱动程序列表中选择SQL Server驱动程序，建立一个访问SQL Server数据库服务器的连接。单击“完成”按钮后系统将显示“建立新的数据源到SQL Server”对话框，如图8-4所示。

在“名称”文本框中输入新数据源的名称JW，在“说明”文本框中输入对该数据源的说明。在“服务器”下拉列表框中选择需要连接的SQL Server数据库服务器名称。单击“下一步”按钮，系统将显示如图8-5所示的对话框。

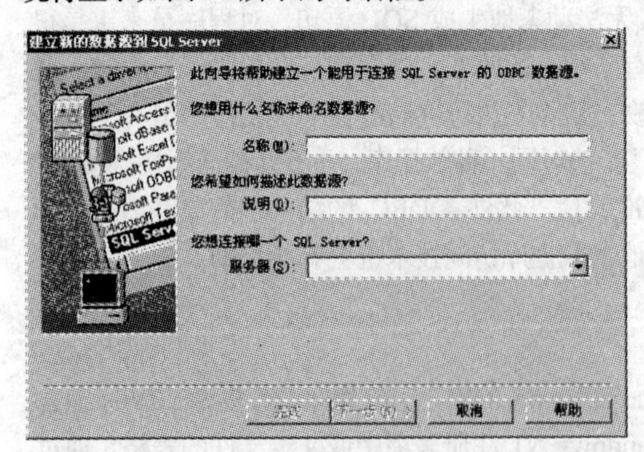

图8-4 “建立新的数据源到SQL Server”对话框

图8-5 选择验证方式

根据需要选择使用Windows NT验证还是使用SQL Server验证方式。单击“客户端配置”按钮可以配置客户端连接服务器使用的通信协议和端口。选中“连接SQL Server以获得其他配置选项的默认设置”复选框，将会使用在复选框下方文本框中输入的用户名和密码连接到SQL Server服务器。单击“下一步”按钮，显示如图8-6所示的数据库设置对话框。

选中“更改默认的数据库为”复选框，在下方的下拉列表框中选择当前连接的SQL Server数据库服务器中的library数据库作为默认数据库，这样，连接数据库的客户端应用程序就将选中的这个数据库作为默认的数据库。单击“下一步”按钮，再单击“完成”按钮，系统将显示如图8-7所示的“ODBC Microsoft SQL Server安装”对话框，单击“测试数据源”按钮，如显示“测试成功”，表明新数据源已经正确地连接到SQL Server数据库。

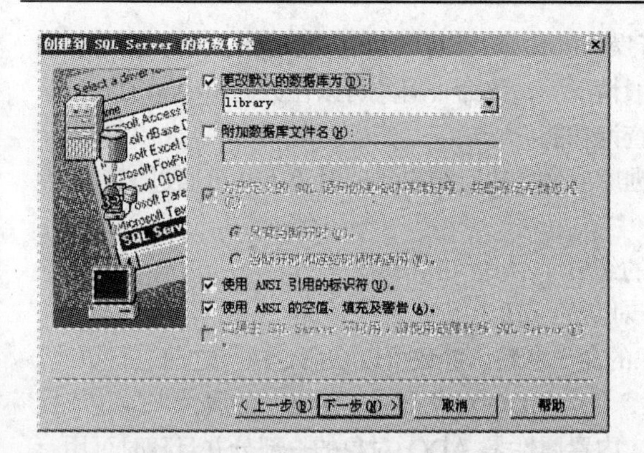

图 8-6 “创建到 SQL Server”的新数据源”对话框

图 8-7 “ODBC Microsoft SQL Server 安装”对话框

注意:

在配置 ODBC 数据源以前，要确定数据库已建立完成，并且还得确定 SQL Server 服务器处在运行状态。

8.2 ADO 的使用

8.2.1 ADO 概述

1. ADO

ADO(ActiveX Data Objects, Activex 数据对象)是微软的 Active-X 组件，结合了 OLE DB 易于使用的特性以及在诸如 RDO(Remote Data Objects，远程数据对象)和 DAOL(Data Access Objects，远程访问对象)的模型中容易找到的通用特性。ADO 是一个可以通过 IDispatch 和 vtable 函数访问的 COM 自动化服务器，它包含了所有可以被 OLE DB 标准接口描述的数据类型。ADO 对象模型具有可扩展性，它不需要你对自己的部件做任何工作。在实际运行中，ADO 的内存覆盖、线程安全、分布式事务支持、基于 Web 的远程数据访问等特性得到了很高的评价。ADO 集中了 RDO 和 DAO 的所有最好的特性，并且将它们重新组织在一个同样可以对事件提供充分支持的对象模型中。作为 Microsoft UDA(Universal Data Access，一致数据访问)策略的一部分，ADO 试图成为基于跨平台的，数据源异构的数据访问的标准模型。

在 ADO 之前的 RDO 是一种增加了 DAO 的客户/服务器能力，以提高其性能和可扩充性的方法。从根本上说，RDO 是一种位于 ODBC API 的上层的简便的封装。它揭示了 DAO 数据对象模型中的许多东西，但它缺乏进行数据访问的 Jet 引擎，而且它只能访问关系型的数据库。ADO 的思想就在于为不同的应用程序访问相同的数据源创建一个更高层的公用层。尽管存在数据结构和组织间的物理位置的不同，编程的接口应该是一样的。ADO 2.0 还具有新的特性：包括事件处理，记录集延续，分层目录结构指针和数据成形，分布式事务处理，多维数据，提供远程数据服务(Remore Data Service, RDS)，以及对 C++和 Java 的支持的增强，并且在 Visual Studio 6.0 中的任何开发工具中都得到了支持。

2. 用 ADO 实现访问数据库

ADO 主要包括以下 7 个对象。

(1) Connection：连接对象，建立一个与数据源的连接，应用程序通过连接对象访问数据源，连接是交换数据所必需的环境。

(2) Command：命令对象，定义对数据源进行操作的命令，以执行相应的动作，通过已建立的连接，该对象可以以某种方式来操作数据源，在一般情况下，该命令对象可以在数据源中添加、删除或更改数据，也可以检索数据，还可完成较复杂的查询功能；

(3) Recordset：记录集对象，用于表示来自数据库或命令执行结果集的对象，并可通过该对象控制对数据源数据进行增、删、改。

(4) Error：错误对象，用来描述数据访问错误的细节。

(5) Field：字段(域)对象，用来表示 Recordset 对象的字段。

(6) Parameter：参数对象，表示 Command 对象的命令参数，参数可以在命令执行之前进行更改。

(7) Property：属性对象，用来描述对象的属性，每个 ADO 对象都有一组唯一的属性来描述或控制对象的行为。属性有两种类型：内置的和动态的。内置属性是 ADO 对象的一部分并且随时可用，动态属性由数据源提供者添加到 ADO 对象的属性集合中，仅在该提供者被使用时才能存在。

使用 ADO 访问数据库的基本步骤通常都是以下 5 步。

(1) 创建数据库源名。

(2) 创建数据库连接。

(3) 创建数据对象。

(4) 操作数据库。

(5) 关闭数据对象和连接。

以下示例采用的均是用 VBScript 脚本语言编写的代码。

(1) 创建数据库源名称，即创建和配置 ODBC 数据源，该步骤在上一节已详细讲述。

(2) 创建数据库连接。

语法如下：

```
Set Conn = Server.CreateObject ("ADODB.CONNECTION")
```

这条语句创建了数据库连接对象 Conn。创建数据库连接之后，必须打开该连接才能访问数据库，打开连接使用下面的语句：

```
Conn.Open "dsn_name", "username", "password"
```

其中，dsn_name 为数据源名称，username 和 password 为访问数据库的用户名和密码，均为可选参数。

例如假设已经定义了一个访问 Access 数据库的系统 DSN，数据源名称为 acce_dsn，访问数据库的代码如下：

```
Set Conn = Server.CreateObject ("ADODB.CONNECTION")
Conn.Open    "acce_dsn"
```

如果数据源 acce_dsn 是访问 SQL Server 数据库的，并且用户名和密码分别为 sa 和 123456，那么访问数据库的代码应为：

```
Set Conn = Server CreateObject ("ADODB.CONNECTION")
Conn.Open "acce_dsnl", "sa", "123456"
```

在 ADO 中还可以不通过 ODBC 而直接与 Access 数据相连接，这种方法在个人主页中大量使用(因为其用户无法进行服务器 ODBC 设置操作)，这里只简单给出以下方法：

```
Connection.Open "provider = Microsoft.Jet.OLEDB.4.0; Data Source= C:\test.mdb "
```

(3) 创建数据对象。

RecordSet 保存的是数据库命令结果集，并标有一个当前记录。以下是创建方法：

```
Set RecordSet = Conn.Execute (sqlStr)
```

这条语句创建并打开了对象 RecordSet，其中 Conn 是先前创建的连接对象，SqlStr 是一个字符串，代表一条标准的 SQL 语句，例如：

```
SqlStr = "SELECT * FROM    authors"
Set RecordSet = Conn.Execute (SqlStr)
```

这条语句执行后，对象 RecordSet 中就保存了表 authors 中的所有记录。

(4) 操作数据库。

Execute 方法的参数是一个标准的 SQL 语句串，所以可以利用它方便地执行数据插入、修改、删除等操作，例如：

```
SqlStr = "DELETE FROM authors"
Conn.Execute (SqlStr)              //执行删除操作

SqlStr = "UPDATE authors SET salary=3 WHERE id= 'FZ0001' "
Conn.Execute (SqlStr)              //执行修改操作
```

(5) 关闭数据对象和连接。

在使用 ADO 对象对数据库的操作完成之后，一定要关闭它，因为它使用了服务器的资源，如果不释放将导致服务器资源浪费并影响服务器性能。通过调用方法 Close 实现关闭以释放资源，例如：

```
Conn.Close
```

8.2.2　使用 ADO 技术访问数据库举例

下面是一个用户身份验证的程序，登录界面是 login.htm，通过访问数据库 vcdb.mdb 进行身份验证的程序是 checkname.asp。

程序中用到的数据库是 vc.mdb，其中的两个数据表的结构如表8-1、表8-2所示。

表 8-1　student 表

字段名称	字段类型	长　度	说　明
stu_id	文本	10	学号
Stu_name	文本	10	姓名
Stu_username	文本	20	学生用户名
stu_key	文本	20	密码

表 8-2　teacher 表

字段名称	字段类型	长　度	说　明
tea_id	文本	10	教师编号
Tea _name	文本	10	姓名
Tea _username	文本	20	教师用户名
tea _key	文本	20	密码

1. login.htm 程序

```
<%@LANGUAGE="VBScript" CODEPAGE="936"%>
<!DOCTYPE HTML PUBLIC "-//W3C//DTD HTML 4.01 Transitional//EN" "http://
www.w3.org/TR/html4/loose.dtd">
<html>
<head>
```

```
<meta http-equiv="Content-Type" content="text/html; charset=gb2312">
<title>用户登录界面</title>
</head>
<body>
<div align="center">
<form name="form1" method="post" action="checkname.asp">
<table width="497" height="200" border="1" cellpadding="0" cellspacing="1">
<tr>
<td><div align="center">
用户名:    
<input name="username" type="text" id="username">
</div></td>
</tr>
<tr>
<td><div align="center 密码:      
<input name="userkey" type="password" id="userkey">
</div></td>
</tr>
<tr>
<td><div align="center">
身份验证码:
<input name="usercheck" type="password" id="usercheck">
</div></td>
</tr>
<tr>
<td><div align="center"><input name="radio1" type="radio" value="s" checked>
学生</div></td>
</tr>
<tr>
<td><div align="center">
<input type="radio" name="radio1" value="t">
教师</div></td>
</tr>
<tr>
<td><div align="center">
<input type="submit" name="Submit" value="登录">
        
<input name="reset" type="reset" id="reset" value="取消">
</div></td>
</tr>
</table>
</form>
</div>
</body>
</html>
```

2. checkname.asp 程序

```
<%@LANGUAGE="VBSCRIPT" CODEPAGE="936"%>
<!DOCTYPE HTML PUBLIC "-//W3C//DTD HTML 4.01 Transitional//EN"
"http://www.w3.org/TR/html4/loose.dtd">
<%
'*****************checkname.asp****************
username = request("username")
username = replace(username, "'", "''")
key  = request("userkey")
key = replace(key, "'", "''")
checkcode = request("usercheck")
checkcode = replace(checkcode, "'","''")
if username = "" or key = "" or checkcode = "" then
response.Write "用户名或密码不能为空!"
response.write "<a href = login.htm> [返回登录界面]</a>"
response.end
else
session("username") = username
session("key") = key
session("checkcode") = checkcode
session.timeout = 20
set conn = server.createobject("ADODB.Connection")
DBPath = server.MapPath("vcdb.mdb")
conn.open "provider = Microsoft.Jet.OLEDB.4.0; data source= " & DBPath
if request("radio1") = "s" then
SQLCmd = "SELECT * FROM student WHERE stu_username = '" & username &"' AND
         stu_key = '" & _
key &"' AND stu_id = '" & checkcode & "'"
else
SQLCmd = "SELECT * FROM teacher WHERE tea_username = '" & username &"' AND
         tea_key = '" & _
key &"' and tea_id = '" & checkcode & "'"
end if
set rs = conn.execute(SQLCmd)
if not rs.eof then
Response.write  "登录成功! "
else
response. write "登录失败! "
end if
rs.close
conn.close
end if
%>
<html>
<head>
<meta http-equiv="Content-Type" content="text/html; charset=gb2312">
```

```
<title>无标题文档</title>
</head>
<body>
</body>
</html>
```

8.3 ADO.NET 简介

8.3.1 ADO.NET 技术的设计目标

ADO.NET 是由微软 ADO 升级发展而来的，它是微软公司下一代数据访问标准。

随着应用程序开发的发展演变，新的应用程序的开发模式已经是基于 Web 的应用程序模型并且程序的耦合将会越来越松散。如今，越来越多的应用程序使用 XML(Extensible Markup Language，可扩展的标记语言)来编码通过网络传递数据。Web 应用程序将 HTTP 用做在层间进行通信的结构，因此它们必须显式处理请求之间的状态维护。这一新模型大大不同于连接、紧耦合的编程风格，此风格曾是客户端/服务器时代的标志。在此编程风格中，连接会在程序的整个生存期中保持打开，而不需要对状态进行特殊处理。在设计符合当今开发人员需要的工具和技术时，Microsoft 认识到需要为数据访问提供全新的编程模型，此模型是基于.NET Framework 生成的。基于.NET Framework 这一点将确保数据访问技术的一致性——组件将共享通用的类型系统、设计模式和命名约定。

微软公司设计 ADO.NET 的目的是为了满足这一新编程模型的要求：具有断开式数据结构；能够与 XML 紧密集成；具有能够组合来自多个、不同数据源的数据的通用数据表示形式；以及具有为与数据库交互而优化的功能，这些要求都是.NET Framework 固有的内容。因此，在创建 ADO.NET 时具有以下设计目标。

(1) 利用当前的 ADO 知识。

ADO.NET 的设计满足了当今应用程序开发模型的多种要求。同时，该编程模型尽可能地与 ADO 保持一致，这使当今的 ADO 开发人员不必从头开始学习全新的数据访问技术。ADO.NET 是.NET Framework 的固有部分，因此对于 ADO 程序员决不是完全陌生的。ADO.NET 与 ADO 共存，虽然大多数基于.NET 的新应用程序将使用 ADO.NET 来编写，但.NET 程序员仍然可以通过.NET COM 互操作性服务来使用 ADO。

(2) 支持 N 层编程模型。

ADO.NET 为断开式 N 层编程环境提供了一流的支持，许多新的应用程序都是为该环境编写的。使用断开式数据集这一概念已成为编程模型中的焦点。N 层编程的 ADO.NET 解决方案就是 DataSet。

(3) 集成 XML 支持。

XML 和数据访问是紧密联系在一起的，即 XML 的全部内容都是有关数据编码的，而数据访问越来越多的内容都与 XML 有关。.NET Framework 不仅支持 Web 标准，它还是完全基于 Web 标准生成的。XML 支持内置在 ADO.NET 中非常基本的级别上。.NET Framework 和 ADO.NET 中的 XML 类是同一结构的一部分，它们在许多不同的级别上进行了集成。

8.3.2 ADO.NET 的体系结构

ADO.NET 是由一系列的数据库相关类和接口组成的，它的基石是 XML 技术，所以通过 ADO.NET 不仅能访问关系型数据库中的数据，而且还能访问层次化的 XML 数据。

ADO.NET 提供了两种数据访问的模式：一种为连接模式(Connected)，另一种为非连接模式(Disconnected)。与传统的数据库访问模式相比，非连接的模式提供了更大的可升级性和灵活性。在该模式下，一旦应用程序从数据源中获得所需的数据，它就断开与数据源的连接，并将获得的数据以 XML 的形式存放在主存中。在应用程序处理完数据后，它再取得与数据源的连接并完成数据的更新工作。

ADO.NET 中的 DataSet 类是非连接模式的核心，数据集对象(DataSet)以 XML 的形式存放数据。既可以从一个数据库中获取一个数据集对象，也可以从一个 XML 数据流中获取一个数据集对象。而从用户的角度来看，数据源在哪里并不重要，也是无需关心的，这样一个统一的编程模型就可被运用于任何使用了数据集对象的应用程序中。

在 ADO.NET 体系结构中还有一个非常重要的部分就是数据提供者(Data Provider)对象，它是访问数据库的必备条件。通过它，可以产生相应的数据集对象；同时它还提供了连接模式下的数据库访问支持。

1. ADO.NET 组件的总体结构

设计 ADO.NET 组件的目的是为了从数据操作中分解出数据访问。ADO.NET 的两个核心组件会完成此任务：DataSet 和.NET Framework 数据提供程序，后者是一组包括 Connection、Command、DataReader 和 DataAdapter 对象在内的组件。

ADO.NET DataSet 是 ADO.NET 的断开式结构的核心组件。DataSet 的设计目的很明确，即为了实现独立于任何数据源的数据访问。因此，它可以用于多种不同的数据源，用于 XML 数据，或用于管理应用程序本地的数据。DataSet 包含一个或多个 DataTable 对象的集合，这些对象由数据行和数据列及主键、外键、约束和有关 DataTable 对象中数据的关系信息组成。

ADO.NET 结构的另一个核心元素是.NET Framework 数据提供程序，其组件的设计目的相当明确：为了实现数据操作和对数据的快速、只进、只读访问。Connection 对象提供与数据源的连接。使用 Command 对象能够访问用于返回数据、修改数据、运行存储过程及发送或检索参数信息的数据库命令。DataReader 用于从数据源中提供高性能的数据流。最后，DataAdapter 提供连接 DataSet 对象和数据源的桥梁。DataAdapter 使用 Command 对象在数据源中执行 SQL 命令，以便将数据加载到 DataSet 中，并使对 DataSet 中数据的更改与数据源保持一致。

.NET Framework 提供了 4 个.NET Framework 数据提供程序：SQL Server .NET Framework 数据提供程序、OLE DB .NET Framework 数据提供程序、ODBC .NET Framework 数据提供程序和 Oracle .NET Framework 数据提供程序，如图8-8所示。

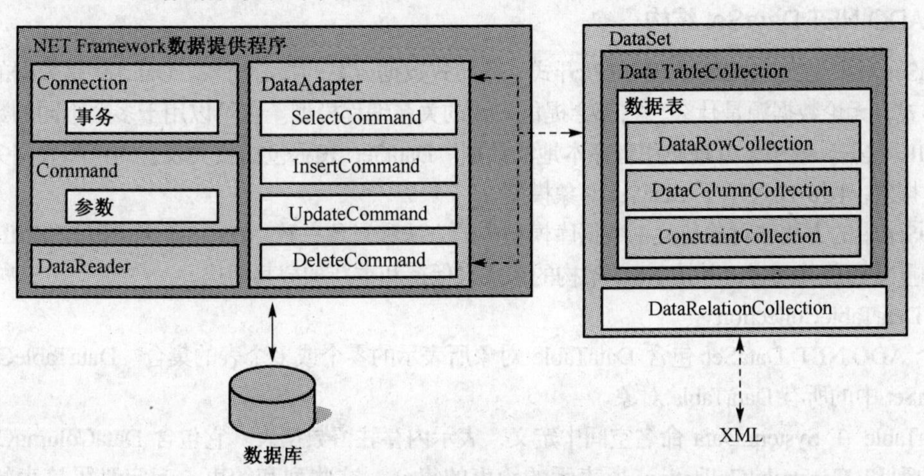

图 8-8 ADO.NET 组件

图8-9显示了ADO.NET总体的体系结构。

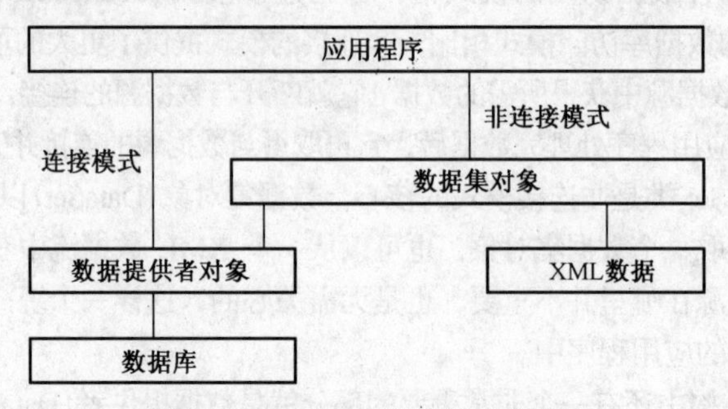

图 8-9 ADO.NET 总体的体系结构

图8-10显示了ADO.NET应用程序的基本结构。

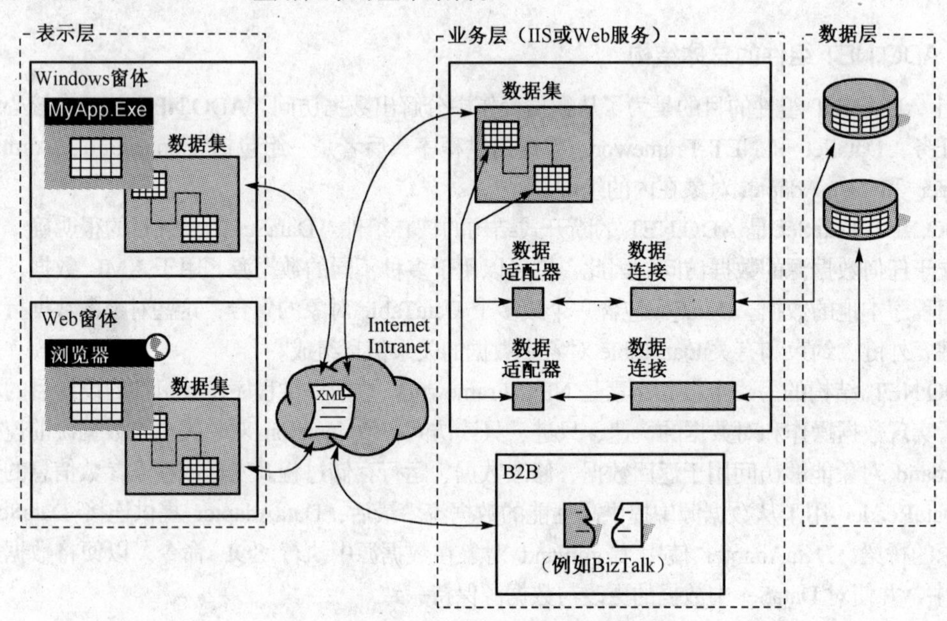

图 8-10 ADO.NET 应用程序的基本结构

图8-11显示了使用ADO.NET组件访问数据库的组织结构。

2. ADO.NET DataSet 结构

DataSet 对象是支持 ADO.NET 的断开式、分布式数据方案的核心对象。DataSet 是数据的内存驻留表示形式，无论数据源是什么，它都会提供一致的关系编程模型。它可以用于多个不同的数据源，用于 XML 数据，或用于管理应用程序本地的数据。DataSet 表示包括相关表、约束和表间关系在内的整个数据集。图8-12显示了DataSet对象模型。

DataSet 中的方法和对象与关系数据库模型中的方法和对象一致。DataSet 也可以按 XML 的形式来保持和重新加载其内容，并按 XSD 架构的形式来保持和重新加载其架构。

（1）DataTableCollection。

一个 ADO.NET DataSet 包含 DataTable 对象所表示的零个或多个表的集合。DataTableCollection 包含 DataSet 中的所有 DataTable 对象。

DataTable 在 System.Data 命名空间中定义，表示内存驻留数据表。它包含 DataColumnCollection 所表示的列和 ConstraintCollection 所表示的约束的集合，这些列和约束一起定义了该表的架构。

DataTable 还包含 DataRowCollection 所表示的行的集合，而 DataRowCollection 则包含表中的数据。除了其当前状态之前，DataRow 还会保留其当前版本和初始版本，以标识对行中存储的值的更改。

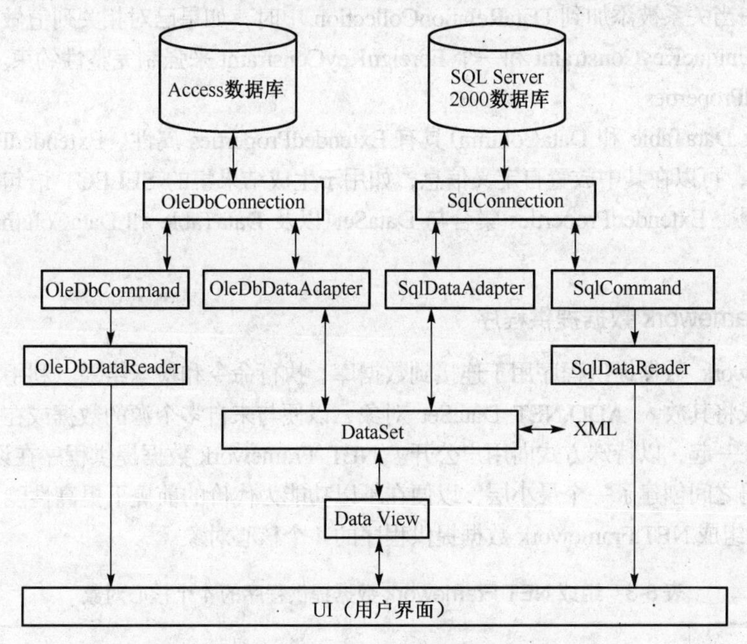

图 8-11　ADO.NET 组件访问数据库的组织结构

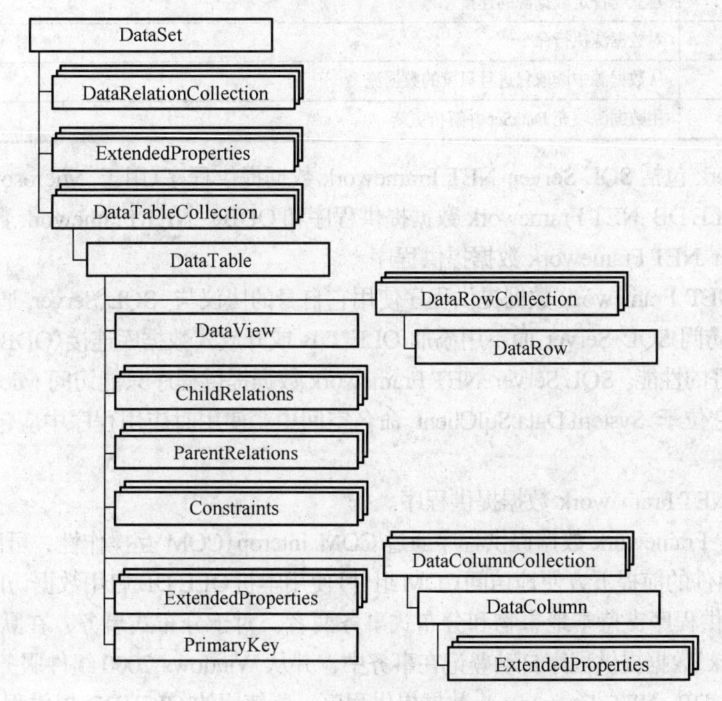

图 8-12　DataSet 对象模型

(2) DataRelationCollection。

DataSet 在其 DataRelationCollection 对象中包含关系。关系由 DataRelation 对象来表示，它使一个 DataTable 中的行与另一个 DataTable 中的行相关联。关系类似于可能存在于关系数据库中的主键列和外键列之间的连接路径。DataRelation 用于标识 DataSet 中两个表的匹配列。

通过关系能够在 DataSet 中从一个表导航至另一个表。DataRelation 的基本元素为关系的名称、相关表的名称及每个表中的相关列。关系可以通过一个表的多个列来生成，方法是将一组 DataColumn 对象指定为键列。当关系被添加到 DataRelationCollection 中时，如果已对相关列值做出更改，它可能会选择添加一个 UniqueKeyConstraint 和一个 ForeignKeyConstraint 来强制完整性约束。

(3) ExtendedProperties。

DataSet(以及 DataTable 和 DataColumn)具有 ExtendedProperties 属性。ExtendedProperties 是一个 PropertyCollection，可以在其中放置自定义信息，如用于生成结果集的 SELECT 语句或表示数据生成时间的日期/时间戳。ExtendedProperties 集合与 DataSet(以及 DataTable 和 DataColumn)的架构信息一起进行保存。

3. .NET Framework 数据提供程序

.NET Framework 数据提供程序用于连接到数据库、执行命令和检索结果。利用它可以直接处理检索到的结果，或将其放入 ADO.NET DataSet 对象，以便与来自多个源的数据或在层之间进行远程处理的数据组合在一起，以特殊方式向用户公开。.NET Framework 数据提供程序在设计上是轻量的，它在数据源和代码之间创建了一个最小层，以便在不以功能为代价的前提下提高性能。

表8-3说明了组成.NET Framework 数据提供程序的 4 个核心对象。

表 8-3 组成.NET Framework 数据提供程序的 4 个核心对象

对象	说明
Connection	建立与特定数据源的连接
Command	对数据源执行命令
DataReader	从数据源中读取只进且只读的数据流
DataAdapter	用数据源填充 DataSet 并解析更新

.NET Framework 包括 SQL Server .NET Framework 数据提供程序(用于 Microsoft SQL Server 7.0 版或更高版本)、OLE DB .NET Framework 数据提供程序和 ODBC .NET Framework 数据提供程序。

(1) SQL Server .NET Framework 数据提供程序。

SQL Server .NET Framework 数据提供程序使用它自身的协议与 SQL Server 通信。由于它经过了优化，可以直接访问 SQL Server 而不用添加 OLE DB 或开放式数据库连接(ODBC)层，因此它是轻量的，并具有良好的性能。SQL Server .NET Framework 数据提供程序只能访问 Microsoft SQL Server 7.0 或更高版本。它位于 System.Data.SqlClient 命名空间中。使用时应用程序中应包含 System.Data.SqlClient 命名空间。

(2) OLE DB .NET Framework 数据提供程序。

OLE DB .NET Framework 数据提供程序通过 COM Interop(COM 互操作性，可以使.NET 程序在不修改原有COM组件的前提下方便地访问COM组件)使用本机OLE DB启用数据访问。OLE DB .NET Framework 数据提供程序支持本地事物和分布式事务两者。对于分布式事务，在默认情况下，OLE DB .NET Framework 数据提供程序自动登记在事务中，并从 Windows 2000 组件服务获取事务详细信息。若要使用 OLE DB .NET Framework 数据提供程序，所使用的 OLE DB 提供程序必须支持 OLE DB .NET Framework 数据提供程序所使用的 OLE DB 接口中列出的 OLE DB 接口。

表8-4显示了已经用 ADO.NET 进行测试的 OLE DB 提供程序。

OLE DB .NET Framework 数据提供程序类位于 System.Data.OleDb 命名空间中。使用时应用程序中应包含 System.Data.OleDb 命名空间。

表 8-4　ADO.NET 进行测试的 OLE DB 提供程序

驱 动 程 序	提 供 程 序
SQLOLEDB	用于 SQL Server 的 Microsoft OLE DB 提供程序
MSDAORA	用于 Oracle 的 Microsoft OLE DB 提供程序
Microsoft.Jet.OLEDB.4.0	用于 Microsoft Jet 的 OLE DB 提供程序

(3) ODBC .NET Framework 数据提供程序。

ODBC .NET Framework 数据提供程序通过 COM interop 使用本机 ODBC 驱动程序管理器(DM)启用数据访问。ODBC 数据提供程序支持本地事物和分布式事务两者。对于分布式事务，在默认情况下，ODBC 数据提供程序自动登记在事务中，并从 Windows 2000 组件服务获取事务详细信息。

表8-5 显示了用 ADO.NET 测试的 ODBC 驱动程序。

表 8-5　ODBC 驱动程序

驱 动 程 序
SQL Server
Microsoft ODBC for Oracle
Microsoft Access 驱动程序（*.mdb）

ODBC .NET Framework 数据提供程序类位于 System.Data.Odbc 命名空间中。使用时应用程序中应包含 System.Data.Odbc 命名空间。

(4) Oracle .NET Framework 数据提供程序。

Oracle .NET Framework 数据提供程序通过 Oracle 客户端连接软件启用对 Oracle 数据源的数据访问。该数据提供程序支持 Oracle 客户端软件 8.1.7 版和更高版本。它支持本地事物和分布式事务。

Oracle .NET Framework 数据提供程序要求必须先在系统上安装 Oracle 客户端软件(8.1.7 版或更高版本)，才能使用它连接到 Oracle 数据源。

Oracle .NET Framework 数据提供程序类位于 System.Data.OracleClient 命名空间中，并包含在 System.Data.OracleClient.dll 程序集中。在编译使用该数据提供程序的应用程序时，将需要同时引用 System.Data.dll 和 System.Data.OracleClient.dll。使用时应用程序中应包含 System.Data.OracleClient 命名空间。

4．选择.NET Framework 数据提供程序

根据应用程序的设计和数据源，选择合适的.NET Framework 数据提供程序可以提高应用程序的性能、功能和完整性。下面说明各个 .NET Framework 数据提供程序的优点和限制。

SQL Server .NET Framework 数据提供程序：建议用于使用 Microsoft SQL Server 7.0 或更高版本的中间层应用程序或者用于使用 Microsoft 数据引擎(MSDE)或 Microsoft SQL Server 7.0 或更高版本的单层应用程序。

OLE DB .NET Framework 数据提供程序：建议用于使用 Microsoft SQL Server 6.5 或较早版本的中间层应用程序，或任何支持 OLE DB .NET Framework 数据提供程序所使用的 OLE DB 接口中所列 OLE DB 接口(不要求 OLE DB 2.5 接口)的 OLE DB 提供程序。对于 Microsoft SQL Server 7.0 或更高版本，建议使用 SQL Server .NET Framework 数据提供程序。建议用于使用 Microsoft Access 数据库的单层应用程序。不建议将 Microsoft Access 数据库用于中间层应用程序。

ODBC .NET Framework 数据提供程序：建议用于使用 ODBC 数据源的中间层应用程序或者用于使用 ODBC 数据源的单层应用程序。

Oracle .NET Framework 数据提供程序：建议用于使用 Oracle 数据源的中间层应用程序或者用于使用 Oracle 数据源的单层应用程序。

8.3.3 ADO.NET 数据对象

1. Connection 对象

Connection 对象主要用于建立与数据源的活动连接。一旦建立了连接，其他独立于连接细节(但依赖于活动连接)的对象，如 Command 对象，就可以使用连接在数据源上执行命令。

每个.NET 数据提供者都有其自己特定于提供者的连接类，可以对它们进行实例化，这样的版本实现了 IdbConnection 接口，可通过 System.Data 命名空间得到。例如，SqlConnection 和 OleDbConnection 都实现了 IdbConnection 接口。该接口表示与数据源的唯一会话，提供基本的连接操作，允许用户随意关闭、打开或更改连接。

通常，通过显式调用 Open( )方法建立连接。一旦它完成了自己的任务，例如用数据源中的关系数据填充 DataSet 对象，就可以显式调用 Close( )方法来关闭连接。不再使用连接时，最好确保始终显式关闭连接，以减少对服务器资源的任何不必要的浪费。

如果由于某种原因没有显式关闭连接，则由 Garbage Collector 找到未被引用的 Connection 对象，将其收集起来。然而，不需要时最好显式关闭连接，因为这样可确保保存对数据所做的所有更改。

2. Command 对象

Command 对象负责使用 SQL 语句查询数据源。命令可以采取多种形式：可以设法通过简单的 SQL 查询字符串或存储过程更新、修改或检索数据源数据。如果对数据库执行命令后返回结果，Command 对象就可以把结果填充在 DataReader 中，作为标题值返回(例如按影响行的数目)，或者以参数的形式返回结果。

所有的.NET 数据提供者 Command 类都实现了 IdbCommand 接口。可用于执行命令的 3 个默认函数如下。

(1) ExecuteReader：返回填充后的对象 DataReader。

(2) ExecuteScalar：返回标量值。

(3) ExecuteNonQuery：返回被执行命令影响到的行的数目。

3. DataReader 对象

DataReader 对象从数据库中读取每个记录，提供对数据库快速的、不缓冲的、只读的顺序访问。此外，DataReader 有一种访问数据库的非常简洁的方法：它把进来的数据流视作集合，循环经过数据，一次加载一行，就像处理数组一样，从而减少了系统的额外工作，并提高了应用程序的性能。

4. DataAdapter 对象

DataAdapter 用于断开连接的环境，因为它提供了两个非常有用的方法，即 Fill( )和 Update( )方法。Fill( )方法同步保存数据源中的数据与 DataSet 中的数据。Updata( )方法用 DataSet 中修改过的数据更新数据源，这种更新可以是从添加一个行到添加新表的任意操作。

5. DataSet

DataSet 是 ADO.NET 离线访问的核心。这个类代表关系数据的内存内的离线容器，数据由任意类型的外部数据源生成(XML 文件、Access 数据库等)。应用程序可以用数据不断地填充它，除非最终耗尽系统内存或本地磁盘空间。有时，它可以表示 DataTable 对象形式的很多表，这些对象又可以代表任意数目的列、行和关系，分别表示为 DataColumn、DataRow、Constraint 和 DataRelation 对象。

DataSet 可以保存提供给独立于数据源的关系数据模型的数据，并把自己表现为关系数据的一种层次结构，同时与数据源断开连接。由于 DataSet 无法了解到连接到什么数据源，因此可以像处理应用程序的本地数据一样有效地工作，从而可把数据存储在外部数据源或文件中。

8.4 JDBC 技术

8.4.1 JDBC 概述

从1995 年开始，Sun 的开发人员就希望能过通过扩展 Java 使得人们可以用“纯”Java 语言与任何数据库进行通信。但这是个一项无法完成的任务，因为业界存在许多不同的数据库，且它们所使用的协议也各不相同。所有的数据库供应商和工具开发商都认为如果能够提供一个驱动管理器，以允许第三方驱动程序可以连接到特定的数据库，这样，数据库供应商就可以提供自己的驱动程序，并插入到驱动管理器中。另外还需要一套简单的机制，以使得第三方驱动程序可以向驱动管理器注册。关键问题是，所有的驱动程序都必须满足驱动管理器 API 提出的要求。最后，Sun 公司制定了两套接口，应用程序开发者使用 JDBC API，而数据库供应商和工具开发商则使用 JDBC 驱动 API。这种接口组织方式遵循了微软公司非常成功的 ODBC 模式。ODBC 为 C 语言访问数据库提供了一套编程接口。JDBC 和 ODBC 都基于同一个思想：根据 API 编写的程序都可以与驱动管理器进行通信，而驱动管理器则通过插入其中的驱动程序与实际数据库进行通信。

1996 年夏天，Sun 公司发布了第一版的 Java 数据库连接(Java Database Connection, JDBC) API。使编程人员可以通过这个 API 接口连接到数据库，并使用结构化查询语言(即 SQL)完成对数据库中数据的查询、更新。与其他数据库编程环境相比，Java 和 JDBC 有一个显著的优点：使用 Java 和 JDBC 开发的程序可以跨平台运行，且不受数据库供应商的限制。到目前为止，JDBC 的版本已经更新过数次。作为 JDK 1.2 的一部分，Sun 公司于 1998 年发布了 JDBC 第二版。现在人们使用的主要是 JDBC4。

JDBC 是 Java 语言用来连接和操作关系型数据库的应用程序接口(API)。JDBC 由一群类(Class)和接口(Interface)所组成，通过调用这些类和接口所提供的方法，可以连接不同的数据库，对数据库下达 SQL 命令并取得运行结果。

有了 JDBC，用户只需用 JDBC API 编写一个程序逻辑，就可以向各种不同的数据库发送 SQL 语句。所以，在使用 Java 编程语言编写应用程序时，不用再去为不同的平台编写不同的应用程序。由于 Java 语言具有跨平台性，所以将 Java 和 JDBC 结合起来将使程序员只需写一遍程序就可让它在任何平台上运行，这也进一步体现了 Java 语言“编写一次，到处运行”的宗旨。

JDBC 向应用程序开发者提供独立于数据库的、统一的 API，当应用程序被移植到不同的平台或数据库系统时，应用程序不变，改变的是驱动程序，驱动程序扮演了多层数据库设计中的中间层(或中间件)的角色。

JDBC 主要完成以下 4 个方面的工作：加载 JDBC 驱动程序；建立与数据库的连接；使用 SQL 语句进行数据库操作并处理结果；关闭相关连接。

JDBC 主要提供两个层次的接口，分别是面向程序开发人员的 JDBC API(JDBC 应用程序接口)和面向系统底层的 JDBC Drive API(JDBC 驱动程序接口)，它们的工作原理如图8-13 所示。

从图8-13 中可看出 JDBC API 所关心的只是 Java 调用 SQL 的抽象接口，而不考虑具体使用时采用的是何种方式，具体的数据库调用要靠 JDBC Driver API 来完成，即 JDBC API 可以与数据库无关，只要提供了 JDBC Driver API，就可以通过 JDBC API 访问任意一种数据库，无论它位于本地还是远程服务器。

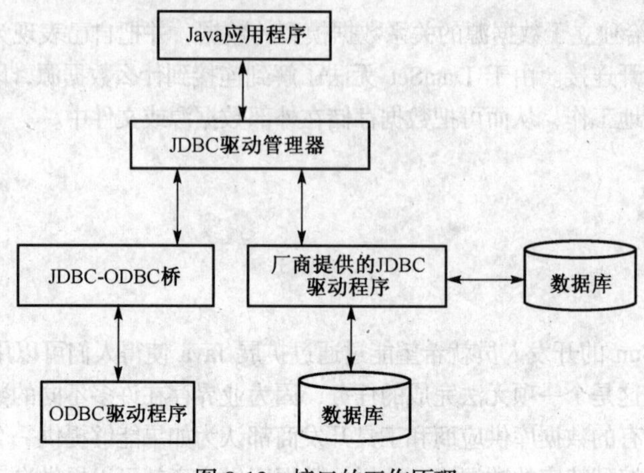

图 8-13 接口的工作原理

8.4.2 JDBC 驱动程序

JDBC 驱动程序是面向驱动程序开发的编程接口。根据其运行条件的不同，常见的 JDBC 驱动程序主要有以下 4 种类型。

1. JDBC-ODBC 桥加 ODBC 驱动程序

这类驱动程序将 JDBC 翻译成 ODBC，然后使用一个 ODBC 驱动程序与数据库进行通信。Sun 公司发布的 JDK 中包含了一个这样的驱动程序：JDBC-ODBC 桥。

2. 本地 API、部分是 Java 的驱动程序

这类驱动程序是由部分 Java 程序和部分本地代码组成的，用于与数据库的客户端 API 进行通信。在使用这种驱动程序之前，不仅需要安装 Java 类库，还需要安装一些与平台相关的代码。

3. JDBC-NET 的纯 Java 驱动程序

它使用一种与具体数据库无关的协议将数据库请求发送给服务器构件，然后该构件再将数据库请求翻译成特定数据库协议。这种类型的驱动程序将 JDBC 调用转换成与数据库无关的网络访问协议，利用中间件将客户端连接到不同类型的数据库系统。使用这种驱动程序不需要在客户端安装其他软件，并且能访问多种数据库。这种驱动程序是与平台无关的，并且与用户访问的数据库系统无关，特别适合组建三层的应用模型，这是最为灵活的 JDBC 驱动程序。

4. 本地协议的纯 Java 驱动程序

这种类型的驱动程序将 JDBC 调用直接转化为某种特定数据库的专用的网络访问协议，可以直接从客户机来访问数据库系统。这种驱动程序与平台无关，而与特定的数据库有关，这类驱动程序一般由数据库厂商提供。

第 3、4 两类都是纯 Java 的驱动程序，它们具备 Java 的所有优点，因此，对于 Java 开发者来说，它们在性能、可移植性、功能等方面都有优势。JDBC 最终是为了实现以下目标：通过使用SQL语句，程序员可以利用 Java 语言开发访问数据库的应用。数据库供应商和数据库工具开发商可以提供底层的驱动程序。因此，他们有能力优化各自数据库产品的驱动程序。

在传统的客户端/服务器模式中，通常是在服务器端配置数据库，而在客户端安装内容丰富的 GUI。在此模型中，JDBC 驱动程序应该部署在客户端，如图8-14所示。

如今全世界都在从客户端/服务器模式转向“三层应用模式”，甚至更高级的“n 层应用模式”。在三层应用模式中，客户端不直接调用数据库，而是调用服务器上的中间件层，最后由中间件层完成数据库查询操作。

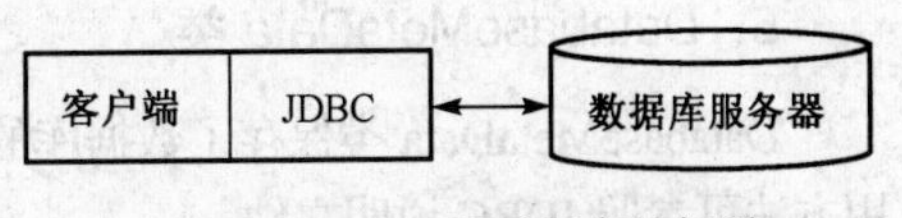

图 8-14　JDBC 驱动程序的部署

三层模式将可视化表示从业务逻辑和原始数据分离开来。因此，可以从不同的客户端访问相同的数据和相同的业务规则。

客户端和中间层之间可以通过 HTTP、RMI 或者其他机制来完成。JDBC 负责在中间层和后台数据库之间进行通信，如图8-15所示。

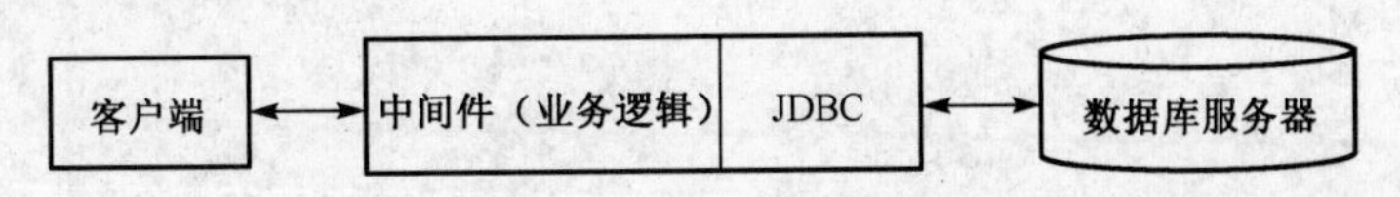

图 8-15　JDBC 负责在中间层和后台数据库之间进行通信

8.4.3　JDBC 常用类

1．Connection 类

Connection 类对象负责维护 JSP/Java 数据库程序和数据库之间的联机。通过 Connection 类提供的方法，可以建立另外 3 个非常有用的类对象，分别是 Statement 类、PreparedStatement 类和 Database Meta Data 类，下面分别针对这些类再做详细的说明。

2．Statement 类

通过 Statement 类所提供的方法，可以利用标准的 SQL 命令，对数据库直接进行新增、删除或修改记录的操作。

3．PreparedStatement 类

PreparedStatement 类和 Statement 类的不同之处在于 PreparedStatement 类对象会将传入的 SQL 命令事先编好等待使用，所以当有单一的SQL指令被执行多次时，用PreparedStatement类会比用Statement类更有效率。

4．ResultSet 类

当使用 SELECT 命令来对数据库进行查询时，数据库会响应查询的结果，而 ResultSet 类对象负责存储查询数据库的结果。值得一提的是，ResultSet 类实际上提供了一系列的方法，即使不使用标准的 SQL 命令也能对数据库进行新增、删除和修改记录的操作。另外，ResultSet 类对象也负责维护一个记录指针(Cursor)，记录指针指向数据表中的某个记录，通过适当地移动记录指针，可以随意地存取数据库，进而提高程序的执行效率。

可以使用 Statement 类提供的方法 executeQuery()查询数据库并将结果保存在 ResultSet 类对象中，代码如下：

```
ResultSet rst=smt.executeQuery("SELECT * FROM phonebook");
```

executeQuery()方法将查询 phonebook 数据表的结果保存在 Result 类对象中。在程序中使用了几个移动记录指针的方法，分别是 beforeFirst()、first()、last()、absolute()和 next()，并且使用 getstring()方法取得 phonebook 数据表内记录指针所指向记录的 4 个字段值。

5. DatabaseMetaData 类

DatabaseMetaData 类保存了数据库的所有特性，并且提供许多的方法来取得这些信息，详细的使用方法可参照 JDBC 说明文件。

6. ResultSetMetaData 类

ResultSetMetaData 类对象保存了所有 ResultSet 类对象中关于字段(Field)的信息，并且也提供了许多方法来取得这些信息。

关于如何使用 JDBC 操作数据库，将在第 11 章讲解。

8.5 小结

本章主要介绍了 ODBC、ADO，ADO.NET、JDBC 等常用的数据库访问技术，这 4 种数据访问技术是目前应用程序开发中比较经常使用的，其功能强大、操作方便，为广大程序员所喜爱。ODBC 是一个数据库编程接口，提供了一组对数据库访问的标准 API(用户可以通过它建立系统数据源、用户数据源和文件数据源；ADO 是一种组件对象模型，提供了 7 个对象类，用户可以通过这 7 个对象完成对数据库的复杂的访问和控制操作；ADO.NET 由两个核心组件 DataSet 和 .NET Framework 数据提供程序组成，它提供了从数据操作中分解出数据访问的功能，这部分功能主要由 DataSet 来完成，数据提供程序由 Connection、Command、DataReader 和 DataAdapter 对象等组件组成，提供了强大的数据库访问能力，其中还针对常用的 SQL Server 和 Oracle 数据库提供了专门的访问组件，实现了对这两种数据库的高效访问。JDBC 技术也是当前使用的主流的数据库访问技术，ADO.NET 和 JDBC 数据访问技术也是本书重点介绍的内容之一。

习题 8

1. ODBC 主要由哪几部分组成？各个部分的主要功能是什么？
2. 在 Windows 环境下，系统数据源、用户数据源、文件数据源的主要区别是什么？
3. 在 Windows 系统中分别建立一个 SQL Server 驱动类型和一个 Microsoft Access 驱动类型的数据源。
4. ADO 对象模型中主要包含哪些部件？其作用分别是什么？
5. 试描述 ADO.NET 的体系结构，其优点是什么？
6. ADO.NET 提供了哪几种数据提供程序？每一种数据提供程序适合访问什么数据库？

第 9 章　C 语言数据库应用程序开发

本章主要介绍在 C 语言程序中嵌入 SQL 语句的程序开发环境的搭建，使用静态嵌入式 SQL 语句和动态嵌入式 SQL 语句实现数据库的连接和对数据库的操作。本章适合有 C 语言基础而没有其他高级语言基础的读者和嵌入式应用软件开发方向的读者学习。

通过本章学习，将了解以下内容：

- 在 C 语言程序中嵌入 SQL 语句的程序开发环境搭建
- 嵌入式 SQL 语句中使用的 C 变量
- 数据库的连接
- 查询和更新
- SQL 通信区
- 游标的使用
- SQLDA

9.1　嵌入式 SQL 语句

SQL 是一种双重式语言，它既是一种交互式数据库语言，又是一种应用程序进行数据库访问时所采取的编程式数据库语言。SQL 语言在这两种方式下的大部分语法是相同的。在编写访问数据库的程序时，必须从普通的编程语言开始(如 C 语言)，再把 SQL 加入到程序中。所以，嵌入式 SQL 语言就是将 SQL 语句直接嵌入到程序的源代码中，与其他程序设计语言语句混合。专用的 SQL 预编译程序将嵌入的 SQL 语句转换为能被程序设计语言(如 C 语言)的编译器识别的函数调用。然后，C 编译器将源代码编译为可执行程序。

下面首先介绍嵌入式 SQL 语言的一些概念。

1. 嵌入式 SQL 语句

嵌入式 SQL 语句是指在应用程序中嵌入 SQL 语句。该应用程序称为宿主程序或主程序，书写该程序的语言称为宿主语言或主语言。嵌入式 SQL 语句与交互式 SQL 语句在语法上没有太大的差别，只是嵌入式 SQL 语句在个别语句上有所扩充。如嵌入式 SQL 中的 SELECT 语句增加了 INTO 子句，以便与宿主语言变量打交道。此外，嵌入式 SQL 为适合程序设计语言的要求，还增加了许多语句，如游标的定义、打开和关闭语句等。

2. 执行性 SQL 语句和说明性 SQL 语句

嵌入的 SQL 语句主要有两种类型：执行性 SQL 语句和说明性 SQL 语句。执行性 SQL 语句可用来连接数据库，定义、查询和操纵数据库中的数据，真正对数据库进行操作，执行完成后，在通信区中存放执行信息。说明性语句用来说明通信区和 SQL 语句中用到的变量。说明性语句不生成执行代码，对通信区不产生影响。

3. 事务

事务是逻辑上相关的一组 SQL 语句。数据库把它们视作一个单元。为了保持数据库的一致性，一个事务内的所有操作要么都做，要么都不做。嵌入式 SQL 也能够很好地支持事务。

在嵌入式 SQL 程序中嵌入的 SQL 语句以 EXEC 作为起始标识，以“;”作为结束标识。在嵌入的 SQL 语句中可以使用主语言(这里是 C 语言)的程序变量(即主变量，或称为宿主变量)，这时主变量名前加冒号(:)作为标志，以区别于字段名和其他主语言变量。

嵌入式 SQL 程序包括两部分：程序首部和程序体。程序首部定义变量，为嵌入式 SQL 程序做准备，程序体包含各种 SQL 语句来连接数据库或操纵数据库中的数据。

编制并运行 ESQL 程序比单独使用纯 C 语言多一个预编译过程，通常包含以下几个步骤。

(1) 编辑嵌入式 SQL 程序，此时的程序扩展名为.sqc。

(2) 使用预编译器对嵌入式 SQL 源程序进行预处理，编译器将源程序中嵌入的 SQL 语言翻译成标准 C 语言，产生一个 C 语言编译器能直接进行编译的文件，相应的文件扩展名为.c。该文件可以和普通的 C 文件一样被放入一个工程中被 C 编译器编译、连接后运行。

下面介绍一下在 C 语言程序中嵌入 SQL 语句的程序开发环境的搭建。

9.1.1 在 C 语言程序中嵌入 SQL 语句的程序开发环境的搭建

这里的 C 语言编译器使用 Visual C++ 6.0 编译器，数据库使用 SQL Server 2000。因此，首先应安装 Visual C++ 6.0 和 SQL Server 2000 数据库系统，这两个软件的安装过程很多相关书籍都有提及，本书不再赘述。本章的配置在安装好 Visual C++ 6.0 和 SQL Server 2000 的基础上进行，在配置过程中需要用到 SQL Server 2000 安装光盘，要准备好。

(1) 准备编译所需的头文件和库文件。在 SQL Server 2000 的安装光盘中找到相对应目录下的 DEVTOOLS 目录。如果安装的是企业版 SQL Server 2000，此目录在 ENTERPRISE 目录中，如果安装的是个人版 SQL Server 2000，此目录在 PERSONAL 目录中。将 DEVTOOLS 目录复制到 SQL Server 的安装目录中，例如：C:\Program Files\Microsoft SQL Server，即可在 C:\Program Files\Microsoft SQL Server\DEVTOOLS\INCLUDE 目录中看到若干头文件，并在 C:\Program Files\Microsoft SQL Server\DEVTOOLS\X86LIB 目录中看到若干.lib 库文件。参看图9-1。

(2) 准备开发工具。在 SQL Server 2000 的安装光盘中找到相对应目录下的 X86\BINN 目录，并将此文件夹复制到 SQL Server 的安装目录中，例如：C:\Program Files\Microsoft SQL Server，即可在 C:\Program Files\Microsoft SQL Server\BINN 中(图9-1)看到若干可执行文件和.dll 动态链接库。

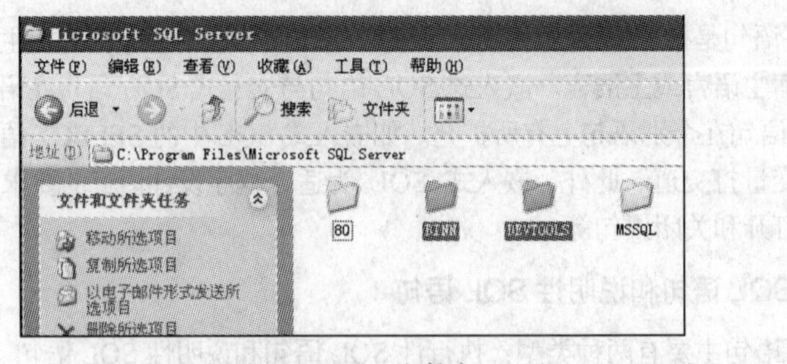

图 9-1 BINN 文件夹

(3) 初始化 SQL Server 预编译环境。执行 DEVTOOLS 目录中的 SAMPLES\ESQLC\ unzip_esqlc.exe，释放出若干文件，执行 setenv.bat。此程序路径为：C:\Program Files\Microsoft SQL Server\DEVTOOLS\SAMPLES\ESQLC\setenv.bat。此程序为批处理程序，会弹出一个命令行窗口，短暂停留后消失，即设置完毕。

(4) 初始化 Visual C++编译器环境。运行 Visual C++ 6.0 安装目录 VC98\Bin 中的 VCVARS32.

BAT，此程序路径是：C:\Program Files\Microsoft Visual Studio\VC98\Bin\VCVARS32.BAT。此程序也是批处理程序。

此时开发环境已经初步配置完毕。

9.1.2　第一个在C语言程序中嵌入SQL语句的程序

(1) 编辑源代码。打开记事本编辑如下代码，保存到C:\demo.sqc中。

```
#include<stdio.h>
void main()
{
    //声明嵌入式SQL的变量，此部分语句不会执行
    EXEC SQL BEGIN DECLARE SECTION;
    char first_name[40];
    char last_name[]="White";
    EXEC SQL END DECLARE SECTION;
    //使用用户名sa和密码123连接到localhost主机的Pubs数据库
    EXEC SQL CONNECT TO localhost.Pubs
    USER sa.123;
    //执行SQL语句，并将查询到的au_fname字段内容放到first_name中
    EXEC SQL SELECT au_fname INTO :first_name FROM authors WHERE au_lname
    = :last_name;
    //断开连接
    EXEC SQL DISCONNECT ALL;
    //输出first_name的内容
    printf("first name: %s \n",first_name);
}
```

本节只作为开发前的准备，因此只对代码进行简要注释。

(2) 预编译此SQC文件。运行cmd进入命令行界面，输入命令：

cd C:\Program Files\Microsoft SQL Server\BINN

此时切换到C:\Program Files\Microsoft SQL Server\BINN目录，输入命令：

nsqlprep C:\demo.sqc /SQLACCESS /DB localhost.Pubs /PASS sa.123

接下来进行预处理。nsqlprep是预处理程序，C:\demo.c是要处理的源程序路径，/SQLACCESS 通知nsqlprep为嵌入式SQL程序的静态SQL创建相应的存储过程；/DB localhost.Pubs 指明要连接的服务器(localhost)及数据库名称(Pubs)；/PASS sa.123 给出登录名(sa)及相应的口令(123)。执行成功之后会在C:\目录下生成demo.c文件。

代码类似如下：

```
/* ===== C:\demo.c =====*/
/* ===== NT doesn't need the following... */
#ifndef WIN32
#define WIN32
#endif
#define _loadds
#define _SQLPREP_
```

```
#include <sqlca.h>
#include <sqlda.h>
#include <string.h>
#define SQLLENMAX(x)     ( ((x) > 32767) ? 32767 : (x) )
...
```

由此可以看出，SQL Server 2000 在预编译 SQC 文件时做了很多工作，代码量远远大于源程序。

(3) 使用 Visual C++ 6.0 打开 demo.c 文件，此时尚不能立即编译和链接文件，需要将头文件和相关库文件添加到工程中才行。

① 在 Visual C++ 6.0 的 Tools 菜单中选择 Options 命令，在 Directories 选项卡中的 Include files 目录中添加 C:\Program Files\Microsoft SQL Server\Devtools\INCLUDE，如图9-2所示。在 Library files 目录中添加 C:\Program Files\Microsoft SQL Server\Devtools\X861IB，如图9-3所示。

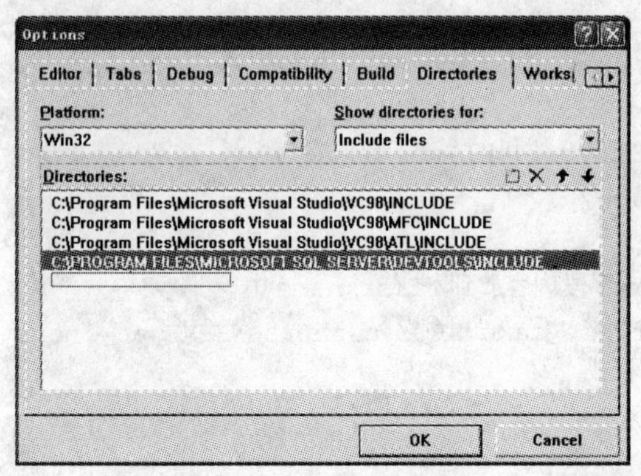

图 9-2　添加 Include 文件

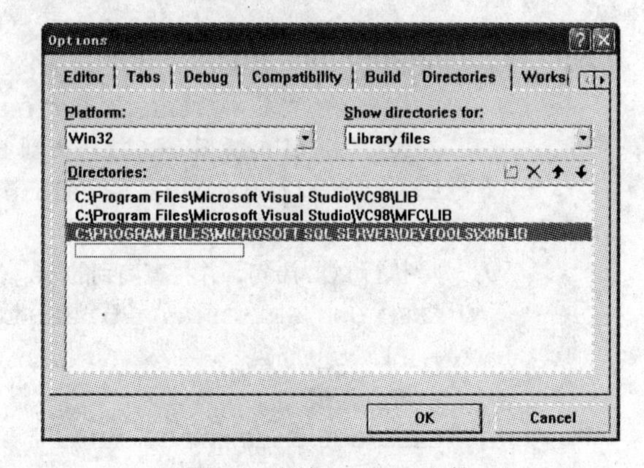

图 9-3　添加 Library 文件

② 在 Visual C++ 6.0 的 Project 菜单中选择 Settings 命令。如果该命令不可选，编译一下程序即可。在打开的 Project Settings 对话框中选择 Link 选项卡，在 Object/library modules 输入框中加入 SQLakw32.lib Caw32.lib，如图9-4所示。

此时程序可通过正常编译链接，并生成可执行程序，但是执行时可能会弹出缺少.dll 文件的错误信息，解决方法是将 C:\Program Files\Microsoft SQL Server\BINN 中的 SQLakw32.dll 和 SQLaiw32.dll 移到 C:\WINDOWS\system32 或者该可执行文件的目录中。

程序执行结果是：first name: Johnson，如图9-5所示。

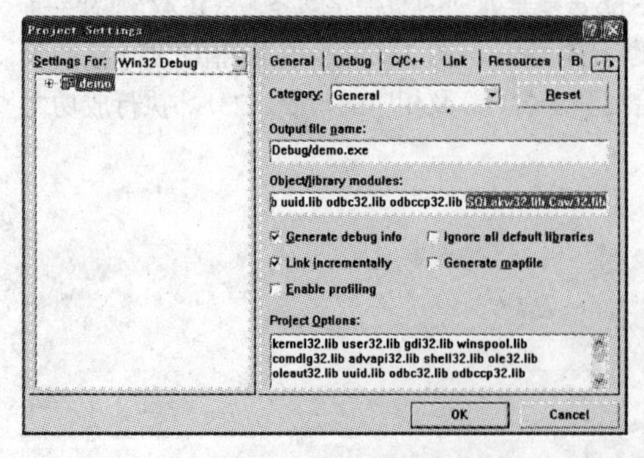

图 9-4　Link 选项卡

图 9-5　程序执行结果

9.2　静态 SQL 语句

嵌入式 SQL 语句从 SQL 语句的生成角度分为静态 SQL 语句和动态 SQL 语句两类。静态 SQL 语言，也就是说在编译时已经确定了引用的表和列。宿主变量不改变表和列信息。可以使用主变量改变查询参数值，但是不能用主变量代替表名或列名。本节介绍静态 SQL 语句的作用。动态 SQL 相关的一些语句将在9.3节中讲解。

9.2.1　声明嵌入式 SQL 语句中使用的 C 变量

1．声明方法

主变量(Host Variable)就是在嵌入式 SQL 语句中引用主语言说明的程序变量，例如：

```
EXEC SQL BEGIN DECLARE SECTION;
char first_name[50];
char last_name[] = "White";
EXEC SQL END DECLARE SECTION;
…
EXEC SQL SELECT au_fname INTO :first_name
FROM authors WHERE au_lname = :last_name;
…
```

在嵌入式 SQL 语句中使用主变量前，必须在 BEGIN DECLARE SECTION 和 END DECLARE SECTION 之间对主变量进行说明，这两条语句不是可执行语句，而是预编译程序的说明。主变量是标准的 C 程序变量。嵌入 SQL 语句使用主变量来输入数据和输出数据。C 程序和嵌入的 SQL 语句都可以访问主变量。

值得注意的是，主变量的长度不能超过 30 字节。

2．主变量的数据类型

以 SQL 为基础的 DBMS 支持的数据类型与程序设计语言支持的数据类型之间有很大差别，这些差别对主变量影响很大。一方面，主变量是一个用程序设计语言的数据类型说明并用程序设计语言处理的程序变量；另一方面，在嵌入式 SQL 语句中用主变量保存从数据库中取出的数据。所以，在嵌入式 SQL 语句中，必须映射 C 数据类型为合适的 DBMS 数据类型，因此应慎重选择主变量的数据类型。在 SQL Server 中，很多数据类型都能够自动转换，例如：

```
EXEC SQL BEGIN DECLARE SECTION;
int hostvar1 = 39;
char *hostvar2 = "telescope";
float hostvar3 = 355.95;
EXEC SQL END DECLARE SECTION;
EXEC SQL UPDATE inventory
SET department = :hostvar1
WHERE part_num = "4572-3";
EXEC SQL UPDATE inventory
SET prod_descrip = :hostvar2
WHERE part_num = "4572-3";
```

```
EXEC SQL UPDATE inventory
SET price = :hostvar3
WHERE part_num = "4572-3";
```

在第一个 UPDATE 语句中，department 列为 SMALLINT 数据类型(INTEGER)，所以应该把 hostvar1 定义为 INT 数据类型(integer)，这样，从 C 到 SQL Server 的 hostvar1 可以直接映射。在第二个 UPDATE 语句中，prod_descip 列为 varchar 数据类型，所以应该把 hostvar2 定义为字符数组，这样，从 C 到 SQL Server 的 hostvar2 可以从字符数组映射为 VARCHAR 数据类型。在第三个 UPDATE 语句中，price 列为 MONEY 数据类型。在 C 语言中，没有相应的数据类型，所以用户可以把 hostvar3 定义为 C 的浮点变量或字符数据类型。SQL Server 可以自动将浮点变量转换为 MONEY 数据类型(输入数据)，或将 MONEY 数据类型转换为浮点变量(输出数据)。

需要注意的是，如果数据类型为字符数组，那么 SQL Server 会在数据后面填充空格，直到填满该变量的声明长度。

在 ESQL/C 中，不支持所有的 Unicode 数据类型(如 NVARCHAR、NCHAR 和 NTEXT)。对于非 Unicode 数据类型，除了 DATETIME、SMALLDATETIME、MONEY 和 SMALLMONEY 外(DECIMAL 和 NUMERIC 数据类型在部分情况下不支持)，都可以相互转换。

因为 C 没有 DATE 或 TIME 数据类型，所以 SQL Server 的 DATE 或 TIME 列将被转换为字符。在默认情况下，使用以下转换格式：mm dd yyyy hh:mm:ss[am | pm]。也可以使用字符数据格式将 C 的字符数据存放到 SQL Server 的 DATE 列上。也可以使用 Transact-SQL 中的 CONVERT 语句来转换数据类型，例如：SELECT CONVERT(char, date, 8) FROM sales。

3. 主变量和 NULL

大多数程序设计语言(如 C)都不支持 NULL，所以对 NULL 的处理一定要在 SQL 中完成。可以使用主机指示符变量(Host Indicator Variable)来解决这个问题。在嵌入式 SQL 语句中，主变量和指示符变量共同规定一个单独的 SQL 类型值，例如：

```
EXEC SQL SELECT price INTO :price:price_nullflag FROM titles
WHERE au_id = "mc3026"
```

其中，price 是主变量，price_nullflag 是指示符变量。指示符变量共有两类值。

(1) –1：表示主变量应该假设为 NULL。注意：主变量的实际值是一个无关值，不予考虑。

(2) >0：表示主变量包含了有效值。该指示变量存放了该主变量数据的最大长度。

所以，上面这个例子的含义是：如果不存在 mc3026 写的书，那么 price_nullflag 为–1，表示 price 为 NULL；如果存在，则 price 为实际的价格。

下面再看一个 UPDATE 的例子：

```
EXEC SQL UPDATE closeoutsale
SET temp_price = :saleprice :saleprice_null, listprice = :oldprice;
```

如果 saleprice_null 是–1，则上述语句等价为：

```
EXEC SQL UPDATE closeoutsale
SET temp_price = null, listprice = :oldprice;
```

也可以在指示符变量前面加上 INDICATOR 关键字，表示后面的变量为指示符变量，例如：

```
EXEC SQL UPDATE closeoutsale
SET temp_price = :saleprice INDICATOR :saleprice_null;
```

需要注意的是，不能在 WHERE 语句后面使用指示符变量，例如：

EXEC SQL DELETE FROM closeoutsale
WHERE temp_price = :saleprice :saleprice_null;

可以使用下面的语句来完成上述功能：

```
if (saleprice_null = = -1)
{
    EXEC SQL DELETE FROM closeoutsale
    WHERE temp_price IS NULL;
}
else
{
    EXEC SQL DELETE FROM closeoutsale
    WHERE temp_price = :saleprice;
}
```

为了使主变量便于识别，当嵌入式 SQL 语句中出现主变量时，必须在变量名称前标上冒号（:）。冒号的作用是，告诉预编译器，这是个主变量而不是表名或列名。

9.2.2　连接数据库

在程序中，使用 CONNECT TO 语句来连接数据库。该语句的完整语法为：

CONNECT TO {[server_name.]database_name}[AS connection_name] USER [login[.password] | $integrated]

其中：

(1) server_name 为服务器名。如省略，则为本地服务器名。

(2) database_name 为数据库名。

(3) connection_name 为连接名。可省略。如果仅仅使用一个连接，那么无需指定连接名。可以使用 SET CONNECTION 来使用不同的连接。

(4) login 为登录名。

(5) password 为密码。

例如“EXEC SQL CONNECT TO localhost.pubs USER sa.password;”，服务器是 localhost，数据库为 Pubs，登录名为 sa，密码为 password。默认的超时时间为 10 s。如果指定连接的服务器没有响应这个连接请求，或者连接超时，那么系统会返回错误信息。可以使用 SET OPTION 命令设置连接超时的时间值。

在嵌入式 SQL 语句中，使用 DISCONNECT 语句断开数据库的连接。其语法为：

DISCONNECT [connection_name | ALL | CURRENT]

其中，connection_name 为连接名；ALL 表示断开所有的连接；CURRENT 表示断开当前连接。下面通过一些例子来说明 CONNECT 和 DISCONNECT 语句的用法。

```
EXEC SQL CONNECT TO caffe.Pubs AS caffe1 USER sa;
EXEC SQL CONNECT TO latte.Pubs AS latte1 USER sa;
EXEC SQL SET CONNECTION caffe1;
EXEC SQL SELECT name FROM sysobjects INTO :name;
EXEC SQL SET CONNECTION latte1;
EXEC SQL SELECT name FROM sysobjects INTO :name;
EXEC SQL DISCONNECT caffe1;
EXEC SQL DISCONNECT latte1;
```

在上面这个例子中，第一个 SELECT 语句查询在 caffe 服务器上的 Pubs 数据库。第二个 SELECT 语句查询在 latte 服务器上的 Pubs 数据库。断开链接时，也可以使用“EXEC SQL DISCONNECT ALL;”来断开所有的连接。

9.2.3 数据的查询与更新

可以使用 SELECT INTO 语句查询数据，并将数据存放在主变量中，例如：

EXEC SQL SELECT au_fname　INTO :first_name

FROM authors WHERE au_lname = :last_name;

删除数据使用 DELETE 语句，其语法类似于 Transact-SQL 中的 DELETE 语句的语法，例如：

EXEC SQL DELETE FROM authors WHERE au_lname = 'White'

更新数据使用 UPDATE 语句，其语法就是 Transact-SQL 中的 UPDATE 语句的语法。例如：

EXEC SQL UPDATE authors SET au_fname = 'Fred' WHERE au_lname = 'White'

插入新数据使用 INSERT 语句，其语法就是 Transact-SQL 中的 INSERT 语句的语法，例如：

EXEC SQL INSERT INTO homesales (seller_name, sale_price)

real_estate ('Jane Doe', 180000.00);

用嵌入式 SQL 语句查询数据分成两类情况。一类是单行结果，一类是多行结果。对于单行结果，可以使用 SELECT INTO 语句；对于多行结果，必须使用游标(Cursor)来完成。游标是一个与 SELECT 语句相关联的符号名，它使用户可逐行访问由 SQL Server 返回的结果集。先看下面这个例子，逐行打印 staff 表的 id、name、dept、job、years、salary 和 comm 的值。

```
EXEC SQL DECLARE C1 CURSOR FOR
SELECT id, name, dept, job, years, salary, comm FROM staff;
EXEC SQL OPEN c1;
while (SQLCODE == 0)
{
   /* SQLCODE will be zero if data is successfully fetched */
   EXEC SQL FETCH c1 INTO :id, :name, :dept, :job, :years, :salary, :comm;
   if (SQLCODE == 0)
        printf("%4d %12s %10d %10s %2d %8d %8d",
        id, name, dept, job, years, salary, comm);
}
EXEC SQL CLOSE c1;
```

从上例可以看出，首先应该定义游标结果集，即定义该游标的 SELECT 语句返回的行的集合。然后使用 FETCH 语句逐行处理。

需要注意的是，嵌入 SQL 语句中的游标定义选项同 Transact-SQL 中的游标定义选项有些不同，必须遵循嵌入 SQL 语句中的游标定义规则。

1. 声明游标

例如：EXEC SQL DECLARE C1 CURSOR FOR

SELECT id, name, dept, job, years, salary, comm FROM staff;

2. 打开游标

例如：EXEC SQL OPEN c1;

完整语法为：OPEN 游标名 [USING 主变量名 | DESCRIPTOR 描述名]。

3．取一行值

例如：EXEC SQL FETCH c1 INTO :id, :name, :dept, :job, :years, :salary, :comm;

4．关闭游标

例如：EXEC SQL CLOSE c1;

关闭游标的同时，会释放由游标添加的锁和放弃未处理的数据。在关闭游标前，该游标必须已经声明和打开。另外，程序终止时，系统会自动关闭所有打开的游标。

也可以使用 UPDATE 语句和 DELETE 语句来更新或删除由游标选择的当前行。使用 DELETE 语句删除当前游标所在的行数据的具体语法如下：

DELETE [FROM] {table_name | view_name} WHERE CURRENT OF cursor_name

其中：

(1) table_name 是表名，该表必须是 DECLARE CURSOR 中 SELECT 语句中的表。

(2) view_name 是视图名，该视图必须是 DECLARE CURSOR 中 SELECT 语句中的视图。

(3) cursor_name 是游标名。

看下面这个例子，逐行显示 firstname 和 lastname，询问用户是否删除该信息，如果回答“是”，那么删除当前行的数据。

```
EXEC SQL DECLARE c1 CURSOR FOR
SELECT au_fname, au_lname FROM authors FOR BROWSE;
EXEC SQL OPEN c1;
while (SQLCODE == 0)
{
   EXEC SQL FETCH c1 INTO :fname, :lname;
   if (SQLCODE == 0)
   {
      printf("%12s %12s\n", fname, lname);
      printf("Delete? ");
      scanf("%c", &reply);
      if (reply == 'y')
      {
         EXEC SQL DELETE FROM authors WHERE CURRENT OF c1;
         printf("DELETE sqlcode= %d\n", SQLCODE(ca));
      }
   }
}
```

9.2.4　SQL 通信区

DBMS 是通过 SQLCA(SQL 通信区)向应用程序报告运行错误信息的。SQLCA 是一个含有错误变量和状态指示符的数据结构。通过检查 SQLCA，应用程序能够检查出嵌入式 SQL 语句是否成功，并根据成功与否决定是否继续往下执行。预编译器自动在嵌入 SQL 语句中包含 SQLCA 数据结构。在程序中可以使用 EXEC SQL INCLUDE SQLCA，作用是通知 SQL 预编译程序在该程序中包含一个 SQL 通信区。也可以不写，系统会自动加上 SQLCA 结构。

1. SQLCODE

SQLCA 结构中最重要的部分是 SQLCODE 变量。在执行每条嵌入式 SQL 语句时，DBMS 在 SQLCA 中设置变量 SQLCODE 的值，以指明语句的完成状态。

(1) 0：该语句成功执行，无任何错误或报警。

(2) <0：出现了严重错误。

(3) >0：出现了报警信息。

2. SQLSTATE

SQLSTATE 变量也是 SQLCA 结构中的成员。它同 SQLCODE 一样，都会返回错误信息。SQLSTATE 是在 SQLCODE 之后产生的。这是因为，在制定 SQL2 标准之前，各个数据库厂商都采用 SQLCODE 变量来报告嵌入式 SQL 语句中的错误状态。但是，各个厂商没有采用标准的错误描述信息和错误值来报告相同的错误状态。所以，标准化组织增加了 SQLSTATE 变量，规定了通过 SQLSTATE 变量报告错误状态和各个错误代码。因此，目前使用 SQLCODE 的程序仍然有效，但也可用标准的 SQLSTATE 错误代码编写新程序。

在每条嵌入式 SQL 语句之后立即编写一条检查 SQLCODE/SQLSTATE 值的程序，是一件很烦琐的事情。为了简化错误处理，可以使用 WHENEVER 语句。该语句是 SQL 预编译程序的指示语句，而不是可执行语句。它通知预编译程序在每条可执行嵌入式 SQL 语句之后自动生成错误处理程序，并指定了错误处理操作。

用户可以使用 WHENEVER 语句通知预编译程序如何处理以下 3 种异常。

WHENEVER SQLERROR action：表示一旦 SQL 语句执行时遇到错误信息，则执行 action，action 中包含了处理错误的代码(SQLCODE<0)。

WHENEVER SQLWARNING action：表示一旦 SQL 语句执行时遇到警告信息，则执行 aciton，即 action 中包含了处理警报的代码(SQLCODE=1)。

WHENEVER NOT FOUND：表示一旦 SQL 语句执行时没有找到相应的元组，则执行 action，即 action 包含了处理没有查到内容的代码(SQLCODE=100)。

针对上述 3 种异常，用户可以指定预编译程序采取以下 3 种行为(action)。

WHENEVER…GOTO：通知预编译程序产生一条转移语句。

WHENEVER…CONTINUE：通知预编译程序让程序的控制流转入到下一个主语言语句。

WHENEVER…CALL：通知预编译程序调用函数。

其完整语法如下：

WHENEVER {SQLWARNING | SQLERROR | NOT FOUND} {CONTINUE | GOTO stmt_label | CALL function( ) }

例如：

```
EXEC SQL WHENEVER sqlerror GOTO errormessage1;
EXEC SQL DELETE FROM homesales
WHERE equity < 10000;
EXEC SQL DELETE FROM customerlist
WHERE salary < 40000;
EXEC SQL WHENEVER sqlerror CONTINUE;
EXEC SQL UPDATE homesales
SET equity = equity - loanvalue;
```

```
EXEC SQL WHENEVER sqlerror GOTO errormessage2;
EXEC SQL INSERT INTO homesales (seller_name, sale_price)
real_estate('Jane Doe', 180000.00);
:
errormessage1:
printf("SQL DELETE error: %ld\n, sqlcode);
exit( );
errormessage2:
printf("SQL INSERT error: %ld\n, sqlcode);
exit( );
```

WHENEVER 语句是预编译程序的指示语句。在上面这个例子中，由于第一个 WHENEVER 语句的作用，前面两个 DELETE 语句中任一语句内的一个错误会在 errormessage1 中形成一个转移指令。由于一个 WHENEVER 语句替代了前面的 WHENEVER 语句，所以，嵌入式 UPDATE 语句中的一个错误会直接转入下一个程序语句中。嵌入式 INSERT 语句中的一个错误会在 errormessage2 中产生一条转移指令。

从上面的例子可以看出，WHENEVER/CONTINUE 语句的主要作用是取消先前的 WHENEVER 语句的作用。WHENEVER 语句使得对嵌入式 SQL 错误的处理变得更加简便，应该在应用程序中普遍使用，而不是直接检查 SQLCODE 的值。

9.3　动态 SQL 语句

9.2 节中讲述的嵌入 SQL 语句都是静态 SQL 语句，即在编译时已经确定了引用的表和列。主变量不改变表和列信息。通过静态 SQL 语言，使用主变量可以改变查询参数，但是不能用主变量代替表名或列名，否则，系统会报错。动态 SQL 语句就是用来解决这个问题的。

动态 SQL 语句不是在编译时确定 SQL 的表和列，而是让程序在运行时提供，并将 SQL 语句文本传给 DBMS 执行。静态 SQL 语句在编译时已经生成执行计划。而动态 SQL 语句只有在执行时才产生执行计划。动态 SQL 语句首先执行 PREPARE 语句要求 DBMS 分析、确认和优化语句，并为其生成执行计划。DBMS 还设置 SQLCODE 以表明语句中发现的错误。当程序执行完 PREPARE 语句后，就可以用 EXECUTE 语句执行并设置 SQLCODE，以表明状态完成。

从功能和处理的角度，动态 SQL 应该从两个方面来解释：动态修改和动态查询。

9.3.1　动态修改

动态修改使用 PREPARE 语句和 EXECUTE 语句。PREPARE 语句是动态 SQL 语句独有的语句。其语法为：

PREPARE 语句名 FROM 主变量

该语句接收含有 SQL 语句的主变量，并把该语句传送给 DBMS。DBMS 编译语句并生成执行计划。在语句串中包含一个“？”标明参数，当执行语句时，DBMS 需要参数来替代这些“？”。PREPRARE 执行的结果是，DBMS 把语句名赋给准备的语句。语句名类似于游标名，是一个 SQL 标识符。在执行 SQL 语句时，EXECUTE 语句后面是这个语句名。例如：

```
EXEC SQL BEGIN DECLARE SECTION;
char prep[] = "INSERT INTO mf_table VALUES(?,?,?)";
char name[30];
```

```
char car[30];
double num;
EXEC SQL END DECLARE SECTION;
EXEC SQL PREPARE prep_stat FROM :prep;
while (SQLCODE == 0)
{
    strcpy(name, "Elaine");
    strcpy(car, "Lamborghini");
    num = 4.9;
    EXEC SQL EXECUTE prep_stat USING :name, :car, :num;
}
```

在这个例子中，prep_stat 是语句名，prep 主变量的值是一个 INSERT 语句，包含了 3 个参数(3 个“？”)。PREPARE 的作用是，DBMS 编译这个语句并生成执行计划，并把语句名赋给这个预备的语句。

需要注意的是，PREPARE 中的语句名的作用范围为整个程序，所以不允许在同一个程序的多个 PREPARE 语句中使用相同的语句名。

EXECUTE 语句是动态 SQL 独有的语句。它的语法如下：

EXECUTE 语句名 USING 主变量 | DESCRIPTOR 描述符名

上面这个例子中的“EXEC SQL EXECUTE prep_stat USING :name, :car, :num;”语句的作用是，请求 DBMS 执行 PREPARE 语句准备好的语句。当要执行的动态语句中包含一个或多个参数标记时，在 EXECUTE 语句中必须为每一个参数提供值，如：:name、:car 和:num。这样，EXECUTE 语句用主变量值逐一代替准备语句中的参数标志(“？”)，从而为动态执行语句提供了输入值。

使用主变量提供值，USING 子句中的主变量数必须同动态语句中的参数个数一致，而且每一个主变量的数据类型必须同相应参数所需的数据类型相一致。各主变量也可以有一个伴随主变量的指示变量。当处理 EXECUTE 语句时，如果指示变量包含一个负值，就把 NULL 值赋予相应的参数标志。除了使用主变量为参数提供值，也可以通过 SQLDA 提供值。

9.3.2 动态游标

游标分为静态游标和动态游标两类。对于静态游标，在定义游标时就已经确定了完整的 SELECT 语句。在 SELECT 语句中可以包含主变量来接收输入值。当执行游标的 OPEN 语句时，主变量的值被放入 SELECT 语句中。在 OPEN 语句中，不用指定主变量，因为在 DECLARE CURSOR 语句中已经放置了主变量。例如：

```
EXEC SQL BEGIN DECLARE SECTION;
char szLastName[] = "White";
char szFirstName[30];
EXEC SQL END DECLARE SECTION;
EXEC SQL
DECLARE author_cursor CURSOR FOR
SELECT au_fname FROM authors WHERE au_lname = :szLastName;
EXEC SQL OPEN author_cursor;
EXEC SQL FETCH author_cursor INTO :szFirstName;
```

动态游标和静态游标不同。以下是动态游标的语法(参照本小节后面的例子来理解动态游标)。

1．声明游标

声明游标使用 DECLARE CURSOR，下面是对于静态 SQL 声明一个游标：

EXEC SQL DECLARE C1 CURSOR FOR Select * from staff;

在源文件中，DECLARE CURSOR 语句应出现在打开游标语句之前，如果使用的是动态语句，则有所不同，声明语句中不再包括 SELECT 语句的语法，而是使用一个语句名。这个语句名必须与准备相关的 SELECT 语句时使用的名称相匹配。例如：

EXEC SQL PREPARE Stmtl FRM：Stringstmt;

EXEC SQL DECLARE C2 CUSOR FOR Stmtl;

2．打开游标

语法：OPEN 游标名[USING 主变量名 | DESCRIPTOR 描述名]

在动态游标中，OPEN 语句的作用是使 DBMS 在第一行查询结果前开始执行查询并定位相关的游标。当 OPEN 语句成功执行完毕后，游标处于打开状态，并为 FETCH 语句做准备。OPEN 语句的作用是执行一条由 PREPARE 语句预编译的语句。如果动态查询正文中包含有一个或多个参数标记，OPEN 语句必须为这些参数提供参数值。USING 子句的作用是规定参数值。

3．取一行值

语法：FETCH 游标名 USING DESCRIPTOR 描述符名。

动态 FETCH 语句的作用是，把这一行的各列值送到 SQLDA 中，并把游标移到下一行。注意，静态 FETCH 语句的作用是用主变量表接收查询到的列值。

在使用 FETCH 语句前，必须为数据区分配空间，SQLDATA 字段指向检索出的数据区。SQLLEN 字段指出 SQLDATA 指向的数据区的长度。SQLIND 字段指出是否为 NULL。关于 SQLDA，见下一节。

4．关闭游标

例如：EXEC SQL CLOSE c1;

关闭游标的同时，会释放由游标添加的锁和放弃未处理的数据。在关闭游标前，该游标必须已经声明和打开。另外，程序终止时，系统会自动关闭所有打开的游标。

在动态游标的 DECLARE CURSOR 语句中不包含 SELECT 语句。而是定义了在 PREPARE 中的语句名，用 PREPARE 语句规定与查询相关的语句名称。当 PREPARE 语句中的语句包含了参数时，在 OPEN 语句中必须指定提供参数值的主变量或 SQLDA。动态 DECLARE CURSOR 语句是 SQL 预编译程序中的一个命令，而不是可执行语句。该子句必须在 OPEN、FETCH、CLOSE 语句之前使用，例如：

```
EXEC SQL BEGIN DECLARE SECTION;
char szCommand[] = "SELECT au_fname FROM authors WHERE au_lname = ?";
char szLastName[] = "White";
char szFirstName[30];
EXEC SQL END DECLARE SECTION;
EXEC SQL DECLARE author_cursor CURSOR FOR select_statement;
EXEC SQL PREPARE select_statement FROM :szCommand;
EXEC SQL OPEN author_cursor USING :szLastName;
EXEC SQL FETCH author_cursor INTO :szFirstName;
```

9.3.3 SQLDA

可以通过 SQLDA 为嵌入 SQL 语句提供输入数据和从嵌入 SQL 语句中输出数据。理解 SQLDA 的结构是理解动态 SQL 的关键。

动态 SQL 语句在编译时可能不知道有多少列信息。在嵌入 SQL 语句中，这些不确定的数据是通过 SQLDA 完成的。SQLDA 的结构非常灵活，在该结构的固定部分指明了多少列等信息(如下面程序中的 sqld=2，表示为两列信息)，在该结构的后面有一个可变长的结构(SQLVAR 结构)，说明每列的信息。

SQLDA 结构：

```
sqld=2
sqlvar
……
sqltype=500
sqllen
sqldata
…
sqltype=501
sqllen
sqldata
…
```

SQLDA 的结构在 sqlda.h 中定义，代码如下：

```
struct sqlda
{
    unsigned char sqldaid[8];     // Eye catcher = 'SQLDA '
    long sqldabc;                 // SQLDA size in bytes = 16+44*SQLN
    short sqln;                   // Number of SQLVAR elements
    short sqld;                   // Num of used SQLVAR elements
    struct sqlvar
    {
      short sqltype;              // Variable data type
      short sqllen;               // Variable data length
      // Maximum amount of data < 32K
      unsigned char FAR *sqldata; // Pointer to variable data value
      short FAR *sqlind;          // Pointer to null indicator
      struct sqlname              // Variable name
      {
         short length;            // Name length [1..30]
         unsigned char data[30];  // Variable or column name
      } sqlname;
    } sqlvar[1];
};
```

从上面这个定义可以看出，SQLDA 是一种由两个不同部分组成的可变长数据结构。从位于 SQLDA 开端的 sqldaid 到 sqld 为固定部分，用于标识该 SQLDA，并规定这一特定的 SQLDA 的长度。而后是一个或多个 sqlvar 结构，用于标识列数据。当用 SQLDA 把参数传送到执行语句时，每一个参数都是一个 sqlvar 结构；当用 SQLDA 返回输出列信息时，每一列都是一个 sqlvar 结构。每个元素的含义如下。

(1) sqldaid：用于输入标识信息，如 SQLDA。

(2) sqldabc：SQLDA 数据结果的长度。应该是 16+44*SQLN。Sqldaid、sqldabc、sqln 和 sqld 的总长度为 16 个字节。而 sqlvar 结构的长度为 44 个字节。

(3) sqln：分配的 sqlvar 结构的个数，等价于输入参数的个数或输出列的个数。

(4) sqld：目前使用的 sqlvar 结构的个数。

(5) sqltype：代表参数或列的数据类型。它是一个整数数据类型代码，如 500 代表二字节整数。

(6) sqllen：代表传送数据的长度，如 2 代表二字节整数。如果是字符串，则该数据为字符串中的字符数量。

(7) sqldata：指向数据的地址。注意，仅仅是一个地址。

(8) sqlind：代表是否为 NULL。如果该列不允许为 NULL，则该字段不赋值；如果该列允许为 NULL，则：若该字段为 0，表示数据值不为 NULL，若为-1，表示数据值为 NULL。

(9) sqlname：代表列名或变量名。它是一个结构，包含 length 和 data。length 是名字的长度；data 是名字。

9.4　C 语言数据库应用程序开发实例

本节通过一个具体的实例来说明数据库应用系统的设计和实现的过程，以使读者对数据库及其应用开发有更具体的理解。

9.4.1　需求说明

要求实现一个学生信息管理系统，在此系统中涉及对学生信息管理，此系统要求能够记录学生的基本信息。系统具体要求如下：

- 能够向数据库中添加学生基本信息。
- 能够删除指定学生的基本信息。
- 能够修改学生的基本信息。
- 能够根据指定的条件查询学生的基本信息。

9.4.2　数据库结构设计

1．概念结构设计

现在对上述需求做进一步的分析，产生概念结构设计的 E-R 模型。由于这个系统比较简单，此系统仅包含一个学生实体。

学生：用于描述一名学生的基本信息，由学号来标识。

其实体属性图如图 9-6 所示：

经分析得到此系统中各实体所包含的基本属性如下。

学生：学号，姓名，性别，出生日期，专业，班级，院系。

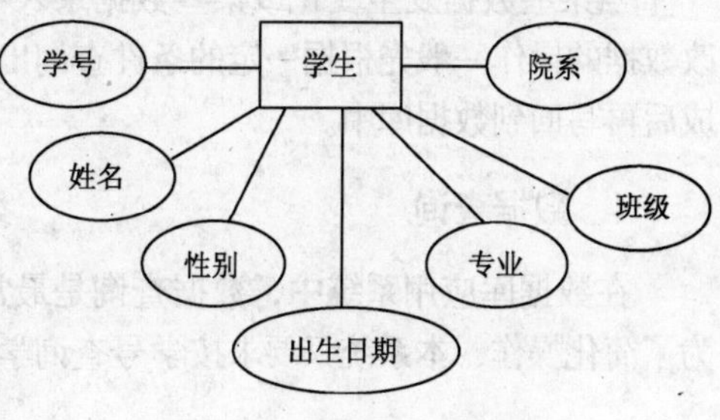

图 9-6　学生实体-属性图

2．逻辑结构设计

有了基本的实体-属性图就可以进行逻辑结构设计，也就是设计基本的关系模型。设计基本关系模型主要从实体-属性图出发，将其直接转换为关系模型。根据转换规则，这个 E-R 模型转换的关系模型为：

实体名：学生

对应的关系模型：学生(学号，姓名，性别，出生日期，专业，班级，院系)

现在分析一下这些关系模型。由于在设计关系模型时是以现实存在的实体为依据，而且遵循一个基本表只描述现实世界的一个实体的原则，每个关系模式中的每个非主码属性都完全由主码唯一确定，因此上述关系模式是第三范式的关系模式。

在设计好关系模式并确定好每个关系模式的主码后，应该看一下这些关系模式之间的关联关系，即确定关系模式的外码。本例只有一个实体，所以不存在外码。

最后确定表中各属性的详细信息，包括数据类型和长度等，如表 9-1 所示。

表 9-1 学生表(student)

列 名	英 文 名	类 型	长 度	约 束	说 明
学号	stuno	char	6	主键	学生学号
姓名	stuname	varchar	20	非空	学生姓名
性别	stusex	char	2	非空(男，女)	学生性别
出生日期	stubirthday	datetime		非空	出生日期
专业	stuaspect	varchar	50	非空	所属专业
班级	stuclass	varchar	20	非空	所属班级
院系	stucollege	varchar	50	非空	所属院系

9.4.3 数据库行为设计

对于数据库应用系统来说，最常用的功能就是对数据的增、删、改、查。具体如下：

1. 数据录入

对学生数据的录入。输入学生的基本信息，由系统将其添加到学生表中。

2. 数据删除

对学生数据的删除。在实际删除操作之前注意提醒用户是否真的要删除数据，以免造成用户的误删除操作。

3. 数据修改

当某些数据发生变化或某些数据录入不正确时，应该允许用户对数据库中的数据进行修改。修改数据的操作一般先根据一定的条件查询出要修改的记录，然后对其中的某些记录进行修改，修改完成后再写回到数据库中。

4. 数据查询

在数据库应用系统中，数据查询是最常用的功能。数据查询应根据用户提出的查询条件查询，为了简化操作，本系统只要求按学号查询学生数据。

9.4.4 系统实现

为了缩小程序的规模，使读者容易掌握数据库应用系统的编程方法，本实例使用控制台应用程序完成学生基本信息的管理，如添加、删除、更改、查询等功能。这里只介绍应用程序中的几个关键功能模块的实现，完整的应用程序请读者查阅本书程序源代码。本系统在 Windows XP sp3、VC6.0 和 SQL Server 2005 环境下调试通过。

1．系统主函数

```
void showmenu();
void showerror();
void dbconnect();
void insertstu();
void deletestu();
void updatestu();
void selectstu();
void main()
{
    int s=0;
    while(s!=9)
    {
        showmenu();
        scanf("%d", &s);
        switch(s)
        {
            case 1:
                insertstu();
                break;
            case 2:
                deletestu();
                break;
            case 3:
                updatestu();
                break;
            case 4:
                selectstu();
                break;
            case 9:
                break;
            default:
                printf(" input error!        \n");
        }
    }
}
```

2．系统菜单显示模块

```
void showmenu()
{
    printf("       C-ESQL 实例         \n");
    printf("============================\n");
    printf(" 菜单:                     \n");
    printf(" 1 - 插入学生信息          \n");
    printf(" 2 - 删除学生信息          \n");
    printf(" 3 - 更新学生信息          \n");
```

```
        printf(" 4 - 查找学生信息              \n");
        printf(" 9 - 退出程序                  \n\n");
        printf("请选择: ");
    }
```

3. 显示错误代码

```
    void showerror()
    {
        printf("Error Code: %ld\n", SQLCODE);
    }
```

4. 数据库连接模块

```
    void dbconnect()
    {
        #line 65
    /*
    EXEC SQL CONNECT TO [119.48.217.251].school
        USER sa.123;
    */
    #line 66
    #line 65
    {
    #line 65
        sqlastrt((void far *)pid, (void far *)0, (struct tag_sqlca far *)sqlca);
    #line 65
        sqlxcall(30, 1, 0, 0, 47, (char far *)" CONNECT TO 119.48.217.251.school
USER sa.123 ");
    #line 65
        SQLCODE = sqlca->sqlcode;
    #line 65
        sqlastop((void far *)0L);
    #line 65
    }
    #line 67
    }
```

5. 添加数据模块

```
    void insertstu()
    {
    #line 72
    /*
    EXEC SQL BEGIN DECLARE SECTION;
    */
    #line 72
        char stuno[12];
        char stuname[21];
```

```
        char stusex[3];
        char stubirthday[11];
        char stuaspect[51];
        char stuclass[51];
        char stucollege[51];
    #line 80
    /*
    EXEC SQL END DECLARE SECTION;
    */
    #line 80
        printf("Please input student info:\n");
        printf("no. :");
        scanf("%s", &stuno);
        printf("name :");
        scanf("%s", &stuname);
        printf("sex :");
        scanf("%s", &stusex);
        printf("birthday :");
        scanf("%s", &stubirthday);
        printf("aspect :");
        scanf("%s", &stuaspect);
        printf("class :");
        scanf("%s", &stuclass);
        printf("college :");
        scanf("%s", &stucollege);
        #line 100
    /*
    EXEC SQL WHENEVER sqlerror CALL showerror();
    */
    #line 100
        dbconnect();
        #line 104
    /*
    EXEC SQL INSERT INTO stuinfo(stuno,stuname,stusex,stuaspect,stubirthday,
stuclass,stucollege)VALUES(:stuno,:stuname,:stusex,:stuaspect,:stubirthday,:s
tuclass,:stucollege);
    */
    #line 104
    #line 104
    {
    #line 104
        sqlastrt((void far *)pid, (void far *)0, (struct tag_sqlca far *)sqlca);
    #line 104
        sqlaaloc(2, 7, 2, (void far *)0);
    #line 104
        sqlasetv(2, 0, 462, (short) SQLLENMAX(sizeof(stuno)), (void far *)stuno,
(void far *)0, (void far *)0L);
    #line 104
        sqlasetv(2, 1, 462, (short) SQLLENMAX(sizeof(stuname)), (void far *)
stuname, (void far *)0, (void far *)0L);
    #line 104
```

```
        sqlasetv(2, 2, 462, (short) SQLLENMAX(sizeof(stusex)), (void far *)
stusex, (void far *)0, (void far *)0L);
    #line 104
        sqlasetv(2, 3, 462, (short) SQLLENMAX(sizeof(stuaspect)), (void far *)
stuaspect, (void far *)0, (void far *)0L);
    #line 104
        sqlasetv(2, 4, 462, (short) SQLLENMAX(sizeof(stubirthday)), (void far *)
stubirthday, (void far *)0, (void far *)0L);
    #line 104
        sqlasetv(2, 5, 462, (short) SQLLENMAX(sizeof(stuclass)), (void far *)
stuclass, (void far *)0, (void far *)0L);
    #line 104
        sqlasetv(2, 6, 462, (short) SQLLENMAX(sizeof(stucollege)), (void far *)
stucollege, (void far *)0, (void far *)0L);
    #line 104
        sqlacall(24, 2, 2, 0, 0L);
    #line 104
        SQLCODE = sqlca->sqlcode;
    #line 104
    #line 104
        if(sqlca->sqlcode < 0) {
    #line 104
            sqlastop((void far *)0L);
    #line 104
            showerror()  ;
    #line 104
        }
        sqlastop((void far *)0L);
    #line 104
    }
    #line 105
    #line 106
    /*
    EXEC SQL DISCONNECT ALL;
    */
    #line 106
    #line 106
    {
    #line 106
        sqlastrt((void far *)pid, (void far *)0, (struct tag_sqlca far *)sqlca);
    #line 106
        sqlxcall(36, 3, 0, 0, 17, (char far *)"  DISCONNECT ALL ");
    #line 106
        SQLCODE = sqlca->sqlcode;
    #line 106
    #line 106
        if(sqlca->sqlcode < 0) {
    #line 106
            sqlastop((void far *)0L);
    #line 106
            showerror()  ;
```

```
#line 106
     }
     sqlastop((void far *)0L);
#line 106
}
#line 107
}
```

习题 9

一、选择题

1．游标中的数据是否能够被修改？______
  A．能　B．根据当时情况决定　C．不能　D．不应该修改
2．下列对游标描述正确的是______。
  A．是根据相应条件从数据表中挑选出来的一组记录
  B．是无条件从数据表中挑选出来的一组记录
  C．是根据相应条件从数据表中挑选出来的一组数据
  D．是根据相应条件从数据表中挑选出来的一组字段
3．动态游标是以什么方式实现的？______
  A．随机　B．动态　C．使用游标变量实现　D．使用高级语言

二、填空题

1．在终端交互方式下使用的 SQL 语言称为______。
2．嵌入在高级语言程序中的 SQL 语言称为______。

三、简答题

1．用游标机制协调 SQL 的集合处理方式所用的 SQL 语句有哪些？
2．嵌入式 SQL 的实现有哪两种处理方式？

第 10 章　C#和 ADO.NET 数据库应用程序开发

在实际的应用中，大多数应用程序都需要访问数据库。ADO.NET 是 Microsoft 公司创建的一种新的数据库访问技术。利用它可以方便地连接数据源并访问、显示和修改数据。本章主要介绍如何利用 C#语言和 ADO.NET 技术操作数据库。

通过本章学习，将了解以下内容：

- 数据提供程序的选择
- SqlConnection 的使用
- OleDbConnection 的使用
- OracleConnection 的使用
- 数据的获取
- DataReader 的使用
- DataSet 和 DataAdapter 的使用

10.1　数据库的连接

.NET 框架中的数据提供程序在应用程序和数据源之间起到桥梁作用。.NET 框架数据提供程序能够从数据源中返回查询结果、对数据源执行命令、将 DataSet 中的更改传播给数据源。为了使应用程序获得最佳性能，应该选择最适合数据源的.NET 框架数据提供程序。

为了在连接到 Microsoft SQL Server 7.0 或更高版本时获得最佳性能，使用 SQL Server .NET 数据提供程序。SQL Server .NET 数据提供程序的设计目的就在于不通过任何附加技术层就可以直接访问 SQL Server。图10-1说明了可用于访问 SQL Server 7.0 或更高版本的不同技术之间的区别。

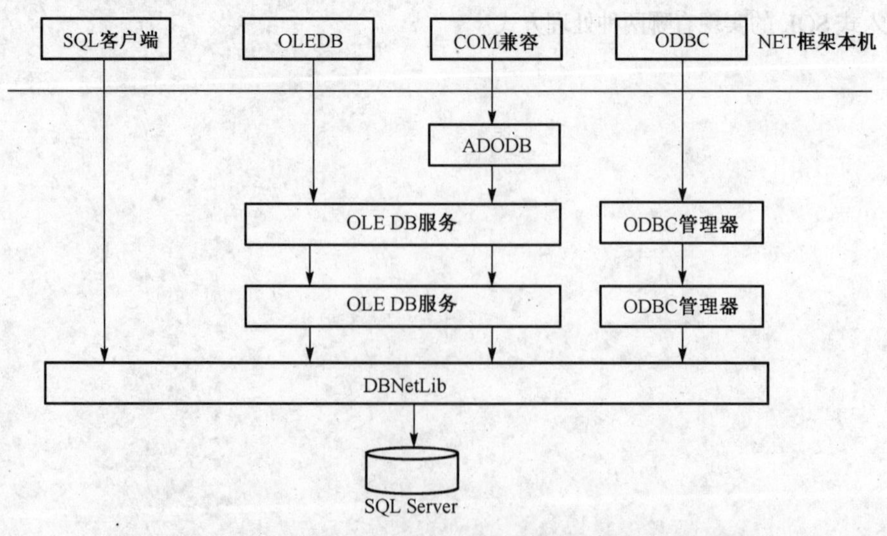

图 10-1　访问 SQL Server 7.0 或更高版本的不同技术之间的区别

ODBC .NET 数据提供程序可在 Microsoft.Data.Odbc 命名空间中找到，它的结构与用于 SQL Server

和 OLE DB 的.NET 数据提供程序相同。ODBC .NET 数据提供程序遵循命名约定——以“ODBC”为前缀(例如，OdbcConnection)，并使用标准 ODBC 连接字符串。

ODBC .NET 数据提供程序将包含在以 1.1 为起始的.NET 框架版本中，包含 ODBC .NET 数据提供程序的命名空间是 System.Data.Odbc。

10.1.1　SqlConnection 的使用

ConnectionString 类似于 OLE DB 连接字符串，但并不相同。可以使用 ConnectionString 属性连接到数据库。下面是一个典型的连接字符串：

"Persist Security Info=False;

Integrated Security=SSPI;database=northwind;server=mySQLServer"

与 OLE DB 或 ADO 不同，如果“Persist Security Info”值设置为 false(默认值)，则返回的连接字符串与用户设置的 ConnectionString 相同，但去除了安全信息。除非将“Persist Security Info”设置为 true，否则，SQL Server .NET Framework 数据提供程序将不会保持安全信息，也不会返回连接字符串中的密码。

只有在连接关闭时才能设置 ConnectionString 属性。许多连接字符串值都具有相应的只读属性。当设置连接字符串时，将更新所有这些属性(除非检测到错误)。检测到错误时，不会更新任何属性。SqlConnection 属性只返回那些包含在 ConnectionString 中的设置。

若要连接到本地机器，服务器(server)指定为“localhost”(必须始终指定一个服务器)。

重置已关闭连接上的 ConnectionString 会重置包括密码在内的所有连接字符串值(和相关属性)。例如，如果设置一个连接字符串，其中包含“Database = northwind”，然后再将该连接字符串重置为“Data Source=myserver;Integrated Security=SSPI”，则 Database 属性将不再设置为 Northwind。

在设置后会立即分析连接字符串。如果在分析时发现语法中有错误，则产生运行库异常，如 ArgumentException。只有当试图打开连接时，才会发现其他错误。

连接字符串的基本格式包括一系列由分号分隔的关键字/值对。使用等号(=)连接各个关键字及其值。若要包括含有分号、单引号字符或双引号字符的值，则该值必须用双引号括起来。如果该值同时包含分号和双引号字符，则该值可以用单引号括起来。如果该值以双引号字符开始，则还可以使用单引号。相反地，如果该值以单引号开始，则可以使用双引号。如果该值同时包含单引号和双引号字符，则用于将值括起来的引号字符每次都必须成对出现。

若要在字符串值中包括前导或尾随空格，则该值必须用单引号或双引号括起来。即使将整数、布尔值或枚举值用引号括起来，其周围的任何前导或尾随空格也将被忽略。然而，保留字符串关键字或值内的空格。使用.NET Framework 1.1 版时，在连接字符串中可以使用单引号或双引号而不使用分隔符(例如，Data Source= my'Server 或 Data Source= my"Server)，但引号字符不可以为值的第一个或最后一个字符。

若要在关键字或值中包括等号(=)，则它之前必须还有另外一个等号。例如，在假设的连接字符串“keyword=value”中，关键字是“keyword”并且值是“value”。

如果“keyword= value”对中的一个特定关键字多次出现在连接字符串中，则将所列出的最后一个用于值集。关键字不区分大小写。

下面列出了 ConnectionString 中的关键字值的有效名称及其含义。

(1) Application Name：应用程序的名称，如果不提供应用程序名称，默认是：“.NET SqlClient Data Provider”。

(2) Database：指定数据库的名称。

(3) Connect Timeout 或 Connection Timeout：在终止尝试连接并产生错误之前，等待与服务器建立连接的时间长度(以 s 为单位)。

(4) Data Source/Server/Address/Addr/Network Address：要连接的 SQL Server 实例的名称或网络地址。

(5) Encrypt：默认值为 false，当该值为 true 时，如果服务器端安装了证书，则 SQL Server 将对所有在客户端和服务器之间传送的数据使用 SSL 加密。可识别的值为 true、false、yes 和 no。

(6) Initial Catalog：数据库的名称。

(7) Integrated Security 或 Trusted_Connection：默认值为 false，当为 false 时，将在连接中指定用户 ID 和密码。当为 true 时，将使用当前的 Windows 账户凭据进行身份验证。可识别的值为 true、false、yes、no 及与 true 等效的 SSPI(强烈推荐)。

(8) Network Library 或 Net：默认值为 dbmssocn，用于建立与 SQL Server 实例连接的网络库。支持的值包括 dbnmpntw(命名管道)、dbmsrpcn(多协议)、dbmsadsn(Apple Talk)、dbmsgnet(VIA)、dbmslpcn(共享内存)及 dbmsspxn (IPX/SPX)和 dbmssocn(TCP/IP)。相应的网络 DLL 必须安装在要连接的系统上。如果不指定网络而使用一个本地服务器(比如"."或"localhost")，则使用共享内存。

(9) Packet Size：默认值是 8 192，用来与 SQL Server 的实例进行通信的网络数据包的大小，以字节为单位。

(10) Password 或 Pwd：SQL Server 账户登录的密码(建议不要使用，为了维护最高级别的安全性，强烈建议改用 Integrated Security 或 Trusted_Connection 关键字)。

(11) Persist Security Info：默认值为 false，当该值设置为 false 或 no(强烈推荐)时，如果连接是打开的或者一直处于打开状态，那么安全敏感信息(如密码)将不会作为连接的一部分返回。重置连接字符串将重置包括密码在内的所有连接字符串值。可识别的值为 true、false、yes 和 no。

(12) User ID：SQL Server 登录账户(建议不要使用。为了维护最高级别的安全性，强烈建议改用 Integrated Security 或 Trusted_Connection 关键字)。

(13) Workstation ID：本地计算机名称连接到 SQL Server 的工作站的名称。

下面的代码是创建一个 SqlConnection 并设置它的一些属性：

```
public void CreateSqlConnection( )
{
SqlConnection myConnection = new SqlConnection( );
myConnection.ConnectionString="Persist  Security Info=False;
Integrated Security=SSPI;database=northwind;
server=mySQLServer;Connect Timeout=30";
myConnection.Open( );
}
```

10.1.2 OleDbConnection 的使用

一个 OleDbConnection 对象表示到数据源的一个唯一的连接，在客户端/服务器数据库系统架构下，它等效于到服务器的一个网络连接。OleDbConnection 对象的某些方法或属性可能不可用，这取决于本机 OLE DB 提供程序所支持的功能。

当创建 OleDbConnection 的实例时，所有属性都设置为它们的初始值。如果 OleDbConnection 超出范围，则不会将其关闭。因此，必须通过调用 Close 或 Dispose 显式关闭该连接。创建 OleDbConnection 对象的实例的应用程序可通过设置声明性或强制性安全要求，要求所有直接和间接的调用方对代码都具有足够的权限。OleDbConnection 使用 OleDbPermission 对象设置安全要求。用户可以使用 OleDbPermissionAttribute 对象来验证他们的代码是否具有足够的权限。

下面的例子是创建一个 OleDbCommand 和一个 OleDbConnection。将 OleDbConnection 打开并设置为 OleDbCommand 的 Connection，然后调用 ExecuteNonQuery 并关闭该连接。为了完成此任务，将为 ExecuteNonQuery 传递一个连接字符串和一个查询字符串，后者是一个 SQL INSERT 语句。

```
public void InsertRow(string myConnectionString)
{
// If the connection string is null,use a default.
if(myConnectionString = = "")
{
myConnectionString ="Provider=SQLOLEDB;Data Source=localhost;
Initial Catalog=Northwind;"+"Integrated Security=SSPI;";
}
OleDbConnection myConnection =new OleDbConnection(myConnectionString);
string myInsertQuery = "INSERT INTO Customers (CustomerID,CompanyName)
Values('NWIND','Northwind Traders')";
OleDbCommand myCommand = new OleDbCommand(myInsertQuery);
myCommand.Connection = myConnection;
myConnection.Open( );
myCommand.ExecuteNonQuery( );
myCommand.Connection.Close( );
}
```

10.1.3　OdbcConnection 的使用

OdbcConnection 对象表示到数据源的唯一连接，该数据源是通过使用连接字符串或 ODBC 数据源名称(Data Sourse Name, DSN)创建的。在客户端/服务器数据库系统架构下，它等效于到服务器的一个网络连接。OdbcConnection 对象的某些方法或属性可能不能使用，具体情况视本机 ODBC 驱动程序支持的功能而定。

OdbcConnection 对象使用本机资源，如 ODBC 环境和连接句柄。在 OdbcConnection 对象超出范围之前应总是通过调用 Close 或 Dispose 显式关闭任何打开的 OdbcConnection 对象，否则会使这些本机资源被回收，回收后可能不会立即被释放，而这样最终又可能会造成基础驱动程序资源枯竭或达到最大限制，从而导致失败时有发生。例如，当有许多连接等待被垃圾回收器删除时，可能会发生与 Maximum Connections 相关的错误。通过调用 Close 或 Dispose 显式关闭连接，可以更高效地使用本机资源，增强可伸缩性并提高应用程序的总体性能。创建 OdbcConnection 对象的实例的应用程序可通过设置声明性或命令性安全要求，要求所有直接和间接的调用者都具有访问代码的充分权限。OdbcConnection 使用 OdbcPermission 对象创建安全要求。用户可以使用 OdbcPermissionAttribute 对象验证他们的代码是否具有足够的权限。用户和管理员还可以使用“代码访问安全策略工具”(Caspol.exe)修改计算机级、用户级和企业级安全策略。

下面的例子是创建一个OdbcCommand和一个 OdbcConnection。将 OdbcConnection 打开并设置为 OdbcCommand.Connection属性，然后调用ExecuteNonQuery并关闭该连接。为完成此任务，将为 ExecuteNonQuery 传递一个连接字符串和一个查询字符串，后者是一个 SQL INSERT 语句。

```
public void InsertRow(string myConnection)
{
// If the connection string is null,  use a default
if(myConnection == "")
{
   myConnection="DRIVER={SQL Server};Server=MyServer;Trusted_connection=yes;
   DATABASE=northwind;";
}
OdbcConnection myConn = new OdbcConnection(myConnection);
string myInsertQuery = "INSERT INTO Customers (CustomerID, CompanyName)
VALUES('NWIND',  'Northwind Traders')";
OdbcCommand myOdbcCommand = new OdbcCommand(myInsertQuery);
myOdbcCommand.Connection = myConn;
myConn.Open( );
myOdbcCommand.ExecuteNonQuery( );
myOdbcCommand.Connection.Close( );
}
```

10.1.4 OracleConnection 的使用

Microsoft .NET Framework Data Provider for Oracle(以下简称为.NET for Oracle)是一个.NET Framework 的组件。这个组件为用户使用.NET 访问 Oracle 数据库提供了极大的方便。那些使用.NET 和 Oracle 的开发人员再也不必使用并不十分“专业”的 OLEDB 来访问 Oracle 数据库了。这个组件的设计非常类似于.NET 中内置的 Microsoft .NET Framework Data Provider for SQL Server 和 OLEDB。如果熟悉这两个内置的组件，那么再学习这个组件也会是轻车熟路的。

本节主要是面向那些考虑使用.NET 技术访问 Oracle 数据库的程序员的，需要有一定的 C#语言、ADO.NET 技术和 Oracle 数据库基础知识。本节中结合 ASP.NET 技术给出了相关例子及具体的注释。当然，这并不意味着.NET for Oracle 组件只能为编写 ASP.NET 程序提供服务，同样它还可以为使用.NET 技术编写的 Windows 程序提供方便。

下面主要介绍 ASP.NET for Oracle 的系统需求和安装以及核心类，之后重点详解使用此组件访问 Oracle 数据库的方法，包括.NET for Oracle 对各种 Oracle 数据库中的特殊数据类型的访问、各种核心类使用方法的介绍并且在最后给出了具体的例子等。

1. 系统需求和安装

在安装.NET for Oracle 之前，必须首先安装.NET Framework version 1.0。同时，还要确定安装了数据访问组件(MDAC 2.6 及其以上版本，推荐版本是 2.7)。既然是要访问 Oracle 数据库的数据，那么还需要安装 Oracle 8i Release 3(8.1.7)Client 及其以上版本。目前 Oracle 9i 已经发布，本节中的所有程序都是在 Oracle 9i 数据库环境下编写和调试完成的。

组件的安装非常方便，直接运行 oracle_net.msi。在安装过程中无需任何设置，连续单击 NEXT 按钮即可完成安装。默认安装将在 C:\Program Files\ Microsoft.NET 目录下建立一个名为 OracleClient.Net 的文件夹。

对于开发人员，其中至关重要的是 System.Data.OracleClient.dll 文件，这是.NET for Oracle 组件的核心文件。开发人员可以通过安装 oracle_net.msi 来使用.NET for Oracle 组件，这时系统会将此组件作为一个系统默认的组件来使用，就好像是人们所熟悉的 System.Data.SqlClient 和 System.Data.OleDb 组件一样。但是，需要注意的一点是：当开发人员完成了程序之后分发给用户使用时，出于对于软件易用性的考虑，一定不希望当用户使用此软件之前，还要如同开发人员一样安装 oracle_net.msi，这时开发人员可以在发布之前，将 System.Data.OracleClient.dll 文件复制到软件的 bin 目录下，这样用户就不必安装 oracle_net.msi 而正常地使用软件所提供的功能了(这种方法限于开发的程序不涉及分布式事务)。

2. 操作实例

.NET for Oracle 组件中用于组织类和其他类型的命名空间是 System.Data.OracleClient。在此命名空间中，主要包含 4 个核心类，它们分别是：OracleConnection、OracleCommand、OracleDataReader、OracleDataAdapter。如果开发人员很了解 ADO.NET 技术，那么对于这 4 个类的使用方法将是耳熟能详的。这些内容非常简单，其具体使用方法几乎和 SqlConnection、SqlCommand、SqlDataReader、SqlDataAdapter 是完全相同的，这里不再详细说明。

下面是一个使用.NET for Oracle 组件操纵 Oracle 数据库的例子。在编写程序之前，先要在 Oracle 数据库中建立一个表，并且加入一行数据。

建立一个名为 OracleTypesTable 的表：

"CREATE TABLE OracleTypesTable (MyVarchar2 VARCHAR (3000),
MyNumber NUMBER (28, 4), PRIMARY KEY , MyDate DATE, MyRaw RAW (255))";

插入一行数据：

"INSERT INTO OracleTypesTable
VALUES ('test', 4, to_date ('2000-01-11 12:54:01', 'yyyy-mm-dd hh24:mi:ss'), '0001020304')";

下面的程序是要通过.NET for Oracle 组件来访问 Oracle 数据库，并显示出这行数据。在程序中应注意前面所说明的类，并且联想.NET 中关于数据处理类的使用方法。

```
using System;
using System.Web;
using System.Web.UI;
using System.Web.UI.HtmlControls;
using System.Web.UI.WebControls;
using System.Data;
using System.Data.OracleClient;
public class pic2:Page {
public Label message;
public void Page_Load(Object sender, EventArgs e)
{
//设置连接字符串
string connstring="Data Source=eims;user=zbmis;password=zbmis;";
//实例化 OracleConnection 对象
OracleConnection conn=new OracleConnection(connstring);
try
{
conn.Open( );
//实例化 OracleCommand 对象
OracleCommand cmd=conn.CreateCommand( );
```

```
cmd.CommandText="SELECT * FROM zbmis.OracleTypesTable";
OracleDataReader oracledatareader1=cmd.ExecuteReader( );
//读取数据
while (oracledatareader1.Read( )) {
//读取并显示第一行第一列的数据
OracleString oraclestring1=oracledatareader1.GetOracleString(0);
Response.Write("OracleString " +oraclestring1.ToString( ));
//读取并显示第一行第二列的数据
OracleNumber oraclenumber1 =
oracledatareader1.GetOracleNumber(1);
Response.Write("OracleNumber "+oraclenumber1.ToString( ));
//读取并显示第一行第三列的数据
OracleDateTime oracledatetime1
=oracledatareader1.GetOracleDateTime(2);
Response.Write("OracleDateTime " +oracledatetime1.ToString( ));
//读取并显示第一行第四列的数据
OracleBinary oraclebinary1
=oracledatareader1.GetOracleBinary(3);
if(oraclebinary1.IsNull==false)
{
foreach(byte b in oraclebinary1.Value)
{
Response.Write("byte " +b.ToString( ));
}
}
}
//释放资源
oracledatareader1.Close( );
}
catch(Exception ee)
{
//异常处理
message.Text=ee.Message;
}
finally
{
//关闭连接
conn.Close( );
}
}
}
```

如果对于.NET 中数据操作的内容很熟悉，那么上面的程序应该是完全看得懂的，所以在这里分析上面代码的意义不是很大。那些既使用.NET 又使用 Oracle 的读者应记住：.NET for Oracle 组件的设计非常类似于.NET 中内置的 Data Provider for SQL Server 和 OLEDB。

10.2　数据的获取

10.2.1　创建 Command 对象

Command 对象是对数据存储执行命令的对象。虽然 Connection 对象也有这个功能，但是 Connection 对象在处理命令的功能上受到一定的限制，而 Command 对象是特别为处理命令的各方面问题而创建的。实际上，当从 Connection 对象中运行一条命令时，已经隐含地创建一个 Command 对象。

有时其他对象允许向命令传入参数，但在 Connection 对象中不能指定参数的任何细节。使用 Command 对象允许指定参数(以及输出参数和命令执行后的返回值)的精确细节(比如，数据类型和长度)。

因此，除了执行命令和得到一系列返回记录，也可能得到一些由命令提供的附加信息。

对于那些不返回任何记录的命令，如插入新数据或更新数据的 SQL 查询，Command 对象也是有用的。

10.2.2　执行命令

建立了数据源的连接和设置了命令之后，Command 对象可采用以下 3 种方法执行 SQL 命令：ExecuteNonQuery、ExecuteReader 和 ExecuteScalar。

(1) ExecuteNonQuery ——执行命令，但不返回任何结果。

(2) ExecuteReader——执行命令，返回一个类型化 dataReader。

(3) ExecuteScalar——执行命令，返回一个值。

SqlCommand 类也提供了下面两个方法。

(1) ExecuteResultset——为将来使用而保留。

(2) ExecuteXmlReader——执行命令，返回一个 XmlReader。

具体说明如下。

(1) 用 ExecuteNonQuery 方法执行命令不会返回结果集，只会返回语句影响的记录行数，它适合执行插入、更新、删除之类不返回结果集的命令。如果是 SELECT 语句，那么返回的结果是–1，如果发生回滚，这个结果也是–1。

下面的程序对 Orders 表执行了更新并进行了查询。

```
using System;
using System.Data;
using System.Data.SqlClient;
public class myDataAccess{
public static void Main( ){
SqlConnection conn = new SqlConnection("Server=localhost;
Database=Northwind; User ID=sa; PWD=sa");
SqlCommand cmd = new SqlCommand("UPDATE [Orders] SET
     [OrderDate]='2004-9-1' WHERE OrderID]=10248",conn);
try{
conn.Open( );
int I = cmd.ExecuteNonQuery( );
Console.WriteLine(i.ToString( ) + " rows affected by UPDATE");
cmd.CommandText = "SELECT * FROM [Orders]";
i = cmd.ExecuteNonQuery( );
```

```
Console.WriteLine(i.ToString( ) + " rows affected by SELECT");
}
catch(Exception ex){
Console.WriteLine(ex.Message);
}
finally{
conn.Close( );
}
}
}
```

编译后执行结果如图10-2所示。

(2) 使用 ExecuteReader 方法执行命令可以返回一个类型化的 DataReader 实例或者 IDataReader 接口的结果集。通过 DataReader 对象就能够获得数据的行集合，这里不详细讨论 DataReader，关于 DataReader 的使用方法将在后面说明。

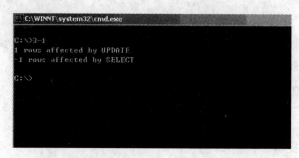

图 10-2 ExecuteNonQuery 方法示例执行结果

下面是一个例子：

```
using System;
using System.Data;
using System.Data.SqlClient;
public class myDataAccess{
public static void Main( ){
SqlConnection conn = new SqlConnection("Server=localhost;
Database=Northwind;Uer ID=sa;PWD=sa");
SqlCommand cmd = new SqlCommand("SELECT TOP 20 * FROM [Orders]", conn);
SqlDataReader reader; //或者 IDataReader reader;
try{
conn.Open( );
reader = cmd.ExecuteReader( );
while(reader.Read( )){
Console.WriteLine(reader[0].ToString( ));
}
reader.Close( );
}
catch(Exception ex){
Console.WriteLine(ex.Message);
}
finally{
```

```
conn.Close( );
}
}
}
```

编译后执行结果如图10-3所示。

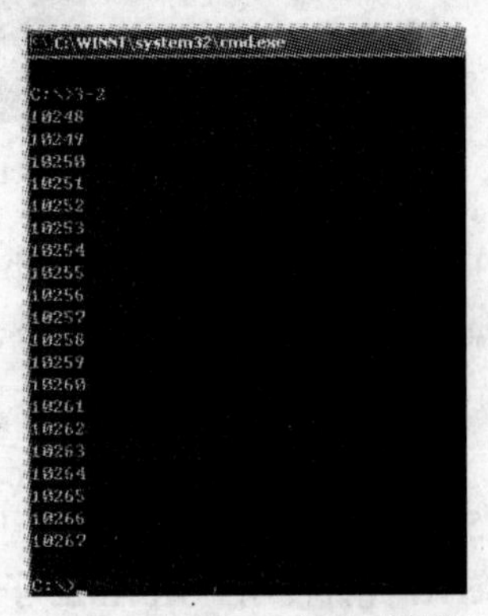

图 10-3 ExecuteReader 方法示例执行结果

(3) 使用 ExecuteReader 方法时，如果想获得数据的记录行数，可以通过 SELECT COUNT(*)这样的语句取得一个聚合的行集合。对于这样求单个值的语句，Command 对象还提供了更有效率的方法：ExecuteScalar。它能够返回对应于第一行第一列的对象(System.Object)，通常使用它来求聚合查询结果。需要注意的是，如果要把返回结果转化成精确的类型，数据库在查询中就必须对返回的结果进行强制转换，否则将引发异常。

示例如下：

```
using System;
using System.Data;
using System.Data.SqlClient;
public class myDataAccess{
public static void Main( ){
SqlConnection conn = new SqlConnection("Server=localhost;
Database=Northwind;Uer ID=sa;PWD=sa");
SqlCommand cmd = new SqlCommand("SELECT COUNT(*) FROM [Orders]", conn);
try{
conn.Open( );
int i = (int)cmd.ExecuteScalar( );
Console.WriteLine("record num : " + i.ToString( ));
cmd.CommandText = "SELECT CAST(avg([Freight]) AS int) FROM [Orders]";
int avg = (int)cmd.ExecuteScalar( );
Console.WriteLine("avg : " + avg.ToString( ));
cmd.CommandText = "SELECT AVG([Freight]) FROM [Orders]";
avg = (int)cmd.ExecuteScalar( ); //引发异常
Console.WriteLine("avg : " + avg.ToString( ));
}
catch(Exception ex){
Console.WriteLine(ex.Message);
}
finally{
conn.Close( );
}
}
}
```

编译后执行结果如图10-4所示。

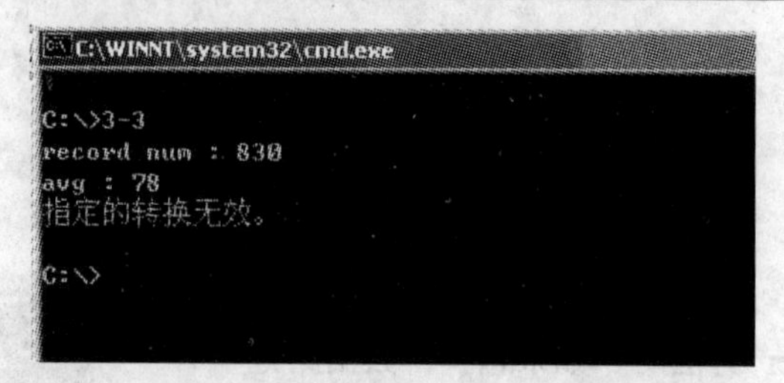

图 10-4 ExecuteScalar 方法示例执行结果

在这个程序中，最后一个查询将引发异常，因为聚合返回的结果是 float 类型的，无法转换。

(4) ExecuteResultSet(只用于 SQL 提供者)方法标记为“为将来使用而保留”，如果不小心调用了它，就会抛出一个异常：

System.NotSupportedException

(5) ExecuteXmlReader(只用于 SQL 提供者)方法执行命令将给调用者返回一个 XmlReader 对象。SQL Server 允许使用 FOR XML 子句来扩展 SQL 子句，这个子句可以带有下述 3 个选项中的一个：

① FOR XML AUTO

② FOR XML RAW

③ FOR XML EXPLICIT

下面的示例中使用了 AUTO：

```
using System;
using System.Data.SqlClient;
using System.Data;
using System.Xml;

namespace XMLAUTO
{
/// <summary>
/// Class1 的摘要说明
/// </summary>
class Class1
{
/// <summary>
/// 应用程序的主入口点
/// </summary>
[STAThread]
static void Main(string[] args)
{
//
// TODO：在此处添加代码以启动应用程序
//
string source = "workstation id=localhost;
Integrated Security=SSPI;database=NorthWind";
string select = "SELECT ContactName, CompanyName " +
"FROM Customers FOR XML AUTO";
SqlConnection conn = new SqlConnection(source);
conn.Open( );
SqlCommand cmd = new SqlCommand(select, conn);
```

```
XmlReader xr = cmd.ExecuteXmlReader( );
while(xr.Read( ))
{
Console.WriteLine(xr.ReadOuterXml( ));
}
conn.Close( );}
}
}
```

本例在 SQL 语句中包含了 FOR XML AUTO 子句，然后调用 ExecuteXmlReader 方法。代码的执行结果如图10-5所示。

10.2.3 参数化查询

参数化查询能够使性能得到一定的优化，因为带参数的 SQL 语句只需要被 SQL 执行引擎分析过一次。Command 的 Parameters 能够为参数化查询设置参数值。Parameters 是一个实现 IdataParamter Collection 接口的参数集合。

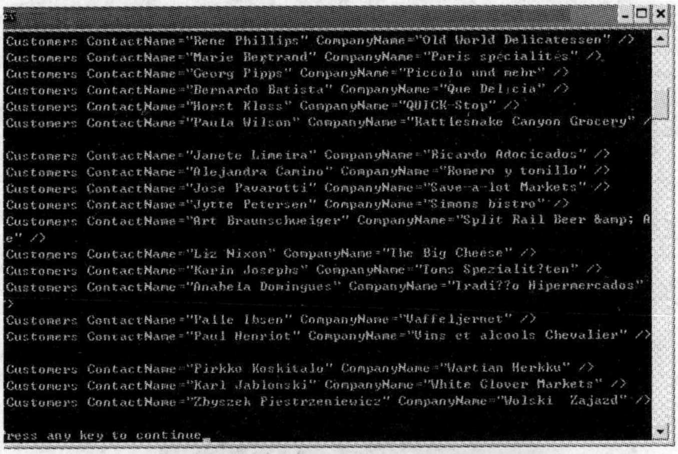

```
Customers ContactName="Rene Phillips" CompanyName="Old World Delicatessen" />
Customers ContactName="Marie Bertrand" CompanyName="Paris spécialités" />
Customers ContactName="Georg Pipps" CompanyName="Piccolo und mehr" />
Customers ContactName="Bernardo Batista" CompanyName="Que Delícia" />
Customers ContactName="Horst Kloss" CompanyName="QUICK-Stop" />
Customers ContactName="Paula Wilson" CompanyName="Rattlesnake Canyon Grocery" /

Customers ContactName="Janete Limeira" CompanyName="Ricardo Adocicados" />
Customers ContactName="Alejandra Camino" CompanyName="Romero y tomillo" />
Customers ContactName="Jose Pavarotti" CompanyName="Save-a-lot Markets" />
Customers ContactName="Jytte Petersen" CompanyName="Simons bistro" />
Customers ContactName="Art Braunschweiger" CompanyName="Split Rail Beer &amp; A
e" />
Customers ContactName="Liz Nixon" CompanyName="The Big Cheese" />
Customers ContactName="Karin Josephs" CompanyName="Toms Spezialit?ten" />
Customers ContactName="Anabela Domingues" CompanyName="Tradi??o Hipermercados"
>
Customers ContactName="Palle Ibsen" CompanyName="Vaffeljernet" />
Customers ContactName="Paul Henriot" CompanyName="Vins et alcools Chevalier" />

Customers ContactName="Pirkko Koskitalo" CompanyName="Wartian Herkku" />
Customers ContactName="Karl Jablonski" CompanyName="White Clover Markets" />
Customers ContactName="Zbyszek Piestrzeniewicz" CompanyName="Wolski  Zajazd" />

ress any key to continue
```

图 10-5　ExecuteXmlReader 方法示例执行结果

不同的数据提供程序的 Command 对参数传递的使用不太一样，其中 SqlClient 和 OracleClient 只支持 SQL 语句中的命名参数而不支持问号占位符，必须使用命名参数，而 OleDb 和 Odbc 数据提供程序只支持问号占位符，不支持命名参数。

对于查询语句 SqlClient 必须使用命名参数，形式类似于下面的语句：

SELECT * FROM Customers WHERE CustomerID = @CustomerID

Oracle 的命名参数前面不用@，使用(:)，写为(:CustomerID)。而对于 OleDb 或者 Odbc 则必须使用？占位符，形式类似于下面的语句：

SELECT * FROM Customers WHERE CustomerID = ?

下面以 SQL Server 为例，说明其使用方法：

```
using System;
using System.Data;
using System.Data.SqlClient;
public class myDataAccess{
public static void Main(String[] args){
```

```
SqlConnection conn =
new SqlConnection("Server=localhost;Database=Northwind;UID=sa;PWD=sa");
SqlCommand cmd = new SqlCommand("SELECT * FROM [Orders] WHERE
[OrderID]=@oid",conn);
SqlDataReader reader;
try{
int param = Convert.ToInt32(args[0]);
cmd.Parameters.Add("@oid",param);  //使用命名参数
cmd.Parameters[0].Direction = ParameterDirection.Input;
conn.Open( );
reader = cmd.ExecuteReader( );
while(reader.Read( )){
Console.WriteLine(reader[0].ToString( ));
}
reader.Close( );
}
catch(Exception ex){
Console.WriteLine(ex.Message);
}
finally{
conn.Close( );
}
}
}
```

编译后执行结果如图 10-6 所示。

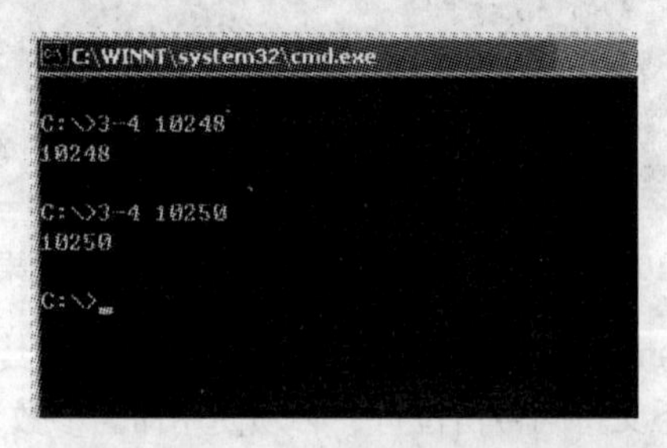

图 10-6　SqLCLient 参数化查询执行结果

对于 OleDb 或者 Odbc 数据提供程序的命令参数，只需要按照占位符从左到右的顺序将参数与 Parameters 集合进行匹配就行了。

下面是程序示例：

```
using System;
using System.Data;
using System.Data.OleDb;
public class myDataAccess{
public static void Main(String[] args){
OleDbConnection conn = new OleDbConnection("Provider=SQLOLEDB;Server=localhest;
Database=Northwind;User ID=sa;PWD=sa");
OleDbCommand cmd = new OleDbCommand("SELECT * FROM [Orders] WHERE [OrderID
```

```
=? or [EmployeeID]=?",conn);
OleDbDataReader reader;
try{
int param1 = Convert.ToInt32(args[0]);
int param2 = Convert.ToInt32(args[1]);
cmd.Parameters.Add("aaa",param1);
cmd.Parameters.Add("bbb",param2);
//参数对象还需要名字，但是和查询语句中的参数无关
cmd.Parameters[0].Direction = ParameterDirection.Input;
cmd.Parameters[1].Direction = ParameterDirection.Input;
conn.Open( );
reader = cmd.ExecuteReader( );
while(reader.Read( )){
Console.WriteLine(reader[0].ToString( ));
}
reader.Close( );
}
catch(Exception ex){
Console.WriteLine(ex.Message);
}
finally{
conn.Close( );
}
}
}
```

编译后执行结果如图10-7所示。

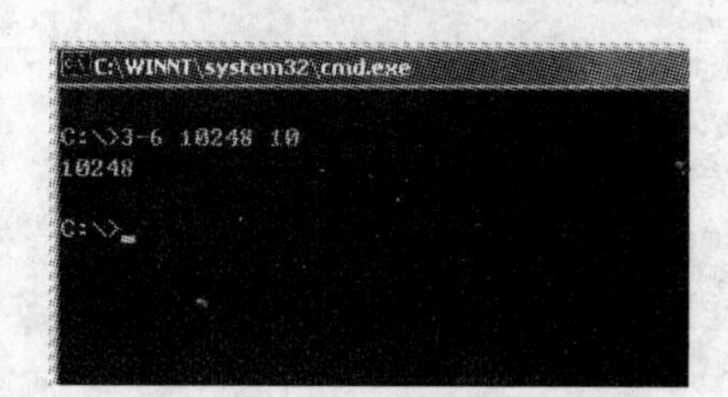

图 10-7　OleDb 参数化查询执行结果

10.2.4　执行存储过程

使用 Command 对象访问数据库的存储过程，需要指定 CommandType 属性，这是一个 CommandType 枚举类型，在默认情况下 CommandType 表示 CommandText 命令为 SQL 批处理，CommandType.StoredProcedure 值指定执行的命令是存储过程。类似于参数化查询，存储过程的参数也可以使用 Parameters 集合来设置，其中 Parameter 对象的 Direction 属性用于指示参数是只可输入、只可输出、双向还是存储过程返回值参数。

需要注意的是，如果使用 ExecuteReader 返回存储过程的结果集，那么除非 DataReader 关闭，否则无法使用输出参数。

下面是一个示例程序：

```
//存储过程
CREATE procedure myProTest (
@orderID AS INT,
   @elyTitle AS VARCHAR(50) OUTPUT
)
As
```

```
SELECT @elyTitle=ely.Title FROM [Orders] o JOIN [Employees] ely ON
ely.EmployeeID=o.EmployeeID WHERE o.OrderID=@orderID
SELECT * FROM [Orders] WHERE OrderID=@orderID
return 1;
//程序
using System;
using System.Data;
using System.Data.SqlClient;
public class myDataAccess{
public static void Main( ){
SqlConnection conn =
new SqlConnection("Server=localhost;Database=Northwind;UID=sa;PWD=sa");
SqlCommand cmd = new SqlCommand("myProTest",conn);
cmd.CommandType = CommandType.StoredProcedure;
cmd.Parameters.Add("@orderID",10252);
cmd.Parameters.Add("@elyTitle",SqlDbType.VarChar, 50);
cmd.Parameters.Add("@return",SqlDbType.Int);
cmd.Parameters[0].Direction = ParameterDirection.Input;
cmd.Parameters[1].Direction = ParameterDirection.Output;
cmd.Parameters[2].Direction = ParameterDirection.ReturnValue;
SqlDataReader reader;
try{
conn.Open( );
Console.WriteLine("execute reader...");
reader = cmd.ExecuteReader( );
Console.WriteLine("@orderID = {0}",cmd.Parameters[0].Value);
Console.WriteLine("@elyTitle = {0}",cmd.Parameters[1].Value);
Console.WriteLine("Return = {0}",cmd.Parameters[2].Value);
Console.WriteLine("reader close...");
reader.Close( );
Console.WriteLine("@orderID = {0}",cmd.Parameters[0].Value);
Console.WriteLine("@elyTitle = {0}",cmd.Parameters[1].Value);
Console.WriteLine("Return = {0}",cmd.Parameters[2].Value);
Console.WriteLine("execute none query...");
cmd.ExecuteNonQuery( );
Console.WriteLine("@orderID = {0}",cmd.Parameters[0].Value);
Console.WriteLine("@elyTitle = {0}",cmd.Parameters[1].Value);
Console.WriteLine("Return = {0}",cmd.Parameters[2].Value);
}
catch(Exception ex){
Console.WriteLine(ex.Message);
}
finally{
conn.Close( );
}
}
}
```

编译后执行结果如图 10-8 所示。

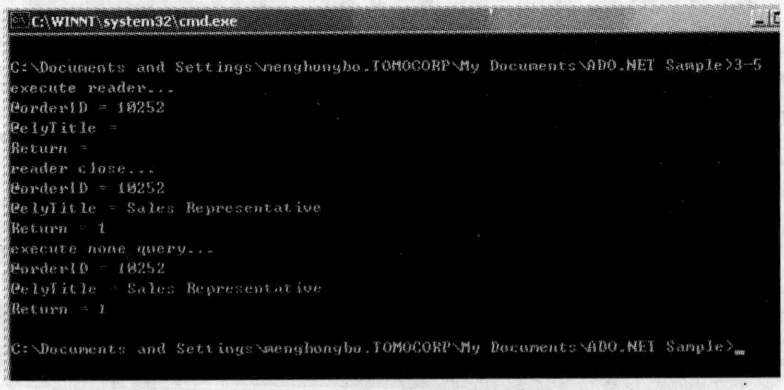

```
C:\WINNT\system32\cmd.exe

C:\Documents and Settings\menghongbo.TOMOCORP\My Documents\ADO.NET Sample>3-5
execute reader...
@orderID = 10252
@elyTitle =
Return =
reader close...
@orderID = 10252
@elyTitle = Sales Representative
Return = 1
execute none query...
@orderID = 10252
@elyTitle = Sales Representative
Return = 1

C:\Documents and Settings\menghongbo.TOMOCORP\My Documents\ADO.NET Sample>_
```

图 10-8　存储过程示例执行结果

和参数化查询一样，OleDb 或者 Odbc 数据提供程序不支持存储过程的命名参数，需要把参数按照从左到右的顺序与 Parameters 集合进行匹配。

10.3　DataReader 的使用

10.3.1　DataReader 简介

DataReader(数据阅读器)是从一个数据源中选择某些数据的最简单方法，但这也是功能最弱的一个方法。虽然 DataReader 不如 DataSet 强大，但是在很多情况下需要的是灵活地读取数据而不是在内存里面缓存大量的数据。如果在网络上每个用户都缓存大量的 DataSet，这很可能导致服务器内存不足。另外 DataReader 尤其适合读取大量的数据，因为它不在内存中缓存数据。

DataReader 对象是数据库数据的检索主要的对象之一。当使用 Connection 和 Command 对象连接到数据源，并利用命令对其进行查询后，就需要某种方法来读取返回的结果。查询的结果可能是几个列、单行或者合计后的值，这时可以使用 DataReader 对象。DataReader 对象提供实现快速访问数据库的、未缓冲的、只前向移动的只读游标，对数据源数据进行逐行访问，也就是说，它一次读入一个行，然后遍历所有的行。

使用 DataReader 的时候，不能直接实例化 DataReader 类，而是通过执行 Command 对象的 ExecuteReader 方法返回它的实例，例如：

OleDbDataReader OleDbReader = OleDbComm.ExecuteReader( );

使用 OleDbCommand 对象的 ExecuteReader 方法实例化了一个 DataReader。

下面的代码说明了如何从 Northwind 数据库的 Customers 表中选择数据。这个例子实现连接数据库，选择多条记录，循环所选的记录，并把它们输出到控制台上。

```
using System;
using System.Data.OleDb;
using System.Data;

namespace OlDbRead
{
/// <summary>
/// Class1 的摘要说明
```

```
/// </summary>
class Class1
{
/// <summary>
/// 应用程序的主入口点
/// </summary>
[STAThread]
static void Main(string[] args)
{
//
// TODO：在此处添加代码以启动应用程序
//
string source = "Provider=SQLOLEDB;" +
"server=localhost;" +
"uid = sa; pwd=;"+
"database = northwind";
string select = "SELECT ContactName, CompanyName FROM Customers";
OleDbConnection conn = new OleDbConnection(source);
conn.Open( );
OleDbCommand cmd = new OleDbCommand(select,conn);
OleDbDataReader aReader = cmd.ExecuteReader( );
while(aReader.Read( ))
{
Console.WriteLine("'{0}' from {1}",aReader.GetString(0),
aReader.GetString(1));
}
aReader.Close( );
conn.Close( );
}
}
}
```

10.3.2 使用 DataReader 读取数据

前面已经介绍了 DataReader 的基本功能，下面对 DataReader 的使用方法进行详细说明。

1. 创建 DataReader 对象

前面提到过没有构造函数创建 DataReader 对象，通常使用 Command 类的 ExecuteRader 方法来创建 DataReader 对象：

```
SqlCommand cmd = new SqlCommand(commandText, ConnectionObject)
SqlDataReader dr = cmd.ExecuteReader( );
```

DataReader 类最常见的用法就是检索 SQL 查询或者存储过程返回的记录。它是向前和只读的结果集，也就是使用它时，数据库连接必须保持打开状态，另外只能从前往后遍历信息，不能中途停下修改数据。

注意：

DataReader 使用底层的连接，连接是它专有的，这意味着 DataReader 打开时不能使用对应连接进行其他操作，比如执行另外的命令等。使用完 DataReader 后一定要关闭阅读器和连接。

2. 使用命令行指定 DataReader 的特征

前面使用 cmd.ExecuteReader( ) 实例化 DataReader 对象，其实这个方法有重载版本，接收命令行参数，这些参数应该是 CommandBehavior 枚举：

```
SqlDataRader dr = cmd.ExecuteReader(CommandBehavior.CloseConnection);
```

上面使用的是 CommandBehavior.CloseConnection，作用是关闭 DataReader 的时候自动关闭对应的 ConnectionObject，这样可以避免忘记关闭 DataReader 对象以后关闭 Connection 对象。这个参数能保证开发者记得关闭连接。另外 CommandBehavior.SingleRow 可以使结果集返回单行，Command Behavior.SingleResult 返回结果为多个结果集的第一个结果集。

3. 遍历 DataReader 中的记录

当 ExecuteReader 方法返回 DataReader 对象时，当前光标的位置是第一条记录的前面。必须调用数据阅读器的 Read 方法把光标移动到第一条记录，然后第一条记录就是当前记录。如果阅读器包含的记录不止一条，Read 方法返回一个 bool 值 true。也就是说 Read 方法的作用是在允许范围内移动光标位置到下一记录，有点类似于 rs.movenext。如果当前光标指示最后一条记录，此时调用 Read 方法得到 false。下面是 DataReader 常用的格式：

```
While(dr.Reader( ))
{
//do something with the current record
}
```

4. 访问字段的值

DataReader 提供两种方法访问字段的值。第一种是 Item 属性，此属性返回字段索引或者字段名字对应的字段的值。第二种是 Get 方法，此方法返回由字段索引指定的字段的值。

注意：

如果对每一条记录的操作可能花费比较长的时间，那么意味着阅读器将长时间打开，数据库连接也将维持长时间的打开状态，此时使用非连接的 DataSet 或许更好一些。

(1) Item 属性。

每个 DataReader 类都定义一个 Item 属性。假如现有一个 DataReader 实例 dr，对应的 SQL 语句是 SELECT Fid，Fname FROM friend，则可以使用下面的方法取得返回的值：

```
object ID = dr["Fid"];
object Name = dr["Fname"];
```

或者：

```
object ID = dr[0];
object Name = dr[0];
```

注意索引总是从 0 开始。另外本例使用的是 object 来定义 ID 和 Name，因为 Item 属性返回的值是 object 类型，但是可以进行强制类型转换。

```
int ID = (int) dr["Fid"];
string Name = (string) dr["Fname"];
```

记住一定要确保类型转换的有效性，否则将出现异常。

(2) Get 方法。每个 DataReader 都定义了一组 Get 方法，比如 GetInt32 方法把返回的字段值作为.NET clr 32 位证书。

下面的例子是使用该方式访问 Fid 和 Fname 的值：

```
int ID = dr.GetInt32 (0);
string Name = dr.GetString (1);
```

注意：虽然这些方法把数据从数据源类型转化为.NET 数据类型，但是不执行其他的数据转换，如不会把 16 位整数转换为 32 位的，所以必须使用正确的 Get 方法。另外 Get 方法不能使用字段名来访问字段，下面的访问方法是错误的：

```
int ID = dr.GetInt32 ("Fid");              //错误
string Name = dr.GetString ("Fname");      //错误
```

显然上面这个缺点在某些场合是致命的，当字段很多的时候，或者过了一段时间以后再来看这些代码，会觉得很难以理解。当然可以使用其他方法来尽量解决这个问题，一个可行的办法是使用 const：

```
const int FidIndex  =  0;
const int NameIndex  =  1;
int ID = dr.GetInt32 (FidIndex);
string Name = dr.GetString (NameIndex);
```

这个办法并不怎么好，下面是另外一个好一些的办法：

```
int NameIndex = dr.GetOrdinal ("Fname"); //取得 Fname 对应的索引值
string Name = dr.GetString (NameIndex);
```

这样似乎有点麻烦，但是当需要遍历阅读器中的大量结果集的时候，这个方法很有效，因为索引只需执行一次。

```
int FidIndex = dr.GetOrdinal ("Fid");
int NameIndex = dr.GetOrdinal ("Fname");
while (dr.Read ())
{
int ID = dr.GetInt32 (FidIndex);
string Name = dr.GetInt32 (NameIndex);
}
```

10.3.3 在 DataReader 中使用多个结果集

在对数据库进行操作的过程中，有时需要同时使用两个或者多个查询完成对数据库的查询。如果使用多个 Command 和 DataReader 对象，有时会影响应用程序的整体性能，利用 DataReader 可以完成这个任务。

DataReader 提供了另一个遍历结果集的方法 NextResult ( )，其作用是把数据读取器移动到下一个结果集，这个方法可以与 Read ( ) 方法协同工作。Read ( ) 方法是把游标移动到当前结果集的下一条记录，而 NextResult ( ) 方法是把游标移到下一个结果集，然后，Read ( ) 方法再基于那个结果集上开始工作。

例如，下面的代码使用 DataReader 实现对两个结果集的操作：

```
using System;
using System.Data;
using System.Data.SqlClient;

namespace ConsoleApplication1
{
    class Class1
    {
        /// <summary>
        /// 应用程序的主入口点
        /// </summary>
        [STAThread]
        static void Main(string[] args)
        {
            //
            // TODO: 在此处添加代码以启动应用程序
            //
            string connstr = "server = .;Integrated Security=SSPI; database
            = Northwind;";
            SqlConnection conn = new SqlConnection(connstr);
            string SQL = "SELECT companyname, contactname FROM customers;
            SELECT firstname,lastname FROM employees";
            SqlCommand sqlComm = new SqlCommand(SQL,conn);
            try
            {
                conn.Open( );
                SqlDataReader dr = sqlComm.ExecuteReader( );
                do
                {
                    Console.WriteLine("{0}\t\t{1}",dr.GetName(0),dr.Get
                    Name(1));
                    while(dr.Read( ))
                    {
                        Console.WriteLine("{0}\t\t{1}",dr.GetSqlString(0),
                        dr.GetSqlString(1));
                    }
                }
                while(dr.NextResult( ));
                dr.Close( );
                conn.Close( );
            }
            catch(Exception e)
            {
                Console.WriteLine(e.Message);
            }
            finally
```

```
                {
                conn.Close( );
                Console.ReadLine( );
                }
            }
        }
    }
```

10.4 DataSet 和 DataAdapter 的使用

10.4.1 DataSet 简介

DataSet 对象与 ADO Recordset 对象相似，但功能更为强大，并具有另一个重要区别：DataSet 始终是断开的。DataSet 对象表示数据的缓存，具有类似数据库的结构，如表、列、关系和约束。但是，尽管 DataSet 可以像数据库那样运行，但重要的是：DataSet 对象不直接与数据或其他源数据进行交互，这使得开发人员能够使用始终保持一致的编程模型，而不用理会源数据的驻留位置。所有来自于数据库、XML 文件、代码或用户输入的数据都可添加到 DataSet 对象中。这样，由于对 DataSet 进行了更改，所以在更新源数据之前可以对这些更改进行跟踪和验证。DataSet 对象的 GetChanges 方法实际上是创建了另一个 DatSet，该 DatSet 只包含对数据做出的更改。然后，DataAdapter(或其他对象)使用此 DataSet 来更新原始的数据源。

下面介绍创建一个空 DataSet 对象的方法，关于 DataSet 的使用方法将在后面详细介绍。

DataSet ds = new DataSet( );

这样创建的 DataSet 对象的 DataSetName 属性被设置为 NewDataSet。该属性用于描述 DataSet 的内部名称，以便以后引用。此外，也可以在构造函数中指定，它以字符串的形式接受名称：

DataSet ds = new DataSet("MyDataSet");

或者可以这样简单地设置属性：

DataSet ds = new DataSet( );

ds.DataSetName = "MyDataSet";

10.4.2 DataAdapter 简介

DataAdapter 是连接到数据库以填充 DataSet 的对象。然后，它又连接回数据库，根据 DataSet 保留数据时所执行的操作来更新数据库中的该数据。在过去，数据处理主要是基于连接的。现在，为了使多层应用程序更为高效，数据处理正转向基于消息的方式，围绕信息块进行处理。这种方式的中心是 DataAdapter，它起着桥梁的作用，在 DataSet 和其源数据存储区之间进行数据检索和保存。这一操作是通过对数据存储区进行适当的 SQL 操作命令来完成的。

下面介绍使用 DataAdapter 填充 DataSet 的方法。

首先定义 SQL 查询，创建数据库连接，然后创建和初始化数据适配器：

SqlDataAdapter da = new SqlDataAdapter(SQL，sqlConn);

接着创建 DataSet 对象：

DataSet ds = new DataSet( );

此时，得到的只是空 DataSet。关键代码行是使用数据适配器的 Fill( )方法执行查询，检索数据，填充 DataSet:

```
da.Fill(ds, "Products");
```

Fill()方法从内部使用 DataReader 访问数据库数据和表达式，然后使用它填充 DataSet。注意这个方法不只是用于填充 DataSet。它有许多重载版本，如果需要，也可用于用记录填充 DataTable。如果未在 Fill()方法中给表提供名称，表将自动被命名为 Table*n*，其中 *n* 以空的数字开始(第一个表名称是 Table)，每次在 DataSet 中插入新表时都对其进行加 1。因而，建议为表使用用户定义的名称。如果多次执行相同的查询，传入已经含有的数据的 DataSet，那么，Fill()方法更新数据，同时跳过重新定义模式或创建表的过程。

下面的代码显示了使用 SqlDataAdapter 的另一种方法，为此，将其 SelectCommand 属性设置为 SqlCommand 对象。可以使用 SelectCommand 得到或设置 SQL 语句或存储过程：

```
SqlDataAdapter da = new SqlDataAdapter();
Da.SelectCommand = new SqlCommand(SQL, sqlConn);
DataSet ds = new DataSet();
da.Fill(ds, "Products");
```

由于填充过的 DataSet 可供支配，所以，可以 DataTable 对象的形式提取每个表，并使用该对象访问实际数据。DataSet 当前只含有一个表：

```
Data Table dt = ds.Tables["Products"];
```

最后，使用嵌套的 foreach 循环，从每个行访问列数据，并且把结果输出到屏幕上：

```
foreach(DataRow dRow in dt.Rows)
{
foreach(DataColumn dCol in dt.Columns)
Console.WriteLine(dRow[dCol]);
}
```

10.4.3　利用 DataSet 和 DataAdapter 访问数据

数据集是一个容器，因此需要用数据填充它。填充数据集时，将引发各种事件，应用约束检查等。可以用多种方法填充数据集。

(1) 调用数据适配器的 Fill 方法。

这导致适配器执行 SQL 语句或存储过程，然后将结果填充到数据集中的表中。如果数据集包含多个表，每个表可能有单独的数据适配器，因此必须分别调用每个适配器的 Fill 方法。

(2) 通过创建 DataRow 对象并将它们添加到表的 Rows 集合中，手动填充数据集中的表(只能在运行时执行此操作，无法在设计时设置 Rows 集合)。

(3) 将 XML 文档或流读入数据集中。

(4) 合并(复制)另一个数据集的内容。如果应用程序从不同的来源(例如，不同的 XML Web services)获取数据集，但是需要将它们合并为一个数据集，该方法会很有用。

因为数据集是完全断开的数据容器，所以数据集(与 ADO 记录集不同)不需要或不支持当前记录的概念。相反，数据集中的所有记录都可用。由于没有当前记录，因此就没有指向当前记录的特定属性，也没有从一个记录移动到另一个记录的方法或属性(比较而言，ADO 记录集支持绝对记录位置和从一个记录移动到另一个记录的方法)。可以访问数据集中以对象形式出现的各个表，每个表公开一个行集合。可以像处理任何集合那样处理行集合，通过集合的索引访问行，或者用编程语言通过集合特定的语句来访问行。

 注意:

如果将 Windows 窗体中的控件绑定到数据集，则可以使用窗体的绑定结构简化对个别记录的访问。

由于数据集在断开缓存中存储数据，因此当数据集中的记录发生更改时，这些更改必须写回数据库。要将更改从数据集写入数据库，必须调用数据适配器的 Update 方法，在数据集与其相应的数据源之间通信。用于操作个别记录的 DataRow 类包含 RowState 属性，该属性的值指示自数据表首次从数据库加载后，行是否已更改及是如何更改的。可能的值包括 Deleted、Modified、New 和 Unchanged。Update 方法用于检查 RowState 属性的值，确定哪些记录需要写入数据库，以及应该调用哪个特定的数据库命令(添加、编辑、删除)。

下面通过一个例子来说明如何使用 DataSet 和 DataAdapter 访问数据库，代码如下：

```
using System;
using System.Data;
using System.Data.SqlClient;
using System.Drawing;
using System.Windows.Forms;
public class DataGridSample:Form{
DataSet ds;
DataGrid myGrid;
static void Main( ){
Application.Run(new DataGridSample( ));
}
public DataGridSample( ){
InitializeComponent( );
}
void InitializeComponent( ){
this.ClientSize = new System.Drawing.Size(550,450);
myGrid = new DataGrid( );
myGrid.Location = new Point (10,10);
myGrid.Size = new Size(500,400);
myGrid.CaptionText = "Microsoft .NET DataGrid";
this.Text = "C# Grid Example";
this.Controls.Add(myGrid);
ConnectToData( );
myGrid.SetDataBinding(ds,"Suppliers");
}
void ConnectToData( ){
// Create the ConnectionString and create a SqlConnection
// Change the data source value to the name of your computer

string cString = "Persist Security Info=False;Integrated Security=SSPI;
```

```
database=northwind;server=mySQLServer";
SqlConnection myConnection = new SqlConnection(cString);
// Create a SqlDataAdapter
SqlDataAdapter myAdapter = new SqlDataAdapter( );
myAdapter.TableMappings.Add("Table","Suppliers");
myConnection.Open( );
SqlCommand myCommand = new SqlCommand("SELECT * FROM Suppliers",
myConnection);
myCommand.CommandType = CommandType.Text;
myAdapter.SelectCommand = myCommand;
Console.WriteLine("The connection is open");
ds = new DataSet("Customers");
myAdapter.Fill(ds);
// Create a second Adapter and Command
SqlDataAdapter adpProducts = new SqlDataAdapter( );
adpProducts.TableMappings.Add("Table","Products");
SqlCommand cmdProducts = new SqlCommand("SELECT * FROM Products",
myConnection);
adpProducts.SelectCommand = cmdProducts;
adpProducts.Fill(ds);
myConnection.Close( );
Console.WriteLine("The connection is closed.");
System.Data.DataRelation dr;
System.Data.DataColumn dc1;
System.Data.DataColumn dc2;
// Get the parent and child columns of the two tables
dc1 = ds.Tables["Suppliers"].Columns["SupplierID"];
dc2 = ds.Tables["Products"].Columns["SupplierID"];
dr = new System.Data.DataRelation("suppliers2products",dc1,dc2);
ds.Relations.Add(dr);
}
}
```

10.4.4　类型和无类型 DataSet

DataSet 的一个好处是可被继承以创建一个强类型 DataSet。强类型 DataSet 的好处包括设计时类型检查，以及 Microsoft Visual Studio.NET 用于强类型 DataSet 语句结束所带来的好处。修改了 DataSet 的架构或关系结构后，就可以创建一个强类型 DataSet，把行和列作为对象的属性公开，而不是作为集合中的项公开。例如，不公开客户表中行的姓名列，而公开 Customer 对象的 Name 属性。类型化 DataSet 从 DataSet 类派生，因此不会牺牲 DataSet 的任何功能。也就是说，类型化 DataSet 仍能远程访问，并作为数据绑定控件(例如 DataGrid)的数据源提供。如果架构事先不可知，仍能受益于通用 DataSet 的功能，但却不能受益于强类型 DataSet 的附加功能。

使用强类型 DataSet 时，可以批注 DataSet 的 XML 架构定义(XML Schema Definition, XSD)语言

架构，以确保强类型 DataSet 正确处理空引用。nullValue 批注可用一个指定的值 String.Empty 代替 DBNull、保留空引用或引发异常。选择哪个选项取决于应用程序的上下文。在默认情况下，如果遇到空引用，就会引发异常。

类型化数据集的类有一个对象模型，在此对象模型中该类的属性采用表和列的实际名称。例如，如果使用的是类型化数据集，可以使用如下代码引用列：

```
// 访问 Customers 表第一行记录的 CustomerID 列的值
string s;
s = dsCustOrders.Customers[0].CustomerID;
```

相比较而言，如果使用的是非类型化数据集，等效的代码为：

string s =(string) dsCustOrders.Tables["Customers"].Rows[0]["CustomerID"];类型化访问不但更易于读取，而且得到 Visual Studio 代码编辑器中智能感知的全面支持。除了更易于使用外，类型化数据集的语法还在编译时提供类型检查，从而大大降低了为数据集成员赋值时发生错误的可能性。在运行时对类型化数据集中的表和列的访问也略为快一些，因为访问是在编译时确定的，而不是在运行时通过集合确定的。

尽管类型化数据集有许多优点，但在许多情况下需要使用非类型化数据集。最显而易见的情形是数据集无架构可用。例如，当应用程序正在与返回数据集的组件交互而事先不知道其结构是哪种时，便会出现这种情况。同样，有些时候使用的数据不具有静态的可预知结构，在这种情况下使用类型化数据集是不切实际的做法，因为对于数据结构中的每个更改，都必须重新生成类型化数据集类。更常见的是，许多时候可能需要动态创建无可用架构的数据集。在这种情况下，数据集只是一种方便的、可用来保留信息的结构(只要数据可以用关系方法表示)。同时，还可以利用数据集的功能，如序列化传递到另一进程的信息或写出 XML 文件的能力。

10.5 性能

目前，.NET 受管制的提供者有时有一定的局限性，只能选择 OleDb 或 SqlClient。OleDb 允许利用 OLEDB 驱动程序来连接任何数据源(例如 Oracle)，SqlClient 提供者则面向 SqlServer。SqlServer 提供者是完全使用受管制的代码编写的，使用的层应尽可能少，这样才能连接数据库。这个提供者为 SQL Server 编写了 TDS(Tabular Data Stream)软件包，因此它比 OleDb 提供者更快，因为 OleDb 提供者在连接数据库前要通过许多层。

如果用户只考虑使用 SQL Server，显然应选择 Sql 提供者。在现实世界中，如果不打算使用 SQL Server，肯定只能使用 OleDb 提供者。Microsoft 允许利用 System.Data.Common 类访问数据库，所以最好对这些类进行编码，在运行时使用合适的提供者。目前在 OleDb 和 Sql 之间切换是相当容易的，如果其他数据库开发商为他们的产品编写了提供者，用户应能在不修改代码(或很少修改)的情况下切换到 ADO 的一个本机提供者上。

10.6 C#数据库应用程序开发实例

本节通过一个具体的实例来说明数据库应用系统的设计和实现的过程，以使读者对数据库及其应用开发有更具体的理解。

10.6.1　需求说明

要求实现一个学生信息管理系统，在此系统中涉及对学生信息管理，此系统要求能够记录学生的基本信息。系统具体要求如下：

- 能够向数据库中添加学生基本信息。
- 能够删除指定学生的基本信息。
- 能够修改学生的基本信息。
- 能够根据指定的条件查询学生的基本信息。

10.6.2　数据库结构设计

1．概念结构设计

现在对上述需求做进一步的分析，产生概念结构设计的 E-R 模型。由于这个系统比较简单，此系统仅包含一个学生实体。

学生：用于描述一名学生的基本信息，由学号来标识。

其实体属性图如图 10-9 所示：

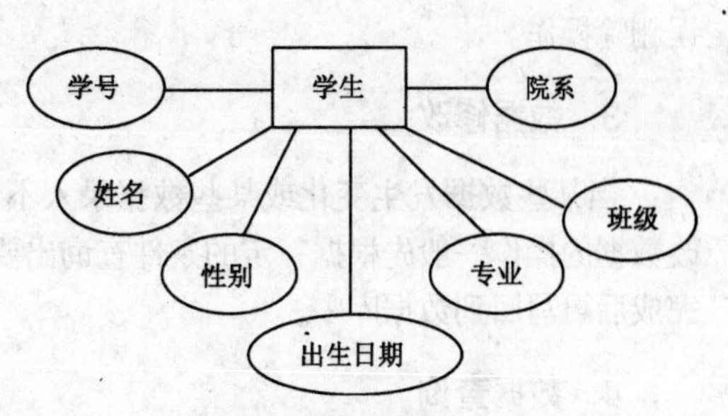

图 10-9　学生实体-属性图

经分析得到此系统中各实体所包含的基本属性如下：

学生：学号，姓名，性别，出生日期，专业，班级，院系。

2．逻辑结构设计

有了基本的实体-属性图就可以进行逻辑结构设计，也就是设计基本的关系模型，设计基本关系模型主要从实体-属性图出发，将其直接转换为关系模型。根据转换规则，这个 E-R 模型转换的关系模型为：

实体名：学生

对应的关系模型：学生(学号，姓名，性别，出生日期，专业，班级，院系)

现在分析一下这些关系模型。由于在设计关系模型时是以现实存在的实体为依据，而且遵循一个基本表只描述现实世界的一个实体的原则，每个关系模式中的每个非主码属性都完全由主码唯一确定，因此上述关系模式是第三范式的关系模式。

在设计好关系模式并确定好每个关系模式的主码后，应该看一下这些关系模式之间的关联关系，即确定关系模式的外码。本例只有一个实体，所以不存在外码。

最后确定表中各属性的详细信息，包括数据类型和长度等，如表 10-1 所示。

表 10-1　学生表(student)

列　名	英 文 名	类　型	长　度	约　束	说　明
学号	stuno	char	6	主键	学生学号
姓名	stuname	varchar	20	非空	学生姓名
性别	stusex	char	2	非空(男，女)	学生性别
出生日期	stubirthday	datetime		非空	出生日期
专业	stuaspect	varchar	50	非空	所属专业
班级	stuclass	varchar	20	非空	所属班级
院系	stucollege	varchar	50	非空	所属院系

10.6.3 数据库行为设计

对于数据库应用系统来说，最常用的功能就是对数据的增、删、改、查。具体如下：

1．数据录入

对学生数据的录入。输入学生的基本信息，由系统将其添加到学生表中。

2．数据删除

对学生数据的删除。在实际删除操作之前注意提醒用户是否真的要删除数据，以免造成用户的误删除操作。

3．数据修改

当某些数据发生变化或某些数据录入不正确时，应该允许用户对数据库中的数据进行修改。修改数据的操作一般先根据一定的条件查询出要修改的记录，然后再对其中的某些记录进行修改，修改完成后再写回到数据库中。

4．数据查询

在数据库应用系统中，数据查询是最常用的功能。数据查询应根据用户提出的查询条件查询，为了简化操作，本系统只要求按学号查询学生数据。

10.6.4 系统实现

为了缩小程序的规模，使读者容易掌握数据库应用系统的编程方法，本实例使用控制台应用程序完成学生基本信息的管理，如添加、删除、更改、查询等功能。这里只介绍应用程序中的几个关键功能模块的实现，完整的应用程序请读者查阅本书程序源代码。本系统在 Windows XP sp3、Visual Studio.NET 2005 和 SQL Server 2005 环境下调试通过。

1．系统初始化及主菜单

```
using System;
using System.Collections.Generic;
using System.Text;
using System.Data.OleDb;
using System.Data;
namespace ManageData
{
    class Program
    {
        /* 连接 sqlserver 数据库 */
        public static string connectionString = "Provider=SQLOLEDB.1;Initial
Catalog=school;Data Source=127.0.0.1;User ID=sa; Password=123";
        /* 主程序加载 */
        static void Main(string[] args)
        {
            //窗体初始化
            initial();
```

```
        }
        /* 初始化菜单 */
        static void initial()
        {
            Console.Out.WriteLine("菜单：");
            Console.Out.WriteLine("1、添加数据库");
            Console.Out.WriteLine("2、删除数据库");
            Console.Out.WriteLine("3、更新数据库");
            Console.Out.WriteLine("4、查询数据库");
            Console.Out.WriteLine("9、退出");
            int select = int.Parse(Console.ReadLine());
            //根据输入不同，执行不同操作
            switch (select)
            {
                case 1:
                    insertData();
                    break;
                case 2:
                    deleteData();
                    break;
                case 3:
                    updateData();
                    break;
                case 4:
                    selectData();
                    break;
                case 9:
                    break;
                default:
                    Console.Out.WriteLine("输入无效！");
                    //加载初始菜单
                    initial();
                    break;
            }
        }
……
}
```

2. 添加数据操作

```
/* 添加数据*/
        static void insertData()
        {
            using (OleDbConnection aConnection = new OleDbConnection
(connectionString))
            {
                try
                {
                    Console.Out.WriteLine("stuNo: ");
                    string stuNo = Console.ReadLine();
```

```
                    Console.Out.WriteLine("stuName: ");
                    string stuName = Console.ReadLine();
                    Console.Out.WriteLine("stuSex: ");
                    string stuSex = Console.ReadLine();
                    Console.Out.WriteLine("stuBirthday: ");
                    DateTime stuBirthday = Convert.ToDateTime
    (Console.ReadLine());
                    Console.Out.WriteLine("stuAspect: ");
                    string stuAspect = Console.ReadLine();
                    Console.Out.WriteLine("stuClass: ");
                    string stuClass = Console.ReadLine();
                    Console.Out.WriteLine("stuCollege: ");
                    string stuCollege = Console.ReadLine();
                    string sql = "insert into stuinfo(stuno,stuname,stusex,
stubirthday,stuaspect,stuclass,stucollege) values('" + stuNo + "','" + stuName
+ "','" + stuSex + "','" + stuBirthday + "','" + stuAspect + "','" + stuClass +
"','" + stuCollege + "')";
                    OleDbCommand acmd = new OleDbCommand(sql, aConnection);
                    //打开数据库连接
                    aConnection.Open();
                    //执行sql语句
                    acmd.ExecuteNonQuery();
                    //关闭数据库连接
                    aConnection.Close();
                    //加载初始菜单
                    initial();
                }
                catch (Exception e)
                {
                    throw e;
                }
            }
        }
```

习题 10

1．说明 SqlConnection、OleDbConnection、OdbcConnection、OracleConnection 怎样连接到数据库？连接字符串中各个键的作用是什么？

2．Command 的作用是什么？如何利用 Command 对象来操作数据库？

3．DataReader 访问字段值的方法有哪些，各是什么？

4．DataReader 的功能是什么？试编写一段遍历数据库中数据的程序。

5．类型和无类型的 DataSet 各有什么优缺点？

6．DataSet 和 DataAdapter 的功能各是什么？如何用 DataSet 和 DataAdapter 操作数据库中的数据？

第 11 章　Java 数据库应用程序开发

随着电子商务及动态网站的迅速发展，Java 数据库编程得到了越来越广泛的应用。JDBC 由一组用 Java 语言编写的类组成，它已成为一种供数据库开发者使用的标准 API。通过 JDBC 本身提供的一系列类和接口，Java 编程开发人员能够很方便地编写有关数据库方面的应用程序。下面介绍 Java 数据库编程技术。

通过本章学习，将了解以下内容：

- JDBC API
- SQL 和 Java 数据类型的映射关系
- Java 数据库操作的基本步骤
- 使用 JDBC 实现对数据库的操作
- JDBC 连接其他类型的数据库

11.1　JDBC API 简介

JDBC API 被描述成一组抽象的接口，JDBC 的接口和类定义都在包 java.sql 中，利用这些接口和类可以使应用程序很容易地对建立数据库连接、执行 SQL 语句并且处理结果，如表11-1所示。

表 11-1　JDBC API 类

类　型	JDBC 类
驱动程序管理	java.sql.Driver
	java.sql.DriverManager
	java.sql.DrivePropertyInfo
数据库连接	java.sql.Connection
SQL 语句	java.sql.Statement
	java.sql.PreparedStatement
	java.sql.CallableStatement
数据	java.sql.ResultSet
错误	java.sql.SQLException
	java.sql.SQLWarning

下面对这些接口提供的方法进行详细介绍。

1. java.sql.DriverManager 接口

java.sql.DriverManager 用来装载驱动程序，并为创建新的数据连接提供支持。

JDBC 的 DriverManager 一方面向程序提供一个统一的连接数据库的接口；另一方面负责管理 JDBC 驱动程序，DriverManager 类就是这个管理层。下面是 DriverManager 类提供的主要方法。

getDriver(String url)：根据指定 url 定位一个驱动。

getDrivers()：获得当前调用访问的所有加载的 JDBC 驱动。

getConnection()：使用给定的 url 建立一个数据库连接，并返回一个 Connection 接口对象。

registerDriver(java.sql.Driver dirver)：登记给定的驱动。

setCatalog(String database)：确定目标数据库。

2．java.sql.Connection 接口

java.sql.Connection 用于完成与某一指定数据库的连接。

Connection 接口用于一个特定的数据库连接，它包含维持该连接的所有信息，并提供关于这个连接的方法。

createStatement()：在本连接上生成一个 Statement 对象，该对象可对本连接的特定数据库发送 SQL 语句。

setAutoCommit(Boolean autoCommit)：设置是否自动提交。

getAutoCommit()：获得自动提交状态。

commit()：提交数据库上当前所有待提交的事务。

close()：关闭当前的 JDBC 数据库连接。

3．java.sql.Statement 接口

java.sql.Statement 在一个给定的连接中作为 SQL 执行声明，它包含了两个重要的子类型：java.sql.PreparedStatement(用于执行预编译的 SQL 声明)和 java.sql.CallableStatement(用于执行数据库中的存储过程)。

Statement 对象用于将 SQL 语句发送到数据库中。Statement 对象本身并不包含 SQL 语句，因而必须给查询方法提供 SQL 语句作为参数。下面是 Statement 接口声明的主要方法。

executeQuery(String sql)：执行一条 SQL 查询语句，返回查询结果对象。

executeUpdate(String sql)：执行一条 SQL 插入、更新、删除语句，返回操作影响的行数。

execute(String sql)：执行一条 SQL 语句。

4．java.sql.ResultSet 接口

java.sql.ResultSet 用于保存数据库结果集，通常通过执行查询数据库的语句生成。

在这个接口中提供了非常丰富的方法，可以使用这些方法对数据库进行各种操作。

11.2 SQL 和 Java 之间的映射关系

SQL 数据类型和 Java 数据类型之间具有映射关系。例如一个 SQL INTEGER 类型的数据一般映射为 Java 的 int 类型，可以使用一种简单的 Java 数据类型来读写 SQL 数据。

JDBC 为了支持通用的数据访问，提供了可以将数据作为 Java 对象来访问的方法，这就是 ResultSet 类的 getObject 方法、PreparedStatement 类的 setObject 方法、CallableStatement 的 getObject 方法。对于两个 getObject 方法，在获取相应的数据类型之前，必须将 Object 对象转换为相应的类型。

某些 Java 的数据类型，如 boolean 和 int 并不是 Object 的子类，因此，从 SQL 类型到 Java 类型的映射可能稍有不同(见表11-2)。

使用 PreparedStatement 类的 setObject 方法可以指定目标 SQL 类型。JavaObject 首先被映射为默认的 SQL 类型(见表 11-3)，然后转换为指定的 SQL 类型，再传给数据库。此外也可以默认目标 SQL 类型，这时 Java 对象只是简单地转换为默认的 SQL 类型，再传给数据库。

表 11-2　SQL 类型到 Java 对象的映射

SQL 类型	Java 对象类型	SQL 类型	Java 对象类型
CHAR	String	BIGINT	long
VARCHAR	String	REAL	float
LONG VARCHAR	String	FLOAT	double
NUMERIC	Java sql numeric	DOUBLE	double
DECIMAL	Java sql numeric	BINARY	byte
BIT	boolean	VARBINARY	byte
TINYINT	integer	VARBINARY	byte
SMALLINT	integer	LONG VARBINARY	byte
INTEGER	integer	DATE	Java sql date
TIME	Java sql time	TIMESTAMP	Java sql timestamp

表 11-3　Java 对象到 SQL 类型的映射

Java 对象类型	SQL 类型	Java 对象类型	SQL 类型
string	LONG VARCHAR	Byte[]	VARBINARY 或 LONGVARBINARY
Java sql numeric	NUMERIC	double	DOUBLE
boolean	BIT	Java sql date	DATE
integer	INTEGER	Java sql time	TIME
long	BIGINT	Java sql timestamp	TIMESTAMP
float	REAL		

11.3　JDBC 编程

从设计上来说，使用 JDBC 类进行编程与使用普通的 Java 类没有太大的区别：可以构建 JDBC 核心类的对象，如果需要还可以继承这些类。用于 JDBC 编程的类都包含在 java.sql 和 javax.sql 两个包中。

所有 JDBC 编程的第一步都是与数据库建立连接，得到一个 java.sql.Connection 类的对象，对这个数据库的所有操作都基于这个对象。

使用JDBC的DriverManager查找到相应的数据库Driver并装载。从系统属性java.sql中读取Driver的类名，并一一注册。在程序中使用 Class.forName( ) 方法动态装载并注册 Driver。如 Class.forName("sun.jdbc.odbc.JdbcOdbcDriver")，注册 JDBC-ODBC 桥。通过 DriverManager.getConnection( ) 与数据库建立连接。

在连接数据库时，必须指定数据源及各种附加参数。JDBC 使用了一种与普通 URL 相类似的语法来描述数据源，称为数据库连接串 URL，用以指定数据源及使用的数据库访问协议。其语法格式：jdbc:<subprotocol>:<subname>。

例如：通过 JDBC-ODBC 桥接驱动与 mandb 数据源建立连接。

```
Connection con = DriverManager.getConnection("jdbc:odbc:mandb", "username", "password");
```

数据库连接完毕之后，需要在数据库连接上创建 Statement 对象，将各种 SQL 语句发送到所连接的数据库，执行对数据库的操作。例如：

```
/* 传送 SQL 语句并得到结果集 rs */
```

```
Statement stmt = con.createStatement();
ResultSet rs = stmt.executeQuery("SELECT a, b, c FROM Table1");
```

对于多次执行但参数不同的 SQL 语句，可以使用 PreparedStatement 对象。使用 CallableStatement 对象调用数据库上的存储过程。

通过执行 SQL 语句，得到结果集，结果集是查询语句返回的数据库记录的集合。在结果集中通过游标(Cursor)控制具体记录的访问。SQL 数据类型与 Java 数据类型相互转换时，根据 SQL 数据类型的不同，需使用不同的方法读取数据。

```
/*处理结果集 rs*/
while(rs.next()){
    int x = rs.getInt("a");
    String s = rs.getString("b");
    float f = getFloat("c");
}
stmt.close();
con.close();
```

11.3.1 数据库操作基本步骤

使用 JDBC 操作数据库，一般要经过如下步骤。

(1) 加载驱动程序：Class.forName(driver);

(2) 建立连接：Connection con=DriverManager.getConnection(url);

(3) 创建语句对象：Statement stmt=con.createStatement();

(4) 执行查询语句：ResultSet rs=stmt.executeQuery(sql);

(5) 对查询结果进行处理及关闭结果集对象：rs.close();

(6) 关闭语句对象：stmt.close();

(7) 关闭连接：con.close();

其中执行查询语句是对数据库操作的核心内容，在执行 SQL 命令之前，首先需要创建一个 Statement 对象。要创建 Statement 对象，需要使用 Connection 对象。

```
Statement stat = conn.createStatement();
```

接着，将要执行的 SQL 语句放入字符串中，例如：

```
String command = "UPDATE Books SET Price = Price * 0.9 WHERE Title = '大学英语'";
```

然后调用 Statement 类中的 executeUpdate 方法：

```
stat.executeUpdate(command);
```

executeUpdate 方法将返回受 SQL 命令影响的行数。executeUpdate 方法既可以执行诸如 INSERT、UPDATE 和 DELETE 之类的操作，也可以执行诸如 CREATE TABLE 和 DROP TABLE 之类的数据定义命令。但是执行 SELECT 查询时必须使用 executeQuery 方法。另外还有一个 execute 方法可以执行任意的 SQL 语句，此方法通常用于用户提供的交互式查询。

当执行查询操作时，通常最感兴趣的是查询结果。executeQuery 方法返回一个 ResultSet 对象，可以通过它来每次一行地迭代遍历所有查询结果。

```
ResultSet rs = stat.executeQuery("SELECT * FROM Books");
```

对于 ResultSet 类，迭代器初始化时被设定在第一行之前的位置，必须调用 next 方法将它移动到第一行。具体方法为

while(rs.next())

查看结果集中的数据时，如果希望知道其中每一行的内容，可以使用访问器来获取数据，有许多访问器方法可以用于获取这些信息，例如：

String isbn = rs.getString(1);

double price = rs.getDouble("Price");

每个访问方法都有两种形式，一种接受数字参数，另一种接受字符串参数。当使用数字参数时，指的是该数字所对应的列。需要注意的是，与数组索引不同，数据库的列序号是从 1 开始计算的。

当使用字符串参数时，指的是结果集中以该字符串为列名的列。使用数字参数效率更高一些，但是使用字符串参数可以使代码易于阅读和维护。

当 get 方法的类型和列的数据类型不一致时，每个 get 方法都会进行合理的类型转换。需要注意的是，SQL 的数据类型和 Java 的数据类型并非完全一致。

11.3.2　JDBC 数据库操作实现

1．驱动程序

在练习 JDBC 之前，需要使计算机成为数据库的主机，一般来说，如果使用的是 Windows 系统，应该就已经有 ODBC，而在安装的 JDK 中包含了 JDBC-ODBC Bridge Driver，这个驱动可以将 JDBC 连接到 ODBC 然后来操控 DBMS。

所以只要设定了 DBMS，便可以使用这个驱动来操作了。DBMS 可以是 Oracle、SQL Server 等数据库系统，在这里使用 SQL Server 2000 数据库。

2．创建 SQL Server 数据库

首先打开 SQL Server Management Studio，执行如下的 SQL 语句，创建数据库 Store。

```
USE [master]
GO
CREATE DATABASE [Store] ON  PRIMARY
( NAME = 'Store',
FILENAME = 'D:\storedb\Store.mdf' ,
SIZE = 10MB ,
MAXSIZE = UNLIMITED,
FILEGROWTH = 1MB )
LOG ON
( NAME = 'Store_log',
FILENAME = 'D:\storedb\Store_log.ldf' ,
SIZE = 1MB ,
MAXSIZE = 200MB ,
FILEGROWTH = 10%)
```

接下来执行如下 SQL 语句创建数据表：

```
USE Store
GO
CREATE TABLE Package
(
   ID INT PRIMARY KEY,
```

```
    Sender VARCHAR(200) NOT NULL,
    Receiver VARCHAR(200) NOT NULL,
    Fee MONEY,
    State VARCHAR(100),
    Weight INT,
    PValue INT
)
```

在数据表中输入数据，然后储存成名称为Package的数据表，如此便建立好了数据库。

3. 建立ODBC数据源

接下来设定ODBC，打开控制面板，在其中找到管理工具，如图11-1所示。

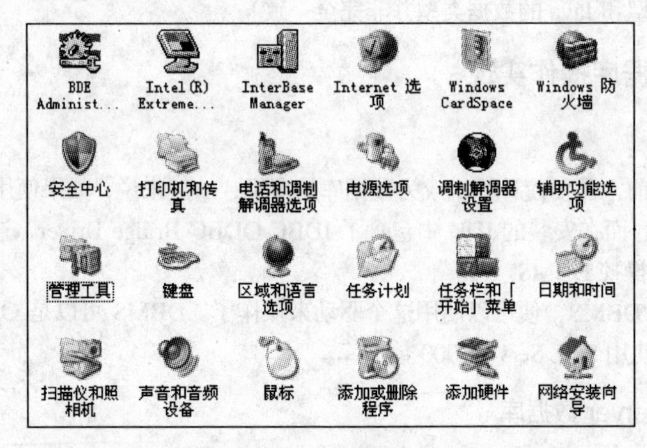

图11-1　控制面板

打开之后再找到“数据源(ODBC)”，工具，如图11-2所示。

双击“数据源(ODBC)”图标，打开如图11-3所示的对话框，按如下步骤建立数据源：

图11-2　管理工具

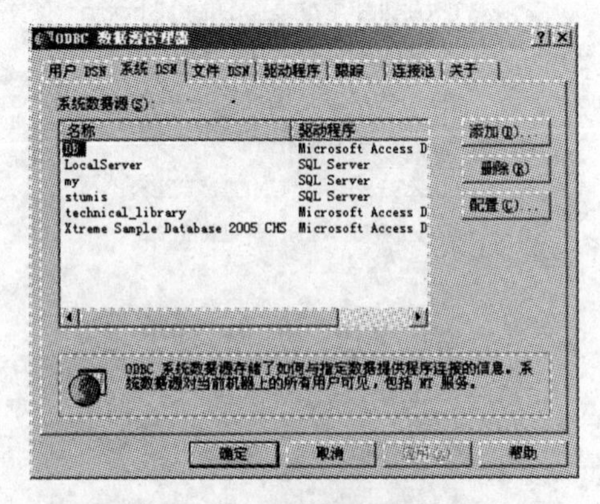

图11-3　ODBC数据源管理器

(1) 选择系统数据源，单击旁边的“添加”按钮，打开如图11-4所示的对话框。

(2) 选择“SQL Server”选项，然后单击“完成”按钮，出现如图11-5所示的对话框。

(3) 在数据源“名称”文本框中输入数据源名称，也就是Store，并在“服务器”下拉列表框中输入“.”，表示本地服务器。单击“下一步”按钮，打开如图11-6所示的对话框。

(4) 这里使用默认的Windows NT验证方式，单击“下一步”按钮。

图 11-4　选择数据源驱动程序

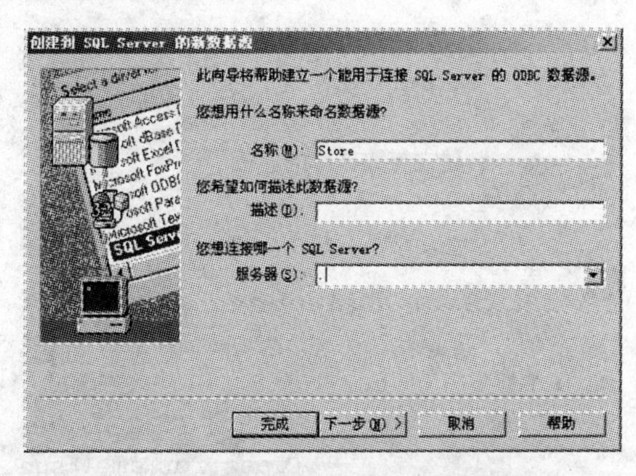

图 11-5　设置数据源名称和服务器名称

(5) 更改默认数据库为 Store 如图11-7所示，然后单击“下一步”按钮。

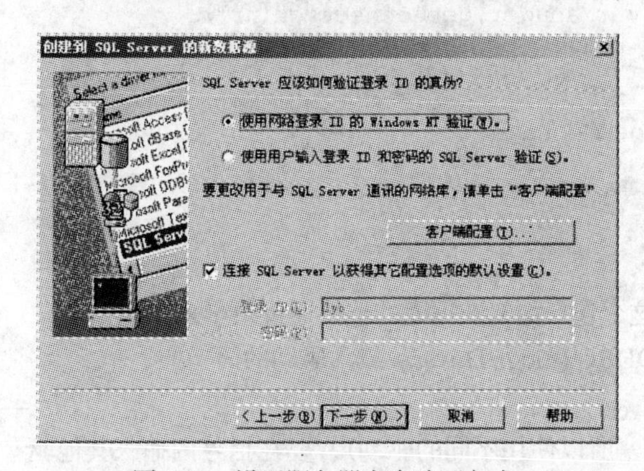

图 11-6　设置服务器安全验证方式

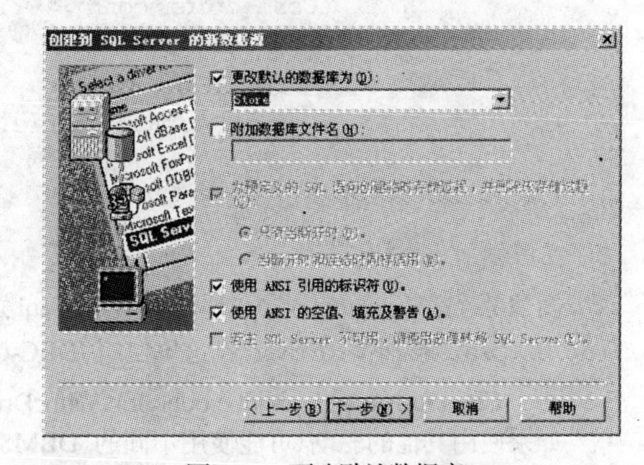

图 11-7　更改默认数据库

(6) 打开如图11-8所示的对话框，单击“完成”按钮。

(7) 打开如图11-9所示的对话框，单击“测试数据源”按钮，如果弹出的对话框中显示“测试成功”，则 ODBC 数据源创建成功。

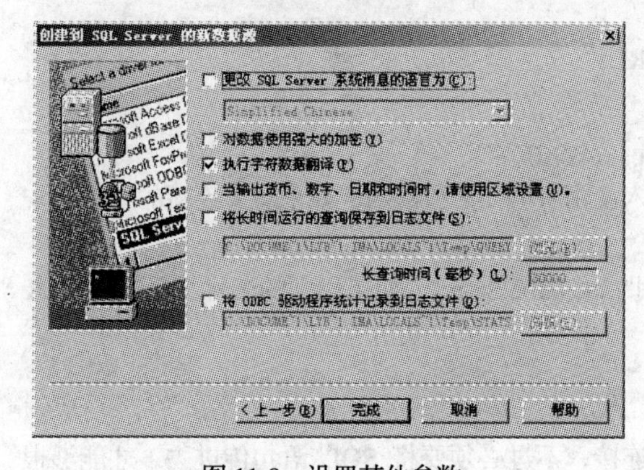

图 11-8　设置其他参数

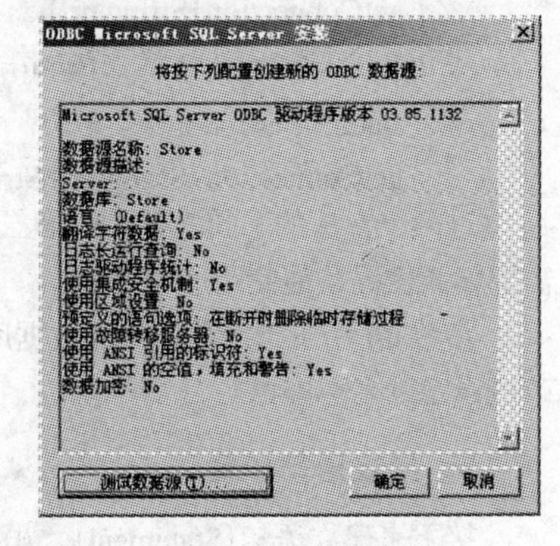

图 11-9　测试数据源

4. 建立连接

现在可以开始编写程序了，数据库编程的第一步便是要与数据库建立连接。参考程序代码如下：

```
/*
* JDBC Demo 1
*
* 建立与数据库的连接
*/
import java.sql.*;

class JdbcDemo1 {
    public static void main (String[] args) {
        try {
                // 注册 JDBC Driver
                Class.forName("sun.jdbc.odbc.JdbcOdbcDriver");
                // 建立与数据库的连接
                String url = "jdbc:odbc:Store";
                Connection conn = DriverManager.getConnection(url);
                conn.close( );
        }       catch (Exception e) {
                System.err.println(e.getMessage( ));
        } // catch
    } // main
} // JdbcDemo1
```

因为是连接数据库的程序，所以必须导入 sql 这个包。而与数据库的连接通过两步来完成：

第一步是载入驱动(Driver)，这里使用 JDBC-ODBC Bridge Driver。载入驱动的语句如下：

Class.forName("sun.jdbc.odbc.JdbcOdbcDriver");

如果使用其他的驱动(可能使用不同的 DBMS，所以使用不同的驱动)，要在括号内输入其他驱动的名字。

第二步就是建立与数据库的连接，使用 Connection 对象。要得到 Connection 对象，可以利用 DriverManager 类中定义的 getConnection( )方法，代码如下：

static Connection
getConnection(String url)

建立一个 Connection 来连接到给定的数据库 URL：

static Connection
getConnection(String url, String user, String password)

这两个方法的不同之处在于第二个方法可以输入使用者的 ID 和密码，如果想要连接的数据库中需要输入密码，便使用这个方法。

参数 url 用于指定欲连接的数据库，在这里使用"jdbc:odbc:Store"，如果用别的名称，只要将 Store 改成设定的名称即可。

5. 建立语句和表

接下来建立语句(Statement)。虽然已经建立了连接，不过必须要将 SQL 语句传进去，才能够根据这些指令来操纵数据库，所以需要 Statement。

建立 Statement 使用 Connection 中所定义的 createStatement( )方法，语法如下：

Statement stmt = conn.createStatement( );

有了 Statement，那么就可以根据其中建立的方法来将 SQL 语句传入，并借此来操纵数据库。首先来看要如何建立一个新的表。前面在 SQL Server 里的数据库 Store 中建立了一个表 Package，现在要利用 Java 程序将语法传入，然后再设计另外的一个表 Personnel，用来记录公司的员工信息。此表中记录了员工的 4 项数据，分别是 Name、ID、Salary、Gender。不要将两个表中的 ID 搞混了，一个代表的是包裹的 ID，一个代表的是员工的 ID。事实上这样的作法是比较不好，同学还是尽可能的给他不同的命名。

建立表的 SQL 语句为：

CREATE TABLE Personnel (Name VARCHAR (32), ID INTEGER, Salary FLOAT, Gender String);

有了这个 SQL 语句之后，要使用 Statement 中定义的方法 executeUpdate( )来将建立表的语句传进数据库。此方法的传回值为 int 类型，是表的行数。

参考程序代码如下：

```
/*
 * JDBC Demo 2
 *
 * 建立表
 */

import java.sql.*;
class JdbcDemo2 {
    public static void main (String[] args) {
        try {
                // 第一步：注册 JDBC Driver
                Class.forName("sun.jdbc.odbc.JdbcOdbcDriver");
                // 第二步：建立与数据库的连接
                String url = "jdbc:odbc:Store";
                Connection conn = DriverManager.getConnection(url);
                // 第三步：声明 Statement 来传送 SQL 语句到数据库中
                Statement stmt = conn.createStatement( );

                String createTablePersonnel = "CREATE TABLE Personnel " +
                    "(Name VARCHAR(32), ID INTEGER, Salary FLOAT, " +
                    "Gender String)";
                stmt.executeUpdate(createTablePersonnel);// 执行 SQL 语句

                stmt.close( );
                conn.close( );
        } catch (Exception e) {
                System.err.println(e.getMessage( ));
        }  // catch

    }  // main

} // JdbcDemo2
```

执行此程序后，不会看到什么，打开之前建立的 Store.mdb，可以看到建立了 Personnel 表。

6. 添加数据

可以根据制作的表内容加入一条数据。加入数据的 SQL 语句为：

INSERT INTO Personnel VALUES ('Tom', 11, 37000, '男')

在 VALUES 后面输入数据的顺序需要和原来建立表时的顺序一致。此处使用 executeUpdate()方法来更新数据库。请参考以下程序代码。

```
/*
 * JDBC Demo 3
 *
 * 在表中插入数据
 */

import java.sql.*;

class JdbcDemo3{

    public static void main (String[] args) {
        try {

                // 第一步：注册 JDBC Driver
                Class.forName("sun.jdbc.odbc.JdbcOdbcDriver");

                // 第二步：建立与数据库的连接
                String url = "jdbc:odbc:Store";
                Connection conn = DriverManager.getConnection(url);

                // 第三步：声明 Statement 来传送 SQL 语句到数据库
                Statement stmt = conn.createStatement();
                // 执行 SQL 语句
                stmt.executeUpdate("INSERT INTO Personnel VALUES
                ('Tom', 11, 37000, '男' )" );

                stmt.close();
                conn.close();

        } catch (Exception e) {
                System.err.println(e.getMessage());
        } // catch

    } // main

} // JdbcDemo3
```

执行了程序后，打开 Personnel 表，就可以看见新添加的数据了。

7. 读取表数据

将数据存入之后，当然可以根据需要将其读出来。查询数据的 SQL 语句为：

SELECT ID, Gender, Name FROM Personnel

"SELECT 列名 FROM 表名"是查询的语法格式，列名如果不只一项，则用逗号分开。如果要查询所有的数据，则可以使用*号。

选择数据之后，还需要取得其传回值。这里使用 Statement 的方法 executeQuery()来执行查询。此方法的传回值为 ResultSet 对象。参考程序代码如下：

```
/*
 * JDBC Demo 4
 *
```

```
 * 查询表中的数据
 */
import java.sql.*;
class JdbcDemo4 {
    public static void main (String[] args) {
        try {
            // 第一步：注册 JDBC Driver
            Class.forName("sun.jdbc.odbc.JdbcOdbcDriver");
            // 第二步：建立与数据库的连接
            String url = "jdbc:odbc:Store";
            Connection conn = DriverManager.getConnection(url);
            // 第三步：声明 Statement 来传送 SQL 语句到数据库
            Statement stmt = conn.createStatement();
            String query = "SELECT ID, Gender, Name FROM Personnel";
            ResultSet rs = stmt.executeQuery(query);// 执行 SQL 语句
            while (rs.next()) {
                String name = rs.getString("Name");
                int id = rs.getInt("ID");
                String gender = rs.getString("Gender");
                System.out.println(name + "\t" + id + "\t" + gender);
            } // while
            rs.close();
            stmt.close();
            conn.close();
        } catch (Exception e) {
            System.err.println(e.getMessage());
        }  // catch
    } // main
} // JdbcDemo4
```

使用 ResultSet 的 next()方法来取得所有的值，然后用 getInt()、getString()等方法来取得个别的值，注意这几个方法的传入值为要取得列的名称。执行之后，数据表中的相对应数据会输出到屏幕上。

8．更新数据

可以使用 SQL 语句来更新数据库中的数据，语法为：

UPDATE 表名 SET 列名 = value WHERE 列名 LIKE 'value'

关键字为 UPDATE、SET、WHERE 以及 LIKE。列名是数据列的名称，类似之前说的 ID、Name 等。而 value 为其值，例如：

UPDATE Personnel SET ID = 7 WHERE Name LIKE 'Jack'

在 Personnel 表中，把姓名为 Jack 的那一行的 ID 改为 7，程序代码如下：

```
/*
 * JDBC Demo 5
 *
 * 更新表中的数据
 */

import java.sql.*;

class JdbcDemo5 {

   public static void main (String[] args) {
       try {

            // 第一步：注册 JDBC Driver
            Class.forName("sun.jdbc.odbc.JdbcOdbcDriver");

            // 第二步：建立与数据库的连接
            String url = "jdbc:odbc:Store";
            Connection conn = DriverManager.getConnection(url);

            //第三步：声明 Statement 来传送 SQL 语句到数据库

            Statement stmt = conn.createStatement( );

            String updateString = "UPDATE Personnel " +
                 "SET ID = 7 " +
                 "WHERE Name LIKE 'Jack' ";

            stmt.executeUpdate(updateString);

            String query = "SELECT ID, Gender, Name FROM Personnel";

            ResultSet rs = stmt.executeQuery(query);// 执行 SQL 语句

            while (rs.next( )) {

                 String name = rs.getString("Name");
                 int id = rs.getInt("ID");
                 String gender = rs.getString("Gender");
                 System.out.println(name + "\t" + id + "\t" + gender);

            } // while

            rs.close( );
            stmt.close( );
            conn.close( );

       } catch (Exception e) {
            System.err.println(e.getMessage( ));
       }  // catch

   }  // main
} // JdbcDemo5
```

在 SQL 中也可以有一些运算或判断，例如：

SELECT ID, Gender, Name FROM Personnel WHERE ID > 10

由此可以得到 ID 大于 10 的数据。又如上面的例子，可以写成：

UPDATE Personnel SET ID = ID + 7 WHERE Name LIKE 'Jack'

便将原 ID 的值加上 7。

9．连接查询

使用数据库时可以连接不同的表来得到数据，不过两个表之中必须要有相关联的列才能找到其中的联系。例如现在在数据库中建立了两个表：Package 和 Personnel，其中包含的列如表11-4 和表11-5 所示。

表 11-4　Package 表

列　名	说　明	数据类型	长　度	备　注
ID	人员编号	INT	20	主键
senderName	寄件人姓名	VARCHAR	20	
receiverName	收件人姓名	VARCHAR	20	
Fee	运费	MONEY		
State	目前状况	VARCHAR	20	

表 11-5　Personnel 表

列　名	说　明	数据类型	长　度	备　注
ID	人员编号	INT		主键
Name	姓名	VARCHAR	20	
receiverName	收件人姓名	VARCHAR	20	
Gender	性别	CHAR	2	
Salary	薪资	MONEY		

由上面两个表可以看出这两个表的相关列为 ID，也就是说可以根据负责人的 ID 来找到相对应的数据。例如想要知道如何找到编号为 10 的工作人员所负责的所有包裹的寄件人姓名，那么可以用如下的方式查询：

"SELECT Package.senderName, Personnel.Name FROM Package, Personnel WHERE Package.ID = 10 and Personnel.ID = 10";

这样只要和前面一样执行查询，便可以得到相对应的结果，程序代码如下：

```
/*
 * JDBC Demo 6
 *
 * 查询多个表中的数据
 */
import java.sql.*;
class JdbcDemo6 {
    public static void main (String[] args) {
        try {
            // 第一步：注册 JDBC Driver
            Class.forName("sun.jdbc.odbc.JdbcOdbcDriver");
```

```
            // 第二步：建立与数据库的连接
            String url = "jdbc:odbc:Store";
            Connection conn = DriverManager.getConnection(url);

            //第三步：声明 Statement 来传送 SQL 语句到数据库
            Statement stmt = conn.createStatement( );

            String query = "SELECT Package.senderName, Personnel.Name "
            + "FROM Package, Personnel " +"WHERE Package.ID = 10 and
            Personnel.ID = 10";

            ResultSet rs = stmt.executeQuery(query);

            while (rs.next( )) {
                String sender = rs.getString("senderName");
                String name = rs.getString("Name");
                System.out.println(sender + "\t" + name);
            }

            rs.close( );
            stmt.close( );
            conn.close( );

        } catch (Exception e) {
            System.err.println(e.getMessage( ));
        } // catch

    } // main

} // JdbcDemo6
```

10. Prepared Statements

有的时候会经常使用某一个 SQL 语句，例如 INSERT 或是 UPDATE，在这个情况下可以使用预备语句，也就是 Prepared Statements，具体的做法是声明 PreparedStatement 对象，如下所示：

```
PreparedStatement insertPackage = conn.prepareStatement(
"INSERT INTO Package VALUES ( ?, 'Simon', ?, ? ,'男')");
```

这个语法中包含了 SQL 的 INSERT 语句，但是有些部分使用问号代替，这些问号用来表示要输入的数值，用 setXXX( )方法来将数值指定到上述的 SQL 语句中，XXX 代表数据形态，例如：

```
insertPackage.setString(1, "Dean");
insertPackage.setInt(2, 22);
insertPackage.setInt(3, 500);
```

如此代表第一个问号用 Dean 代替，第二个问号用 22 代替，而第三个问号则用 500 代替。接下来使用

```
insertPackage.executeUpdate( ):
```

语句便可以执行此 INSERT 语句。参考程序代码如下：

```
/*
 * JDBC Demo 7
 *
 * 使用 Prepared Statement 将数据加入到表中
```

```
*/

import java.sql.*;

class JdbcDemo7{

    public static void main (String[] args) {
        try {

            // 第一步：注册 JDBC Driver
            Class.forName("sun.jdbc.odbc.JdbcOdbcDriver");

            // 第二步：建立与数据库的连接
            String url = "jdbc:odbc:Store";
            Connection conn = DriverManager.getConnection(url);

            //第三步：声明 Statement 来传送 SQL 语句到数据库
            Statement stmt = conn.createStatement( );

            PreparedStatement insertPackage = conn.prepareStatement(
            "INSERT INTO Package VALUES ( ?, 'Simon', ?, ? ,'男')");

            String n[] = {"Dean", "Donald", "Eric", "Julian", "Jeff"};
            int a[] = {22, 23, 21, 20, 25};
            int s[] = {40000, 38000, 38000, 38500, 37500};

            for(int i = 0; i < n.length; i++) {
                insertPackage.setString(1, n[i]);
                insertPackage.setInt(2, a[i]);
                insertPackage.setInt(3, s[i]);
                insertPackage.executeUpdate( );
            } // for

            stmt.close( );
            conn.close( );

        } catch (Exception e) {
            System.err.println(e.getMessage( ));
        } // catch

    } // main

} // JdbcDemo7
```

使用这个程序，可以一次输入 5 行数据到数据库中。

11．Result Sets 的操作

当取得数据库中的数据后，会存储在 ResultSet 对象中。存储在这个对象中的数据可以想象成一个数据表。ResultSet 对象允许在这个表中一行一行地移动，如此可以跳到相应的位置去查询想要查询的数据。

在能够执行这个功能之前，必须先加入几个参数，如下：

Statement stmt = conn.createStatement(ResultSet.TYPE_SCROLL_SENSITIVE,
ResultSet.CONCUR_READ_ONLY);

ResultSet rs = stmt.executeQuery ("SELECT ID, senderName, State FROM Package WHERE ID < 30");

在 createStatement 方法中加入 TYPE_SCROLL_SENSITIVE 和 CONCUR_READ_ONLY 两个参数后即可在 ResultSet 所取得的数据表中移动。

在之前的例子(Query)中，使用 ResultSet 对象的 next( )方法来将取得的数据显示出来，因为将游标定在第一行数据，然后一行一行往下取得数据。

程序代码如下：

```
/*
 * JDBC Demo 8
 *
 * 使用Result Set 对象取得数据
 */

import java.sql.*;

class JdbcDemo8{

    public static void main (String[] args) {
        try {

                // 第一步：注册 JDBC Driver
                Class.forName("sun.jdbc.odbc.JdbcOdbcDriver");

                // 第二步：建立与数据库的连接
                String url = "jdbc:odbc:Store";
                Connection conn = DriverManager.getConnection(url);

                //第三步：声明 Statement 来传送 SQL 语句到数据库
                Statement stmt = conn.createStatement
                (ResultSet.TYPE_SCROLL_SENSITIVE,
                ResultSet.CONCUR_READ_ONLY);

                ResultSet rs = stmt.executeQuery
                ("SELECT ID, senderName, State FROM Package WHERE ID < 20");

                while(rs.next( )) {
                    int id = rs.getInt("ID");
                    String sender = rs.getString("senderName");
                    String state = rs.getString("State");
                    System.out.println(id + "\t" + sender + "\t" + state);

                } // while

                rs.close( );
                stmt.close( );
                conn.close( );

        } catch (Exception e) {
                System.err.println(e.getMessage( ));
        }  // catch

    }  // main

} // JdbcDemo8
```

之所以会得到上面的输出是因为将游标定在第一行往下逐一读取，如果将游标定在最后一行，然后往上读取，便会得到次序颠倒的结果。可以使用 afterLast( )方法来将游标定在最后，而使用 previous( )方法来往前读取(此方法刚好相对于 next( )方法)，程序代码如下：

```
/*
 * JDBC Demo 9
 *
 * 使用 Result Set 对象，将指标指到最后一行之后，再往前读取数据
 */

import java.sql.*;

class JdbcDemo9{

    public static void main (String[] args) {
        try {

            // 第一步：注册 JDBC Driver
            Class.forName("sun.jdbc.odbc.JdbcOdbcDriver");

            // 第二步：建立与数据库的连接
            String url = "jdbc:odbc:Store";
            Connection conn = DriverManager.getConnection(url);

            //第三步：声明 Statement 来传送 SQL 语句到数据库
            Statement stmt = conn.createStatement(ResultSet.TYPE_SCROLL_
            SENSITIVE,
            ResultSet.CONCUR_READ_ONLY);

            ResultSet rs = stmt.executeQuery("SELECT ID, senderName,
            State FROM Package WHERE ID < 20");

            rs.afterLast( );

            while(rs.previous( )) {
                int id = rs.getInt("ID");
                String sender = rs.getString("senderName");
                String state = rs.getString("State");
                System.out.println(id + "\t" + sender + "\t" + state);

            } // while

            rs.close( );
            stmt.close( );
            conn.close( );

        } catch (Exception e) {
            System.err.println(e.getMessage( ));
        } // catch

    } // main

} // JdbcDemo9
```

现在先将在表中定位游标的方法列举出来，然后再一一讨论。

```
void    afterLast()
        移动游标到最后一行(Last)的下一行。
void    beforeFirst()
        移动游标到第一行(Before)的前一行。
boolean first()
        移动游标到第一行。
boolean last()
        移动游标到最后一行。
boolean absolute(int row)
        移动游标到第 row 行。
boolean relative(int rows)
        移动游标到相对的第 rows 行，rows 可为正或负。
```

afterLast()方法已经讲过，而 beforeFirst()方法恰好与其相反，它是将游标移到最后一行的后一行。之所以要移到前一行或后一行，是因为在调用 next()或 previous()方法后，才能够取得第一行或最后一行。如果使用上列的 first()或 last()方法，则将游标移到第一行或最后一行，这样，如果调用 next()或 previous()方法，便会自第二行开始了(因为一开始已经指在第一行，调用了 next()方法之后，便取得第二行的数据)。

而 absolute()方法指的是将游标移到绝对的行数。所谓绝对的行数便是第一行为 1，第二行为 2，…；而 relative()方法是将游标移到相对的行数，所谓的相对是与当前的相对，例如一开始是在第 5 行，那么 relative(2)指的便是第 7 行；如果输入的参数为负数，那么便是相反方向，也就是说如果一开始是第 5 行，那么 relative(–2)便是第 3 行。可以使用 getRow()方法来得到目前游标所指的行数，此方法传回数值类型为 int。举例如下：

```
/*
 * JDBC Demo 10
 *
 * 练习在 Result Set 表中移动游标
 */
import java.sql.*;
class JdbcDemo10{
    public static void main (String[] args) {
        try {
                // 第一步：注册 JDBC Driver
                Class.forName("sun.jdbc.odbc.JdbcOdbcDriver");
                // 第二步：建立与数据库的连接
                String url = "jdbc:odbc:Store";
                Connection conn = DriverManager.getConnection(url);
                //第三步：声明 Statement 来传送 SQL statements 到 database
                Statement stmt = conn.createStatement(ResultSet.TYPE_SCROLL_
                SENSITIVE,
                 ResultSet.CONCUR_READ_ONLY);
                ResultSet rs = stmt.executeQuery("SELECT ID, senderName,
```

```
            State FROM Package WHERE ID < 20");
            rs.absolute(2);
            while(rs.previous( )) {
                int id = rs.getInt("ID");
                String sender = rs.getString("senderName");
                String state = rs.getString("State");
                System.out.println(id + "\t" + sender + "\t" + state);
            } // while
            rs.first( );
            int rowNum = rs.getRow( );    // Point in line 1
            System.out.println("row number is " + rowNum);
            rs.relative(8);               // Point in line 9
            System.out.println("row number is " + rs.getRow( ));
            rs.relative(-5);              // Point in line 4
            System.out.println("row number is " + rs.getRow( ));
            rs.close( );
            stmt.close( );
            conn.close( );
        } catch (Exception e) {
            System.err.println(e.getMessage( ));
        }  // catch
    }  // main
} // JdbcDemo10
```

根据之前的方法，可以借由与数据库的连接，传送一个 SQL 语句来修改(Update)数据库中的内容，语法如下：

UPDATE 表名 SET 列名 = value WHERE 列名 LIKE 'value'

除了这个方法之外，也可以直接在读取回来的 ResultSet 表中修改数据，再由此修改数据库中的数据。为了得到可以修改的数据，要在 createStatement( )方法中输入参数，如下例：

```
Statement stmt = conn.createStatement(ResultSet.TYPE_SCROLL_SENSITIVE,
ResultSet.CONCUR_UPDATABLE);
```

有了这个参数之后，用 executeQuery 方法所取得的 ResultSet 对象表便是可以修改的，例如要将前例中所取得的数据最后一行的 State 改为 Damaged，那么可以加入如下的语法：

```
rs.last( );
rs.updateString("State", "Damaged");
rs.updateRow( );
```

先使用 last( )方法将游标指向最后一行，然后使用 updateString( )方法将 State 列修改为 Damaged，此时虽然 ResultSet 的表是修改完成的，但是数据库中并没有被修改，所以可以再使用 updateRow( )方法来将数据库中的数据也一并修改。不过要注意，如果在使用 updateRow( )方法之前便将游标移到另一行，那么 updateRow( )便会失效。也就是说，如果要修改数据库中的某一行数据，游标也必须指在 ResultSet 表中的某行才行。

updateXXX()方法中的 XXX 根据要修改的数据类型不同而有所不同，如果要修改的是整数，那么便是 updateInt()了。还有如果使用 updateXXX()方法修改了 ResultSet 表中的数据后，还可以使用 cancelRowUpdates()方法来取消在 ResultSet 表中的修改，例如：

```
rs.last();
rs.updateString("State", "Damage");
rs.cancelRowUpdates();
rs.updateFloat("State", "on the way");
rs.updateRow();
```

参考程序代码如下：

```
/*
 * JDBC Demo 11
 *
 * 练习在 ResultSet 表中修改数据
 */

import java.sql.*;

class JdbcDemo11{

   public static void main (String[] args) {
       try {

              // 第一步：注册 JDBC Driver
              Class.forName("sun.jdbc.odbc.JdbcOdbcDriver");

              // 第二步：建立与数据库的连接
              String url = "jdbc:odbc:Store";
              Connection conn = DriverManager.getConnection(url);

              //第三步：声明 Statement 来传送 SQL 语句到数据库
              // 加入 CONCUR_UPDATABLE 参数让表可以被修改
              Statement stmt = conn.createStatement
              (ResultSet.TYPE_SCROLL_SENSITIVE, ResultSet.CONCUR_UPDATABLE);

              ResultSet rs = stmt.executeQuery("SELECT ID, senderName,
              State FROM Package WHERE ID < 20");

              rs.last( );            // 移动游标到最后一行
              // 修改最后一行数据的 State 列为 Damaged
              rs.updateString("State", "Damaged");
              rs.updateString("senderName", "Nora");
              rs.updateRow( );       // 将数据库中的数据一并修改

              rs.previous( );
              rs.updateString("State", "Damaged");
              rs.cancelRowUpdates( );
              rs.updateString("State", "On the way");
              rs.updateRow( );

              rs.close( );
              stmt.close( );
```

```
            conn.close( );

        } catch (Exception e) {
            System.err.println(e.getMessage( ));
        }  // catch

    }  // main

} // JdbcDemo11
```

除了传送一个 SQL 命令(INSERT INTO)进入数据库来加入一行新数据，也可以使用 ResultSet 对象中的方法来加入数据。首先使用 moveToInsertRow( )方法来将游标移到一个空白行，然后使用 updateXXX( )方法来输入数据，最后使用 insertRow( )方法来将数据写入数据库。例如要在 Package 中加入新的一行数据，那么可以使用类似如下的程序：

```
rs.moveToInsertRow( );
rs.updateString("senderName", "Olive");
rs.updateString("receiverName", "Ruth");
rs.updateInt("ID", 1);
rs.updateFloat("Fee", 10.99f);
rs.updateString("State", "On the way");
rs.insertRow( );
```

跟上一节的修改不同的是，加入数据到 ResultSet 表中跟加入到数据库中的两个动作是同时进行的，也就是说没有反悔的机会。如果在加入数据时，有几个列没有输入数值(也就是说没有使用 updateXXX( )方法)，那么该列便存储 null，若是该列不接受 null 为输入值，则会抛出 SQLException 这个异常。另外，在使用 updateXXX( )方法时，输入的第一个参数为列名称，此参数也可以使用该列的编号来代替。例如如果知道 ID 是在 Package 表中的第一栏，那么也可以使用如下命令：

```
rs.updateInt(1, 1);
```

在加入新的一行之后，可以使用 moveToCurrentRow( )方法回到刚才游标所指向的数据行。将一行数据写入数据库以及 ResultSet 中的参考程序代码如下：

```
/*
 * JDBC Demo 12
 *
 * 练习在 ResultSet 表中加入一行数据
 */
import java.sql.*;
class JdbcDemo12{

    public static void main (String[] args) {
        try {

            // 第一步：注册 JDBC Driver
            Class.forName("sun.jdbc.odbc.JdbcOdbcDriver");

            // 第二步：建立与数据库的连接
            String url = "jdbc:odbc:Store";
            Connection conn = DriverManager.getConnection(url);
```

```
            // 第三步：声明 Statement 来传送 SQL 语句到数据库
            // 加入 CONCUR_UPDATABLE 参数使表可以被修改
            Statement stmt = conn.createStatement
            (ResultSet.TYPE_SCROLL_SENSITIVE,
             ResultSet.CONCUR_UPDATABLE);

            ResultSet rs = stmt.executeQuery(
            "SELECT * FROM Package WHERE ID < 20");

            rs.moveToInsertRow( );
            rs.updateString("senderName", "Olive");
            rs.updateString("receiverName", "Ruth");
            rs.updateInt("ID", 1);
            rs.updateFloat("Fee", 10.99f);
            rs.updateString("State", "On the way");
            rs.insertRow( );

            rs = stmt.executeQuery(
            "SELECT ID, senderName, State FROM Package WHERE ID < 20");

            rs.moveToInsertRow( );
            rs.updateString("senderName", "Olive");
            //rs.updateString("receiverName", "Ruth");
            rs.updateInt("ID", 1);
            //rs.updateFloat("Fee", 10.99f);
            rs.updateString("State", "On the way");
            rs.insertRow( );

            rs.close( );
            stmt.close( );
            conn.close( );
        } catch(SQLException e) {
            System.err.println(e.getMessage( ));
            }catch (Exception e) {
                System.err.println(e.getMessage( ));
        } // catch
    } // main
} // JdbcDemo12
```

删除一行数据便相对简单得多，只要在 ResultSet 表中将游标移到想要删除的那一行，然后使用 deleteRow( )方法即可，程序代码如下：

```
/*
 * JDBC Demo 13
 *
 * 练习在 ResultSet 表中删除一行数据
 */

import java.sql.*;
```

```
class JdbcDemo13{

    public static void main (String[] args) {
        try {

                // 第一步：注册 JDBC Driver
                Class.forName("sun.jdbc.odbc.JdbcOdbcDriver");

                // 第二步：建立与数据库的连接
                String url = "jdbc:odbc:Store";
                Connection conn = DriverManager.getConnection(url);

                // 第三步：声明 Statement 来传送 SQL 语句到数据库
                // 加入 CONCUR_UPDATABLE 参数让表可以被修改
                Statement stmt = conn.createStatement
                (ResultSet.TYPE_SCROLL_SENSITIVE,
                ResultSet.CONCUR_UPDATABLE);

                ResultSet rs = stmt.executeQuery(
                "SELECT * FROM Package WHERE ID < 20");

                rs.absolute(5);
                rs.deleteRow( );

                rs.relative(1);
                rs.deleteRow( );

                rs.relative(6);
                rs.deleteRow( );

                rs.refreshRow( );

                rs.close( );
                stmt.close( );
                conn.close( );

        } catch(SQLException e) {
                System.err.println(e.getMessage( ));
                }catch (Exception e) {
                    System.err.println(e.getMessage( ));
        } // catch

    } // main

} // JdbcDemo13
```

在 ResultSet 的表中，可能不会马上显示所做的修改，可以调用 refreshRow( )方法来重新整理数据库内容。

11.4 连接其他类型数据库

11.4.1 连接 Oracle 数据库

连接 Oracle 数据库的主要语句如下：

Class.forName("oracle.jdbc.driver.OracleDriver");

con = DriverManager.getConnection

("jdbc:oracle:thin:@127.0.0.1:1521:ORCL", "scott", "tiger");

下面是一个具体的例子：

```
String result = "";                          // 查询结果字符串
String sql = "SELECT * FROM test";    // SQL 字符串
// 连接字符串，格式："jdbc:数据库驱动名称:连接模式:@数据库服务器 ip:端口号:数据库 SID"
String url ="jdbc:oracle:thin:@localhost:1521:orcl";
String username = "scott";                   // 用户名
String password = "tiger";                   // 密码
// 创建 Oracle 数据库驱动实例
Class.forName("oracle.jdbc.driver.OracleDriver").newInstance( );
// 建立与数据库的连接
Connection conn =DriverManager.getConnection(url, username, password);
// 创建执行语句对象
Statement stmt = conn.createStatement( );
// 执行 SQL 语句，返回结果集
ResultSet rs = stmt.executeQuery(sql);
while ( rs.next( ))
{
result += "第一个字段内容: " + rs.getString(1) ;
System.out.prinltn(result) ;
}
rs.close( );                             // 关闭结果集
stmt.close( );                           // 关闭执行语句对象
conn.close( );                           // 关闭与数据库的连接
```

11.4.2 连接 MySQL 数据库

连接 MySQL 数据库的主要语句如下：

Class.forName("com.mysql.jdbc.Driver");

或

DriverManager.registerDriver(new com.mysql.jdbc.Driver( ));

con = DriverManager.getConnection

("jdbc:mysql://10.0.X.XXX:3306/test","admin","");

下面是一个具体例子：

```
package 数据库测试;
import java.sql.*;
public class JDBCTest
{
//主函数
main( )
public static void main(String[] args) throws Exception
{
   String kongge=new String("     ");
   //声明空格字符串
```

```
    Class.forName("com.mysql.jdbc.Driver");
    //驱动
    Connection conn=DriverManager.getConnection("jdbc: mysql://localhost:
    3306/greatwqs? user =root&password=greatwqs");

    /*连接数据库,jdbc:mysql://localhost:3306/greatwqs 数据库为 greatwqs 数据库
    * 端口为 3306
    *
    * 用户名 user=root
    *
    * 用户密码 password=greatwqs
    */

    Statement stmt=conn.createStatement( );
    //创建 SQL 语句,实现对数据库的操作功能

    ResultSet rs=stmt.executeQuery("SELECT * FROM person");
    //返回查询的结果

    while(rs.next( ))
    {
       System.out.print(rs.getString("id")+kongge);
       System.out.print(rs.getString("name")+kongge);
       System.out.print(rs.getString("gender")+kongge);
       System.out.print(rs.getString("major")+kongge);
       System.out.print(rs.getString("phone")+kongge);
       System.out.println( );
    }//输出结果集的内容
       rs.close( );
       stmt.close( );
       conn.close( );
       //关闭语句，结果集，数据库的连接}
}
```

11.4.3　连接 SQL Server 数据库

1．连接 SQL Server 2000 数据库

(1) 使用 JDBC-ODBC 桥连接数据库：

Class.forName("sun.jdbc.odbc.JdbcOdbcDriver");
conn=java.sql.DriverManager.getConnection("jdbc:odbc:数据源","数据库用户名","数据库密码");

(2) 使用 jdbc.sqlserver.SQLServerDriver 连接数据库：

Class.forName("com.microsoft.jdbc.sqlserver.SQLServerDriver");
java.sql.Connection conn = java.sql.DriverManager.getConnection
("jdbc:microsoft:sqlserver://127.0.0.1:1433;databasename=数据库名", "用户名")

主要语句如下：

```
msbase.jar
mssqlserver.jar
```

```
msutil.jar
Class.forName("com.microsoft.jdbc.sqlserver.SQLServerDriver" );
String  url
= "jdbc:microsoft:sqlserver://localhost:1433;databaseName=master";
Properties prop=new Properties( );
prop.setProperty("user","scott");
prop.setProperty("password","tiger");
cn = DriverManager.getConnection(url,prop);
```

2. 连接 SQL Server 2005 数据库

主要语句如下：

```
Class.forName("com.microsoft.sqlserver.jdbc.SQLServerDriver");
String url="jdbc:sqlserver://服务器名称:1433;databasename=数据库的名称";
Connection con= DriverManager.getConnection(url,"sa","密码");
Statement s=con.createStatement( );
```

下面是一个具体的例子：

```
package MyDB;
 import java.sql.Connection;
 import java.sql.DriverManager;
 import java.sql.ResultSet;
 import java.sql.SQLException;
 import java.sql.Statement;
 public class GetDB{
    ResultSet re ;
    Connection con;
 String driver = "com.microsoft.jdbc.sqlserver.SQLServerDriver";String url =
 "jdbc:microsoft:sqlserver://localhost:1433;DatabaseName=db_shop";
 public GetDB( ) {
    try {
            Class.forName(driver);
    } catch (ClassNotFoundException ex) {
    System.out.println("There are exception about " + ex.getMessage( ));
    }
 }
 public Statement getStatement( )throws SQLException {
    con = DriverManager.getConnection(url, "sa", "6462133");
    return con.createStatement( );
 }
 public ResultSet runSQLSearch(String sql) throws SQLException {
    return getStatement( ).executeQuery(sql);
  }
 public int runSQLUpdata(String sql) throws SQLException {
    return getStatement( ).executeUpdate(sql);
  }
```

```
    public ResultSet executeQuery(String sql){
        try {
            Statement stat = con.createStatement( );
            re=stat.executeQuery(sql);
        } catch (SQLException e) {
            e.printStackTrace( );
        }
        return null;
     }
    public void runSQL(String sql) throws SQLException
    {
    getStatement( ).execute(sql);
    }
    }
```

11.4.4　JDBC:ODBC 连接 Access 数据库

(1) Access 数据库：access.mdb。

(2) 创建 ODBC 数据源，在系统管理工具中运行数据源(ODBC)工具，打开 ODBC 数据源管理器，如图11-10所示。

(3) 选择数据源的驱动程序，如图11-11所示。

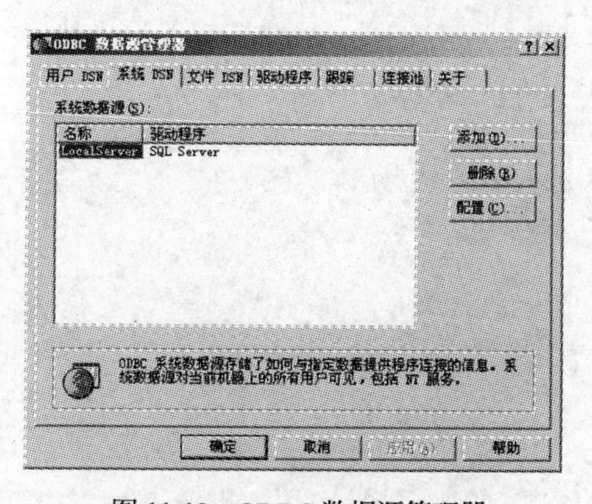

图 11-10　ODBC 数据源管理器

图 11-11　选择数据源驱动程序

(4) 设置数据源名称并选择数据库，如图11-12、图11-13所示。

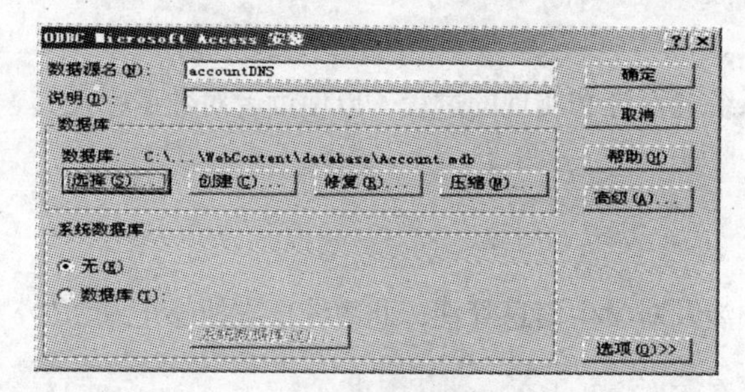

图 11-12　设置数据源名称

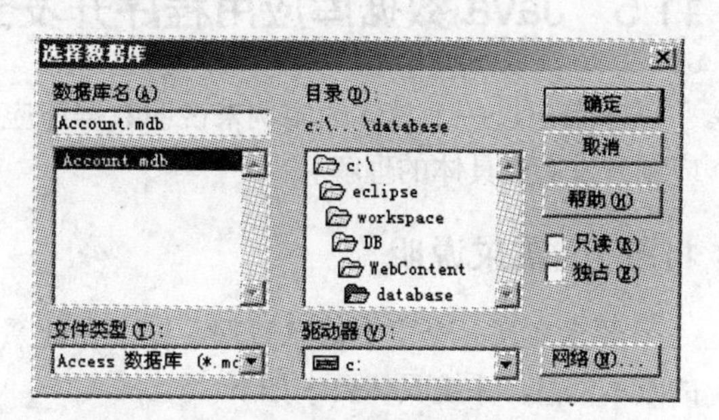

图 11-13　选择数据库

设置完成后如图11-14所示。

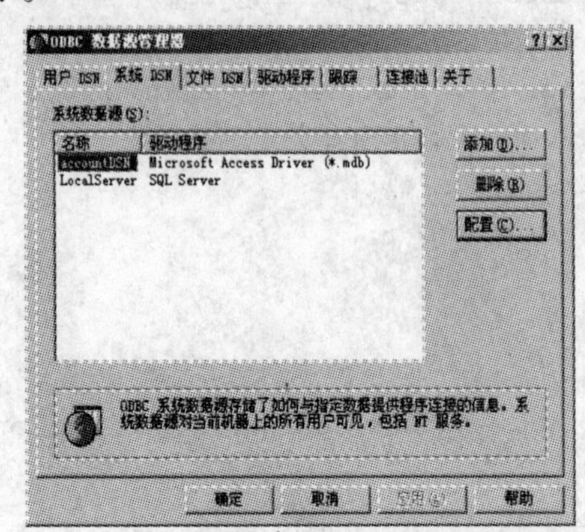

图 11-14　完成界面

连接代码如下：

```
public static Connection getConnectionForDSN( )
    {
        Connection con=null;
        String url="jdbc:odbc:accountDSN";   //访问 Access 数据库
        Properties property=new Properties( );
        property.setProperty("user","admin");
        property.setProperty("password","");
        try {
            Class.forName("sun.jdbc.odbc.JdbcOdbcDriver");
            con=DriverManager.getConnection(url,property);
        } catch (ClassNotFoundException e) {
            // TODO Auto-generated catch block
            e.printStackTrace( );
        } catch (SQLException e) {
            // TODO Auto-generated catch block
            e.printStackTrace( );
        }
        return con;
    }
```

11.5　Java 数据库应用程序开发实例

本节通过一个具体的实例来说明数据库应用系统的设计和实现的过程，以使读者对数据库及其应用开发有更具体的理解。

11.5.1　需求说明

要求实现一个学生信息管理系统，在此系统中涉及对学生信息管理，此系统要求能够记录学生的基本信息。系统具体要求如下：

- 能够向数据库中添加学生基本信息。
- 能够删除指定学生的基本信息。

● 能够修改学生的基本信息。
● 能够根据指定的条件查询学生的基本信息。

11.5.2 数据库结构设计

1. 概念结构设计

现在对上述需求做进一步的分析，产生概念结构设计的 E-R 模型。由于这个系统比较简单，此系统仅包含一个学生实体。

学生：用于描述一名学生的基本信息，由学号来标识。

其实体属性图如图 11-15 所示：

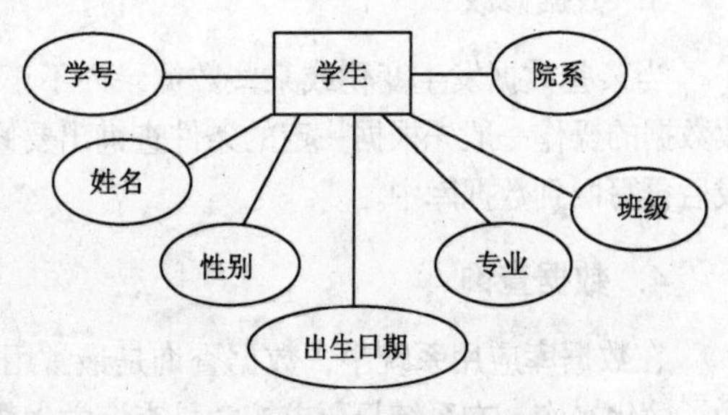

图 11-15 学生实体-属性图

经分析得到此系统中各实体所包含的基本属性如下。

学生：学号，姓名，性别，出生日期，专业，班级，院系。

2. 逻辑结构设计

有了基本的实体-属性图就可以进行逻辑结构设计，也就是设计基本的关系模型。设计基本关系模型主要从实体-属性图出发，将其直接转换为关系模型。根据转换规则，这个 E-R 模型转换的关系模型为：

实体名：学生

对应的关系模型：学生(学号，姓名，性别，出生日期，专业，班级，院系)

现在分析一下这些关系模型。由于在设计关系模型时是以现实存在的实体为依据，而且遵循一个基本表只描述现实世界的一个实体的原则，每个关系模式中的每个非主码属性都完全由主码唯一确定，因此上述关系模式是第三范式的关系模式。

在设计好关系模式并确定好每个关系模式的主码后，应该看一下这些关系模式之间的关联关系，即确定关系模式的外码。本例只有一个实体，所以不存在外码。

最后确定表中各属性的详细信息，包括数据类型和长度等，如表 11-8 所示。

表 11-8 学生表(student)

列 名	英 文 名	类 型	长 度	约 束	说 明
学号	stuno	char	6	主键	学生学号
姓名	stuname	varchar	20	非空	学生姓名
性别	stusex	char	2	非空(男，女)	学生性别
出生日期	stubirthday	datetime		非空	出生日期
专业	stuaspect	varchar	50	非空	所属专业
班级	stuclass	varchar	20	非空	所属班级
院系	stucollege	varchar	50	非空	所属院系

11.5.3 数据库行为设计

对于数据库应用系统来说，最常用的功能就是对数据的增、删、改、查。具体如下：

1. 数据录入

对学生数据的录入。输入学生的基本信息，由系统将其添加到学生表中。

2. 数据删除

对学生数据的删除。在实际删除操作之前注意提醒用户是否真的要删除数据，以免造成用户的误删除操作。

3. 数据修改

当某些数据发生变化或某些数据录入不正确时，应该允许用户对数据库中的数据进行修改。修改数据的操作一般先根据一定的条件查询出要修改的记录，然后对其中的某些记录进行修改，修改完成后再写回到数据库中。

4. 数据查询

在数据库应用系统中，数据查询是最常用的功能。数据查询应根据用户提出的查询条件查询，为了简化操作，本系统只要求按学号查询学生数据。

11.5.4 系统实现

为了缩小程序的规模，使读者容易掌握数据库应用系统的编程方法，本实例使用控制台应用程序完成学生基本信息的管理，如添加、删除、更改、查询等功能。这里只介绍应用程序中的几个关键功能模块的实现，完整的应用程序请读者查阅本书程序源代码。本系统在 Windows XP sp3、MyEclipse 6.5 和 SQL Server 2005 环境下调试通过。

1. 系统初始化及主菜单

```
package test;
import operate.StudentOperate;
public class Test {
    public static void main(String[] args) throws Exception {
        // 显示菜单
        System.out.println("======== 学生管理系统 =========");
        System.out.println("[1]增加信息");
        System.out.println("[2]修改信息");
        System.out.println("[3]删除信息");
        System.out.println("[4]查看信息");
        System.out.println("[5]检索信息");
        System.out.println("[0]退出系统\n\n\n");
        int ch = new InputData().getInt("请选择: ", "选项必须是数字");
        switch (ch) {
        case 0: {
            System.out.println("bye bye.");
            System.exit(1);
        }
        case 1: {
            StudentOperate.insert();
            break;
        }
        case 2: {
            StudentOperate.update();
```

```
                break;
            }
            case 3: {
                StudentOperate.delete();
                break;
            }
            case 4: {
                StudentOperate.findall();
                break;
            }
            case 5: {
                StudentOperate.search();
                break;
            }
            default: {
                System.out.println("请选择正确的选项。");
            }
            }
        }
    }
```

2. 数据库连接

```
import java.sql.Connection;
import java.sql.DriverManager;
import java.sql.SQLException;
public class DatabaseConnection {
    public static final String DBDRIVER =
        "com.microsoft.sqlserver.jdbc.SQLServerDriver";
    public static final String DBURL =
        "jdbc:sqlserver://127.0.0.1:1433;databasename=school";
    public static final String DBUSER = "sa";
    public static final String DBPASSWORD = "123";
    private Connection conn = null;
    public DatabaseConnection() {
        try {
            Class.forName(DBDRIVER);
            this.conn = DriverManager.getConnection(DBURL, DBUSER, DBPASSWORD);
        } catch (ClassNotFoundException e) {
            e.printStackTrace();
        } catch (SQLException e) {
            e.printStackTrace();
        }
    }
    public Connection getConnection() {
        return this.conn;
    }
    public void close() {
```

```
        if (this.conn != null) {
            try {
                this.conn.close();
            } catch (SQLException e) {
                e.printStackTrace();
            }
        }
    }
}
```

3. 数据库操作的实现

```
package studentDao;
import java.sql.Connection;
import java.sql.PreparedStatement;
import java.sql.ResultSet;
import java.util.ArrayList;
import java.util.List;
import test.Student;
public class StudentDAOImpl {
    private Connection conn = null;
    public StudentDAOImpl(Connection conn) {
        this.conn = conn;
    }
    public boolean doCreate(Student student) throws Exception {
        boolean flag = false;
        PreparedStatement pstmt = null;
        String sql = "INSERT INTO students"
                + " VALUES (myseq.nextval,?,?,?,?,?,?)";
        try {
            pstmt = this.conn.prepareStatement(sql);
            pstmt.setString(1, student.getStuno());
            pstmt.setString(2, student.getStuname());
            pstmt.setDate(3, new java.sql.Date
(student.getStubirthday().getTime()));
            pstmt.setString(4, student.getStuaspect());
            pstmt.setString(5, student.getStuclass());
            pstmt.setString(6, student.getStucollege());
            int len = pstmt.executeUpdate();
            System.out.println(len);
            if (len > 0) {
                flag = true;
            }
        } catch (Exception e) {
            throw e;
        } finally {
            try {
                pstmt.close();
```

```
            } catch (Exception e) {
                throw e;
            }
        }
        return flag;
    }
    public boolean doDelete(int pid) throws Exception {
        boolean flag = false;
        PreparedStatement pstmt = null;
        String sql = "DELETE FROM students WHERE id=?";
        try {
            pstmt = this.conn.prepareStatement(sql);
            pstmt.setInt(1, pid);
            int len = pstmt.executeUpdate();
            if (len > 0) {
                flag = true;
            }
        } catch (Exception e) {
            throw e;
        } finally {
            try {
                pstmt.close();
            } catch (Exception e) {
                throw e;
            }
        }
        return flag;
    }
    public boolean doUpdate(Student student) throws Exception {
        boolean flag = false;
        PreparedStatement pstmt = null;
        String sql = "UPDATE students SET stuname=?,stubirthday=?,stuaspect=?,
stuclass=?,stucollege=? WHERE stuno=?";
        try {
            pstmt = this.conn.prepareStatement(sql);
            pstmt.setString(1, student.getStuname());
            pstmt.setDate(2, new java.sql.Date
  (student.getStubirthday().getTime()));
            pstmt.setString(3, student.getStuaspect());
            pstmt.setString(4, student.getStuclass());
            pstmt.setString(5, student.getStucollege());
            pstmt.setString(6, student.getStuno());
            int len = pstmt.executeUpdate();
            if (len > 0) {
                flag = true;
            }
        } catch (Exception e) {
```

```
            throw e;
        } finally {
            try {
                pstmt.close();
            } catch (Exception e) {
                throw e;
            }
        }
        return flag;
    }
    public List<Student> findAll(String keyWord) throws Exception {
        List<Student> all = new ArrayList<Student>();
        PreparedStatement pstmt = null;
        String sql = "SELECT id,stuno,stuname,stubirthday,stuaspect,stuclass,
stucollege FROM students" + "WHERE stuname LIKE ? ";
        try {
            pstmt = this.conn.prepareStatement(sql);
            pstmt.setString(1, "%" + keyWord + "%"); // 模糊查询
            ResultSet rs = pstmt.executeQuery();     // 执行查询
            Student stu = null;
            while (rs.next()) { // 如果有查询的结果，则可以向下执行
                stu = new Student();
                stu.setId(rs.getInt(1));
                stu.setStuno(rs.getString(2));
                stu.setStuname(rs.getString(3));
                stu.setStubirthday(rs.getDate(4));
                stu.setStuaspect(rs.getString(5));
                stu.setStuclass(rs.getString(6));
                stu.setStucollege(rs.getString(7));
                all.add(stu); // 向集合中插入内容
            }
        } catch (Exception e) {
            throw e;
        } finally {
            try {
                pstmt.close();
            } catch (Exception e) {
                throw e;
            }
        }
        return all;
    }
    public Student findById(int pid) throws Exception {
        Student stu = null;
        PreparedStatement pstmt = null;
        String sql = "SELECT id,stuno,stuname,stubirthday,stuaspect,stuclass,
stucollege FROM students" + "WHERE stuno = ?";
```

```
                try {
            pstmt = this.conn.prepareStatement(sql);
            pstmt.setInt(1, pid);
            ResultSet rs = pstmt.executeQuery(); // 执行查询
            if (rs.next()) { // 如果有查询的结果，则可以向下执行
                stu = new Student();
                stu.setId(rs.getInt(1));
                stu.setStuno(rs.getString(2));
                stu.setStuname(rs.getString(3));
                stu.setStubirthday(rs.getDate(4));
                stu.setStuaspect(rs.getString(5));
                stu.setStuclass(rs.getString(6));
                stu.setStucollege(rs.getString(7));
            }
        } catch (Exception e) {
            throw e;
        } finally {
            try {
                pstmt.close();
            } catch (Exception e) {
                throw e;
            }
        }
        return stu;
    }
}
```

习题 11

一、填空题

1. JDBC 的基本层次结构由____、____、____、____和数据库 5 部分组成。

2. 根据访问数据库的技术不同，JDBC 驱动程序相应地分为____、____、____和____4 种类型。

3. JDBC API 所包含的接口和类非常多，都定义在____包和____包中。

4. 使用____方法加载和注册驱动程序后，由____类负责管理并跟踪 JDBC 驱动程序，在数据库和相应驱动程序之间建立连接。

5. ____接口负责建立与指定数据库的连接。

6. ____接口的对象可以代表一个预编译的 SQL 语句，它是(Statement)接口的子接口。

7. ____接口表示从数据库中返回的结果集。

二、选择题

1. 提供 Java 存取数据库能力的包是(　　)。

   A. java.sql

   B. java.awt

   C. java.lang

   D. java.swing

2. 使用下面的 Connection 的哪个方法可以建立一个 PreparedStatement 接口？(　)

A. createPrepareStatement( )

B. prepareStatement( )

C. createPreparedStatement( )

D. preparedStatement( )

3. 在 JDBC 中可以调用数据库的存储过程的接口是(　)。

A. Statement

B. PreparedStatement

C. CallableStatement

D. PrepareStatement

4. 下面的描述正确的是(　)。

A. PreparedStatement 继承自 Statement

B. Statement 继承自 PreparedStatement

C. ResultSet 继承自 Statement

D. CallableStatement 继承自 PreparedStatement

5. 下面的描述错误的是(　)。

A. Statement 的 executeQuery( )方法会返回一个结果集

B. Statement 的 executeUpdate( )方法会返回是否更新成功的 boolean 值

C. 使用 ResultSet 中的 getString( )可以获得一个对应于数据库中 char 类型的值

D. ResultSet 中的 next( )方法会使结果集中的下一行成为当前行

6. 如果数据库中的某个字段为 numberic 类型，可以通过结果集中的哪个方法获取？(　)

A. getNumberic( )

B. getDouble( )

C. setNumberic( )

D. setDouble( )

7. 在 JDBC 中用于回滚事务的方法是(　)。

A. Connection 的 commit( )

B. Connection 的 setAutoCommit( )

C. Connection 的 rollback( )

D. Connection 的 close( )

三、简答题

1. 简述 Class.forName( )的作用。
2. 写出几个在 JDBC 中常用的接口。
3. 简述对 Statement、PreparedStatement、CallableStatement 的理解。
4. 简述编写 JDBC 程序的一般过程。

四、操作题

创建一个 Java 应用程序连接到 SQL Server 数据库上，能够：

(1) 添加记录。

(2) 修改记录。

(3) 删除记录。

(4) 查询记录。

数据表如表11-6所示。

表 11-6　教学设备表

字段名称	说　明	数据类型	约　束
编号	设备编号	数字	主键
类型	设备类型	文本	不允许为空

数据示例：如表11-7所示。

表 11-7　数据示例

编　号	类　型
1	教学设备

第 12 章　数据库新技术

本章主要介绍面向对象数据库系统，同时介绍一些相关数据库技术，包括分布式数据库系统、数据仓库和数据挖掘，最后简单介绍数据库技术的新应用。

通过本章学习，将了解以下内容：

- 面向对象数据库与传统数据库的异同
- 分布式数据库系统的定义与特点
- 分布式数据库系统的设计方法
- 分布式数据库系统的安全技术
- 数据仓库的定义与特点
- 数据仓库的层次体系结构
- 数据仓库的种类
- 数据仓库的发展前景
- 数据挖掘的定义与特点
- 数据挖掘的体系结构
- 数据挖掘的步骤与功能
- 数据仓库与数据挖掘的关系
- 数据库与新技术结合的研究
- 数据库与应用领域结合的研究

12.1　面向对象数据库系统

面向对象数据库系统的开发设计通常采用 3 个途径，一是在现有关系数据库中加入面向对象数据库的功能，侧重于对传统的关系数据库系统的性能优化，目前许多商业的关系数据库投资机构都在这方面做了很多努力；另一个途径是采用面向对象的概念开发新一代的面向对象数据库系统；还有一个途径是通过在现有的关系数据库系统上扩展关系数据模型，增加对面向对象技术的支持，实现面向对象数据库系统。

1．面向对象数据库系统的类型

面向对象数据库系统作为面向对象技术和数据库技术结合的产物，所以面向对象数据库系统可以分为以下 3 种。

(1) 纯面向对象型。纯面向对象数据库系统常常将数据库模型和数据库查询语言集成进面向对象中，整个系统完全按照面向对象的方法进行开发。例如 Matisse，由 ODB/Intellitic 公司开发的一个对象数据库系统。

(2) 混合型。这种类型的数据库系统是在当前的数据库系统中增加面向对象的功能，这样有利于利用原有关系数据库系统的设计经验和实现技术。例如瑞典的产品 EasyDB (Basesoft)。

(3) 程序语言永久化型。程序语言的永久性是面向对象技术的一个重要概念，数据库中的存储系统对程序语言永久性的要求较高，这样使得整个系统能够从程序员的角度进行开发，降低了开发难度，使得最终开发的产品更加人性化，如 Objectstore。

2．面向对象数据库设计语言

在关系数据库系统中使用的基本语言是 SQL 语言，那么在面向对象数据库系统的设计中应该使用怎样的语言进行描述呢?

面向对象数据库设计语言必须与面向对象的数据模型相符合，这种语言能够正确地描述对象之间的关系模式以及对象之间的操作，这样可以将面向对象设计语言看成是对象描述语言与对象操作语言的结合。

面向对象数据库设计语言进行定义，能够对对象进行定义和操纵，其中对对象的定义包括对类的定义，方法的定义以及对象的生成，对对象的操纵，包括对对象的查询操作等。面向对象数据库设计语言与面向对象设计语言是有区别的，前者可以看做是对后者在数据库方向的一个扩充，但是面向对象程序设计语言要求所有的对象都通过消息的发送来实现，这会降低在数据库上查询的速度。

3．面向对象数据库管理系统

很多人将面向对象数据库系统等同于面向对象数据库管理系统(OODBMS)，但其实这两个概念是不同的，前者是数据库用户定义数据库模式的思路，后者是数据库管理程序的思路。现在简要介绍一下面向对象数据库管理系统。

面向对象数据库管理系统也支持面向对象的数据模型，能够存储和处理各种对象。还提供面向对象数据库语言，能够反映对象模型的灵活性，支持消息传递，实现了面向对象程序设计语言和面向对象数据库设计语言的结合。

4．面向对象数据库管理系统的逻辑结构

面向对象数据库管理系统由对象子系统和存储子系统两大部分组成。

(1) 对象子系统。对象子系统主要包括模式管理、事务管理、查询处理、版本管理、长数据管理、外围工具等。

① 模式管理：用于对面向对象数据库模式的管理，读模式源文件生成数据字典，对数据库进行初始化，建立数据库框架，实现完整性约束。

② 事务管理：用于对并行事务和较长事务(持续的时间很长)进行管理，进行故障处理，实现锁管理和恢复管理机制。

③ 查询处理：用于创建对象和处理对象查询等请求，对查询进行优化设计，并处理由执行程序发送的消息。

④ 版本管理：对对象版本进行管理和控制，有利于面向对象数据库系统中的对象管理。版本管理是新一代数据库系统中最重要的建模要求之一，版本管理包括版本的创建、撤销、合并及对版本信息的管理和维护等。

⑤ 长数据管理：用于实现对大型对象数据的管理。长的数据需要进行特殊的管理。

⑥ 外围工具：对象数据库的设计较复杂，这给用户的应用开发带来一定难度。要使 ODBMS 实用化，需要在数据库外层开发一些工具用以支持面向对象数据库设计和应用的辅助开发工具。主要的工具有：模式设计工具，类图浏览工具，类图检查工具，可视的程序设计工具，系统调试工具等。

(2) 存储子系统。存储子系统主要包括缓冲区管理和存储管理两个方面。

① 缓冲区管理：对对象的内外存交换缓冲区进行管理，同时处理对象标识符与存储地址之间的变换，即所谓的指针搅和问题。

② 存储管理：对物理存储空间进行管理。为了改进系统的性能，将预计在一起用的对象聚簇在一起，一般是将某一用户所指定的类等级(包括继承等级和聚合等级)的所有对象聚集成簇。面向对象的应用基本上是通过使用对象标识符来存取对象。如果对象在内存中，那么应用系统能够直接存取它们；如果对象不在内存中，那么对象将从外存检索出来。随着应用的深入，数据库会变得愈来愈大。为了提高数据库的检索效率，可以采用杂凑(Hashing)算法或采用B树(或B+树)索引的方法，将对象的对象标识符快速地映射到它们的物理地址上。

12.1.1 对象-关系数据库

对象-关系数据库是面向对象数据库研究的一个重要方向，对象-关系数据库系统兼有关系数据库和面向对象的数据库两者的特征。它既支持某种面向对象的数据模型，又支持传统数据库系统的特征。

对象-关系数据库还具有其所特有的特征，它允许扩充数据类型，能够在SQL中支持复杂的对象，同时它还支持面向对象中的继承概念，提供功能强大的通用规则系统，而且规则系统与其他的对象-关系能力是集成为一体的。

实现对象-关系数据库系统的方法主要有以下5类。

(1) 零起点开发对象-关系DBMS，这种方法费时费力。

(2) 在现有的关系型DBMS基础上进行扩展。

扩展方法有以下两种。

① 对关系型DBMS核心进行扩充，逐渐增加对象特性。这是一种比较安全的方法，新系统的性能往往也比较好。

② 不修改现有的关系型DBMS核心，而是在现有关系型DBMS外面加上一个包装层，由包装层提供对象-关系型应用编程接口，并负责将用户提交的对象-关系型查询映像成关系型查询，传送给内层的关系型DBMS处理。使用这种方法时系统效率会因包装层的存在受到影响。

(3) 将现有的关系型DBMS与其他厂商的对象-关系型DBMS连接在一起，使现有的关系型DBMS直接而迅速地具有了对象-关系特征。

连接方法主要有以下两种。

① 关系型DBMS使用网关技术与其他厂商的对象-关系型DBMS连接，但网关这一中介手段会使系统效率降低很多。

② 将对象-关系型引擎与关系型存储管理器结合起来，即以关系型DBMS作为系统的最底层，具有兼容的存储管理器的对象-关系型系统作为上层。

(4) 扩充现有的面向对象的DBMS，使之成为对象-关系型DBMS。

(5) 将现有的面向对象型DBMS与其他厂商的对象-关系型DBMS连接在一起，使现有的面向对象型DBMS直接而迅速地具有了对象-关系特征。

连接方法是将面向对象型DBMS引擎与持久语言系统结合起来，即以面向对象的DBMS作为系统的最底层，具有兼容的持久语言系统的对象-关系型系统作为上层。

12.1.2 面向对象数据库与传统数据库的比较

1. 关系数据库系统的优点

关系数据库具有灵活性和建库简单的优点，用户与关系数据库编程之间的接口是灵活的，这样便于对数据库的设计和管理。目前在多数关系数据库产品中都使用标准查询语言SQL，这样的一个特点使得用户可以自由地在不同的数据库平台上使用不同数据库中的数据，不同的程序接口兼容，提供了大量标准的数据存取方法。

另外关系数据库的逻辑结构简单，从数据建模的角度来考虑，关系数据库具有相当简单的逻辑结构，简单结构便于建立逻辑视图，方便用户理解数据库的层次。数据库设计和规范化过程也简单易行和易于理解。关系数据库能够有效地支持许多数据库的应用。

2. 关系数据库系统的缺点

关系数据库的缺点主要表现在：(1) 数据表达能力差，关系数据库语言并不能直接用来描述实际应用中的有关信息，即它不支持对象模型，这就使得关系数据库的设计过程相对而言是很复杂的；(2) 关系数据库支持长事务处理的能力比较差，对环境的应变能力较差，这个缺点使关系数据库的成本和维护费用较高；(3) 对于复杂查询的处理也不是很理想。这样的系统使得数据库的性能受到很大影响。

下面对面向对象数据库进行具体的介绍，使读者对面向对象数据库系统及其应用开发有一定的了解。

3. 面向对象数据库系统的优点

首先面向对象数据库系统能有效地表达客观世界和有效地查询信息，主要表现在面向对象方法与关系数据库、软件工程、系统分析和专家系统领域的内容的结合。系统设计人员用 ODBMS 创建的计算机模型能更直接地反映客观世界，最终不管用户是否是计算机专业人员，都很容易通过这些模型理解和评述数据库系统。采用面向对象的方法使得工程中一些复杂问题的解决变得简单可行，信息不需要人为地分解为细小的单元，ODBMS 扩展了面向对象的编程环境，支持高度复杂数据结构的直接建模。

其次面向对象数据库系统的可维护性好，尤其在耦合性和内聚性方面，面向对象数据库使得数据库设计者可在尽可能少修改现存代码和数据的条件下对数据库结构进行修改，如果发现有不适合原始模型的特殊情况，可以增加一些特殊的类来处理这些情况而不影响现存的数据。如果数据库的基本模式或设计发生变化，为与模式变化保持一致，数据库可以建立原对象的修改版本。这种先进的耦合性和内聚性也简化了异种硬件平台网络上的分布式数据库的运行。

最后面向对象数据库解决了“阻抗不匹配”(Impedance Mismatch) 问题，即应用程序语言与数据库管理系统对数据类型支持的不一致问题。

4. 面向对象数据库系统的缺点

(1) 技术还不成熟。面向对象数据库技术的根本缺点是这项技术还不成熟，还有待于完善。

(2) 面向对象技术需要一定的训练时间。有专业人员认为，要成功地开发这种系统的关键是正规的训练，训练之所以重要是由于面向对象数据库的开发是从关系数据库和功能分解方法转化而来的，需要学习一套新的开发方法将其与现有技术相结合。此外，面向对象系统开发的有关原理才初具雏形，还需要一段时间在可靠性、成本等方面使人可接受。

(3) 理论还需完善。例如从正规的计算机科学方面看，还需要设计出坚实的演算或理论方法来支持 ODBMS 的产品。

面向对象数据库的当前状况是：大家对面向对象数据库的核心概念渐渐取得了共同的认识，并开始了一系列标准化的工作；随着核心技术逐步被解决，外围工具得到不断开发，虽然对性能和形式化理论和技术实现方面的担忧仍然存在，但是面向对象数据库系统正在走向实用阶段。

12.2 分布式数据库系统

12.2.1 分布式数据库系统概述

1. 分布式数据库系统的定义与特点

分布式数据库系统是相对于集中式数据库系统而言的。集中式数据库系统是指所有成分都驻留在一台计算机内，所有工作都在一台计算机上完成的数据库系统，这种系统的数据采取集中管理的方式，要求主机或服务器有比较大的容量。计算机网络技术的迅猛发展和不断完善使得分布在不同地点的数据库系统互连成为可能，于是一些数据库系统开始从集中式走向分布式。

分布式数据库应用的实现目标就是采用支持分布式数据库的数据库管理系统，通过合理的分布设计，对必要的环境进行定义、创建和修改，将原来非分布式数据库的应用转换到分布式数据库的应用。因此，可以这样定义分布式数据库系统：分布式数据库系统是一个物理上分布于计算机网络的不同地点而逻辑上又属于同一系统的数据集合。

分布式数据库实际上也是客户/服务器模式。网络中的每一个运行数据库管理系统的计算机都是一个节点，对前端客户机来说，它们都是服务器。在网络环境中，每个具有多用户处理能力的硬件平台都可以成为服务器，也可成为工作站。服务器对共享数据的存取进行管理，而非数据库管理系统的处理操作可以由客户机来完成。

分布式数据库系统是在集中式数据库系统上发展起来的，但不是简单地分散地实现集中式数据库，它具有自己的性质和特征。

分布式数据库系统相对于传统数据库有如下特点。

(1) 数据的物理分布性。
(2) 数据的逻辑整体性。
(3) 数据的分布透明性。
(4) 场地自治性。
(5) 数据冗余。
(6) 事务管理的分布性。
(7) 集中与自治相结合的控制机制。

2. 分布式数据库系统的目标

分布式数据库系统的目标，也就是研制分布式数据库系统的目的和动机。

下面分别介绍分布式数据库系统的几个基本目标。

(1) 本地自治。
(2) 可连续操作性。
(3) 分片独立性。
(4) 复制独立性。
(5) 分布式查询处理。
(6) 分布式事务管理。

3. 分布式数据库系统的分类

在分布式数据库系统中，各个场地所用的计算机类型、操作系统和 DBMS 可能是不同的，各个节点计算机之间的通信是通过计算机网络软件实现的，所以局部场地的 DBMS 及其数据模型是对分布式数据库系统进行分类考虑的主要因素。根据构成各个局部数据库的 DBMS 及其数据模型，可以将分布式数据库系统分为两类。

(1) 同构型(Homogeneous) DDBS：也有的称为同质型 DDBS。如果各个站点上的数据库的数据模型都是同一类型的，则称该数据库系统是同构型 DDBS。但是，若具有相同类型的数据模型是不同公司的产品，它们的性质也可能并不完全相同。

因此，同构型 DDBS 又可以分为两种。

① 同构同质型 DDBS：如果各个站点都采用同一类型的数据模型，并且都采用同一型号的数据库管理系统，则称该分布式数据库系统为同构同质型 DDBS。

② 同构异质型 DDBS：如果各个站点都采用同一类型的数据模型，但是采用了不同型号的数据库管理系统(例如分别采用了 Sybase、Oracle 等)，则称该分布式数据库系统为同构异质型 DDBS。

(2) 异构型(Heterogeneous) DDBS：如果各个站点采用不同类型的数据模型，则称该分布式数据库系统是异构 DDBS。

按构成各个局部数据库的 DBMS 及其数据模型进行分类是一种常见的方法，此外，还可以按照分布式数据库控制系统的类型对分布式数据库系统进行分类，分为集中型 DDBS、分散型 DDBS 和可变型 DDBS。

① 如果 DDBS 中的全局控制信息位于一个中心站点，则称为集中型 DDBS。

② 如果在每一个站点上包含全局控制信息的一个副本，则称为分散型 DDBS。

③ 在可变型 DDBS 中，将 DDBS 系统中的站点分成两组，一组站点包含全局控制信息副本，称为主站点。另一组站点不包含全局控制信息副本，称为辅站点，当主站点数目为 1 时为集中型 DDBS，当全部站点都是主站点时为分散型 DDBS。

4．分布式数据库系统的体系结构

分布式数据库是分布式数据库系统中各站点上数据库的逻辑集合，分布式数据库由两部分组成，一部分是所需要应用的数据的集合，称为物理数据库，它是分布式数据库的主体；另一部分是关于数据结构的定义，以及关于全局数据的分片、分布等信息的描述，称为描述数据库，也称为数据字典或数据目录。

一个系统的体系结构也称为总体结构，用于给出该系统的总体框架，定义整个系统的各组成部分及它们的功能，定义系统各组成部分之间的关系。分布式数据库系统的主要组成成分有计算机本身的硬件和软件，还有数据库(DB)、数据库管理系统(DBMS)和用户，其中数据库分为局部 DB 和全局 DB；数据库管理系统分为局部 DBMS 和全局 DBMS；用户也有局部用户和全局用户之分。

分布式数据库系统的体系结构从整体上可以分为 4 级。

(1) 全局外模式(Global External Schema)：它们是分布式数据库系统全局应用的用户视图，是全局概念模式的子集。

(2) 全局概念模式(Global Conceptual Schema)：它定义了分布式数据库系统中的所有数据的逻辑结构，使得数据就像没有分布一样因为站在用户或用户应用程序的角度，分布式数据库与集中式数据库没有多大区别，所以可以用集中式数据库的方法定义分布式数据库中所有数据的逻辑结构。全局概念模式中所用的数据模型应该易于向其他模式映射，通常采用关系模型，并由一组全局关系的定义组成。

(3) 分片模式(Fragmentation Schema)：每一个全局关系可以分为若干非重叠的部分，每一部分称为一个片段(Fragment)，也即数据分片。分片模式用于定义全局关系与片段之间的映射，这种映射是一对多的关系，一个全局关系可对应多个片段，而一个片段只来自一个全局关系。

(4) 分布模式(Allocation Schema)：片段是全局关系的逻辑部分，一个片段在物理上可以分配到网络的一个或几个站点上，分布模式根据应用需求和分配策略定义片段的存放场地。分布模式的映像类型确定了分布数据库是冗余的还是非冗余的。若映像是一对多的，即一个片段可分配到多个节点上存放，则是冗余的分布数据库，若映像是一对一的，则是非冗余的分布数据库。

12.2.2 分布式数据库系统的设计

1. 分布式数据库系统的创建方法和内容

分布式数据库系统的创建方法也就是分布式数据库系统的实现方法，大致可以分为两种：集成法和重构法。

(1) 集成法也称为组合法，这是一种自底向上的创建方法，该方法利用现有的计算机网络和独立存在于各个站点上的现存数据库系统，通过建立一个分布式协调管理系统，将它们集成为一个统一的分布式数据库系统。

(2) 用重构法建立数据库系统就是根据系统的实现环境和用户需求，按照分布式数据库系统的设计思想和方法，采用统一的观点，从总体设计做起，包括各站点上的数据库系统，重新建立一个分布式数据库系统。

2. 分布式数据库系统的设计方法

一般说来，分布式数据库系统的设计方法有两种，一种是自底向上的设计方法，另一种是自顶向下的设计方法，前者从头开始设计，后者则通过聚集现存数据库来设计分布式数据库。

(1) 自底向上设计方法。该方法将现有计算机网络及现存数据库系统集成，通过建立分布式协调管理系统来实现分布式数据库系统，如图12-1所示。

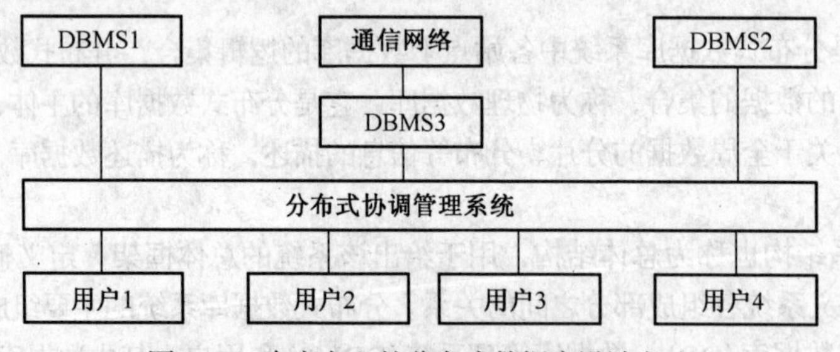

图 12-1 自底向上的分布式数据库设计方法

自底向上方法假定由于需要互联一些现存数据库，所以要形成一个多数据库系统，或由于对各站点已独立完成了数据库的概念说明，所以各站点上数据库的规格说明已是现存的。在这两种情况下，为了产生一个全局规格说明，必须综合各站点的规格说明，以便得到分布式数据库的全局概念模式。

(2) 自顶向下设计方法。该方法通过需求分析，从总体上考虑分布式数据库的设计，包括各场地数据库的系统方案，如图12-2所示。

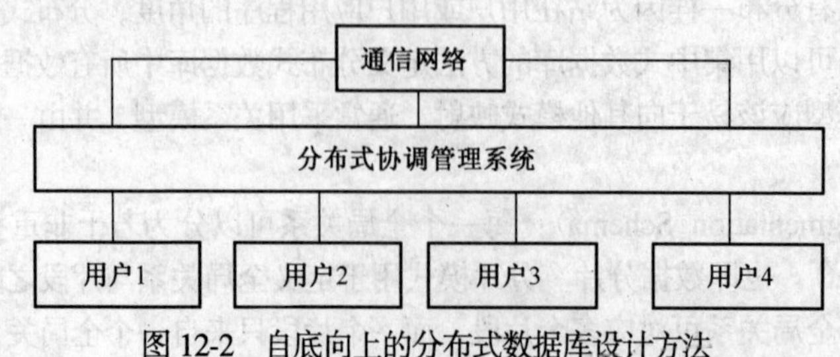

图 12-2 自底向上的分布式数据库设计方法

自顶向下设计者假定设计者理解用户的数据库应用要求，并将它变换为形式规格说明。在这一过程中，设计者需要完成概念设计、逻辑设计和物理设计 3 个阶段，将高级的、与计算机系统无关的规格说明逐渐转变成低级的、与计算机系统有关的规格说明。在许多实际情况下，设计者一般都是一部分使用自底向上设计方法，一部分使用自顶向下设计方法。

3. 自顶向下设计分布式数据库的步骤和内容

设计分布式数据库的一般方法包括 5 个阶段：需求分析、概念设计、逻辑设计、物理设计和分布设计。

12.2.3 分布式数据库系统的安全技术

一般来说，分布式数据库面临着两大类安全问题：一类是由单个站点的故障、网络故障等因素引起的，这类故障通常可以利用网络提供的安全性来实现安全防护，网络安全是分布式数据库安全的基础；另一类问题是来自本机或网络上的人为攻击，也就是所说的黑客攻击，目前黑客攻击网络的方式主要有窃听、假冒攻击、重发攻击、破译密文等，下面针对这类安全隐患介绍下列几种分布式数据库安全的关键技术。

1. 双向身份验证

为了防止各种假冒攻击，在执行真正的数据访问操作之前，要在客户和数据库服务器之间进行双向身份验证，例如，用户在登录分布式数据库时，或者在分布式数据库系统服务器与服务器之间进行数据传输时，都需要验证身份。开放式网络应用系统一般采用基于公钥密码体制的双向身份验证技术，在该技术中，每个站点都生成一个非对称密码算法的公钥对，其中的私钥由站点自己保存，并可通过可信渠道将自己的公钥发布给分布式系统中的其他站点，这样任意两个站点均可利用所获得的公钥信息相互验证身份。

2. 库文加密

对库文进行加密是为了防止黑客利用网络协议、操作系统等的安全漏洞绕过数据库的安全机制而直接访问数据库文件。常用的库文加密方法为公钥制密码系统，该方法的思想是给每个用户两个码，一个加密码，一个解密码，其中加密码是公开的，就像电话号码一样，但只有相应的解密码才能对报文解密，而且不可能从加密码中推导出解密码，因为该方法是不对称加密，也就是说加密过程不可逆。对库文的加密，系统应该同时提供几种不同安全强度、速度的加解密算法，这样用户可以根据数据对象的重要程度和访问速度要求来设置适当的算法。

3. 访问控制

在通常的数据库管理系统中，为了防止越权攻击，任何用户都不能直接对库存数据进行操作。用户访问数据的请求先要发送到访问控制模块进行审查，然后允许有访问权限的用户去完成相应的数据操作。用户的访问控制有两种形式：自主访问授权控制和强制访问授权控制，其中前者由管理员设置访问控制表，规定用户能够进行的操作和不能进行的操作；而强制访问授权控制先给系统内的用户和数据对象分别授予安全级别，根据用户、数据对象之间的安全级别关系来限定用户的操作权限。

12.2.4 分布式数据库系统的发展前景与应用趋势

数据库技术新的发展趋势向数据库研究提出了新课题，下面将分别介绍几种新趋势。

1. 数据服务器

数据服务器是一种能向分布式应用提供访问远程数据服务器服务的方案，该方案常常作为实现分布式数据库的可选途径，把数据服务器作为分布式数据库系统的站点。

数据服务器的方案有很多优势，主要表现在以下几个方面。

(1) 数据服务器非常适合分布式环境。

(2) 数据服务器可以充分利用先进的硬件体系结构来提高性能和可靠性。

(3) 数据服务器专门提供数据服务，功能专一，有利于提高数据库可用性和可靠性的特殊技术的实现。

(4) 数据服务器采用专门的数据库操作系统，实现数据库管理系统和操作系统的紧密耦合，使数据库管理的总体性能得到显著加强。

数据服务器虽然有这些优点，但是它的通信费用很大，由于关系数据模型的操作是面向成批数据处理的集合操作，所以关系模型是数据服务器支持的最自然的数据模型，因此目前几乎所有的数据服务器都是关系型的。

2. 分布式知识库

一个知识库为数据库补充了从已有信息演绎新信息的能力，它比一般数据库的功能更强，特别是它的查询处理能力远比关系数据库强得多，不论是新的应用领域还是传统数据库应用领域，分布式知识库都具有广阔的发展前景。

中国数字图书馆示范系统就是一个分布式的大型知识库，即以分布式海量数据库为支撑，基于智能检索技术和宽带高速网络技术的大型、开放、分布式信息库。

知识库是存储常用知识的内涵数据库和存储事实的外延数据库的联合体，用户查询通过外延数据库隐含地使用存储在内涵数据库中的知识，内涵数据库中的知识基本上比语义数据控制信息更加通用。知识库方法类似于数据库方法的模式分解，主要通过分解常用知识来解决难题。知识库系统的设计和实现存在许多困难和问题，其中最重要的就是有关知识的表示、知识的一致性和知识库的查询处理。内涵数据库需要不断更新，但是更新频率比外延数据库小。

3. 分布式面向对象数据库

面向对象数据库和分布式数据库是两个正交的概念，两者的有机结合产生了分布式面向对象数据库，分布式面向对象数据库虽然发展起来还不久，也还不是很完善，但是有其自身的优点：第一，分布式面向对象数据库可以达到高可用性和高性能；其次，大型应用一般会涉及到互相协作的各种人员和分布的计算设施，分布式面向对象数据库能很好地适应这种情况；第三，面向对象数据库具有隐藏信息的特征，正是这个特性使得面向对象数据库成为支持异构数据库的自然候选，但是一般异构数据库一般都是分布的，因此分布式面向对象数据库是其最好的选择。

分布式面向对象数据库的设计参考了来自于分布式数据库和面向对象数据库两方面的经验，因为它们中有很多正交的问题，例如，用于分布式事务管理的技术可以用于集中式面向对象数据库中。

总之，随着分布式数据库系统的日益发展，新的应用趋势不断呈现，而且都有相似的特点，那就是开放性和分布性，这也正是分布式数据库系统的优势所在。在当前的网络、分布、开放的大环境下，分布式数据库系统将会有更加长足的发展和应用，多媒体数据库系统技术、移动数据库技术、Web数据库系统技术等也都已经并正在成为未来分布式数据库的新研究领域。

12.3　数据仓库

12.3.1　数据仓库的定义与特点

数据仓库不仅包含了分析所需的数据，而且包含了处理数据所需的应用程序，这些程序包括了将数据由外部媒体转入数据仓库的应用程序，也包括了将数据加以分析并呈现给用户的应用程序。

从数据仓库的定义可知，数据仓库有以下几个特点。

(1) 面向主题。

(2) 集成性。

(3) 相对稳定性。

(4) 反映历史变化。

因此，数据仓库是一个概念，不是一种产品。数据仓库建设是一个工程，是一个过程。数据仓库系统是一个包含 4 个层次的体系结构，如图12-3所示。

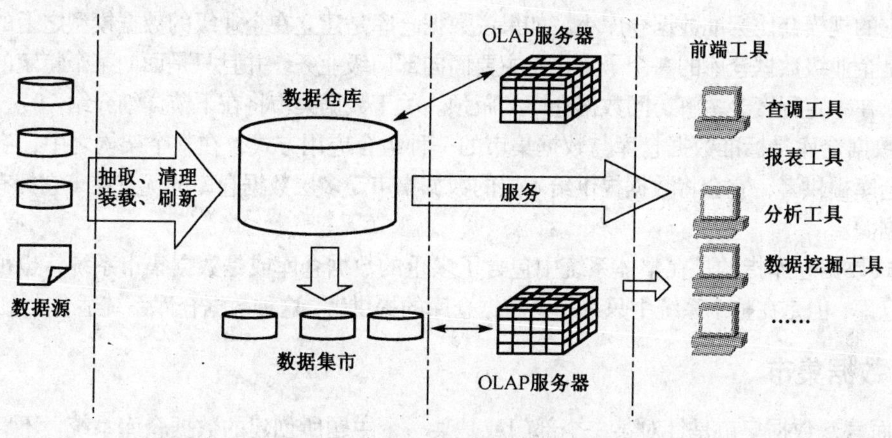

图 12-3　数据仓库系统体系结构

① 数据源：是数据仓库系统的基础，是整个系统的数据源泉。通常包括企业内部信息和外部信息。内部信息包括存放于 RDBMS 中的各种业务处理数据和各类文档数据。外部信息包括各类法律法规、市场信息和竞争对手的信息等。

② 数据的存储与管理：是整个数据仓库系统的核心。数据仓库的真正关键是数据的存储和管理。数据仓库的组织管理方式决定了它有别于传统数据库，同时也决定了其对外部数据的表现形式。要决定采用什么产品和技术来建立数据仓库的核心，则需要从数据仓库的技术特点着手分析。针对现有各业务系统的数据，进行抽取、清理，并有效集成，按照主题进行组织。数据仓库按照数据的覆盖范围可以分为企业级数据仓库和部门级数据仓库(通常称为数据集市)。

③ OLAP(On-Line Analytical Processing)联机分析处理服务器：对分析需要的数据进行有效集成，按多维模型予以组织，以便进行多角度、多层次的分析，并发现趋势。其具体实现可以分为：ROLAP(Relational OLAP)、MOLAP(Multidimensional OLAP)和 HOLAP(Hybrid OLAP)。ROLAP 基本数据和聚合数据均存放在 RDBMS(Relational DataBases Management System)关系数据库管理系统之中；MOLAP 基本数据和聚合数据均存放于多维数据库中；HOLAP 基本数据存放于 RDBMS 之中，聚合数据存放于多维数据库中。

④ 前端工具：主要包括各种报表工具、查询工具、数据分析工具、数据挖掘工具以及各种基于

数据仓库或数据集市的应用开发工具。其中数据分析工具主要针对 OLAP 服务器，报表工具、数据挖掘工具主要针对数据仓库。

12.3.2 数据仓库的种类

数据仓库的种类很多，从不同的角度划分有不同的种类，从其规模与应用范围来加以区分，大致可以分为下列几种。

(1) 标准数据仓库。

(2) 数据集市(Data Mart)。

(3) 多层数据仓库(Multi-tier Data Warehouse)。

(4) 联合式数据仓库(Federated Data Warehouse)。

标准数据仓库是企业最常使用的数据仓库，它是依据管理决策的需求而将数据加以整理分析，再将其转换至数据仓库之中的。这一类的数据仓库是以整个企业为着眼点而构建出来的，所以它的数据都是有关整个企业的数据，用户可以从中得到整个组织运作的统计分析信息。

数据集市，或者叫做“小数据仓库”，是针对某一个主题或是某一个部门而构建的数据仓库。一般说来，它的规模会比标准数据仓库小。如果说数据仓库是建立在企业级的数据模型之上的，那么数据集市就是企业级数据仓库的一个子集，它主要面向部门级业务，并且只是面向某个特定的主题。数据集市可以在一定程度上缓解访问数据仓库的瓶颈。关于数据集市将在下节详细介绍。

多层数据仓库是标准数据仓库与数据集市的一种组合应用方式，在整个架构之中，有一个最上层的数据仓库提供者，它会将数据提供给下层的数据集市。多层数据仓库的优点在于它拥有统一的全企业性数据源。

联合式数据仓库指的是在整体系统中包含了多重的数据仓库或是数据集市系统，也可以包括多层的数据仓库，但是在整个系统中只有一个数据仓库的提供者，这种数据仓库系统适合大型企业使用。

12.3.3 数据集市

一般而言，数据集市是针对某一个部门或是某一个主题所创建的数据仓库系统。不管是哪种数据仓库，数据集市都起着十分重要的作用。例如，一个企业可以建立一个数据仓库，而企业内部的业务部门、市场部门、销售部门则可以构建自己的数据集市。数据集市的规模会较标准数据仓库小，但这是针对同一个企业而言的，有可能一个大企业数据集市的规模会比一个小企业的整个数据仓库还大。

事实上，数据仓库是企业级的，能为整个企业各个部门的运行提供决策支持手段；而数据集市是部门级的，一般只为某个局部范围的管理人员服务。有些供应商也称之为“部门数据仓库”(Deprtmental Data Warehouse)。

数据集市有两种，即独立的数据集市(Independent Data Mart)和从属的数据集市(Dependent Data Mart)。图 12-4 左边所示的是企业数据仓库的逻辑结构。可以看出，其中的数据来自各信息系统，把它们的操作数据按照企业数据仓库物理模型的定义转换过来。采用这种中央数据仓库的做法，可保证现实世界的一致性。

图 12-4 中间所示的是从属数据集市的逻辑结构。所谓从属，是指它的数据直接来自于中央数据仓库。显然，这种结构依能保持数据的一致性。在一般情况下，为那些访问数据仓库十分频繁的关键业务部门建立从属的数据集市，这样可以很好地提高查询的反应速度。因此，当中央数据仓库十分庞大时，一般不对中央数据仓库做非正则处理，而是建立一个从属数据集市，对它做非正则处理，这样既能提高响应速度，又能保证系统的易维护性，其代价增加了对数据集市的投资。

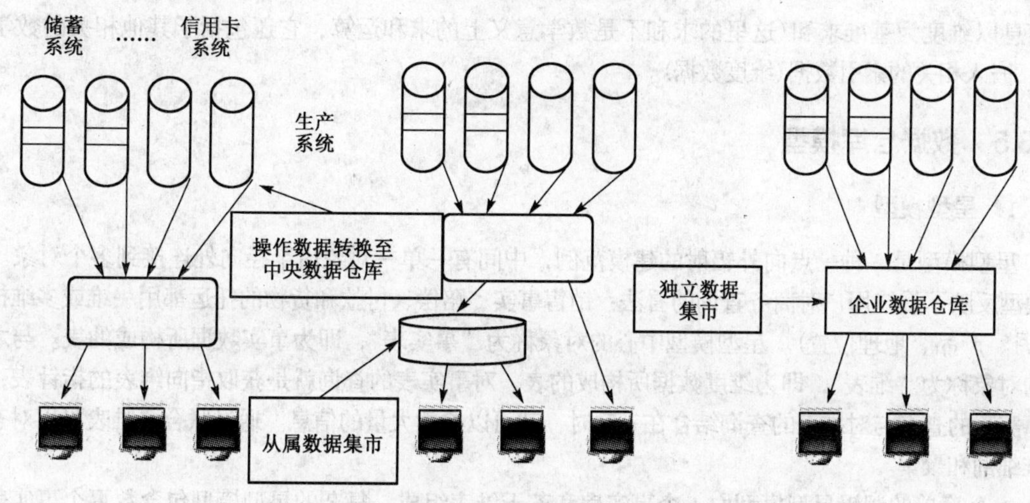

图 12-4　数据仓库与两种数据集市之间的关系

12.3.4　数据仓库中的几个数据

1．源数据

数据仓库的数据来源于多个数据源，包括企业内部数据(生产、技术、财务、设备、销售等)、市场调查与分析及各种文档之类的外部数据。

2．元数据

元数据是由管理员输入或是由数据仓库系统自动生成的，它们是描述整个数据仓库系统各个部分的描述性数据。通俗地讲，元数据就是“关于数据的数据”。在数据库中，元数据是对数据库各对象的描述；在关系数据库中，这种描述就是对表、列、数据库、视图和其他对象的定义。

3．详细数据

详细数据指的是由来源系统转入数据仓库的数据，它们依然可以反映出最细微的状态，例如，一笔订单的相关信息、某一产品是由哪一位顾客在什么时间购买的。详细数据存储在事实表之中，它们占用了非常大的磁盘空间。

4．事实数据

事实数据是由 OLPT 系统转入的，能够反映一项已经发生过的实情。例如，一笔订单、一笔提款交易。事实数据是最原始的数据，可以从中分析出所有可能的统计数据。

5．索引参考数据(维度数据)

索引参考数据指的是维度数据，它们主要是为了增加查询的速度而创建的。维度数据与事实数据不大一样，它们可更新，根据用户的实际需要，还可以添加维度数据。

6．集合信息

在很多的实际案例之中，数据仓库系统工程并不是一定要在网上存储所有的详细数据，可以根据用户的需求，将某一部分的详细数据加以集合，而只是在数据仓库系统中存储集合的相关信息。集合信息以维度为基准求和(这里的求和不是数学意义上的求和运算，它还包括了其他相关的数学运算)，嵌入相关的索引数据(维度数据)。

12.3.5 数据仓库模型

1. 星型模型

星型模型是一种一点向外辐射的建模范例，中间有一单一对象沿半径向外连接到多个对象。星型模型反映了最终用户对商务查询的看法：销售事实、赔偿、付款和货物的托运都用一维或多维描述(按月、产品、地理位置)。星型模型中心的对象称为“事实表”，即为事实数据所构成的表。与之相连的对象称为“维表”，即为维度数据所构成的表。对事实表的查询就是获取指向维表的指针表，当对事实表的查询与对维表的查询结合在一起时，就可以检索大量的信息。通过联合，维表可以对查找标准细剖和聚集。

一个简单的逻辑星型模型由一个事实表和若干维表组成。复杂的星型模型包含数百个事实表和维表。事实表包含基本的商业措施，可以由成千上万行组成。维表包含可用于 SQL 查找标准的商业属性，一般比较小。下面简单介绍在星型模型中能够改善查询性能的一些的技术，当然，这些技术要和大型表联合在一起使用。

(1) 定义已有事实表中的聚集或新的聚集表。例如，详细销售情况和地区销售情况可存在于同一事实表中，用一个聚集批示器陈列区分出不同的行。另外，也可以创建一个地区销售情况聚集表。

(2) 分割事实表，使大多数查询只访问一部分。

(3) 创建独立的事实表。

(4) 创建唯一的数字索引或其他技术，用于改善集成性能。

2. 雪花模型

雪花模型是对星型模型的扩展，每一个点都沿半径向外连接到多个点。雪花模型对星型的维表进一步标准化，它的优点是通过最大限度地减少数据存储量以及把较小的标准化表(而不是大的非标准化表)联合在一起来改善查询性能。由于采取了标准化及维的较低的粒度，雪花模型增强了应用程序的灵活性。但雪花也增加了用户必须处理的表的数量，增加了某些查询的复杂性。一些新的工具使用户避开了物理数据库模式，在概念层上操作，这些工具将用户查询映射到物理模式中。雪花模型要对星型模型的维表进行进一步层次化，原有的各维表可能被扩展为小的事实表，形成一些局部的“层次”区域。

3. 混合模型

混合模型是星型模型和雪花模型的一种折中模式，其中星型模型由事实表和标准化的维度表组成，雪花模型的所有维表都进行了标准化。在混合模型中，只有最大的维表才进行标准化，这些表一般包含一列列完全标准化的重复的数据。

混合模型的基本假设是事实数据是不会改变的，系统只会定期地从 OLPT 系统转入新的历史数据。混合模型也是为用户需求而设计的，为了要迎合用户不断更新的新需求，只需要更新或是添加外围表的维度表就可以了。因为维度数据比起事实数据少得太多，所以添加或是重建维度表不会造成数据仓库系统太大的工作开销。

12.4 数据挖掘

12.4.1 数据挖掘的定义

从两个不同角度对数据挖掘加以定义。

1. 技术上的定义及含义

数据挖掘(Data Mining)就是从大量的、不完全的、有噪声的、模糊的、随机的实际应用数据中，提取隐含在其中的、人们事先不知道的但又是潜在有用的信息和知识的过程。与数据挖掘相近的同义词有数据融合、知识发现、知识抽取、数据分析和决策支持等。这个定义包括好几层含义：数据源必须是真实的、大量的、含噪声的；发现的是用户感兴趣的知识；发现的知识要可接受、可理解、可运用；并不要求发现放之四海而皆准的知识，仅支持特定的发现问题。

这里所说的知识发现，不是要求发现放之四海而皆准的真理，也不是要去发现崭新的自然科学定理和纯数学公式，更不是什么机器定理证明。实际上，所有发现的知识都是相对的，是有特定前提和约束条件、面向特定领域的，同时还要能够易于被用户理解。最好能用自然语言表达所发现的结果。

2. 商业角度的定义

数据挖掘是一种新的商业信息处理技术，其主要特点是对商业数据库中的大量业务数据进行抽取、转换、分析和其他模型化处理，从中提取辅助商业决策的关键性数据。

简而言之，数据挖掘其实是一类深层次的数据分析方法。数据分析本身已经有很多年的历史，只不过在过去进行数据收集和分析的目的是用于科学研究。分析这些数据也不再是单纯为了研究的需要，更主要的是为商业决策提供真正有价值的信息，进而获得利润。但所有企业面临的一个共同问题是：企业数据量非常大，而其中真正有价值的信息却很少，因此要对大量的数据中进行深层分析，获得有利于商业运作、提高竞争力的信息。

因此，数据挖掘可以描述为：按企业既定业务目标，对大量的企业数据进行探索和分析，揭示隐藏的、未知的或验证已知的规律性，并进一步将其模型化的先进有效的方法。

12.4.2 数据挖掘的分类

根据不同的标准，数据挖掘系统可以分成以下几类。

(1) 根据挖掘任务，可分为分类或预测模型发现、数据总结、聚类、关联规则发现、序列模式发现、依赖关系或依赖模型发现等。

(2) 根据挖掘对象分，可分为关系数据库、面向对象数据库、空间数据库、时态数据库、多媒体数据库以及 Web。

(3) 根据挖掘方法分，可分为机器学习方法、统计方法、神经网络方法和数据库方法。机器学习包含归纳学习方法、基于案例学习、遗传算法等。统计方法包含回归分析、判别分析、聚类分析、探索性分析等。神经网络方法包含前向神经网络、自组织神经网络等。数据库方法主要是多维数据分析方法，另外还有面向属性的归纳方法。

12.4.3 数据挖掘的数据来源

目前，数据挖掘的数据来源有关系数据库、事务数据库及空间数据库等高级数据库。分别为：

(1) 关系数据库。

(2) 数据仓库。

(3) 事务数据库。

(4) 高级数据库系统。

(5) Web 数据库。

12.4.4 数据挖掘的体系结构

如果从数据挖掘与数据库及数据仓库的耦合程序来看，数据挖掘可分为：不耦合(No Coupling)、松散耦合(Loose Coupling)、半紧密耦合(Semitight Coupling)、紧密耦合(Tight Coupling)4 种结构，现分述如下。

(1) 不耦合(No Coupling)：指数据库挖掘与数据库仓库及数据库没有任何关系。输入数据是从文件中取出的，结果也存放在文件中，这种结构很少使用。

(2) 松散耦合(Loose Coupling)：指利用数据仓库或数据库作为数据挖掘的数据源，其结果写入文件、数据库或数据仓库中，但不使用数据库及数据仓库提供的数据结构及查询优化方法。

(3) 半紧密耦合(Semitight Coupling)：指部分数据挖掘原语出现在数据仓库或数据中，如 Aggregation，Histogram Analysis 等。

(4) 紧密耦合(Tight Coupling)：指将数据挖掘集成到数据库或数据仓库中，作为其中一个组成部分。

可以看出，数据挖掘系统应当与一个 DB(Database)/DW(Data Warehouse)耦合。松散耦合尽管不是很有效，也比不耦合好，因为它可以使用 DB/DW 的数据和系统工具。紧密耦合是高度期望的，但实现比较困难。半紧密耦合是松散和紧密耦合之间的折中。

12.4.5 数据挖掘的步骤

数据挖掘就是从大量不完全的、有噪声的、模糊的、随机的数据中提取人们事先不知道的、潜在有用的信息和知识的过程，这一过程可大致分为：问题定义(Task Definition)、数据收集预处理(Data Prepration and Preprocessing)、建立数据挖掘库(Create Data Mining Base)、数据分析(Data Analysis)、数据挖掘(Data Mining)算法执行以及结果的解释和评估(Interpretation and Evalution)，最后实施。

12.4.6 数据挖掘的功能

数据挖掘通过预测未来趋势及行为，做出前摄的、基于知识的决策。数据挖掘的目标是从数据库中发现隐含的、有意义的知识，主要有以下 5 类功能。

(1) 自动预测趋势和行为。

(2) 关联分析。

(3) 聚类。

(4) 概念描述。

(5) 偏差检测。

12.4.7 数据挖掘的常用技术

1. 人工神经网络

人工神经网络技术对人工智能、形象思维的研究起着十分重要的作用，已广泛应用于语音、图像、文字识别、信号处理、市场预测等很多领域。因为它可以很容易地解决具有上百个参数的问题。神经网络常用于两类问题中：分类和回归。

2. 决策树

决策树是一种分类器，是一棵有向无环树。决策树提供了一种展示类似在什么条件下会得到什么值这类规则的方法。它类似于二叉树：树中的根节点没有父节点，所有其他节点都有且只有 1 个父节点；1 个节点可以有 1～2 个或没有子节点。如果节点没有子节点，则称为叶节点(Leaf Node)；其他的称为内部节点(Internet Node)。在数据挖掘中决策树是一种经常要用到的技术，可以用于分析数据，同样也可以用来于预测(如银行官员利用它来预测贷款风险)。常用的算法有 CHAID、CART、Quest 和 C5.0。

12.5 数据库技术的新应用

12.5.1 数据模型研究

(1) 对传统的关系模型(1NF)进行扩充。

(2) 全新的数据构造器和数据处理原语。

(3) 语义数据模型和面向对象程序设计方法的结合。

12.5.2 与新技术结合的研究

数据库新技术的研究主要是数据库技术与其他技术相结合而派生出来的新的研究领域，例如：

- 数据库技术与网络(分布处理)技术的结合，形成了分布式数据库系统。
- 数据库技术与并行处理技术相结合，形成了并行数据库系统。
- 数据库技术与多媒体技术相结合，形成了多媒体数据库系统。
- 数据库技术与人工智能相结合，形成了知识库系统和主动数据库系统。
- 数据库技术与模糊技术相结合，形成了模糊数据库系统等。

1. 分布式数据库系统

分布式数据库应具有以下特点。

(1) 数据的物理分布性。数据库中的数据不是集中存储在一个场地的一台计算机上，而是分布在不同场地多台计算机上。它不同于通过计算机网络共享的集中式数据库系统。

(2) 数据的逻辑整体性。数据库虽然在物理上是分布的，但这些数据并不是互不相关的，它们在逻辑上是相联系的整体。它不同于通过计算机网络互连的多个独立的数据库系统。

(3) 数据的分布独立性(也称为分布透明性)。分布式数据库中除了数据的物理独立性和数据的逻辑独立性外，还有数据的分布独立性。即在用户看来，整个数据库仍然是一个集中的数据库，用户不必关心数据的分片，不必关心数据物理位置分布的细节，不必关心数据副本的一致性，分布的实现完全由分布式数据库管理系统来完成。

(4) 场地自治和协调。

系统中的每个节点都具有独立性，能执行局部的应用请求；每个节点又是整个系统的一部分，可通过网络处理全局的应用请求。

(5) 数据的冗余及冗余透明性。与集中式数据库不同，分布式数据库中应存在适当冗余以适合分布处理的特点，提高系统处理效率和可靠性。因此，数据复制技术是分布式数据库的重要技术。但分布式数据库中的这种数据冗余对用户是透明的，即用户不必知道冗余数据的存在，维护各副本的一致性也由系统来负责。

2. 并行数据库系统

并行数据库系统是并行技术与数据库技术的结合，其发挥多处理机结构的优势，将数据库在多个磁盘上分布存储，利用多个处理机对磁盘数据进行并行处理，从而解决了磁盘 I/O 瓶颈问题，通过采用先进的并行查询技术，开发查询间并行、查询内并行以及操作内并行，大大提高查询效率。其目标是提供一个高性能、高可用性、高扩展性的数据库管理系统，而在性能价格比方面，较相应大型机上的 DBMS 高得多。

计算机系统性能价格比的不断提高迫切要求硬件、软件结构的改进。硬件方面，单纯依靠提高微处理器速度和缩小体积来提高性能价格比的方法正趋于物理极限；磁盘技术的发展滞后于微处理器的发展速度，使得磁盘 I/O 颈瓶问题日益突出。软件方面，数据库服务器对大型数据库各种复杂查询和联机事务处理(OLTP)的支持使得对响应时间和吞吐量的要求顾此失彼。同时，应用的发展超过了主机处理能力的增长速度，数据库应用(DSSS、OLAP 等)的发展对数据库的性能和可用性提出了更高要求，能否为越来越多的用户维持高事务吞吐量和低响应时间已成为衡量 DBMS 性能的重要指标。

计算机多处理器结构以及并行数据库服务器的实现为解决以上问题提供了极大可能。随着计算机多处理器结构和磁盘阵列技术的进步，并行计算机系统的发展十分迅速，出现了 Seqnent 等商品化的并行计算机系统。为了充分开发多处理器硬件，并行数据库的设计者必须努力开发面向软件的解决方案。为了保持应用的可移植性，这一领域的多数工作都围绕着支持 SQL 查询语言进行。目前已经有一些关系数据库产品在并行计算机上不同程度地实现了并行性。

将数据库管理与并行技术结合，可以发挥多处理器结构的优势，从而提供比相应的大型机系统要高的多的性能价格比和可用性。通过将数据库在多个磁盘上分布存储，可以利用多个处理器对磁盘数据进行并行处理，从而解决了磁盘 I/O 瓶颈问题。同样，潜在的主存访问瓶颈也可以通过开发查询间并行性(即不同查询并行执行)、查询内并行性(即同查询内的操作并行执行)以及操作内并行性(即子操作并行执行)，从而大大提高查询效率。

一个并行数据库系统可以作为服务器面向多个客户机提供服务。典型的情况是，客户机嵌入特定应用软件，如图形界面、DBMS 前端工具 4GL 以及客户机/服务器接口软件等。因此，并行数据库系统应该支持数据库功能、客户机/服务器结构功能以及某些通用功能(如运行 C 语言程序等)。此外，如果系统中有多个服务器，那么每个服务器还应包含额外的软件层来提供分布透明性。

对于客户机/服务器体系结构的并行数据库系统，它所支持的功能一般有以下几个。

(1) 会话管理子系统：提供对客户与服务器之间交互能力的支持。

(2) 请求管理子系统：负责接收有关查询编译和执行的客户请求，触发相应操作并监管事务的执行与提交。

(3) 数据管理子系统：提供并行编译后查询所需的所有底层功能，例如并行事务支持、高速缓冲区管理等。

上述功能构成类似于一个典型的 RDBMS，不同的是并行数据库必须具有处理并行性、数据划分、数据复制以及分布事务等能力。依赖于不同的并行系统体系结构，一个处理器可以支持上述全部功能或其子集。

并行数据库系统的实现方案多种多样。根据处理器与磁盘及内存的相互关系可以将并行计算机结构划分为 3 种基本的类型，下面分别介绍这 3 种基本的并行系统结构，并从性能、可用性和可扩充性 3 个方面来比较这些方案。

(1) Shared-Memory(共享内存)结构，又称为 Shared-Everything 结构，简称 SE 结构。

在 Shared-Memory 方案中，任意处理器都可以通过快速互连(高速总线或纵横开关)访问任意内存模块或磁盘单元，即所有内存与磁盘为所有处理器共享，IBM 3090、Bull 的 DPS8 等大型机以及 Sequent、Encore 等对称多处理器都采用了这一设计方案。

在并行数据库系统中，XPRS、DBS3 以及 Volcano 都在 Shared-Memory 体系结构上获得实现。但是迄今为止，所有的共享内存商用产品都只开发了查询间并行性，而尚未实现查询内并行性。

(2) Shared-Disk。

在 Shared-Disk 方案中，各处理器拥有各自的内存，但共享共同的磁盘，每一处理器都可以访问共享磁盘上的数据库页，并将之复制到各自的高速缓冲区中，为避免对同一磁盘页的访问冲突，应通过全局锁和协议来保持高速缓冲区的数据一致性。

采用这一方案的数据库系统有 IBM 的 IMS/VS Data Sharing 和 DEC 的 VAX DBMS 和 Rdb 产品。在 DEC 的 VAX 群集机和 NCUBE 机上实现的 Oracle 系统也采用此方案。

(3) Shared-Nothing(分布内存)结构，简称 SN 结构。

在 Shared-Nothing 方案中，每一处理器都拥有各自的内存和磁盘。由于每一节点可视为分布式数据库系统中的局部场地(拥有自己的数据库软件)，因此分布式数据库设计中的多数设计思路，如数据库分片、分布事务管理和分布查询处理等，都可以在本方案中利用。

采用 Shared-Nothing 方案的有 Teradata 的 DBC 和 Tandem 的 Nonstop SQL 产品以及 Bubba、Eds、Gamma、Grace、Prisma 和 Arbre 等原型系统，所有这些系统都开发了子查询间和查询内的并行性。

并行数据库系统作为一个新兴的方向，需要深入研究的问题还很多，但可以预见，由于并行数据库系统可以充分地利用并行计算机强大的处理能力，必将成为并行计算机最重要的支撑软件之一。

3. 多媒体数据库

媒体是信息的载体。多媒体是指多种媒体，如数字、正文、图形、图像和声音的有机集成，而不是简单的组合。其中数字、字符等称为格式化数据，文本、图形、图像、声音、视像等称为非格式化数据，非格式化数据具有数据量大、处理复杂等特点。多媒体数据库实现了对格式化和非格式化的多媒体数据的存储、管理和查询，其主要特征如下。

(1) 多媒体数据库系统必须能表示和处理多种媒体数据。多媒体数据在计算机内的表示方法决定于各种媒体数据所固有的特性和关联。对常规的格式化数据使用常规的数据项表示。对非格式化数据，如图形、图像、声音等，就要根据该媒体的特点来决定表示方法。可见在多媒体数据库中，数据在计算机内的表示方法比传统数据库的表示形式复杂，对非格式化的媒体数据往往要用不同的形式来表示，所以多媒体数据库系统要提供管理这些异构表示形式的技术和处理方法。

(2) 多媒体数据库系统必须能反映和管理各种媒体数据的特性，或各种媒体数据之间的空间或时间的关联。在客观世界里，各种媒体信息有其本身的特性或各种媒体信息之间存在一定的自然关联，例如，关于乐器的多媒体数据包括乐器特性的描述、乐器的照片、利用该乐器演奏某段音乐的声音等。这些不同媒体数据之间存在自然的关联，包括时序关系(如多媒体对象在表达时必须保证时间上的同步特性)和空间结构(如必须把相关媒体的信息集成在一个合理布局的表达空间内)。

(3) 多媒体数据库系统应提供比传统数据库管理系统更强的适合非格式化数据查询的搜索功能，允许对 Image 等非格式化数据做整体和部分搜索，允许通过范围、知识和其他描述符的确定值和模糊值搜索各种媒体数据，允许同时搜索多个数据库中的数据，允许通过对非格式化数据的分析建立图示等索引来搜索数据，允许通过举例查询(Query by Example)和通过主题描述查询使复杂查询简单化。

(4) 多媒体数据库系统还应提供事务处理与版本管理功能。

4．知识库数据库和主动数据库

知识数据库系统的功能是如何把由大量的事实、规则、概念组成的知识存储起来，进行管理，并向用户提供方便快速的检索、查询手段。因此，知识数据库可定义为：知识、经验、规则和事实的集合。知识数据库系统应具备对知识的表示；对知识系统化的组织管理；知识库的操作；库的查询与检索；知识的获取与学习；知识的编辑；库的管理等功能。知识数据库是人工智能技术与数据库技术的结合。主动数据库(Active Database)是相对于传统数据库的被动性而言的。许多实际的应用领域，如计算机集成制造系统、管理信息系统、办公室自动化系统中常常希望数据库系统在紧急情况下能根据数据库的当前状态，主动适时地做出反应，执行某些操作，向用户提供有关信息。主动数据库通常采用的方法是在传统数据库系统中嵌入 ECA(即事件-条件-动作)规则，在某一事件发生时引发数据库管理系统去检测数据库当前状态，看是否满足设定的条件，若条件满足，便触发规定动作的执行。目前，主动数据库的体系结构大多是在传统数据库管理系统的基础上，扩充事务管理部件和对象管理部件以支持执行模型和知识模型，并增加事件侦测部件、条件检测部件和规则管理部件。与传统数据库系统中的数据调度不同，它不仅要满足并发环境下的可串行化要求，而且要满足对事务时间方面的要求。目前，对执行时间估计的代价模型是有待解决的难题。

5．模糊数据库系统

模糊性是客观世界的一个重要属性，传统的数据库系统描述和处理的是精确的或确定的客观事物，但不能描述和处理模糊性和不完全性等概念，这是一个很大的不足，为此，开展模糊数据库理论和实现技术的研究，其目标是能够存储以各种形式表示的模糊数据，数据结构和数据联系、数据上的运算和操作、对数据的约束(包括完整性和安全性)、用户使用的数据库窗口用户视图、数据的一致性和无冗余性的定义等都是模糊的，精确数据可以看成是模糊数据的特例；模糊数据库系统是模糊技术与数据库技术的结合，由于理论和实现技术上的困难，模糊数据库技术近年来发展不是很理想，但已在模式识别、过程控制、案情侦破、医疗诊断、工程设计、营养咨询、公共服务以及专家系统等领域得到较好的应用，显示了广阔的应用前景。

当前数据库技术的发展呈现出与多种学科知识相结合的趋势，凡是有数据(广义的)产生的领域就可能需要数据库技术的支持，它们相结合后即刻就会出现一种新的数据库成员而壮大数据库家族，如数据仓库是信息领域近年来迅速发展起来的数据库技术，数据仓库的建立能充分利用已有的资源，把数据转换为信息，从中挖掘出知识，提炼出智慧，最终创造出效益；工程数据库系统的功能是用于存储、管理和使用面向工程设计所需要的工程数据；统计数据是来自于国民经济、军事、科学等各种应用领域的一类重要的信息资源，由于对统计数据操作的特殊要求，从而产生了统计学和数据库技术相结合的统计数据库系统等。数据库技术在特定领域的应用，为数据库技术的发展提供了源源不断的动力。

12.5.3 与应用领域结合的研究

数据库技术促进了很多应用领域的发展，反过来应用的需求也促进了数据库技术的发展。数据库技术被应用到特定的领域中，出现了工程数据库、地理数据库、统计数据库、科学数据库、空间数据库等多种数据库，使数据库领域中新的技术内容层出不穷。

1．工程数据库

工程数据库(Engineering DataBase)是一种能存储和管理各种工程图形，并能为工程设计提供各种服务的数据库。它适用于CAD/CAM、计算机集成制造(Compute Integration Manufacture, CIM)等通称为 CAX 的工程应用领域。工程数据库针对工程应用领域的需求，对工程对象进行处理，并提供相应的管理功能及良好的设计环境。工程数据库管理系统是用于支持工程数据库的数据库管理系统应具有以下主要功能。

(1) 支持复杂多样的工程数据的存储和集成管理。

(2) 支持复杂对象(如图形数据)的表示和处理。

(3) 支持变长结构数据实体的处理。

(4) 支持多种工程应用程序。

(5) 支持模式的动态修改和扩展。

(6) 支持设计过程中多个不同数据库版本的存储和管理。

(7) 支持工程长事务和嵌套事务的处理和恢复。

在工程数据库的设计过程中，由于传统的数据模型难于满足 CAX 应用对数据模型的要求，需要运用当前数据库研究中的一些新的模型技术，如扩展的关系模型、语义模型、面向对象的数据模型。

2. 统计数据库

统计数据是人类对现实社会各行各业、大量的调查数据；采用数据库技术实现对统计数据的管理，对于充分发挥统计信息的作用具有决定性的意义。

统计数据库(Statistical Data Base)是一种用来对统计数据进行存储、统计(如求数据的平均值、最大值、最小值、总和等)、分析的数据库系统，它有以下特点。

(1) 多维性是统计数据库的第一个特点最基本的特点。

(2) “大进大出”的特点。统计数据是在一定时间(年度、月度、季度)期末产生大量数据，故入库时总是定时地大批量加载。经过各种条件下的查询以及一定的加工处理，通常又要输出一系列结果报表，这就是统计数据库的“大进大出”特点。

(3) 时间向量性。统计数据的时间属性是一个最基本的属性，任何统计量都离不开时间因素，而且经常需要研究时间序列值，所以统计数据又有时间向量性。

(4) 转置。随着用户对所关心问题的观察角度不同，统计数据查询出来后常有转置的要求。

3. 空间数据库

空间数据库(Spacial Data Base)，是以描述空间位置和点、线、面、体特征的拓扑结构的位置数据及描述这些特征的属性数据为对象的数据库。其中的位置数据为空间数据，属性数据为非空间数据。其中，空间数据是用于表示空间物体的位置、形状、大小和分布特征等信息的数据，用于描述所有二维、三维和多维分布的关于区域的信息，它不仅具有表示物体本身的空间位置及状态的信息，还具有表示物体的空间关系的信息。非空间信息主要包含表示专题属性和质量的描述数据，用于表示物体的本质特征，以区别于地理实体，对地理物体进行语义定义。

由于传统数据库在空间数据的表示、存储和管理上存在许多问题，从而形成了空间数据库这门多学科交叉的数据库研究领域。目前的空间数据库成果大多数以地理信息系统的形式出现，主要应用于环境和资源管理、土地利用、城市规划、森林保护、人口调查、交通、税收、商业网络等领域的管理与决策。

空间数据库的目的是利用数据库技术实现空间数据的有效存储、管理和检索，为各种空间数据库用户所使用。目前，空间数据库的研究主要集中于空间关系与数据结构的形式化定义、空间数据的表示与组织、空间数据查询语言、空间数据库管理系统。

12.6 小结

本章主要介绍了面向对象数据库系统相关概念，同时介绍了一些数据库技术，包括分布式数据库系统、数据仓库和数据挖掘，最后简单介绍了数据库技术的新应用。通过本章的学习，应该对数据库新技术方面有所了解，拓展自己的视野。

习题 12

1. 分布式数据库有哪些特点?
2. 分布式数据库系统可以分为哪几类?
3. 数据库仓库有哪些特点? 可以分为哪几类?
4. 什么是数据挖掘? 其数据库来源有哪些?

附录A 实验部分

实验1 SQL Server 2005 的安装及管理

1. 目的与要求

(1) 掌握 SQL Server 2005 服务器的安装方法。

(2) 掌握 Microsoft SQL Server Management Studio 的基本使用方法。

2. 实验准备

(1) 了解 SQL Server 2005 组件的主要功能。

(2) 了解 SQL Server 2005 支持的身份验证模式。

(3) 了解 SQL Server 2005 各组件的主要功能。

(4) 了解 Microsoft SQL Server Management Studio 的各主要组件。

3. 实验内容

(1) 安装 SQL Server 2005，参见本书 4.4 节。

(2) SQL Server 配置管理器的基本操作。

① SQL Server 2005 服务管理器的启动、暂停和停止。

② SQL Server 2005 服务器的各项属性设置，包括默认登录名和密码、启动模式等的变更。

(3) 了解 Microsoft SQL Server Management Studio 的主要组件和基本操作方式。

① 启动 Microsoft SQL Server Management Studio 并连接服务器，正确调出和隐藏主要的组件，包括已注册的服务器、对象资源管理器、解决方案资源管理器、模板资源管理器、摘要页和文档窗口。

② 更改环境布局，包括关闭和隐藏组件、移动组件和取消组件停靠等。

③ 查看并更改文档布局，包括选项卡文档布局的 MDI 环境模式。

④ 配置启动选项：在“工具”菜单中，选择“选项”→“环境”→“常规”命令，在“启动时”列表中查看以下选项。

- 打开对象资源管理器。这是默认选项。
- 打开新查询窗口。
- 打开对象资源管理器和新查询。
- 打开空环境。

单击“首选”选项，再单击“确认”按钮。

⑤ 熟悉主要组件，如对象资源管理器、查询窗口等的布局和使用方法。

实验2 创建数据库和表

1. 目的和要求

(1) 了解 SQL Server 数据库的逻辑结构和物理结构。

⑵ 掌握在 SQL Server Management Studio 中创建数据库和表的操作方法。

⑶ 掌握使用 T-SQL 语句创建数据库和表。

2. 实验准备

⑴ 要明确能够创建数据库的用户必须是系统管理员，或是被授权使用 CREATE DATABASE 语句的用户。

⑵ 创建数据库时要确定数据库名、所有者(即创建数据库的用户)、数据库大小(最初的大小、最大的大小、容量增长方式)。

⑶ 确定数据库包含的表以及各表的结构，了解 SQL Server 的常用数据类型.

⑷ 了解两种常用的创建数据库、表的方法。

3. 实验内容

创建用于企业员工项目管理的数据库 YGGL，主要存储员工的信息、项目信息以及员工参与项目的情况。数据库 YGGL 包含下列 3 个表。

⑴ YGJBXX：员工的基本情况表。

⑵ XMXX：项目信息表。

⑶ YGXM：员工参与项目的情况表。

各表的结构分别如表 1～表 3 所示。

表 1 YGJBXX 表

列 名	数据类型	长 度	空 值	说 明
YGBH	CHAR	6	NOT NULL	员工编号
YGXM	CHAR	10	NOT NULL	姓名
ChShRQ	DATATIME	8	NOT NULL	出生日期
XB	CHAR	2	NOT NULL	性别
DZh	CHAR	20	NULL	地址
YZhBM	CHAR	6	NULL	邮编
DHHM	CHAR	12	NULL	电话号码
YJDZh	CHAR	30	NULL	电子邮件地址
YGBM	CHAR	30	NOT NULL	员工所属部门

表 2 XMXX 表

列 名	数据类型	长 度	空 值	说 明
XMBH	CHAR	3	NOT NULL	项目编号
XMMCh	CHAR	20	NOT NULL	项目名称
XMJF	INT	4	NULL	项目经费
BZhXX	TEXT	16	NULL	备注信息

表 3 YGXM 表

列 名	数据类型	长 度	空 值	说 明
YGBH	CHAR	6	NOT NULL	员工编号
XMBH	CHAR	3	NOT NULL	项目编号
GZShSh	CHAR	2	NULL	工作时数
GZSP	INT	4	NULL	工资水平

4．实验步骤

(1) 在 SQL Server Management Studio 中创建数据库 XMGLDB。

要求：数据库 XMGLDB 初始大小为 30 MB，最大为 200 MB，数据库自动增长，增长方式是按 10%比例增长；日志文件初始为 5 MB，最大可增长到 20 MB，按 1 MB 增长。

数据库的逻辑文件名和物理文件名均采用默认值，分别为 XMGLDB_DATA 和 C:…\MSSQL\DATA\XMGLDB.MDF，事务日志的逻辑文件名和物理文件名也均采用默认值，分别为 XMGLDB_LOG 和 C:…\MSSQL\DATA\ XMGLDB_LOG.LDF。

(2) 在 SQL Server Management Studio 中删除创建的 XMGLDB 数据库，在 SQL Server Management Studio 中，选中数据库 XMGLDB 并右击，在弹出的快捷菜单中选择"删除"命令。

(3) 使用 T_SQL 语句创建数据库 XMGLDB。

按照上述要求创建数据库 XMGLDB。

启动查询编辑器，在"查询"窗口中输入以下 T_SQL 语句：

```
CREATE DATABASE XMGLDB
ON
(NAME='yggl-data',
FILENAME='C:\Program Files\Microsoft SQLserver\MSSQL\Data\ XMGLDB_data.mdf',
SIZE=30MB,
MAXSIZE=200MB,
FILEGROWTH=10%)
LOG ON
(NAME='XMGLDB_log',
FILENAME='C:\Program Files\ Microsoft SQLserver \MSSQL\Data\ XMGLDB_log,ldf',
SIZE=5MB,
MAXSIZE=20MB,
FILEGROWTH=1MB)
GO
```

单击快捷工具栏上的执行图标执行上述语句，并在 SQL Server Management Studio 中的对象资源管理器中查看执行结果。

(4) 在 SQL Server Management Studio 中分别创建员工的基本情况表 YGJBXX、项目信息表 XMXX、员工参与项目的情况表 YGXM。

在 SQL Server Management Studio 中选择数据库 XMGLDB，在 XMGLDB 上右击，在弹出的快捷菜单中，选择"新建"|"表"命令，在新表中输入 YGJBXX 表各字段信息，单击"保存"图标，在出现的对话框中输入表名 YGJBXX。按同样的操作过程创建表 XMXX 和 YGXM。

(5) 在 SQL Server Management Studio 中删除创建的 YGJBXX、XMXX、YGXM 表。

在 SQL Server Management Studio 中选择数据库 XMGLDB 的表 YGJBXX 并右击，在弹出的快捷菜单中选择"删除"命令，即删除了表 YGJBXX。按同样的操作过程删除表 XMXX 和 YGXM。

(6) 使用 T_SQL 语句创建 YGJBXX、XMXX 和 YGXM 表。

启动查询编辑器，在"查询"窗口中输入以下 T_SQL 语句：

```
USE XMGLDB
GO
CREATE TABLE YGJBXX
```

```
(YGBH CHAR(6) NOT NULL,
 YGXM CHAR(10) NOT NULL,
 ChShRQ DATETIME NOT NULL,
 XB CHAR(2) NOT NULL,
 DZh CHAR(20),
 YZhBM CHAR(8),
 DHHM CHAR(12),
 YJDZh ADDRESS CHAR(30),
 YGBM CHAR(30) NOT NULL
)
GO
```

单击快捷工具栏上的执行图标，执行上述语句，即可创建表YGJBXX。用同样的方法创建表XMXX和YGXM，并在SQL Server Management Studio 中查看结果。

5. 练习

用SQL Server Management Studio 和查询编辑器创建学生库(STU)，并在STU库中创建学生表(STUDENT)、课程表(COURSE)和选课表(SC)，库的大小、名称取默认值，表的结构自定。

实验3 插入、修改和删除表数据

1. 目的和要求

(1) 掌握在SQL Server Management Studio 中对表进行插入、修改和删除数据的方法。

(2) 掌握使用T-SQL语句对表进行插入、修改和删除数据的方法。

2. 实验准备

(1) 要了解对表数据的插入、修改、删除都属于表数据的更新操作，对表数据的操作可以在SQL Server Management Studio 中进行，也可以使用T-SQL语句实现。

(2) 掌握T-SQL中用于对表数据进行插入、修改和删除操作的命令，分别是INSERT、UPDATE和DELETE(或TRANCATE TABLE)。

(3) 了解使用T-SQL语句对表数据进行插入、修改和删除比在SQL Server Management Studio 中操作表数据灵活，功能更强大。

3. 实验内容

分别使用SQL Server Management Studio 和T-SQL语句，向在实验2中建立的数据库XMGLDB的3个表YGJBXX、XMXX、YGXM中插入多行数据记录，然后修改和删除一些记录。使用T-SQL语句进行修改和删除数据的操作。

4. 实验步骤

(1) 在SQL Server Management Studio 中向数据库XMGLDB的表中插入数据。

首先在SQL Server Management Studio 中向YGJBXX表中插入记录。在对象资源管理器中选择表YGJBXX并右击，在弹出的快捷菜单中选择“返回所有行”命令，然后逐字输入各记录值，输入完成后关闭表窗口。用同样的方法在对象资源管理器中向XMXX和YGXM表中插入记录。

(2) 在SQL Server Management Studio 中修改数据库XMGLDB中的数据。

在对象资源管理器中删除表 YGJBXX 中的第 1、3 行和 XMXX 的第 2、4 行。

在对象资源管理器中选择表 YGJBXX 并右击，在弹出的快捷菜单中选择“返回所有行”命令，然后选择要删除的行并右击，在弹出的快捷菜单中选择“删除”命令，关闭表窗口。用同样的方法删除表 YGXM 的第 3 行和第 5 行数据。

(3) 在 SQL Server Management Studio 中将表 YGJBXX 中编号为 6000018 的记录的部门号改为 6。

在对象资源管理器中选择表 YGJBXX 并右击，在弹出的快捷菜单中选择“返回所有行”命令，将光标定位至编号为 6000018 的记录的 YGBH 列，将值 1 改为 6。

(4) 使用 T-SQL 命令修改数据库 YGGL 中的数据。

使用 T-SQL 命令分别向 XMGLDB 数据库的 YGJBXX、XMXX 和 YGXM 表中插入一行记录。

启动查询编辑器，在“查询”窗口中输入如下 T-SQL 语句：

```
USE XMGLDB
GO
INSERT INTO YGJBXX
VALUES('6000012', '张小玉', '1973-5-3', 1, '昭阳路22号', 130002, 6555663, NULL,
'计算机学院')
GO
INSERT INTO XMXX
VALUES('3', '科研项目管理系统', 20, '信息系统一部')
GO
INSERT INTO  YGXM
VALUES ('6000012', '3', 100, 50)
GO
```

单击快捷工具栏上的“执行”图标，执行上述语句。

在对象资源管理器中分别打开 XMGLDB 数据库的 YGJBXX、XMXX 和 YGXM 表，观察其变化。

(5) 使用 T-SQL 命令修改表中某个记录的字段值。单击“新建查询”按钮，在“查询”窗口中输入如下 T-SQL 语句：

```
USE  XMGLDB
GO
UPDATE YGXM
SET GZSP = 80
WHERE YGBH='6000012'
GO
```

单击快捷工具栏上的“执行”图标，执行上述语句将编号为 6000012 的职工工资改为 80。在对象资源管理器中打开 XMGLDB 数据库的 YGXM 表，观察其变化。用同样的方法修改 YGJBXX、XMXX 表中的记录值，观察其变化。

(6) 使用 T-SQL 命令修改表 XMXX 表中的所有记录的值。

启动查询编辑器，在“查询”窗口中输入如下 T-SQL 语句：

```
USE  XMGLDB
GO
UPDATE YGXM
SET GZSP = GZSP + 20
WHERE YGBH='6000012'
GO
```

单击快捷工具栏上的“执行”图标，执行上述语句，将所有职工的工资增加 20 元。

(7) 使用 TYANCATE TABLE 语句删除表中所有行。

启动查询编辑器，在“查询”窗口中输入如下 T-SQL 语句：

```
USE XMGLDB
GO
TRANCATE TABLE XMXX
GO
```

单击快捷工具栏上的“执行”图标，执行上述语句，将删除 XMXX 表中的所有行。注意：实验时一般不要轻易执行这个操作，因为后面实验还要用到这些数据。

5. 练习

向实验 2 建立的表中输入数据，并修改一条或多条数据，再删除部分或全部数据，最后使用 SQL Server Management Studio 查看数据变化情况。

实验 4 数 据 查 询

1. 目的要求

(1) 掌握 SELECT 语句的基本语法。

(2) 掌握子查询的表示方法。

(3) 掌握连接查询的表示方法。

(4) 掌握 SELECT 语句的统计函数的作用和使用方法。

(5) 掌握 SELECT 语句的 GROUP BY 和 ORDER BY 子句的作用和使用方法。

2. 实验准备

(1) 成功建立数据库和基本表。

(2) 了解简单 SELECT 语句的用法。

(3) 了解 SELECT 语句的执行方法

(4) 熟悉 SQL Server Management Studio 中查询分析器中的 SQL 脚本运行环境。

3. 实验内容

(1) SELECT 语句的基本使用方法。

① 根据实验 2 给出的数据库表结构，查询每个员工的所有数据。

```
USE XMGLDB
GO

SELECT  *
FROM  YGJBXX
GO
```

② 查询每个雇员的地址和电话。

```
USE  XMGLDB
GO

SELECT  DZh , DHHM
```

```
FROM  YGJBXX
GO
```

③ 查询员工编号为 6000038 的员工的地址和电话。在查询编辑器的编辑窗口中输入如下语句并执行：

```
USE  XMGLDB
GO
SELECT  DZh, DHHM
FROM   YGJBXX
WHERE YGBH='6000038'
GO
```

④ 查询 **YGJBXX** 表中男员工的地址和电话，并将结果中的列标题分别指定为“地址”、“电话号码”。

```
USE  XMGLDB
GO
SELECT DZh AS 员工地址, DHHM  AS 电话号码
FROM  YGJBXX
WHERE XB ='男'
GO
```

⑤ 找出所有姓刘的员工的部门号。

```
USE XMGLDB
GO
SELECT  YGBM
RROM   YGJBXX
WHERE YGXM  LIKE  '刘%'
GO
```

⑥ 找出所有工资水平在 50～80 元之间的员工编号和项目编号。

```
USE XMGLDB
GO
SELECT  YGBH, XMBH
FROM  XMXX
WHERE GZSP BETWEEN 50 AND 80
GO
```

或

```
USE XMGLDB
GO
SELECT  YGBH,XMBH
FROM  XMXX
WHERE GZSP >= 50  AND  GZSP <= 80
GO
```

(2) 子查询的使用。

① 查询参与了“科研项目管理系统”开发的员工的情况。

```
USE XMGLDB
GO
SELECT  *
FROM  YGJBXX
WHERE YGBH  =
      (SELECT YGBH
      FROM  XMXX
      WHERE XMMCh  = '科研项目管理系统')
GO
```

② 查找人事部年龄不低于研发部员工年龄的员工姓名。

```
USE XMGLDB
GO
SELECT YGXM
FROM YGJBXX
WHERE YGBM = '人事部'  AND
      ChShRQ > = ALL (SELECT ChShRQ
              FROM YGJBXX
              WHERE YGBM = '研发部')
GO
```

(3) 连接查询的使用。

① 查询每个员工参加项目的情况。

```
USE XMGLDB
GO
SELECT YGJBXX.*, YGXM.*
FROM YGJBXX, YGXM
WHERE YGJBXX .YGBH = YGXM.YGBH
GO
```

② 查询女员工参与项目的情况，包括项目编号、项目名、员工编号、员工姓名。

```
USE XMGLDB
GO
SELECT  XMXX.XMBH,  YGXM,  YGJBXX.YGBH,  YGXM
FROM  YGJBXX,YGXM, XMXX
WHERE YGJBXX.YGBH = YGXM.YGBH  AND  YGXM.XMBH = XMXX.XMBH
AND XB = ‘女’
GO
```

(4) 统计函数的使用。

① 求项目的平均经费水平。

```
USE XMGLDB
GO
SELECT  AVG(XMJF)
FROM  XMXX
GO
```

② 求参与“科研项目管理系统”项目开发的总人数。

```
USE XMGLDB
GO
SELECT COUNT(*)
FROM  YGXM
WHERE  XMBH=
   (SELECT  XMBH
    SELECT  XMXX
    WHERE  XMMCh='科研项目管理系统')
GO
```

(5) GROUP BY、ORDER BY 子句的使用。

① 求各部门的员工数。

```
USE XMGLDB
GO
SELECT YGBM,COUNT(YGBH)
FROM  YGJBXX
GROUP  BY YGBM
GO
```

② 将各个项目按照项目经费额度由低到高排列。

```
USE XMGLDB
GO
SELECT   *
FROM   XMXX
ORDER  BY  XMJF
GO
```

4. 练习

对 STU 库的 STUDENT、COURSE 和 SC 表进行各种查询(包括简单查询、连接查询、子查询和模糊查询及分组和排序)。

实验 5 存储过程和触发器的使用

1. 目的与要求

(1) 掌握存储过程的使用方法。

(2) 掌握触发器的使用方法。

2. 实验准备

(1) 了解存储过程的使用方法。

⑵ 了解触发器的使用方法。

3．实验内容(以下实验内容由读者自己完成)

⑴ 创建触发器。

对于数据库 XMGLDB，表 YGJBXX 的 YGBH 列与表 YGXM 的 YGBH 列应满足参照完整性规则，即向 YGXM 表中添加一条记录时，该记录的 YGBH 值在表 YGXM 中应存在。

修改 YGXM 表的 YGBH 字段值时，该字段在表 YGXM 中的对应值也应该修改。

删除 YGJBXX 表中的一条记录时，该记录的 YGBH 值在表 YGXM 表中对应的记录也应删除。

上述参照完整性规则，在此通过触发器实现。

① 向 YGXM 表中插入或修改表中的某条记录时，通过触发器检查记录的 YGBH 值在 YGJBXX 表中是否存在，若不存在，则取消插入或修改操作。

② 修改 YGJBXX 表的 YGBH 字段值时，该字段在 YGXM 表中的对应值也作相应修改。

③ 删除 YGJBXX 表中一条记录的同时删除该记录 YGBH 字段值在 YGXM 表中对应的记录。

⑵ 创建存储过程。

① 添加员工记录的存储过程 TianJiaYG。

② 修改员工记录的存储过程 XiuGaiYGXX。

③ 删除员工记录的存储过程 ShanChuYG。

⑶ 调用以上 3 个存储过程。

实验 6 安 全 管 理

1．目的与要求

⑴ 掌握创建登录账号的方法。

⑵ 掌握创建数据库用户的方法。

⑶ 掌握语句级许可权限的管理。

2．实验准备

⑴ 了解安全性基础知识。

⑵ 掌握安全性实现方法。

3．实验内容

⑴ 安全认证模式的设置。

① 打开 SQL Server Management Studio，在对象资源管理器中单击要设置认证模式的服务器，在弹出的快捷菜单中选择“属性”命令，则出现服务器属性对话框。

② 选择“安全性”选项卡，在服务器身份验证选项组中选择“Windows 身份验证”或“SQL Server 和 Windows 身份验证模式”选项。

③ 在安全性选项卡中，服务器身份验证栏选择身份验证模式，同时在审核级别栏中还可以选择登录审核信息。

④ 重新启动 SQL Server 服务。

⑵ 创建、管理 SQL Server 登录账号。

完成管理一个新的登录账号的操作：创建一个新的登录账户，名称为 ABCD，密码为 1234，使用的默认数据库为 XMGLDB。从 SQL Server 中删除登录账户 ABCD。

⑶ 用户账号管理。

在数据库中，一个用户或工作组取得合法的登录账号，只表明该账号通过了 Windows NT 认证或者 SQL Server 认证，但不能表明其可以对数据库数据和数据库对象进行某种或者某些操作，只有当他同时拥有了用户账号后，才能够访问数据库。

利用 SQL Server Management Studio 可以授予 SQL Server 登录访问数据库的许可权限。使用它可创建一个新数据库用户账号。

完成管理一个新数据库用户账号的操作。

① 创建一个新的用户账号，名称为 ABC，使用的数据库为 XMGLDB。

② 删除用户账号 ABC。

⑷ 创建与管理角色。

① 管理服务器角色。

打开 SQL Server Management Studio，展开指定的服务器，单击“安全性”文件夹，然后单击“服务器角色”节点，选择需要的选项，根据提示操作。

完成以下操作：创建一个登录账户 mylogin，然后将其指定为固定服务器角色 sysadmin；收回登录账户 mylogin 的固定服务器角色。

② 管理数据库角色。

在 SQL Server Management Studio 中，展开指定的服务器以及指定的数据库，单击“安全性”节点，然后右击“数据库角色”节点，从快捷菜单中选择“新建数据库角色”命令，则出现“数据库角色属性—新建角色”对话框，根据提示即可新建角色。

完成以下操作：创建一个数据库用户 mylogin，然后将其指定为数据库角色 db_accessadmin；收回数据库用户 mylogin 的数据库角色。

⑸ 管理语句级许可权限。

① 用 SQL Server Management Studio 建立登录账户：user1，user2。

② 将 user1、user2 映射为 XMGLDB 数据库的用户。

③ 授予 user1、user2 具有对 YGJBXX、XMXX、YGXM 三张表的查询权限。

④ 授予 user1、user2 具有对 YGJBXX、XMXX、YGXM 表的插入、删除权限。

⑤ 在 XMGLDB 数据库中建立用户角色 ROLE1，把 YGJBXX 表的插入、删除、查询权限授予它，并将 user1、user2 添加到此角色中。

⑹ 回收 user1、user2 对 YGXM 表的查询权限。

实验 7 实现数据完整性

1. 目的与要求

⑴ 掌握唯一性、主键、外键、检查约束。

⑵ 掌握默认值，实现数据的完整性要求。

⑶ 掌握规则，实现数据的完整性要求。

2. 实验准备

⑴ 了解完整性约束的作用。

⑵ 了解唯一性、主键、外键约束的作用及管理。

⑶ 了解默认值、规则的作用及管理。

3. 实验内容

(1) 创建数据库 student：

```
CREATE DATABASE student
GO
USE student  /*打开并进入该库*/
GO
```

(2) 创建 depart 表，添加并查看数据记录：

```
CREATE TABLE depart
  (序号 TINYINT identity,
  院系名 NVARCHAR(10) unique,/*设置唯一性约束*/
  联系电话 VARCHAR(14)
 )
GO
INSERT depart (院系名,联系电话) VALUES('机械工程系','0818-2105119')
INSERT depart (院系名,联系电话) VALUES('化工学院','0818-2309888')
INSERT depart (院系名,联系电话) VALUES('计算机科学系','(0818)2309666')
GO
SELECT * FROM depart
```

(3) 创建 stu 表，添加并查看数据记录：

```
CREATE TABLE stu
 (学号 CHAR(10) PRIMARY KEY,/*设置主键约束*/
  姓名 NVARCHAR(3),
  性别 NCHAR(1),
  民族 NVARCHAR(3) default '汉',/*设置默认约束*/
  年龄 TINYINT CHECK(年龄>0 AND 年龄<100),/*设置检查约束*/
  入学成绩 DECIMAL(4,1),
  院系 NVARCHAR(10)
)
GO
INSERT stu (学号,姓名,性别,民族,年龄,入学成绩,院系) VALUES('dz20080001','刘月月
','女','土家',18,451,'计算机科学系')
INSERT stu (学号,姓名,性别,年龄,入学成绩,院系) VALUES('dz20080002','周星星',
'男',19,460,'机械工程系')
GO
SELECT * FROM stu
```

(4) 在 stu 表中增加外键约束：

```
ALTER TABLE stu
ADD CONSTRAINT fk_depart FOREIGN KEY(院系) REFERENCES depart(院系名) ON UPDATE
cascade on delete cascade
```

(5) 向 stu 表中添加 1 条记录：

```
INSERT stu (学号,姓名,性别,民族,年龄,入学成绩,院系) VALUES('dz20080003',
```

```
'朱古力','男','维吾尔',18,477.5,'中文系')
/*检查外键约束是否生效*/
/*将上面语句中的'中文系'改成主键表yx中已有的院系名(比如'化工学院'),再执行一次就能成
功添加*/
```

(6) 查看约束信息:

```
EXEC sp_helpconstraint depart  /*可查看depart表中的所有约束信息*/
EXEC sp_helpconstraint stu     /*可查看stu表中的所有约束信息*/
```

(7) 删除约束:

```
/*若要删除约束,先通过执行EXEC sp_helpconstraint stu语句找到约束名(结果中
constraint_name列的值),然后执行下面的删除语句*/
ALTER TABLE stu
DROP constraint DF__stu__民族__014935CB /*删除默认约束DF__stu__民族__014935CB*/
ALTER TABLE stu
DROP constraint CK__stu__年龄__023D5A04 /*删除检查约束CK__stu__年龄__023D5A04*/
```

(8) 创建默认值对象minzu:

```
CREATE DEFAULT minzu AS '汉'
GO
```

(9) 绑定默认值(将minzu绑定到stu表的"民族"列):

```
EXEC sp_bindefault minzu,'stu.民族'
GO
```

(10) 创建规则age_rule:

```
CREATE RULE age_rule AS @nl>0 AND @nl<100
GO
```

(11) 绑定规则(将age_rule绑定到stu表的"年龄"列):

```
EXEC sp_bindrule age_rule,'stu.年龄'
GO
```

(12) 取消绑定默认值、规则:

```
EXEC sp_unbindefault 'stu.民族'
EXEC sp_unbindrule 'stu.年龄'
```

(13) 删除默认值、规则:

```
DROP DEFAULT minzu
DROP RULE age_rule
```

实验8 简单应用系统开发

1. 目的与要求

(1) 掌握使用高级语言连接数据库的方法。

(2) 掌握使用高级语言添加数据的方法。.

(3) 掌握使用高级语言修改数据的方法。

(4) 掌握使用高级语言删除数据的方法。

(5) 掌握使用高级语言查询数据的方法。

(6) 使用 C 语言、C#语言或 Java 语言编写简单数据库应用系统，完成对数据库的增、删、改、查功能。

2. 实验准备

(1) 了解数据库连接方法。

(2) 了解对数据库进行增、删、改、查的实现方法。

3. 实验内容

(1) 创建数据库 STUDENT。

(2) 创建 stu 表：

```
CREATE TABLE stu
  (学号 CHAR(10) PRIMARY KEY,
  姓名 NVARCHAR(3),
  性别 NCHAR(1),
  民族 NVARCHAR(3) DEFAULT '汉',
  年龄 TINYINT CHECK(年龄>0 AND 年龄<100),
  入学成绩 DECIMAL(4,1),
  院系 NVARCHAR(10)
  )
```

(3) 使用 C 语言、C#语言或 Java 语言编写简单数据库应用系统，完成对数据库的增删改查功能。

① 实现向 stu 表中添加学生数据的功能。

② 实现修改 stu 表中学生数据的功能。

③ 实现删除 stu 表中学生数据的功能。

④ 实现查询 stu 表中学生数据的功能。

附录B　课程设计指导书

一、课程设计的目的和意义

《数据库原理及应用课程设计》是实践性教学环节之一，是《数据库原理及应用》课程的辅助教学课程。通过课程设计，使学生掌握数据库的基本概念，结合实际的操作和设计，巩固课堂教学内容，使学生掌握数据库系统的基本概念、原理和技术，将理论与实际相结合，应用现有的数据建模工具和数据库管理系统软件，规范科学地完成一个小型数据库的设计与实现，把理论课与实验课所学内容进行综合，并在此基础上强化学生的实践意识，提高其实际动手能力和创新能力。

二、设计要求

通过设计一个完整的数据库，使学生掌握数据库设计各阶段的输入、输出、设计环境、目标和方法。熟练掌握两个主要环节：概念结构设计与逻辑结构设计；熟练地使用 SQL 语言实现数据库的建立、应用和维护。集中安排 2 周进行课程设计，以小组为单位，一般 4～5 人为一组。教师讲解数据库的设计方法以及布置题目，要求学生根据题目的需求描述进行实际调研，提出完整的需求分析报告，建立概念模型、物理模型，在物理模型中根据需要添加必要的约束、视图、触发器和存储过程等数据库对象，最后生成创建数据库的脚本，提出物理设计的文档，要求如下。

1．要充分认识课程设计对培养自己动手能力的重要性，认真做好设计前的各项准备工作。

2．既要虚心接受老师的指导，又要充分发挥主观能动性。结合课题，独立思考，努力钻研，勤于实践，勇于创新。

3．独立按时完成规定的工作任务，不得弄虚作假，不准抄袭他人内容，否则成绩以不及格计。

4．在课程设计期间，无故缺席按旷课处理：缺席时间达 1/3 以上者，其成绩按不及格处理。

5．在设计过程中要严格要求自己，树立严肃、严密、严谨的科学态度，必须按时、按质、按量完成课程设计。

6．小组成员之间分工明确，但要保持联系畅通，密切合作，培养良好的互相帮助和团队协作精神。

三、课程设计选题的原则

课程设计题目以选用学生相对比较熟悉的业务模型为宜，要求通过本实践性教学环节，能较好地巩固数据库的基本概念、基本原理，关系数据库的设计理论、设计方法等主要知识点，针对实际问题设计概念模型，并应用现有的工具完成小型数据库的设计与实现。

四、课程设计的一般步骤

课程设计大体分 5 个步骤。

1．选题与搜集资料：根据分组，选择课题，在小组内进行分工，进行系统调查，搜集资料。

2．分析与设计：根据搜集的资料进行功能与数据分析，并进行数据库、系统功能等设计。

3．程序设计：运用掌握的语言编写程序，实现所设计的模块功能。

4．调试与测试：自行调试程序，成员交叉测试程序，并记录测试情况。

5. 验收与评分：指导教师对每个小组开发的系统，及每个成员开发的模块进行综合验收，结合设计报告，根据课程设计成绩的评定方法评出成绩。

五、本课程设计内容与要求

掌握数据库的设计的每个步骤，以及提交各步骤所需图表和文档。通过使用目前流行的 DBMS 创建所设计的数据库，并在此基础上实现数据库查询、连接等操作和触发器、存储器等对象设计。

1. 需求分析：根据自己的选题，绘制 DFD、DD 图表以及书写相关的文字说明。
2. 概念结构设计：绘制所选题目详细的 E-R 图。
3. 逻辑结构设计：将 E-R 图转换成等价的关系模式，按需求对关系模式进行规范化，对规范化后的模式进行评价，调整模式，使其满足性能、存储等方面要求，根据局部应用需要设计外模式。
4. 物理结构设计：选定实施环境、存取方法等。
5. 数据实施和维护：用 DBMS 建立数据库结构，加载数据，实现各种查询，链接应用程序，设计库中触发器、存储器等对象，并能对数据库做简单的维护操作。
6. 用 C 语言、C# 语言、Java 语言等设计数据库的操作界面。
7. 设计小结：总结课程设计的过程、体会及建议。
8. 其他：参考文献，致谢等。

六、课程设计报告要求

课程设计报告有 4 个方面的要求。

1. 问题描述。包括此问题的理论和实际两方面。
2. 解决方案。包括 E-R 模型要设计规范、合理，关系模式的设计至少要满足第三范式，数据库的设计要考虑安全性和完整性的要求。
3. 解决方案中所设计的 E-R 模型，关系模式的描述与具体实现的说明。
4. 具体的解决实例。

七、成绩评定标准

序号	报告内容	所占比重	评分原则				
			不给分	及格	中等	良好	优秀
1	问题描述	5%	没有	不完整	基本正确	描述正确	描述准确
2	解决方案	10%	没有	不完整	基本可行	方案良好	很有说服力
3	解决方案中所设计的 E-R 模型，关系模式的描述与具体实现的说明	40%	没有	不完整	基本正确，清晰	正确，清晰	准确，清晰
4	具体的解决实例	40%	没有	不完整	基本完整	完整	有价值，并可以实际演示
5	其他	5%	包括是否按时完成，报告格式，字迹，语言等				

八、参考资料(略)

九、说明

根据教学内容，设计相应的题目，要求学生按下列步骤完成各题目的设计并写出课程设计报告。

问题分析：在对所选题目进行调研的基础上，明确该选题要做什么。

数据库设计与实现：包括数据库的数据字典，数据库的概念结构(E-R图)，数据库中的表、视图(如果使用)、存储过程(如果使用)的结构和定义(可以用SQL脚本提供)以及应用系统的设计与开发。

设计结果的评价与总结：对设计结果的合理性、规范程度和实际运行的结果进行评价和总结。

十、课程设计题目

1. 人事管理系统

系统功能的基本要求：

(1) 员工各种信息的输入，包括员工的基本信息、学历信息、婚姻状况信息、职称等。

(2) 员工各种信息的修改。

(3) 对于转出、辞职、辞退、退休员工信息的删除。

(4) 按照一定的条件，查询、统计符合条件的员工信息：至少应该包括每个员工详细信息的查询、按婚姻状况查询、按学历查询、按工作岗位查询等，至少应该包括按学历、婚姻状况、岗位、参加工作时间等统计员工信息。

(5) 对查询、统计的结果打印输出。

2. 工资管理系统

系统功能的基本要求：

(1) 员工每个工种基本工资的设定。

(2) 加班津贴管理，根据加班时间和类型给予不同的加班津贴。

(3) 按照不同工种的基本工资情况、员工的考勤情况产生员工每月的工资。

(4) 员工年终奖金的生成：员工的年终奖金=(员工本年度的工资总和+津贴的总和)/12。

(5) 企业工资报表。能够查询单个员工的工资情况、每个部门的工资情况、按月的工资统计，并能够打印。

3. 机票预定系统

系统功能的基本要求：

(1) 每个航班信息的输入。

(2) 每个航班的座位信息的输入。

(3) 当旅客进行机票预定时，输入旅客基本信息，系统为旅客安排航班，打印取票通知和账单。

(4) 旅客在飞机起飞前一天凭取票通知交款取票。

(5) 旅客能够退订机票。

(6) 能够查询每个航班的预定情况，计算航班的满座率。

4. 仓库管理系统

系统功能的基本要求：

(1) 产品入库管理，可以填写入库单，确认产品入库。

(2) 产品出库管理，可以填写出库单，确认出库。

(3) 借出管理，凭借条借出，然后能够还库。

(4) 初始库存设置，设置库存的初始值、库存的上下警戒线。

(5) 可以进行盘库，反映每月、年的库存情况。

(6) 可以查询产品入库情况、出库情况，当前库存情况，可以按出库单，入库单，产品，时间进行查询。

5. 其他参考的题目

客房管理系统
学生成绩管理系统
商品库存管理系统
图书借阅管理系统
图书销售管理系统
学籍管理系统
通讯录管理系统
学生选修课程系统
超市销售管理系统
人事管理系统
医药库存管理系统
学生公寓管理系统
学生信息管理系统
物资管理信息系统
音像管理系统
员工工资管理系统
物资管理信息系统
手机销售管理系统
外聘教师信息管理系统
小区住宅管理系统
家庭财务管理系统
物资管理信息系统

十一、数据库设计说明书格式

1. 引言

1.1 项目名称
1.2 项目背景和内容概要
(项目的委托单位、开发单位、主管部门、与其他项目的关系，与其他机构的关系等)
1.3 相关资料、缩略语、定义
(相关项目计划、合同及上级机关批文，引用的文件、采用的标准等)
(缩写词和名词定义)

2. 约定

数据库中各种元素的命名约定。 例如表名、字段名的命名约定。

3. 数据库概念模型设计

3.1 数据实体-关系图
3.2 数据实体描述
数据实体中文名，数据库表名

数据实体描述

3.3 实体关系描述

（描述每个实体间的关系）

实体 1：实体 2（1∶1，1∶n，m∶n）

关系描述：

4．数据库逻辑模型设计

4.1 实体-关系图（不含多-多关系）

4.2 关系模型描述

数据库表名：　同义词（别名）：

主键：

外键：

索引：

约束：

中文名称 数据属性名 数据类型 数据长度 约束范围 是否空 注解

4.3 数据视图描述

（用标准 SQL 语言中创建数据视图的语句描述）

4.4 数据库一致性设计

（用标准 SQL 语言中创建表的语句描述）

5．物理实现

5.1 数据库的设置

(1) 说明是否采用分布式数据库，数据库表如何分布

(2) 说明每个数据库服务器上建立几个数据库，其存储空间安排等

(3) 数据库表的分配方法，如如何创建段或表空间

5.2 安全保密设计

用户角色划分方法，每个角色的权限

十二、课程设计说明书排版规范

具体格式要求如下。

1．整篇文字的各级标题要求为：

一级标题：一、二、三、…

二级标题：1．　2．　3．…

三级标题：(1)　(2)　(3)…

四级标题：①　②　③...

2．目录部分采用四号宋体加粗。

3．正文部分采用小四号宋体；每段前均空两个汉字的位置（注意：最多只能空两个汉字的位置，相对于页面的左边居，而不是上下文），即段落排版中的首行缩进 2 个字符。

4．标题部分采用四号宋体加粗，靠最左侧（即顶格）。

5．正文行间距采用固定值 22 磅。

6．附录：源代码部分采用五号宋体。

7. 说明书文字叙述部分不少于5页(不包括封面、目录和附录部分)。

8. 图形和表格分别采用统一编号方式(如图1，图2……；表1，表2……)，两者在正文中均需要引用，且均需要有个名称(采用居中，五号宋体)，另外图的名称需放在图的下方，而表的名称需放在表的上方，表中文字也采用五号宋体。

图的示例：……，如图1所示。

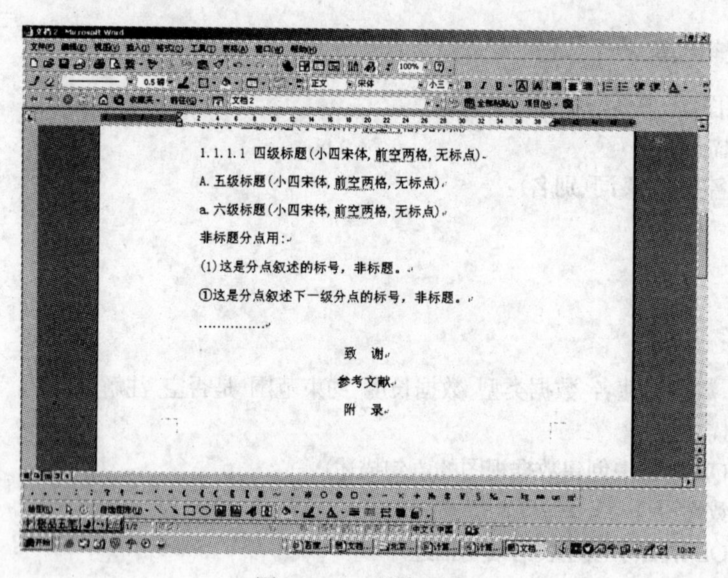

图1 Word操作界面

表的示例：……，如表1所示。

表1 学生信息表

五号宋体				

反侵权盗版声明